欧洲 · 非洲 · 大洋洲 · 亚洲 · 美洲

分步图解

我的美食世界

415道零失败环球风味料理

我的美食世界

415道零失败环球风味料理

《我的美食世界》编写小组　编著
张晓美　文

北 京 出 版 集 团
北京美术摄影出版社

* 目录 *

1

欧洲

腌制三文鱼

斯堪的纳维亚

6~8人份

准备时间：20分钟
等待时间：24小时

—

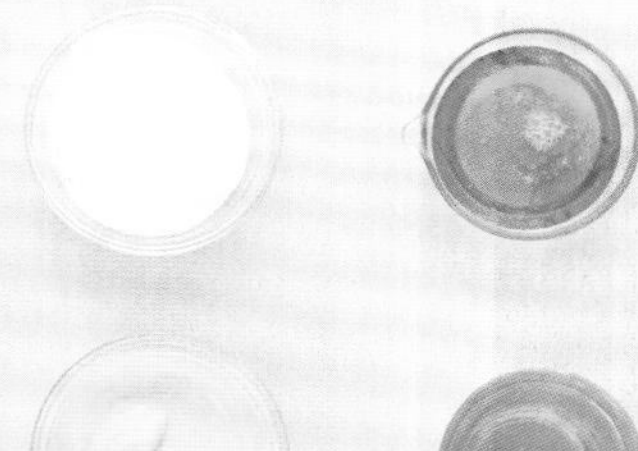

原料

2块各重500克的三文鱼，去皮去骨
100克粗海盐＋少许调味用海盐
50克细砂糖
2捆莳萝
1汤匙黑胡椒碎＋少许调味用黑胡椒碎
100克第戎芥末酱
50克液体蜂蜜
1汤匙白葡萄酒醋
100克初榨橄榄油

❶ 取一半的莳萝，切碎，和粗盐、糖、黑胡椒混合在一起。取$\frac{1}{3}$混合物，倒入深口盘中，上面摆放1块三文鱼。

❷ 将剩余的混合调味品的一半撒在三文鱼上，然后摆放另外1块三文鱼，撒上剩下的调味品。

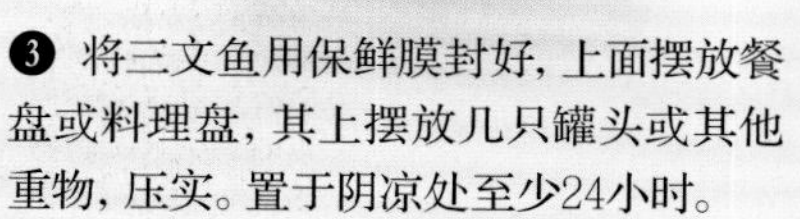

❸ 将三文鱼用保鲜膜封好，上面摆放餐盘或料理盘，其上摆放几只罐头或其他重物，压实。置于阴凉处至少24小时。

❹ 混合芥末、蜂蜜、醋、橄榄油和剩下的莳萝，加盐和黑胡椒。

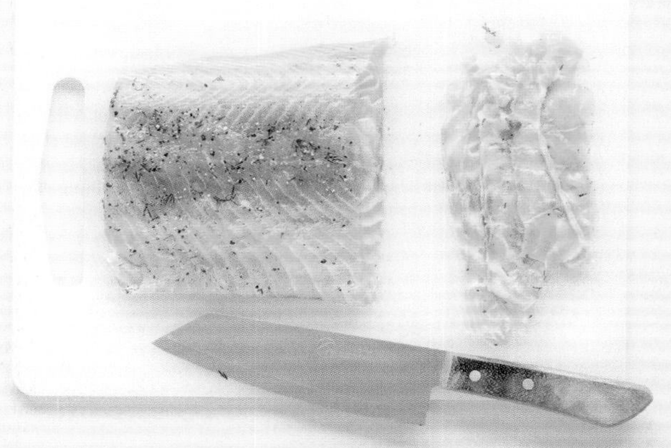

❺ 从粗盐中取出三文鱼，仔细冲洗。小心擦干，斜切成薄片。

❻ 薄脆饼干上摆放三文鱼片，撒少许莳萝。芥末酱汁放在一旁备用。

黑线鳕丸子

斯堪的纳维亚

6人份

准备时间：20分钟

烹调时间：20分钟

原料

600克白色黑线鳕鱼肉，带皮，去刺，切成两半
250克马铃薯泥
500毫升牛奶
2片月桂叶
半茶匙黑胡椒粒
1汤匙香葱碎
1汤匙欧芹碎
2个水煮蛋，去壳，碾碎
50克面粉
2个散鸡蛋液
150克面包糠
2汤匙葵花籽油
柠檬块

事先准备

烤箱预热至180℃。
中火，平底锅加热葵花籽油。

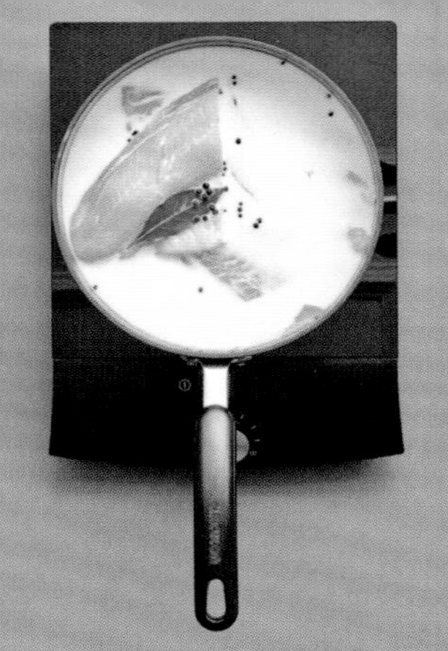

❶ 将黑线鳕放入加了月桂叶和黑胡椒粒的牛奶中煮5分钟。

❷ 鱼肉沥干，用餐叉捣碎，去皮，剔干净剩下的鱼刺。

❸ 混合鱼肉、香葱碎、欧芹碎、马铃薯泥和水煮蛋，置于阴凉处。

❹ 待混合物质地变黏稠后，捏成丸子，撒面粉。

❺ 将丸子浸入打散的蛋液中。

❻ 将整颗丸子包裹上面包糠。

❼ 将丸子放入热油中，每面煎3~4分钟，直至金黄酥脆。用漏勺将炸好的丸子从平底锅中捞出，放在吸油纸上吸去多余的油分。

❽ 将丸子放入料理盘中，入烤箱烤5分钟。立即上桌，佐柠檬块食用。

煎鲱鱼卵

斯堪的纳维亚

2~4人份

准备时间：10分钟

烹调时间：5分钟

原料

300克鲱鱼卵
3汤匙面粉
30克无盐黄油
1粒蒜瓣，切片
1汤匙欧芹碎
半个柠檬，榨汁
盐和黑胡椒

事先准备

中火加热厚底不粘锅。

❶ 取一只大碗，混合面粉、盐和黑胡椒。轻轻撒在鱼卵上，再将鱼卵置于盘中。

❷ 向加热的平底锅中倒入少量黄油，放入鱼卵，每面煎2分钟。

❸ 倒入剩下的黄油、大蒜、欧芹碎和柠檬汁，再煎1分钟。

❹ 煎好的鱼卵可与核桃面包一起食用。

热食烟熏三文鱼

斯堪的纳维亚

2人份

准备时间：5~10分钟

烹调时间：8~10分钟

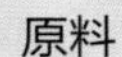
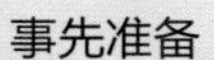

原料

2块各重250克的三文鱼，带皮
100克白米
100克黑茶
75克黄糖
1汤匙液体蜂蜜
盐和黑胡椒

事先准备

锅底铺上锡纸。准备好的锅盖和金属烤网。

❶ 在铺了锡纸的锅中混合白米、黑茶和黄糖。

❷ 锅上架烤网，盖锅盖，以中火加热。

❸ 鱼肉两面涂抹盐和黑胡椒，刷少量蜂蜜。

❹ 鱼肉放置在烤网上，鱼皮朝下，盖锅盖。

❺ 熏制4~5分钟，关火，冷却5分钟。

❻ 三文鱼配以牛油果、柠檬和少许橄榄油上桌。

北欧面包

斯堪的纳维亚

1个面包

准备时间：25分钟
等待时间：2小时30分钟

烹调时间：40分钟

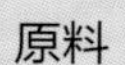

原料

370克全麦面粉（T110或T150）
30克燕麦片
50克黑麦面粉
一小袋耐高糖酵母
300毫升清水
1茶匙盐
1茶匙糖
40克混合亚麻籽和葵花籽（或其中一种）
1汤匙蜂蜜
少许油，用于涂抹烤盘

事先准备

加热清水。

❶ 取1只碗，温水稀释酵母。如果酵母是颗粒状的，等待5分钟使其起泡。

❷ 面粉、燕麦片、糖和盐过筛，倒入大碗中混合，中间挖洞。

❸ 洞中倒入酵母和剩下的水，加入蜂蜜。

❹ 缓缓搅拌面粉、酵母和水，使其充分混合。

❺ 使用厨师机搅拌5分钟（手工操作需要10分钟），可视需要再加入少许面粉。

❻ 倒入亚麻籽或葵花籽，再次搅拌，使其均匀分布在面团中。

❼ 将面团放入刷了油的碗中，用涂有薄油的保鲜膜覆盖，发酵2小时。发好的面团体积应该膨胀至2倍大。

❽ 将面团压扁，揉成球状，再次压扁，整形成长方形。

❾ 纵向折叠长方形面团，完成塑形。

❿ 面团放置于刷了油的烤盘上，为了使成品形状更加规整，也可将其放置在刷了油的蛋糕模具中，接缝处朝下。盖上刷了油的保鲜膜或潮湿的茶巾，醒发30分钟。烤箱预热至200℃。

⓫ 烤40分钟左右，出炉，于烤网上静置冷却。此款美味的面包可涂抹黄油或鲜奶酪，也可搭配培根、烟熏三文鱼和莳萝食用。

黑糖蜜蛋糕

斯堪的纳维亚

8~10人份

准备时间：20分钟

烹调时间：1小时

❶ 黄油、糖和黑糖蜜搅拌至起泡。

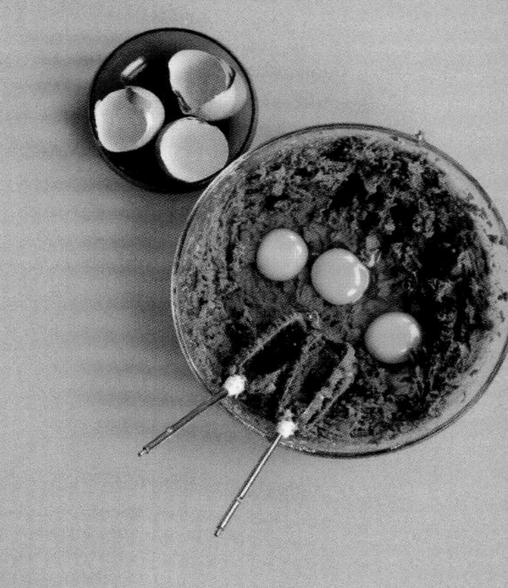

❷ 加入鸡蛋，充分搅拌。

原料

175克软化的无盐黄油
175克红糖
3汤匙黑糖蜜
350克加了酵母的面粉
2汤匙牛奶＋3个鸡蛋

装饰

3汤匙黑糖蜜

2汤匙陈年朗姆酒

事先准备

蛋糕模具中铺烘焙纸，抹油。烤箱预热至180℃。

❸ 加入面粉和牛奶，继续搅拌。

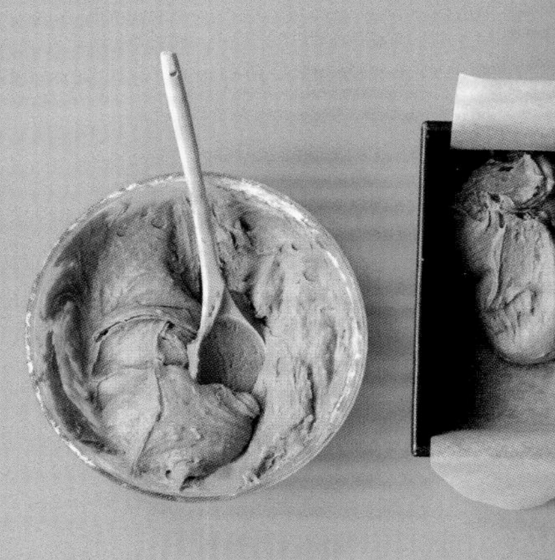

❹ 混合物倒入模具中，入烤箱烤1小时，出炉，静置5~10分钟，脱模，静置冷却。

❺ 黑糖蜜和朗姆酒用小火加热3~4分钟，静置使其稍稍降温。

❻ 趁热将黑糖蜜混合物浇在蛋糕上。

食用大黄奶酥蛋糕

斯堪的纳维亚

8~10人份

准备时间：15分钟

烹调时间：50~55分钟

❶ 在容器上方将面粉和制作英式蛋奶酱的粉末过筛，加入砂糖和细砂糖。

❷ 另取1个容器，在其中混合鸡蛋、油、姜糖、香草籽、牛奶和干酪。

❸ 将混合物倒入干性原料中，用打蛋器搅拌。

❹ 模具内壁涂油，铺上烘焙纸，倒入$\frac{2}{3}$量的面糊，盖满食用大黄。

❺ 剩下的面糊涂抹在食用大黄上，再撒上燕麦片。入烤箱烤50~55分钟，直至蛋糕变成金黄色。

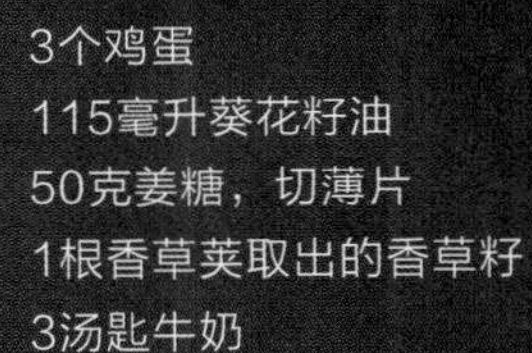

原料

200克食用大黄，切丁
60克意大利乳清干酪
50克燕麦片
225克加了酵母的面粉
2汤匙吉士粉
50克砂糖
115克细砂糖
3个鸡蛋
115毫升葵花籽油
50克姜糖，切薄片
1根香草荚取出的香草籽
3汤匙牛奶

事先准备

烤箱预热至170℃

❻ 完全冷却后脱模，奶酥蛋糕切片，搭配温热的英式蛋奶酱食用。

荷兰酥饼

斯堪的纳维亚

40块酥饼

准备时间：30分钟
等待时间：30分钟

烹调时间：12分钟

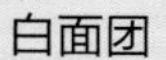

白面团

375克T55面粉
125克细砂糖
225克软化的含盐黄油
1个鸡蛋
2汤匙牛奶

巧克力面团

200克T55面粉
半茶匙泡打粉
80克细砂糖
100克软化的含盐黄油
2汤匙可可粉
2个蛋黄
1汤匙清水
半根香草荚取出的香草籽

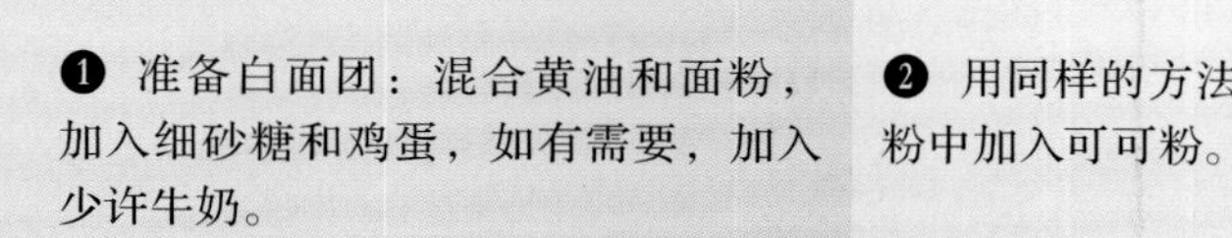

❶ 准备白面团：混合黄油和面粉，加入细砂糖和鸡蛋，如有需要，加入少许牛奶。

❷ 用同样的方法准备巧克力面团，面粉中加入可可粉。

❸ 将两种面团分别揉成较粗的长圆柱形。

❹ 每条面团纵向切成4份。

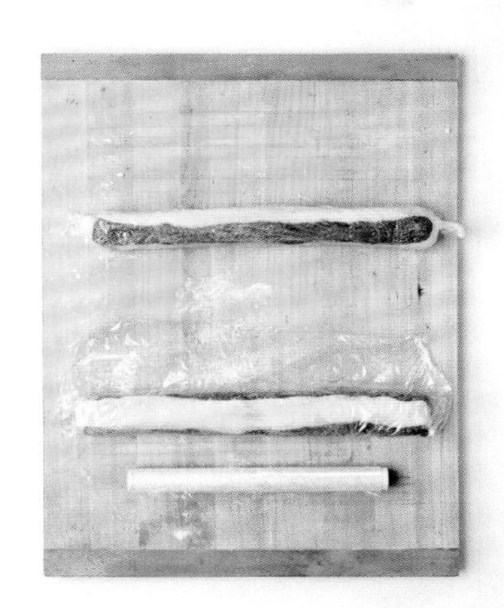

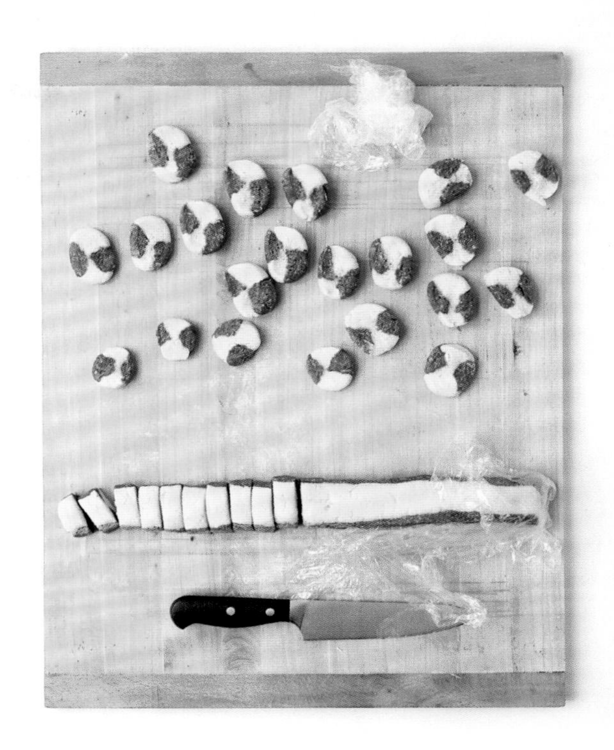

❺ 面团表面刷少许清水，取2条白面团和2条巧克力面团，黑白相间粘在一起，组合成长圆柱形。用同样的方法制作另外1条。

❻ 圆柱形面团包裹保鲜膜，放入冰箱冷藏至少30分钟。烤箱预热至180℃。

❼ 面团切片。

❽ 放置于铺了烘焙纸的烤盘上。

❾ 烤箱温度调至170℃，烤10~12分钟。

英国

炸鱼和薯条

英国

4人份

准备时间：40分钟
等待时间：30分钟

烹调时间：40分钟

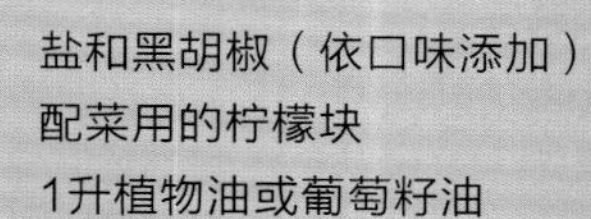

原料

4块各重150克的鳕鱼肉（或任选肉质紧实的白鱼）
4个较大的马铃薯
$1\frac{1}{2}$杯面粉
2茶匙酵母
330毫升啤酒
盐和黑胡椒（依口味添加）
配菜用的柠檬块
1升植物油或葡萄籽油

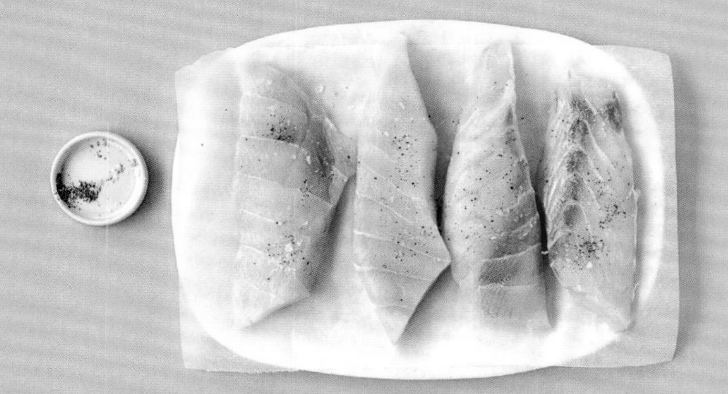

❶ 鱼肉表面撒大量盐和黑胡椒，密封，然后开始准备油炸用面糊。

❷ 取1个中等大小的沙拉碗，在其中混合面粉和酵母。倒入啤酒，用打蛋器搅拌，密封保存，放入冰箱冷藏20~30分钟。

❸ 马铃薯去皮，切条或切块。

❹ 煎炸锅中倒油。切好的马铃薯放入冷油中，锅置于火上，加热至油沸腾。缓慢搅动马铃薯，油炸15~20分钟，直到马铃薯变成漂亮的金黄色。必要时可分批炸制。

❺ 用漏勺捞出薯条，放在铺了吸油纸的盘中。用相同的方法料理剩下的马铃薯。也可用热油炸薯条，只需要调小火力，油炸十几分钟即可。

❻ 薯条平铺在托盘中，放入预热至180℃的烤箱中保温。接下来炸鱼，在准备鱼肉的同时将油加热。

❼ 将调味好的鱼肉浸入面糊中，沥去多余的面糊，小心地放入热油中。

❽ 每次炸2块鱼肉，油炸5~6分钟。为了控制油温，可在锅底放1把木勺，如果油温足够高，木勺周围会出现气泡。炸至面糊金黄酥脆。

❾ 捞出鱼肉，放在吸油纸上沥干油分。用相同的方法料理剩下的鱼肉。炸鱼可搭配薯条、柠檬块和任意酱料一起食用。

炸乌贼

英国

4人份

准备时间：20分钟

烹调时间：15分钟

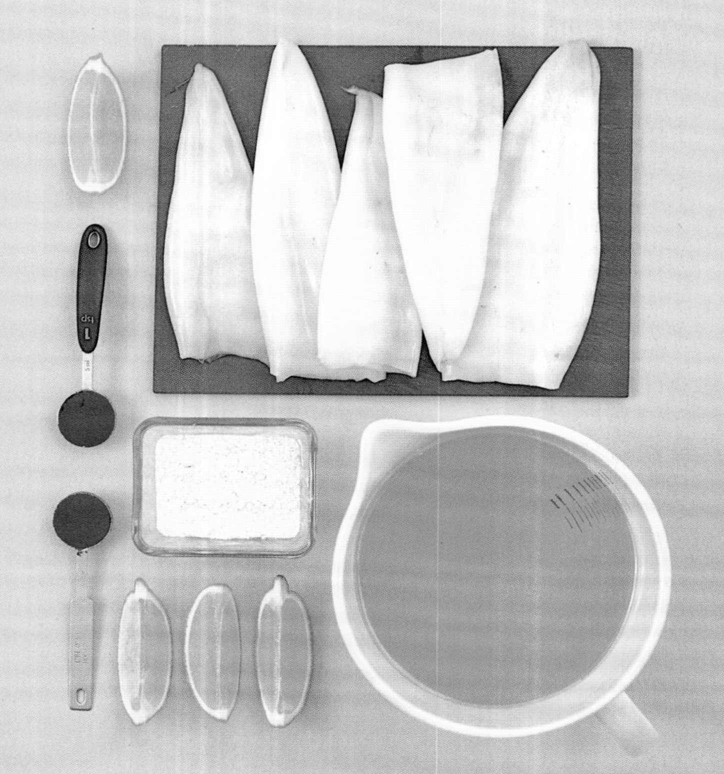

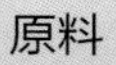

原料

800克清洗干净的乌贼，切成厚1厘米的环状

115克面粉

2茶匙烟熏红椒粉

烹调用葵花籽油

1个柠檬，切块

盐和黑胡椒

注意事项

若1片面包可在30秒内炸至金黄，意味着油温达标（180℃）。

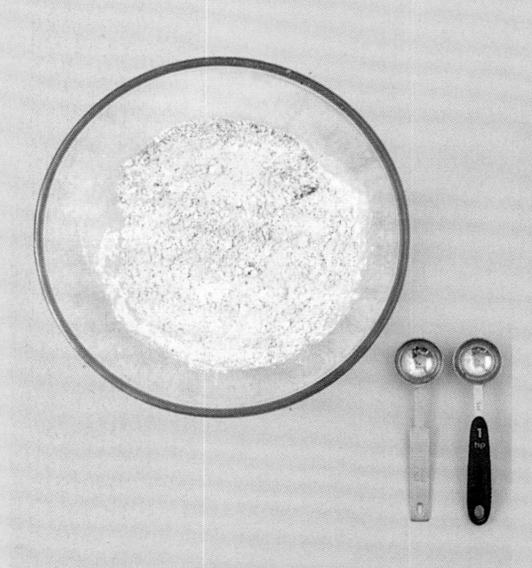

❶ 在大碗中搅拌混合面粉和红椒粉，撒入适量盐和黑胡椒调味。

❷ 将乌贼倒入面粉混合物中，充分翻滚，再盛入滤器，晃动以抖落多余的面粉。

❸ 厚底平底锅中倒入葵花籽油（容器内油高4厘米），加热至180℃。

❹ 倒入乌贼，油炸1分钟，捞出，此步骤重复几次。炸至金黄，可搭配柠檬或大蒜蛋黄酱食用。

卷心菜卷

英国

6人份

准备时间：40分钟
等待时间：30分钟

烹调时间：1小时30分钟

原料

1千克卷心菜
500克牛绞肉
75克长粒大米，洗净
1个洋葱，去皮
1个洋葱，切碎
2粒蒜瓣，压碎
$1\frac{1}{2}$茶匙牙买加胡椒
半茶匙红椒粉
2汤匙切碎的欧芹
海盐和黑胡椒碎

酱汁

800克番茄，去皮，剁碎
4粒蒜瓣，切碎，加盐
1汤匙干薄荷叶
50克黄油，切块
1升鸡汤
250克白葡萄酒

❶ 卷心菜去梗。

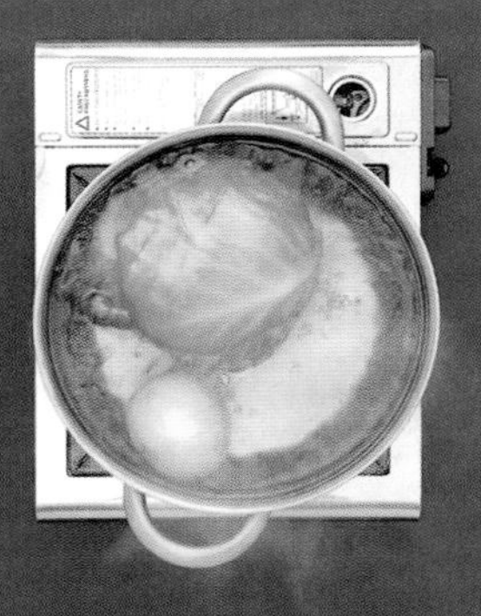

❷ 卷心菜和整个洋葱用沸水煮至软嫩，静置冷却。

❸ 混合牛绞肉、大米、切碎的洋葱、大蒜、牙买加胡椒和欧芹。用盐和黑胡椒调味。

❹ 去除卷心菜叶片中心的叶脉，每片叶子尾部放2汤匙馅料。

❺ 滚动叶片，将馅料包裹起来，并将叶片边缘卷入其中。

❻ 锅底铺上卷心菜叶，上面摆放1层卷心菜卷。

❼ 撒入少量大蒜、干薄荷叶、黄油和番茄。

❽ 重复此步骤，直到食材用尽。锅中倒入鸡汤和白葡萄酒，取1个盘子，倒扣在食材上。

❾ 盖锅盖，中火煮50分钟。关火，冷却30分钟即可上桌。

威尔士奶酪吐司

英国

2人份　准备时间：10分钟　烹调时间：10分钟

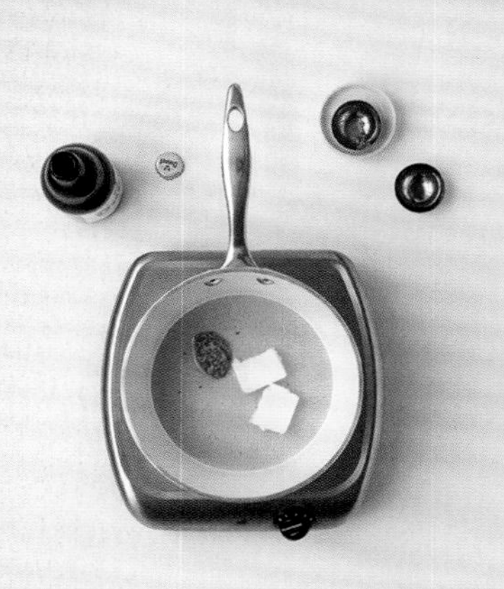

❶ 在小平底锅中混合啤酒、芥末酱、黄油和少许伍斯特辣酱油。

❷ 加入擦成丝的奶酪，置于火上。

❸ 小火煮至奶酪熔化，缓慢搅拌。预热烤箱和烤网。

❹ 稍稍烘烤吐司。关火，奶酪锅中加入蛋黄，搅匀。

原料

200克车达奶酪，康塔勒干酪或孔泰干酪

1茶匙老式芥末酱或经典芥末酱

30克黄油

45毫升啤酒：棕啤酒、金啤酒或黑啤酒

伍斯特辣酱油适量

1个蛋黄

2片稍厚的吐司

❺ 将奶酪倒在吐司上，入烤箱烤几分钟。

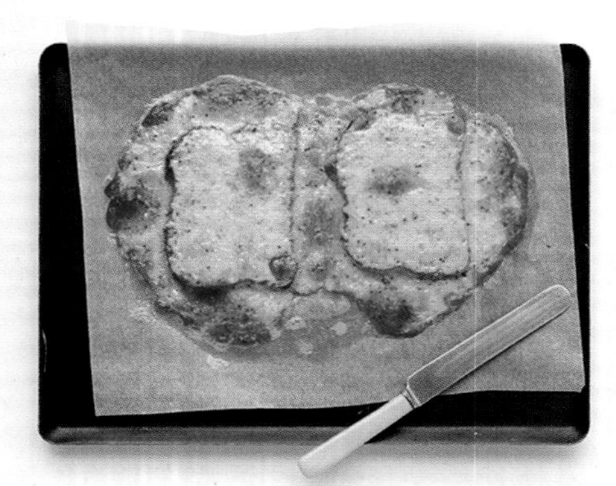

❻ 请注意观察！烤至焦黄即可出炉，可搭配辣味番茄莎莎酱（参见447页）或小份蔬菜沙拉食用。

南瓜酱

英国

1.8升南瓜酱

准备时间：30分钟

烹调时间：40分钟

❶ 南瓜去皮，擦丝，装入非金属材质的大号容器中。

❷ 加入肉桂、香草、橙汁、柠檬汁、充分搅拌。

原料

$1\frac{1}{2}$千克南瓜
1千克结晶细砂糖
250毫升橙汁
2根香草荚，纵向切成两半
2根肉桂棒
1茶匙肉桂粉
500毫升清水
2汤匙柠檬汁

❸ 加水，煮至南瓜软烂。

❹ 加入细砂糖，中火煮至完全溶解。保持沸腾状态15分钟，时不时搅拌。

❺ 捞出香草荚和肉桂棒，继续熬煮，直至形成酱汁，关火。

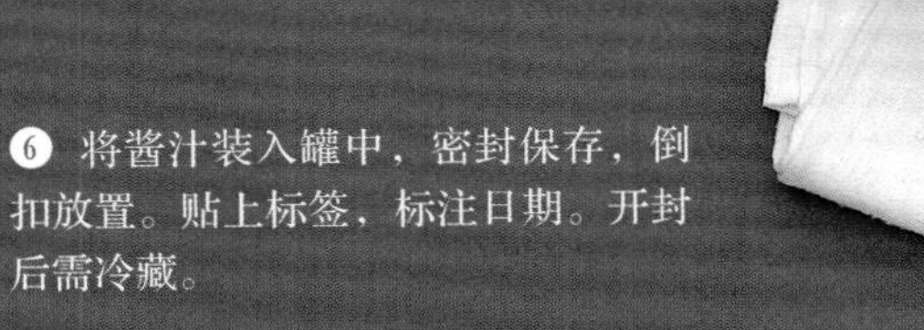

❻ 将酱汁装入罐中，密封保存，倒扣放置。贴上标签，标注日期。开封后需冷藏。

柠檬酱

英国

600毫升柠檬酱

准备时间：20分钟

烹调时间：30分钟

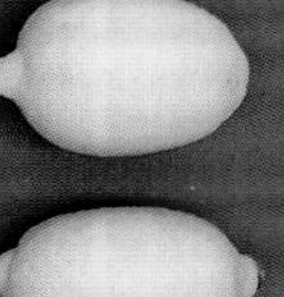

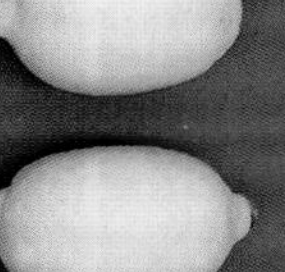

原料

250克细砂糖
12个蛋黄
2汤匙切碎的柠檬皮
185毫升柠檬汁
185克软化的无盐黄油

注意事项

步骤2中，注意容器底部不能沾水。步骤3中，水不能烧开。

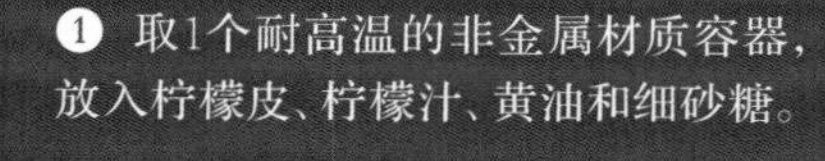

❶ 取1个耐高温的非金属材质容器，放入柠檬皮、柠檬汁、黄油和细砂糖。

❷ 平底锅加水，煮至微沸，将容器置于锅上方，搅动，直至细砂糖溶解。

❸ 加入蛋黄，持续搅动15~20分钟，直至柠檬酱足够黏稠，可以粘在勺背上。

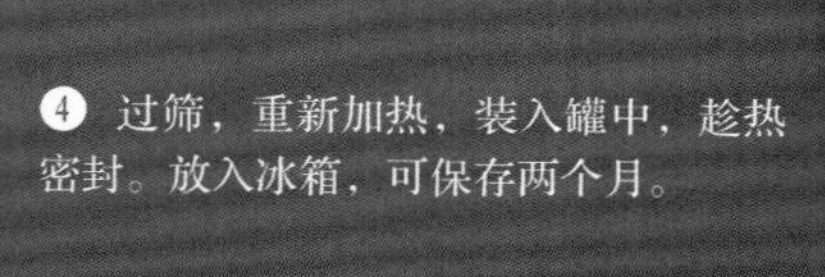

❹ 过筛，重新加热，装入罐中，趁热密封。放入冰箱，可保存两个月。

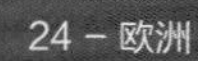

司康

英国

10个司康

准备时间：20分钟

烹调时间：14分钟

原料

280克T55面粉
60克冷黄油
40克细砂糖
50克葡萄干
1个鸡蛋
160克稀奶油（另备少许用于涂抹表面）
12克泡打粉
一撮盐

事先准备

烤箱预热至220℃。烤盘上覆盖烘焙纸。准备一个放面粉的容器，一个放稀奶油的容器。

❶ 混合面粉、泡打粉和盐，加入切块的冷黄油，用手搓成沙砾状。

❷ 倒入切碎的葡萄干，搅拌，中间挖洞。

❸ 鸡蛋和糖混合搅打至乳状的混合物，加入稀奶油，再次搅拌。

❹ 混合物倒入面粉混合物中间的小洞中，用刮刀搅拌成面团。

❺ 操作台上撒少许面粉，面团放在上面，快速揉面，使其均匀，压成厚度3~4厘米的面饼。再次撒面粉，用擀面杖擀均匀。取直径5厘米的切割模具，内壁撒面粉，切割出一块司康面饼（每切割一次，撒一次面粉）。切割出的司康面饼切勿挤压，应使其从模具自由脱落。司康面饼表面刷少许稀奶油。

❻ 入烤箱烤14分钟。取出放置在烤网上。

草莓黄油

取100克软化的黄油，搅打至发白。加入70克草莓酱，继续搅打至整体质地均匀（以存在一些细小的黄油颗粒为理想状态）。和司康一起食用。

英式面包布丁

英国

6人份

准备时间：20分钟
等待时间：1小时

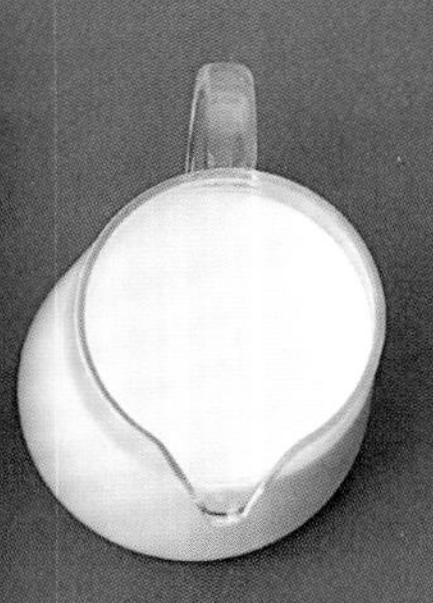

烹调时间：1小时

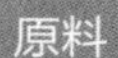

原料

约500克剩面包（例如棍子面包），切小块。
3个鸡蛋
600克牛奶
1个橙子，半个橙皮
160克黄油（含盐）
40克糖渍柠檬皮或橙皮（或葡萄干），切碎
150克细砂糖
50毫升威士忌
1颗肉豆蔻
1汤匙椰肉片（可选）

❶ 用40克黄油涂抹烤盘，码放面包块。

❷ 混合搅拌2个鸡蛋，牛奶和75克细砂糖。

❸ 混合物中加入一半量的橙皮，倒在面包上，撒上果干，让水分浸透面包。190℃烤1小时。

❹ 剩下的黄油倒入平底锅中，加入剩下的细砂糖、威士忌、2汤匙水、少许肉豆蔻和少许橙汁。

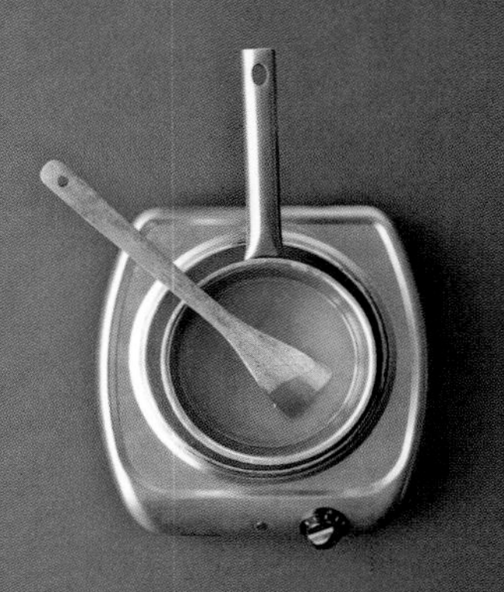

❺ 小火加热，搅拌，直至细砂糖熔解。

❻ 关火，剩下的鸡蛋打散，倒入锅中，持续搅拌。

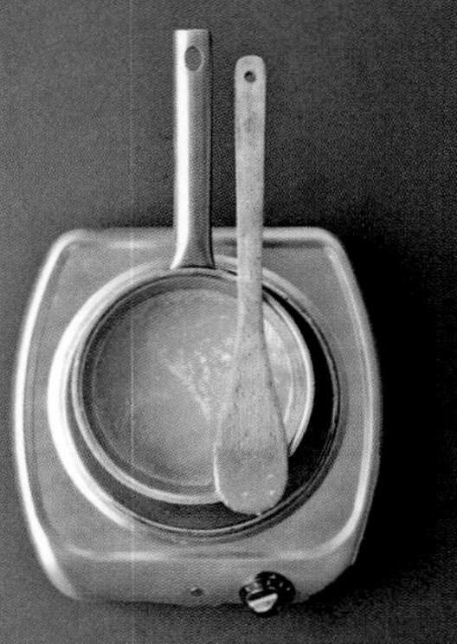

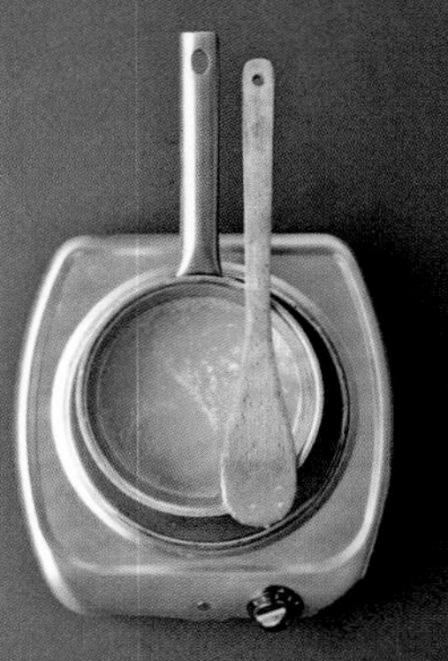

❼ 再次开小火，搅拌1~2分钟，直至浓稠。

❽ 从烤箱取出已充分膨发并呈金黄色的面包，在表面撒1汤匙细砂糖。

❾ 面包趁热和酱汁一起食用，上桌前最后一刻撒上椰肉片。

❶ 南瓜放入烤盘，放入烤箱烤至软烂。

❷ 混合面粉和黄油，加入制作挞皮的其他原料和冰水，揉成质地均匀的面团。

❸ 将面团放在撒了面粉的操作台上，揉成球状，在两张烘焙纸之间把面团擀平。

❹ 取直径23厘米的挞模，用面团垫底。

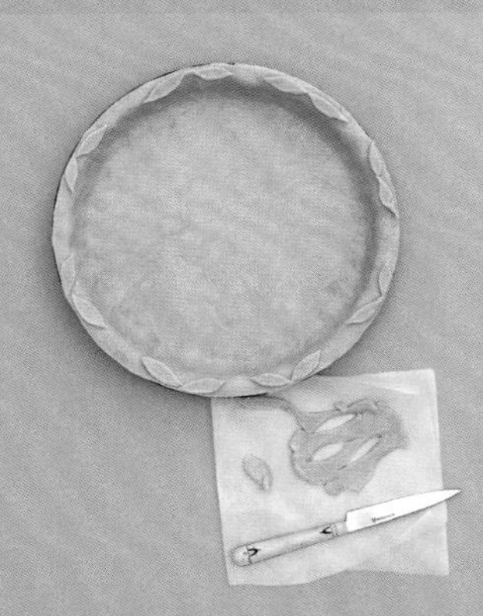

❺ 切去边缘多余的面皮。

❻ 南瓜过筛。烤箱温度调至230℃，加热烤盘。

❼ 混合南瓜、鸡蛋、红糖、3种香料、盐、牛奶、黄油和玉米面粉，制成南瓜馅料。

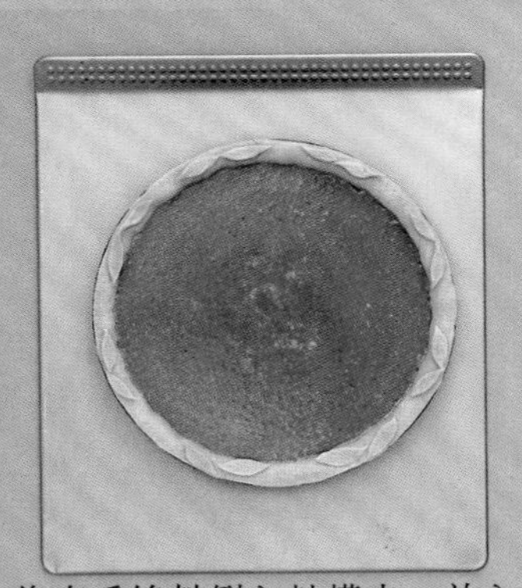

❽ 将南瓜馅料倒入挞模中，放入烤箱烤10分钟。

南瓜挞

英国

8人份

准备时间：40分钟

烹调时间：1小时

挞皮

250克面粉
125克黄油，切块
60克细砂糖
2个蛋黄
1茶匙香草精

馅料

500克南瓜，去皮，切块
2个鸡蛋，稍稍打散
250克红糖，少许细砂糖
1茶匙肉桂粉
1茶匙肉豆蔻粉
半茶匙姜粉
半茶匙盐
250克牛奶
60克黄油，熔化
1汤匙玉米面粉

事先准备

烤箱预热至190℃。

❾ 烤箱温度调至180℃，继续烤20分钟，直至馅料凝固。取出，降温，撒细砂糖，和冰激凌一起食用。

建议

为使烤制出的挞皮更加酥脆，应该等南瓜馅料完全冷却后，再将其填入挞模。

柠檬蛋白挞

英国

8人份

准备时间：30分钟
等待时间：15分钟

烹调时间：25分钟

原料

400克油酥挞皮面团（参见71页）
2个蛋白
125克细砂糖
10克糖粉
24克清水（3汤匙）
350克卡仕达酱（参见70页）
半个柠檬的果汁和果皮
半根香草荚，劈成两半

事先准备

直径28厘米的挞模内涂抹黄油，放入冰箱。

❶ 将面团擀成略大于挞模的圆形面皮，用餐叉戳20余下，使其布满小孔。

❷ 轻轻拿起面皮，对着挞模翻转，将有小孔的那面朝下，仔细填入挞模，压实边缘。

❸ 用擀面杖擀去多余的面皮。放入冰箱冷藏15分钟。烤箱预热至170℃。

❹ 挞皮上压重物（如烘焙豆），烤20分钟，再拿掉重物，继续烤10分钟。出炉并冷却。

❺ 准备卡仕达酱：将香草荚劈开，刮出香草籽，倒入牛奶并煮沸。加入柠檬汁和柠檬皮。加盖保鲜膜，静置冷却。

❻ 准备蛋白：打发蛋白，其间加入1茶匙细砂糖。

❼ 向平底锅中倒入剩下的细砂糖和3汤匙清水，煮至沸腾。

❽ 沸煮3分钟。将煮好的糖浆倒入打发的蛋白中，将搅拌器靠近容器内壁以低速搅打5分钟，而后将混合物静置降温。

❾ 取$\frac{1}{3}$的蛋白，加入卡仕达酱并混合，使其质地变得轻盈。

❿ 在冷却的挞皮上涂抹卡仕达酱，其上覆盖蛋白，使表面形成小尖顶。

⓫ 表面撒糖粉，将蛋白挞放入面火炉，使表面形成焦黄色。

黑白杯子蛋糕

英国

12个杯子蛋糕

准备时间：45分钟
等待时间：10分钟

烹调时间：20分钟

原料

杯子蛋糕

215克面粉
200克细砂糖
6克酵母
3克盐
115克软化的黄油
120克高脂奶油
1个鸡蛋，室温
1个蛋黄，室温
12克香草精
180克巧克力抹酱

香草淋面

170克软化的黄油
150克细砂糖
2汤匙稀奶油
2茶匙香草精
一小撮盐

巧克力淋面

150克巧克力
1汤匙中性油（如葡萄籽油、有机菜籽油等）

事先准备

将烤网放置在烤箱中层，预热180℃。在蛋糕模具中放入12个纸模。

❶ 取1只碗，用带刀片的搅拌器搅拌面粉、细砂糖、酵母和盐。

❷ 加入黄油、奶油、鸡蛋、蛋黄和香草精。以高速搅拌，直至面糊质地均匀。

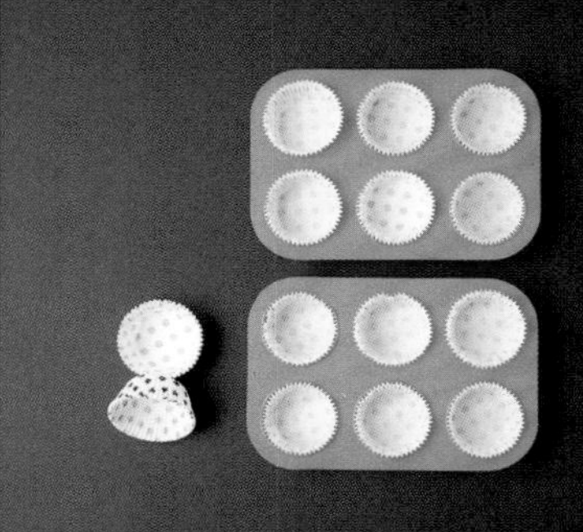

❸ 在12连蛋糕模具中放入纸模。

❹ 用冰激凌勺或汤匙将面糊填至模具高度的$\frac{2}{3}$，放入烤箱烤20分钟。

❺ 出炉并脱模，将烤好的杯子蛋糕放置在架高的烤网上。用小刀在每个蛋糕中间挖一个小洞。

❻ 在小洞中填满1茶匙抹酱，抹酱应高出蛋糕。

❼ 取1个体积较小的容器，放入黄油、稀奶油、香草精和盐，用搅拌器高速搅拌。

❽ 搅拌器调至低速，倒入细砂糖，搅拌至混合物质地均匀。再次高速搅拌4~5分钟。

❾ 将糖面填入配有16毫米裱花嘴的裱花袋中，挤在杯子蛋糕上（此步骤要等蛋糕出炉至少45分钟后进行）。装饰好的蛋糕放入冷柜冷却十几分钟：应使其达到极低的温度。

❿ 开小火，用水浴的方法熔化巧克力和油。

⓫ 倾斜平底锅，将蛋糕上的香草淋面浸入巧克力中，略微抬起蛋糕，使多余的巧克力滴落。

⓬ 杯子蛋糕重新放置在操作台上，等待片刻，直至巧克力凝固。低温食用或保存。

粉红杯子蛋糕

英国

12个杯子蛋糕　准备时间：20分钟　烹调时间：20分钟

原料

12个原味杯子蛋糕（参见30页）

120克软化的黄油

230克细砂糖

230克奶油奶酪（费城奶酪，一种新鲜奶酪），从冰箱取出回温30分钟

2茶匙香草精

红色或粉色色素

装饰用的翻糖

100克白色翻糖

液体或凝胶状的红色或粉色色素

细砂糖

❶ 黄油和糖混合搅打至形成轻盈且充满空气感的混合物（搅打约2分钟）。

❷ 分8次加入奶油奶酪，每次加入后仔细搅打。再加入香草精和色素，继续搅打制成奶油霜。

❸ 取装有16毫米裱花嘴的裱花袋，填入奶油霜，挤在杯子蛋糕上。

❹ 翻糖分成2份，其中一份擀薄，中间放少许色素，揉捏至颜色均匀。

❺ 擀面杖和操作台上撒少许细砂糖，将2份翻糖擀成薄薄的饼状。

❻ 用按压式切割模具切割出2种不同颜色的翻糖花朵，如有需要，可将其组合在一起。

❼ 花朵装饰在杯子蛋糕的奶油霜上，在翻糖变干燥前尽快食用。

巧克力杯子蛋糕

英国

10~12个杯子蛋糕

准备时间：40分钟

烹调时间：20分钟

原料

125克酸奶
3个鸡蛋
140克红糖
170克加了酵母的面粉
150克黄油
20克可可粉
1茶匙香草精

意大利蛋白

220克细砂糖
80毫升蜂蜜
2个蛋白

事先准备

熔化黄油。可可粉和面粉过筛。

❶ 将酸奶、鸡蛋、红糖和香草精倒入沙拉碗中，混合搅拌。

❷ 加入面粉和可可粉，不要过度搅拌，再加入熔化的黄油。

❸ 蛋糕模具中放入纸模。将面糊倒入纸模，抹平表面。

❹ 烤箱预热至190℃，烤20分钟。烘焙到一半时间时，将烤盘水平调转180°。取出蛋糕，静置冷却。

❺ 煮沸220克细砂糖和清水，保持沸腾状态5分钟，不要搅动。

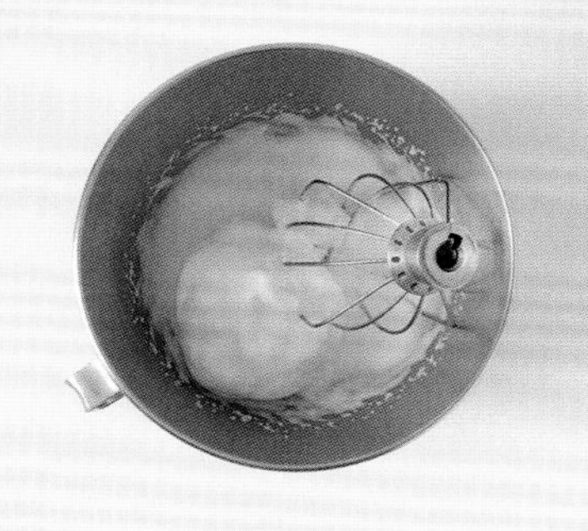

❻ 将2个蛋白打发成质地绵密的白雪状。

❼ 打蛋器的速度调低，缓缓倒入糖浆，继续搅拌10分钟，直至混合物质地紧实，降温。

❽ 取带裱花嘴的裱花袋（或借助勺背），将蛋白裱在杯子蛋糕上。

❾ 在蛋白表面撒装饰用的细砂糖。

苹果奶酥

英国

6人份

准备时间：20分钟

烹调时间：45分钟

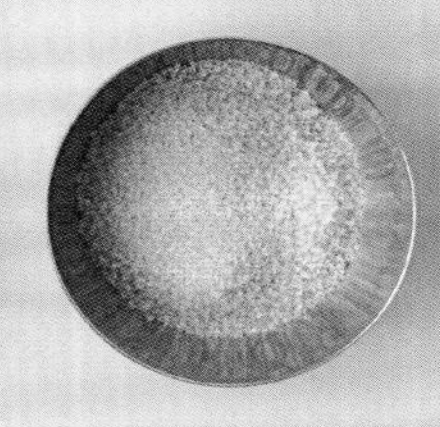

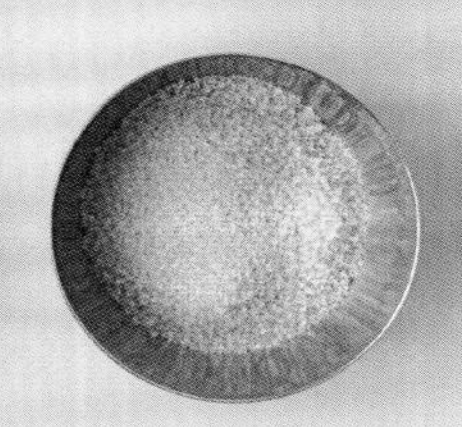

原料

6个黄金苹果（800克）
120克粗红糖＋1汤匙粗红糖
150克黄油
120克燕麦片
120克面粉
一小撮肉桂粉
一小撮盐
1个柠檬的柠檬皮

事先准备

烤箱预热至180℃。边长为25厘米的正方形模具内壁涂抹黄油。

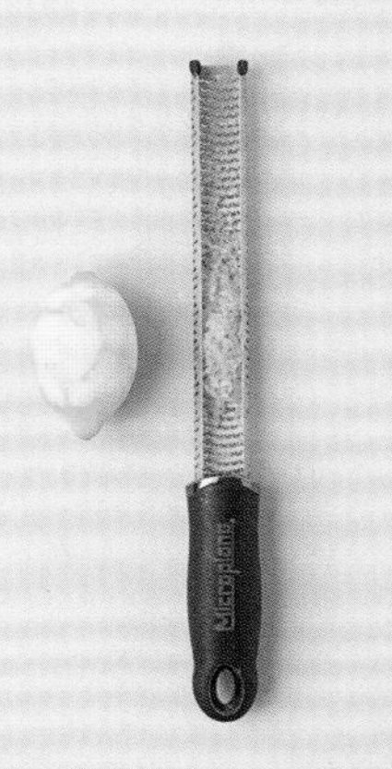

❶ 柠檬冲洗，擦干，柠檬皮擦细丝。

❷ 苹果去皮，切块，去核，再切成丁。

❸ 苹果丁装入容器，混合1汤匙粗红糖和所有的柠檬皮。

❹ 将所有干性食材和120克切丁的黄油混合在一起，制成形如沙砾的面粉屑。

❺ 苹果倒入模具中，表面覆盖面粉屑。

❻ 剩下的黄油切小块，撒在表面。

❼ 烤45分钟：奶酥应该呈较深的金黄色。趁热搭配高脂奶油食用。

实用技巧

如果奶酥是提前准备好的，上桌前应放入烤箱以120℃加热15分钟。

胡萝卜蛋糕

英国

10~12人份

准备时间：30分钟
等待时间：10分钟

烹调时间：40分钟

原料

175克核桃仁，切大块
350克胡萝卜，擦丝
225克无盐黄油，软化
225克细砂糖和4个鸡蛋
175克加了酵母的面粉
$1\frac{1}{2}$茶匙的泡打粉
一小撮牙买加胡椒
一小撮肉桂粉和盐
1个柠檬，取皮，擦丝

奶油霜

100克马斯卡彭奶酪
100克奶油奶酪
50克细砂糖
1个柠檬，榨汁，取皮，擦丝

事先准备

取直径23厘米的模具，抹油并撒面粉。
烤箱预热至180℃。

❶ 搅打黄油和细砂糖，直至混合物轻盈发泡。

❷ 加入鸡蛋，继续搅打。

❸ 加入过筛的面粉、泡打粉、香料和盐，仔细搅拌。

❹ 加入柠檬皮、核桃仁和胡萝卜丝，搅拌。预留几颗核桃仁用于表面装饰。

❺ 将面糊倒入模具中，入烤箱烤40分钟，直至蛋糕膨胀，摸上去质地紧实。

❻ 冷却10分钟，脱模，蛋糕放置在烤网上，等待其完全冷却。

❼ 在碗中混合马斯卡彭奶酪、奶油奶酪、细砂糖、柠檬皮和柠檬汁，搅打1分钟，制成奶油霜。

❽ 用刮刀把奶油霜厚厚地涂抹在蛋糕上。

❾ 最后撒上核桃碎。

变化版本

核桃仁可用松仁等其他坚果或切碎的柠檬皮代替。柠檬可用橙子代替。

法国

油酥挞皮面团

法国

4人份

准备时间：15分钟
等待时间：1小时

—

原料

250克面粉

1茶匙盐

125克无盐黄油或含盐黄油（选择含盐黄油时则无须另加入盐）

直径23厘米的挞模

准备

大碗中倒入面粉、盐、切成小块的黄油，用手指揉搓黄油和面粉，形成粗粒。加入半杯冷水，用餐刀混合搅拌，然后用手揉成面团，但注意不要过度和面。面团放入塑料袋或保鲜膜中，放进冰箱冷藏至少1小时。

保存

油酥挞皮可提前两天准备，冷冻也不会影响口感。

简易千层挞皮面团

法国

200克面团

准备时间：20分钟
等待时间：1小时

—

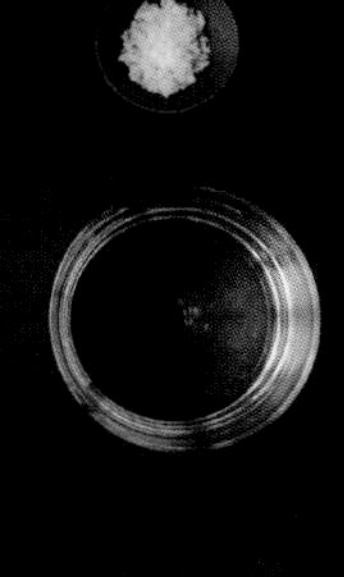

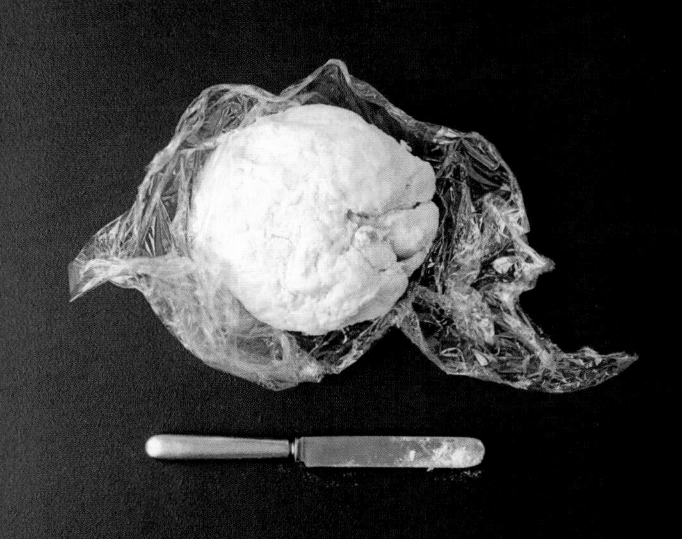

原料

350克面粉

225克黄油，放入冰箱30~45分钟

一撮盐

准备

混合面粉和黄油。黄油在面粉上方擦成较粗的丝，用圆头刀小心搅拌，使黄油均匀分散在面粉中。加入清水再次搅拌，然后用手揉成一个较大的面团，放入冰箱冷藏至少1小时。

柠檬香葱黄油卷

法国

4人份

准备时间：15分钟
等待时间：4小时

—

准备

黄油倒入碗中，用刮铲搅拌，加入其余原料继续搅拌。取长宽分别为25和20厘米的烘焙纸，混合物纵向铺在纸上。将纸卷起，将黄油变成长圆柱形，边卷边压紧两端，最终卷成糖果状。至少于阴凉处放置4小时，上桌前拆去包装，按照需要切片，余下的黄油依旧放在阴凉处保存。

注意事项

也可用电动搅拌器搅打黄油。

原料

125克软化的黄油
4汤匙切碎的香葱（约一小把香葱）
半茶匙柠檬皮
盐和黑胡椒

蛋黄酱

法国

4~6人份

准备时间：15分钟

—

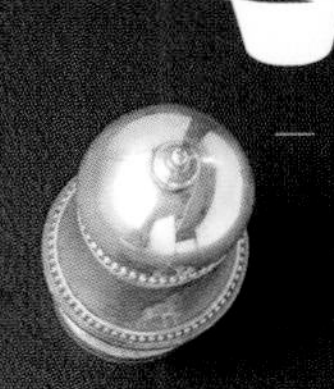

准备

蛋黄倒入较大的沙拉碗中，加入盐和芥末。用手动或电动打蛋器搅打，倒入1滴植物油，搅打，逐滴加入植物油，搅打至混合物变得黏稠。待油剩下$\frac{1}{3}$时，一边向碗中缓缓倒入一边搅打至蛋黄酱膨胀起来，最后加入少量柠檬汁和黑胡椒调味。

补救失败的蛋黄酱

重新取1个蛋黄，和剩下的植物油少量多次加入失败的蛋黄酱中，持续搅打。

原料

1个蛋黄
1茶匙盐
1茶匙第戎芥末
300毫升植物油
1~2茶匙柠檬汁
黑胡椒碎

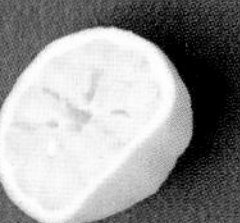

溏心蛋佐芦笋

法国

1人份

准备时间：5分钟

烹调时间：6分钟

原料

鸡蛋
盐之花
橄榄油
煮熟的芦笋（或蒲公英沙拉、马铃薯泥等）

❶ 鸡蛋放入冷水中。

❷ 煮沸，保持沸腾状态6分钟。

❸ 煮好的溏心蛋放入冷水中降温，剥去蛋壳。

❹ 鸡蛋摆放在芦笋上，淋少许橄榄油，并撒上盐之花。

❶ 鹅肝放入深口盘中，加入混合香料、细砂糖、干邑（或阿马尼亚克烧酒）、白胡椒和盐，封上保鲜膜，腌制1晚。

❷ 烤箱预热至100℃。从腌料中取出鹅肝，用保鲜膜包裹成2根紧实的香肠。

❸ 两头打结，外面包锡纸。

❹ 放入盛有热水的烤盘，烤30~40分钟。

❺ 从烤箱中取出鹅肝，除去锡纸和保鲜膜。烤出的油脂放在一旁，鹅肝降温。

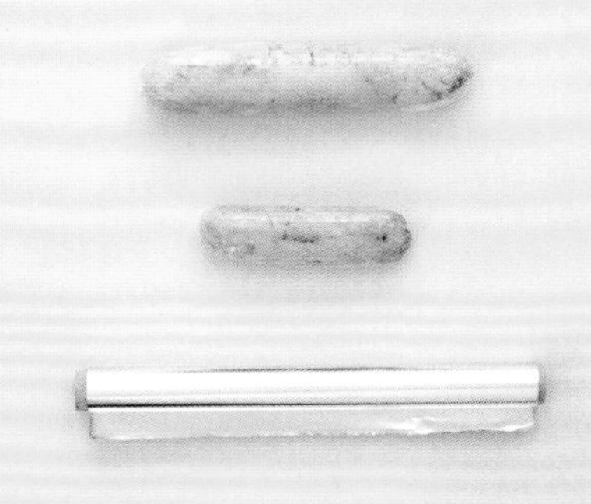

❻ 鹅肝再次用保鲜膜和锡纸扎成紧实的香肠状，于阴凉处放置3小时。

❼ 焦糖饼干放入塑料食品袋中，用擀面杖压成碎屑。冷却的鹅肝切成厚1厘米的片，裹上饼干屑。

焦糖饼干鹅肝

法国

20人份

准备时间：5分钟

烹调时间：40分钟

原料

300~400克鹅肝，去筋
5~6块焦糖饼干
$\frac{1}{4}$茶匙混合香料
半茶匙细砂糖
30毫升干邑或阿马尼亚克烧酒
少许白胡椒碎
盐

❽ 鹅肝搭配沙拉嫩叶和烤好的法棍食用。

奶酪香草面包

法国

1个较大的面包

准备时间：25分钟
等待时间：2小时30分钟

烹调时间：40分钟

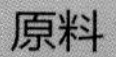

原料

500克面粉（型号T55—T80）
2茶匙盐
175克擦丝的奶酪（康塔勒奶酪、孔泰奶酪等）
15克新鲜面包酵母
300克温水
满满1汤匙老式芥末酱
1把细香葱，切碎
1把欧芹，取叶子，切碎
黑胡椒

❶ 搅拌器的搅拌桶中放入面粉、盐、黑胡椒、芥末酱、2种香草和$\frac{3}{4}$的奶酪，中间挖一小洞，把酵母弄碎放入小洞中，洞里倒入温水，搅动，使之溶解。

❷ 将混合物低速搅拌成面团，再用手揉捏10分钟，或使用揉面程序揉制5分钟，盖好，发酵2小时。

❸ 蛋糕模中抹油，放入膨发的面团，撒上剩下的奶酪，再次发酵30分钟。烤箱预热至190℃。

❹ 大约烤40分钟。取出后等待几分钟，脱模，移至烤网上降温。

尼斯洋葱挞

法国

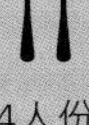

4人份

准备时间：15分钟

烹调时间：1小时

原料

1卷纯黄油千层酥饼面团（200克）
10个洋葱
3汤匙油或40克黄油
4~8条腌制鳀鱼，任选
1茶匙干牛至叶

事先准备

烤箱预热至120℃。
鳀鱼切小块。

❶ 洋葱去皮，切成两半，再切成不太薄的片。

❷ 煎炒锅或平底锅倒入黄油或油，加入洋葱翻炒。小火炒30~35分钟，至洋葱软烂。

❸ 展开挞皮，用餐叉插小孔，边缘卷起1厘米。铺上炒好的洋葱，撒上牛至叶和鳀鱼块。

❹ 烤箱烤20分钟左右，直至挞皮焦黄。搭配蔬菜沙拉一起食用。

洛林咸派

法国

4人份

准备时间：15分钟

烹调时间：50分钟

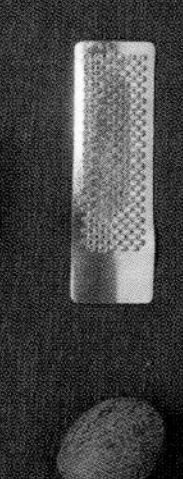

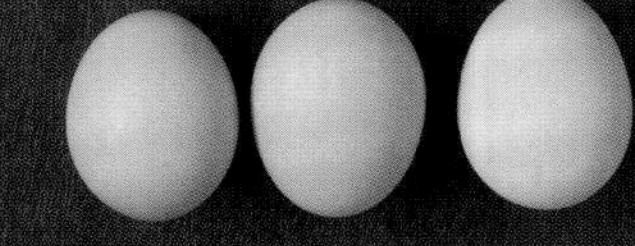

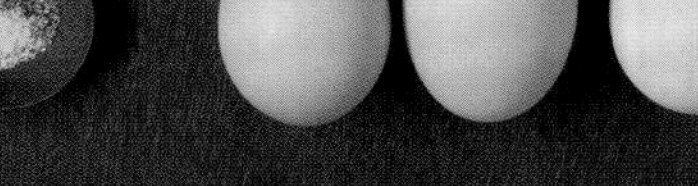

原料

1个油酥挞皮（参见36页）
150克烟熏培根
3个鸡蛋
300克全脂或低脂稀奶油
一撮芥末
盐和黑胡椒
黄油，用于涂抹模具

事先准备

用黄油涂抹模具，烤箱预热至180℃。烟熏培根切丁。

❶ 肉丁倒入平底锅煎炒。

❷ 将挞皮放入模具中垫底，扎小孔，放入冰箱冷藏。

❸ 冷藏过的面挞皮上撒肉丁。

❹ 混合搅拌鸡蛋、奶油、芥末，加入适量盐，撒入黑胡椒。

❺ 蛋奶糊倒入模具中，表面覆盖肉丁。

❻ 放入烤箱烤35~40分钟，直至表面金黄。

水芹汤

法国

4人份

准备时间：20分钟

烹调时间：30分钟

原料

2把水芹
一小把青葱（或两个较甜的小洋葱）
2个沙质马铃薯
150~200毫升白脱牛奶
40克黄油
少许塔巴斯科辣椒酱
盐

事先准备

青葱切碎，马铃薯去皮，切丁，水芹洗净，摘叶，去除过老的茎。

❶ 取1只较浅的容器，倒入白脱牛奶，加盐和塔巴斯科辣椒酱，放入冰箱冷藏备用。

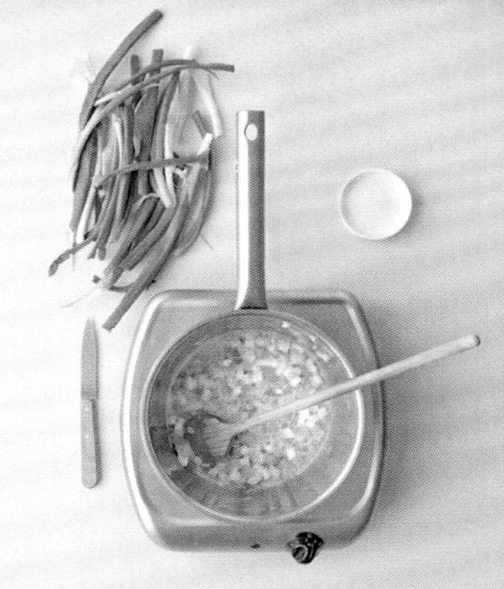

❷ 开中火，切碎的洋葱用黄油煎炒十几分钟。

❸ 倒入马铃薯，搅拌，加少量水，撒盐，煮15~20分钟。

❹ 加入水芹，再煮2~3分钟。

❺ 将煮好的水芹连同汤汁一起倒入蔬菜研磨器，与固体食材一同搅拌均匀。

❻ 倒入碗中，浇上少许辣味白脱牛奶。

比斯开螃蟹汤

法国

4~6人份

准备时间：10分钟

烹调时间：50分钟

原料

1只重1千克的黄道蟹
50克黄油
50克洋葱，切碎
50克芹菜，切碎
3片月桂叶
2汤匙干邑
400克番茄罐头
1茶匙浓缩番茄汁
75毫升干白葡萄酒
1.75升鱼汤
75毫升高脂奶油
一撮卡宴辣椒粉
$\frac{1}{4}$个柠檬，榨汁
盐和黑胡椒

❶ 螃蟹放入沸水中煮8~10分钟，捞出沥干水分，稍稍降温。

❷ 螃蟹去壳，用刀把蟹壳劈成两半，取出腮。

❸ 将洋葱、芹菜和月桂叶放入黄油中煸炒5分钟。

❹ 加入蟹肉块，倒入干邑，煮几分钟。

❺ 加入番茄罐头、浓缩番茄汁、葡萄酒和鱼汤，煮至沸腾，小火炖30分钟。

❻ 混合物用搅拌器搅打2~3遍，残留少许蟹壳碎片也没关系。

❼ 螃蟹汤用筛网过滤，用勺背按压，以最大限度获取汤汁。

❽ 过滤后的汤汁倒入平底锅，加入奶油，用卡宴辣椒粉、柠檬汁、盐和黑胡椒调味。

❾ 料理好的比斯开螃蟹汤用大碗盛出，食用之前可再次加热。

建议

汤里可撒少许油炸面包丁。

海螯虾汤

法国

2人份

准备时间：20分钟

烹调时间：45分钟

原料

12只海螯虾
1根大葱，清理干净
1根胡萝卜，洗净
1棵球茎茴香，洗净
一小杯白葡萄酒
1束混合香草（香叶芹、莳萝、欧芹、香菜等）
1个青柠檬
1汤匙油（葵花籽油或菜籽油）
柠檬香葱黄油（参见37页）

❶ 用细绳捆绑一半的混合香草束。蔬菜和剩下一半的香草切段，球茎茴香切片。

❷ 取海螯虾的虾头和虾钳。

❸ 在平底锅中加热油，虾头和虾钳用小火煸炒5分钟。

❹ 加入大葱、胡萝卜、一半的球茎茴香和白葡萄酒，继续煸炒使水分蒸发。

❺ 加入大量清水和捆好的香草束，将水烧开并保持微滚状态约30分钟，其间用漏勺除去浮渣和泡沫。

❻ 捞出锅中的固体食材。

❼ 将海螯虾倒入汤中，煮4分钟。

❽ 捞出煮好的虾，去壳。

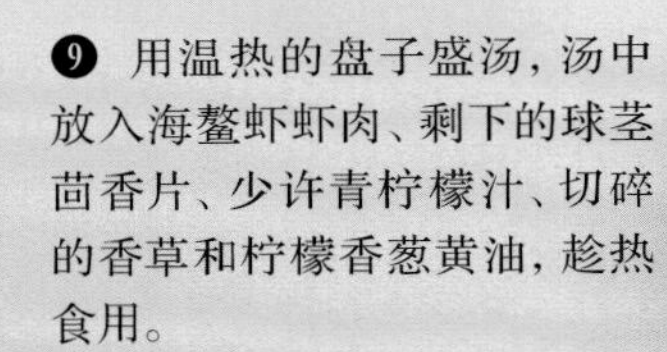

❾ 用温热的盘子盛汤，汤中放入海螯虾虾肉、剩下的球茎茴香片、少许青柠檬汁、切碎的香草和柠檬香葱黄油，趁热食用。

金枪鱼尼斯沙拉

法国

4人份

准备时间：10~15分钟

烹调时间：10分钟

原料

2块各重100克的金枪鱼
250克马铃薯，煮熟，切成两半
100克四季豆，煮熟
100克圣女果，切成两半
50克黑橄榄，切成两半
2汤匙刺山柑花蕾
25克盐腌鳀鱼，切片
2个煮熟的鸡蛋，切成两半
2小棵生菜的叶片
1汤匙橄榄油
盐和黑胡椒

油醋汁

3汤匙橄榄油
1汤匙白葡萄酒醋
半汤匙第戎芥末

❶ 金枪鱼上涂抹少许橄榄油，撒盐和黑胡椒。

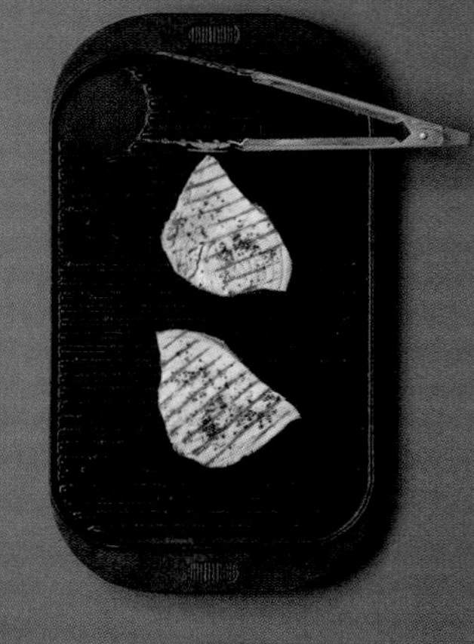

❷ 在生铁烤盘上煎金枪鱼，每面煎1分钟，离火后静置5分钟降温。

❸ 沙拉碗中倒入除鸡蛋和生菜以外的食材。

❹ 在碗中搅打制作油醋汁所需的原料，加入盐和黑胡椒。

❺ 沙拉碗中加入鸡蛋和生菜叶，倒入油醋汁，充分搅拌。

❻ 金枪鱼切长条，加入沙拉中，上桌。

❶ 平底锅中倒入洗净切块的胡萝卜、芹菜、黑胡椒、欧芹、百里香、白葡萄酒、粗盐和清水，使汤汁高度达到5厘米，煮至微滚。

❷ 最好微滚20分钟，如果没有时间，可略过此步骤。放入鲭鱼块。

❸ 关火，将锅口密封起来。如果不赶时间，保持微滚状态继续煮7~8分钟。

❹ 等待汤汁冷却，取出鲭鱼，沥干水分，取下鱼肉，小心去除鱼皮和鱼刺。

❺ 取$\frac{1}{4}$的柠檬皮，擦细丝，与鱼肉、少许柠檬汁、切碎的香葱、酸奶和辣椒粉混合搅拌，根据口味调味。

鲭鱼酱

法国

8人份

准备时间：15分钟

烹调时间：20分钟

原料

2块鲭鱼
半把细香葱
1个柠檬，最好选用有机柠檬
4~5汤匙希腊酸奶或白奶酪
1根胡萝卜
1根芹菜
半杯白葡萄酒
几颗黑胡椒粒
几根欧芹茎
1根百里香
一小撮埃斯普莱特辣椒粉
粗盐
面包，摆盘用

❻ 将混合好的鲭鱼涂抹在烤好的乡村面包上。鲭鱼酱可保存至第二天。

牛肋排

法国

2~3人份

准备时间：30分钟

等待时间：2小时

烹调时间：25分钟

原料

1块牛肋排

50克粉丝

半根黄瓜

1个小球茎茴香

半把香菜，切碎

1个小洋葱，切碎

2汤匙腰果

2粒蒜瓣

一小块生姜

1汤匙中性油（如葡萄籽油、有机菜籽油等）

1个青柠檬

1汤匙细砂糖

盐和黑胡椒

❶ 大蒜切片，生姜擦成末。牛肋排上淋上一半量的油并撒入蒜片，加黑胡椒和姜末，腌制2小时。

❷ 粉丝煮3~4分钟（参考包装上的说明），用清水冲洗，沥干。

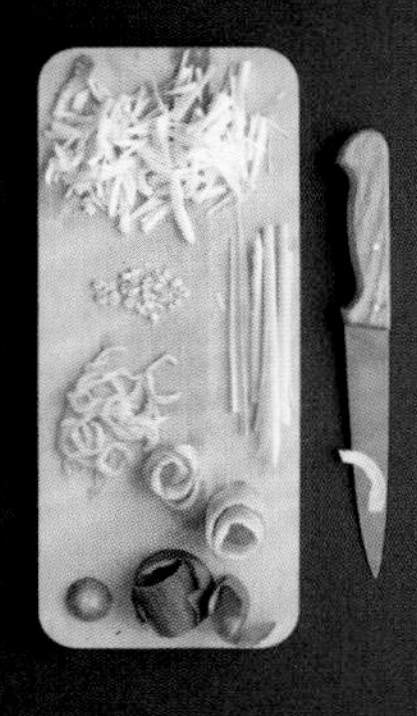

❸ 用刀或蔬菜处理器将蔬菜处理成长条状。

❹ 混合100毫升水、细砂糖、2茶匙柠檬汁和盐，制成调味汁。烤箱温度调至190℃。腰果烘烤6分钟，取出碾碎。

❺ 烤箱温度调至240℃。用油把牛肋骨两面煎成金黄色，再放入烤箱，以210℃烘烤。

❻ 粉丝用一半量的调味汁调味，搅拌，加入几乎所有的蔬菜，再次搅拌。

❼ 牛肋骨烤15~25分钟（根据想要的熟度），取出，剔下肉，再切片。

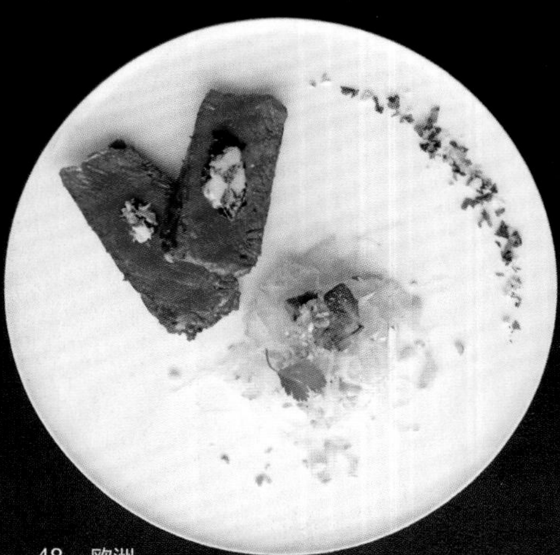

❽ 牛肉片、沙拉和剩下的蔬菜一起装盘，淋上剩下的调味汁，再撒上香草和腰果碎。

❶ 腌渍小黄瓜竖着切成2~3条。欧芹取叶。小洋葱去皮，切成两半。

❷ 欧芹叶切碎。小黄瓜切段，再切小丁。洋葱切小丁。

牛肉塔塔

法国

1人份

准备时间：10分钟

—

原料

1块牛肉，用刀剁碎
1颗蛋黄
1茶匙芥末
1个小洋葱
2~3根腌渍小黄瓜
2~3根欧芹
少许伍斯特拉酱油
少许照烧酱（如果没有，也可用酱油代替）
少许塔巴斯科辣椒酱
几颗刺山柑花蕾（如果是盐渍的，应先用冷水浸泡）
盐和黑胡椒

❸ 将牛肉碎和酱汁、芥末、切碎的刺山柑花蕾混合搅拌。用盐和黑胡椒稍稍调味（如果使用的是盐渍刺山柑花蕾，盐应适量减少）。

❹ 牛肉碎中间挖洞，放入蛋黄，四周撒香料。

牛肉酥皮包

法国

4人份

准备时间：25分钟

烹调时间：35分钟

原料

1块重约800克的牛肉
200克简易千层面团（参见36页）
1个柠檬
1个橙子
1粒蒜瓣
1个鸡蛋
半把欧芹
50克面包糠
1汤匙葵花籽油
1汤匙香脂醋
约500克蒸马铃薯或煮马铃薯，用作配菜
盐和黑胡椒

事先准备

烤箱预热至200℃。

❶ 将牛肉放入热油中，以中到大火煎制，每面都要煎到。

❷ 取出牛肉，倒掉锅中多余的油脂，加入醋和1杯清水，刮下锅中的结块，收汁1~2分钟。

❸ 橙子和柠檬的果皮擦细丝，大蒜和欧芹切碎，混合制成香草混合汁。

❹ 面团擀开，其上撒$\frac{2}{3}$的香草混合物。

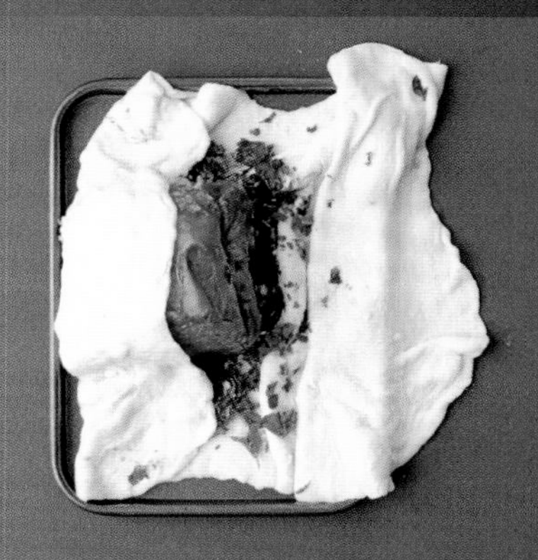

❺ 将面皮铺在烤盘上，其上放牛肉，用面皮将牛肉包裹起来。

❻ 鸡蛋打散，用刷子将蛋液涂在面皮上，入烤箱烤30分钟。

❼ 平底锅加热，倒入面包糠，搅动，烘至金黄。

❽ 将面包糠和剩下的香草混合物搅拌在一起。

❾ 烤好的牛肉酥皮包和马铃薯（或其他蔬菜）一起上桌，马铃薯上撒香草面包糠，并淋上步骤2的调味汤汁。

法式炖锅

法国

4人份

准备时间：15分钟

烹调时间：4小时

原料

900克牛肉：可选牛肩肉、牛腱子肉，或其他油脂较多的部位（牛肋排或牛尾）

3根胡萝卜，洗净，去皮

3根大葱，洗净，去皮

10个马铃薯，去皮

1根芹菜，洗净

1个洋葱，去皮

1~2粒大蒜，去皮

1把什锦香草束

黑胡椒粒和粗盐

小料

芥末

腌渍小黄瓜

番茄酱

❶ 双耳盖锅中放入牛肉、2根胡萝卜、1根大葱、芹菜、洋葱、蒜、什锦香草束和黑胡椒。

❷ 加水，小火煮至微沸。

❸ 保持微滚状态3~4小时，用漏勺撇去浮渣和泡沫。

❹ 取出牛肉和蔬菜。

❺ 用筛网将汤汁滤入一个深平底锅中，滤出的香草弃用。

❻ 锅中加盐，将汤汁煮至沸腾，倒入剩下的蔬菜。

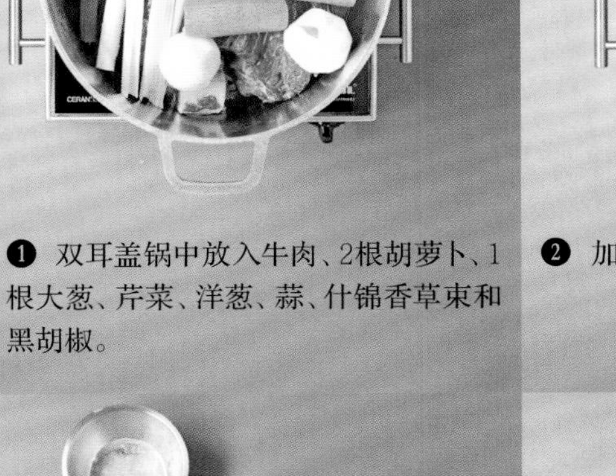

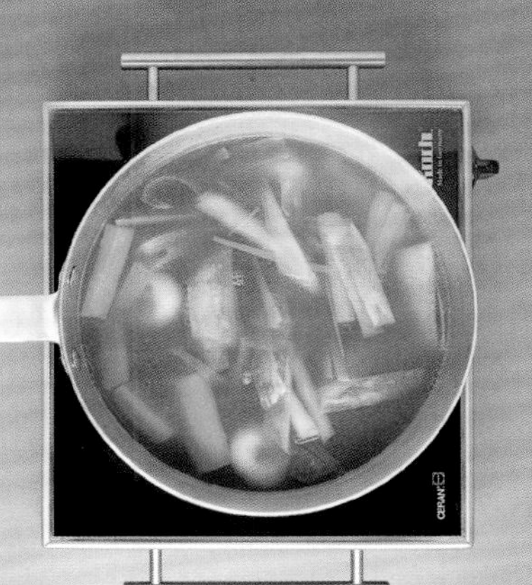

❼ 煮15~20分钟。

❽ 牛肉、汤汁和蔬菜一同放入可上桌的炖锅中，搭配小料食用。

豆子炖咸猪肉

法国

4人份

准备时间：20分钟

烹调时间：2小时

原料

4根烟熏小香肠（根据尺寸调整数量）
约800克未经处理的半盐咸猪肉，烟熏或原味均可：可选猪肘、肩胛骨肉、脊骨肉、猪肩肉等
400克小扁豆
1根较大的胡萝卜，或2根小的
2个洋葱
1把什锦香草束
1根芹菜的茎部
3颗丁香
100克面包糠
半把欧芹
4~5个马铃薯
2~3根迷迭香
1汤匙橄榄油
盐和黑胡椒

❶ 洗去肉上的盐分：冷水浸泡2~3小时，中途换几次水。此操作可在前一天进行。

❷ 1个洋葱去皮并插入2颗丁香，胡萝卜洗净，对半切开，将一半放入双耳盖锅中，再放入牛肉、芹菜茎和1~2根迷迭香。加水，煮至微沸，盖锅盖，继续煮1小时。

❸ 煮小扁豆：清洗小扁豆放入冷水中，加入剩下的胡萝卜、另一个去皮并插入1颗丁香的洋葱、什锦香草束。

❹ 煮至沸腾，再煮20分钟左右：煮好的扁豆尝起来应该是柔软的，但不会糊烂。沥干水分。

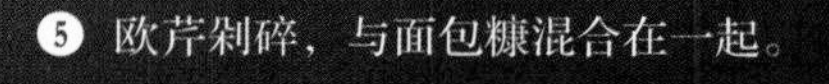

❺ 欧芹剁碎，与面包糠混合在一起。

❻ 香肠放入冷水中，蒙贝利亚尔红肠煮20分钟，摩多肠煮30分钟……根据香肠种类调整时间。

❼ 马铃薯去皮，放入煮香肠的水中，煮20~30分钟。

❽ 煮熟的猪肉切块。

❾ 烤箱炖锅中放入扁豆、香肠、猪肉和马铃薯，浇上1杯煮肉的汤汁，小火加热。

❿ 预热烤网。面包糠混合物与一汤匙橄榄油混合，撒在炖锅表面，入烤箱烤5分钟。

小窍门

也可使用熟肉制品，只需和扁豆以及剩下的食材一起加热即可。

奶汁猪排

法国

6人份

准备时间：20分钟

烹调时间：3小时15分钟

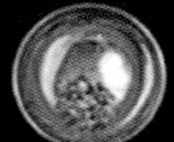

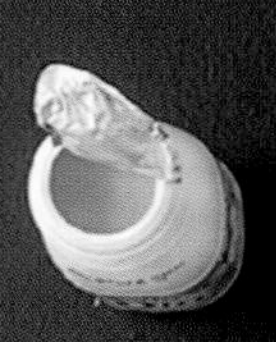

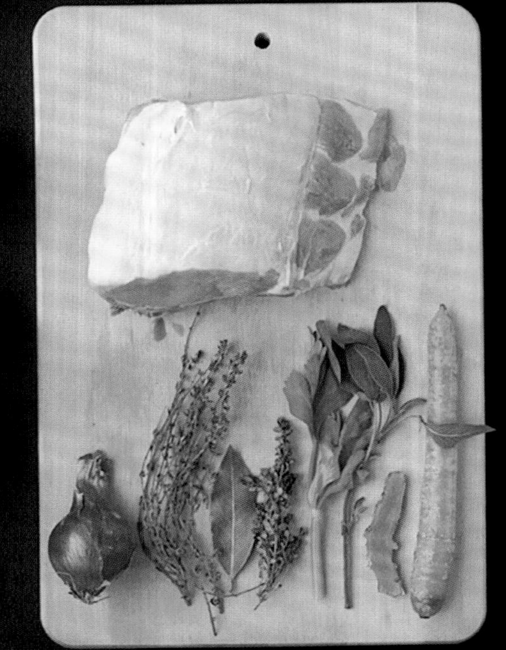

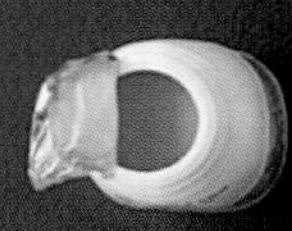

原料

1块猪排
1片月桂叶
6片鼠尾草叶
2~3根百里香和（或）牛至
1块姜黄根
1.5~2升牛奶
1根胡萝卜
1个洋葱
一小根芹菜
20克黄油
1汤匙食用油
盐和黑胡椒

事先准备

烤箱预热至160℃。

❶ 胡萝卜去皮，切丁，芹菜切丁，洋葱去皮，切碎。

❷ 炖锅中加热黄油和食用油，开大火，猪排每面煎至金黄。

❸ 取出猪肉。小火煎炒胡萝卜，洋葱和芹菜。加入擦丝的姜黄、月桂叶、鼠尾草和百里香，炒5分钟。

❹ 猪排放入锅中，倒入$\frac{3}{4}$的牛奶，加盐和黑胡椒，煮至沸腾。

❺ 盖锅盖，入烤箱烤3小时。

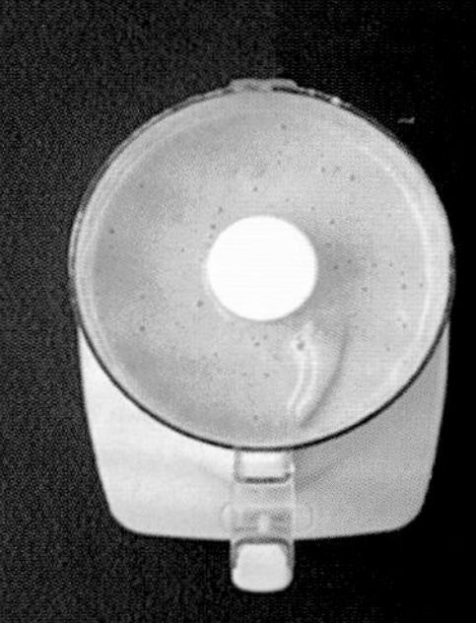

❻ 捞出炖锅中的香料（月桂叶除外），加入剩下的$\frac{1}{4}$牛奶，搅拌，汤汁用小火浓缩10分钟。

❼ 猪排和汤汁一起上桌，可佐食米饭。

炖肉佐泰式米饭

法国

4人份

准备时间：15分钟

烹调时间：1小时15分钟

原料

1~1.2千克小牛肉，切块：可选牛肩肉、牛腿肉、软骨或小牛胫肉
1条牛骨，任选
6根大葱，去皮
6根胡萝卜，去皮
1瓣大蒜
1汤匙面粉
1个洋葱，去皮，切块
75克高脂奶油
30克黄油
1个柠檬
300克泰国大米，洗净
1根香草荚
盐和黑胡椒

❶ 取炖锅，放入牛肉、牛骨、大蒜、洋葱、1根胡萝卜和1根大葱。

❷ 加水，煮至沸腾，保持微滚状态，不盖锅盖。

❸ 30分钟后，加入剩下的蔬菜。

❹ 15分钟后，把汤汁过滤到另一口平底锅中，保留蔬菜。

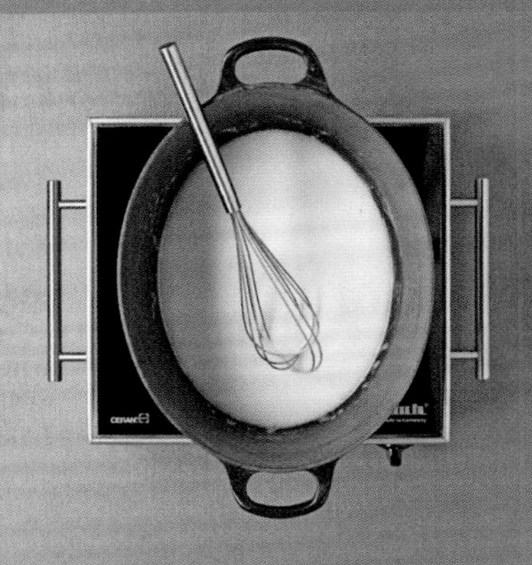

❺ 炖锅内熔化黄油，倒入面粉，搅拌。加1汤匙汤汁，煮至沸腾，搅打，再加入3~4汤匙汤汁。

❻ 将香草荚剖开，将香草籽和高脂奶油加入锅中，小火煮5分钟，加1勺柠檬汁，调味。

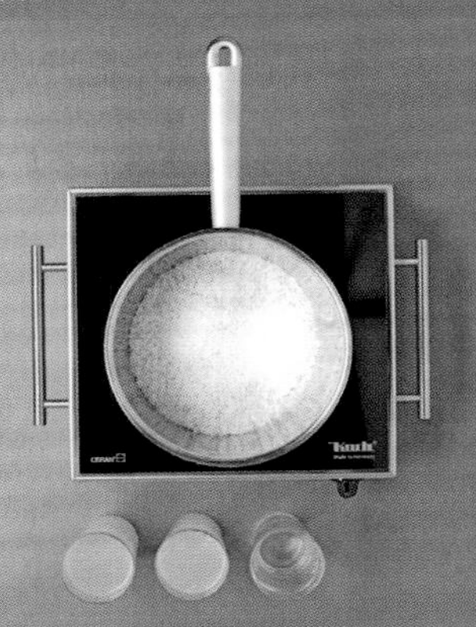

❼ 大米倒入平底锅中，加入1.5升冷水，煮至沸腾，加盐，搅拌。

❽ 关火，盖锅盖，静置20分钟。揭开锅盖，用餐叉把米饭拌至松散。

❾ 重新把蔬菜和牛肉倒入汤汁中，再次加热，和米饭一起上桌。

变化版本

可用传统做法烹饪米饭，大米倒入沸水中煮11分钟，煮好后沥干水分。

塞馅鸡肉卷

法国

4人份

准备时间：25分钟
等待时间：2小时

烹调时间：5分钟

原料

- 2块鸡胸肉
- 750毫升鸡汤或蔬菜汤
- 1把综合香草
- 50克面包糠
- 50克橄榄
- 2个小洋葱
- 2根芹菜茎
- 2~3片烟熏培根
- $\frac{1}{4}$个石榴
- $\frac{1}{4}$棵卷心菜
- 1~2棵球茎茴香
- 1~2个芜菁
- 2个马铃薯
- 2汤匙橄榄油
- 1个橙子
- 盐和黑胡椒

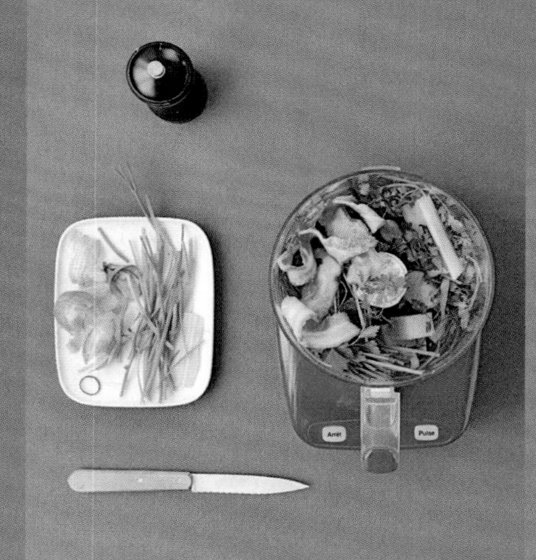

❶ 用平底锅把培根煎至金黄，切碎。保留少许香草。剩下的香草切碎，取1个小洋葱，切碎，用电动搅拌器搅打。再加入面包糠，混合，加入培根碎，调味，制成馅料。

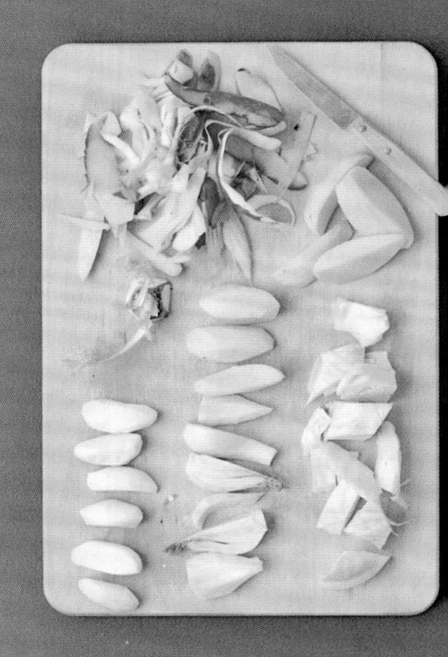

❷ 蔬菜去皮，或刮擦干净，切成均匀漂亮的块或条。

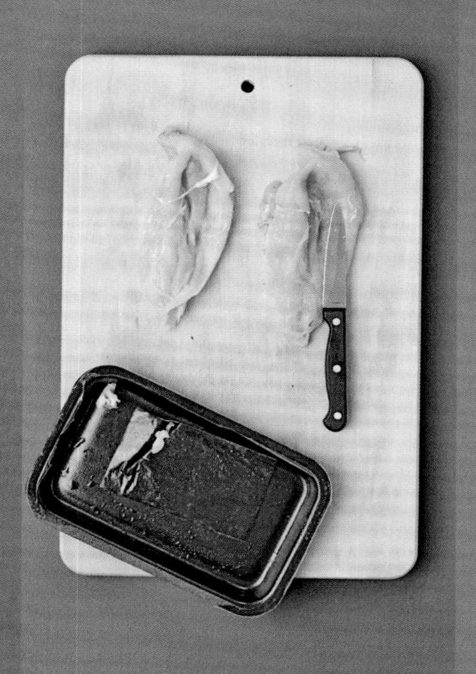

❸ 将鸡胸肉划开一道切口。

❹ 其中填入适量馅料。

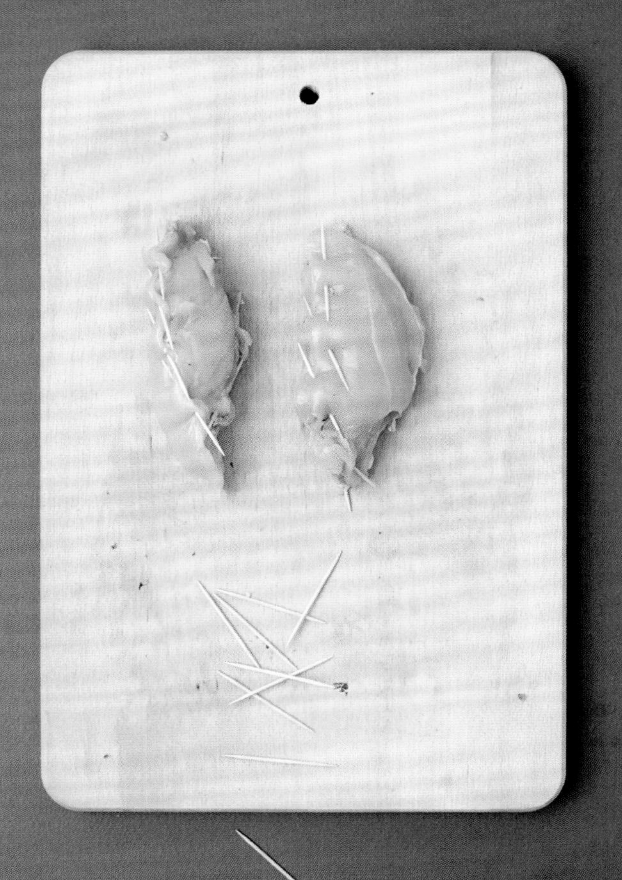

❺ 合拢，用牙签固定。

❻ 高汤煮沸，放入鸡胸肉，迅速熄火，盖锅盖，静置，待其完全冷却。

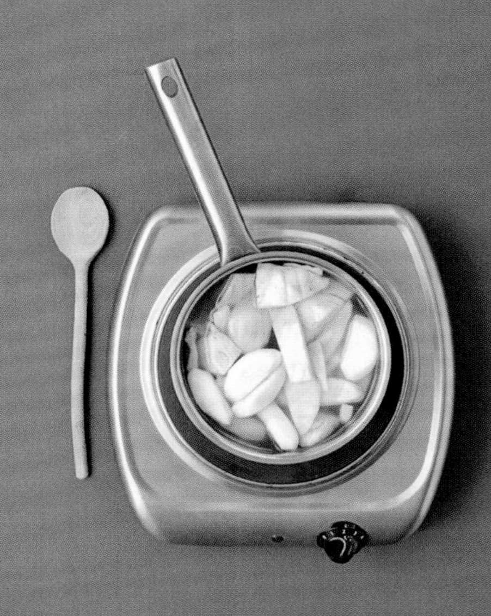

❼ 取少量高汤，倒入蔬菜，煮至沸腾，继续煮3~4分钟。

❽ 切碎橄榄、芹菜、剩下的小洋葱和香草，加入少许橄榄油、盐、橙皮、约$\frac{1}{4}$的石榴籽，制成佐料。

❾ 鸡胸肉切片，和芹菜石榴籽佐料、煮熟的蔬菜、少许高汤一起装盘。

变化版本

为简化烹饪过程，可以不给鸡胸肉填馅料，成品也同样美味！

塞馅香草鸡

法国

4人份

准备时间：30分钟

烹调时间：1小时30分钟

原料

1只重约1.5千克的鸡
5~6把混合香草：细香葱、酸模、欧芹、少许百里香和龙蒿
50克常温的黄油
3~4粒蒜瓣
50毫升橄榄油
1盒“小瑞士”牌奶酪（petit-suisse）
1个柠檬
1汤匙橄榄油
1千克左右的根茎蔬菜：胡萝卜、欧防风、菊芋、芜菁、马铃薯
盐和黑胡椒

❶ 烤箱预热至180℃。香草洗净，摘叶，和黄油、少许盐、2粒蒜瓣一起打成泥状。

❷ 将“小瑞士”牌奶酪、少许柠檬皮和柠檬汁、1粒切碎的蒜瓣、适量盐和黑胡椒混合均匀。

❸ 用勺子将奶酪混合物塞入鸡肉内。

❹ 用手指分离鸡皮和鸡肉，把黄油香草混合物最大量地涂抹到鸡皮下。

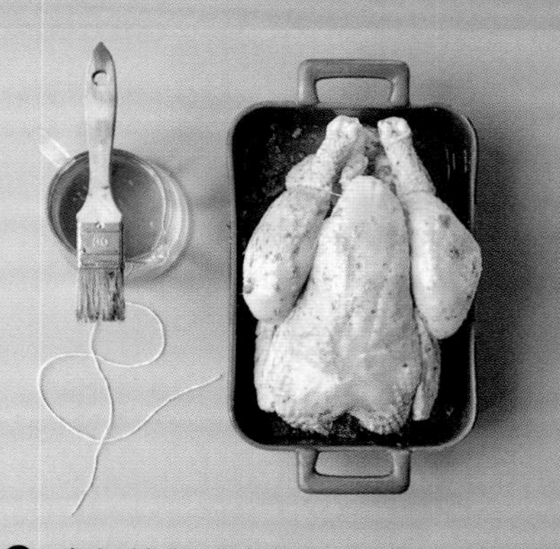

❺ 塞好馅的鸡肉摆放在烤盘上，刷上少许橄榄油，用细绳捆绑鸡腿，入烤箱烤1小时30分钟左右。

❻ 所有蔬菜去皮，切条。

❾ 烤好的鸡肉搭配肉汁和蔬菜一起食用。

❼ 取一只炖锅，中火加热剩下的橄榄油，翻炒蔬菜，加盐和黑胡椒。

❽ 烤制期间，应不断向鸡肉上淋肉汁。

马赛鱼汤

法国

6~8人份

准备时间：10分钟

烹调时间：20~25分钟

原料

500克带皮的鱼肉
2汤匙橄榄油
2个洋葱和1根大葱，切薄片
1根芹菜，切薄片
1棵球茎茴香
4粒蒜瓣，切片
400克罐头番茄
少许藏红花，1个橙子的橙皮
2片月桂叶和1茶匙百里香
800毫升鱼汤
200克贻贝，洗净，去毛刺
300克海鳌虾和对虾

辣椒酱

2个烤过的红色甜椒
150克蛋黄酱
1粒蒜瓣

❶ 鱼肉剔除鱼刺，切大块。

❷ 在厚底锅中加热橄榄油，倒入洋葱、大葱、芹菜、茴香和大蒜，煸炒5分钟。

❸ 加入番茄、藏红花、橙皮、月桂叶、百里香和鱼汤，用盐和黑胡椒调味，沸腾后保持微滚状态15分钟。

❹ 辣椒酱所需的食材倒入搅拌机中搅打1分钟，加盐和黑胡椒。

❺ 锅中加入鱼块、贻贝、对虾和海鳌虾，继续煮8~10分钟。

❻ 煮好的鱼汤趁热盛入大碗，搭配辣椒酱食用。上桌前可撒上切碎的欧芹。

面拖鳎鱼

法国

2人份

准备时间：10分钟

烹调时间：12分钟

原料

1条重约400克的鳎鱼，掏空内脏，去除黑皮（可请鱼贩代劳）
100克黄油
70克面粉
2汤匙柠檬汁
1汤匙切碎的欧芹
盐和黑胡椒

事先准备

中火预热平底锅。

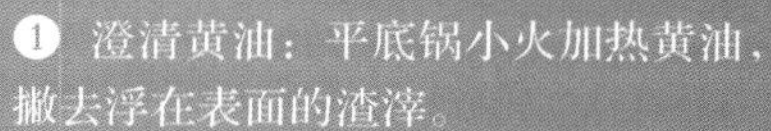

❶ 澄清黄油：平底锅小火加热黄油，撇去浮在表面的渣滓。

❷ 面粉平铺在托盘内，加盐和黑胡椒，将鳎鱼的两面粘满面粉。

❸ 平底锅加热一半量的澄清黄油，放入鳎鱼，鱼皮朝下，油煎4分钟。

❹ 翻面，继续煎4分钟，直至鱼肉金黄。

❺ 将煎好的鳎鱼摆放在温热的盘中。平底锅中倒入剩下的澄清黄油和柠檬汁，加入欧芹，加热至黄油变成棕黄色且散发出轻微的榛子香。

❻ 用勺子将黄油酱汁小心地淋在鱼肉上，立即上桌。

❶ 将面包糠、欧芹、刺山柑花蕾和柠檬皮倒入搅拌机中搅拌均匀，加盐和黑胡椒。

香草鳕鱼

法国

2人份

准备时间：10分钟

烹调时间：6~10分钟

❷ 鳕鱼浸入蛋液中，裹满蛋液后再裹满面包糠混合物。

原料

2块各重200克的鳕鱼，去皮
60克面包糠
一小撮切碎的欧芹
1汤匙切碎的刺山柑花蕾
半个柠檬的柠檬皮
盐和黑胡椒
1个鸡蛋，打散

事先准备

预热烤箱。

❸ 鱼肉放置在烤盘上，放入烤箱，每面烤3~4分钟。

❹ 摆盘时加入柠檬块和少许混合生菜，立即上桌。

盐焗鱼

法国

2人份

准备时间：20分钟

烹调时间：30分钟

原料

1条重1.5千克的整鱼，掏空内脏，可选择鲷鱼或狼鲈鱼等
3千克粗盐
5个紫色朝鲜蓟
1棵球茎茴香
2根风轮菜或牛至，任选
2根野生茴香，也可以用球茎茴香的嫩叶替代
2根新鲜百里香
1个柠檬
4汤匙橄榄油（带有草本清香的更佳）
黑胡椒
马铃薯泥或其他蔬菜泥

❶ 烤箱预热至240℃。将香草填入鱼肚，再加入少许橄榄油和柠檬汁。

❷ 烤盘上撒约2毫米厚的盐，放入鱼。 ❸ 鱼身以盐覆盖。

❹ 入烤箱烤30分钟。以烹调用温度计测量，中心温度应为50~55℃。

❺ 朝鲜蓟倒入沸腾的盐水中，煮10分钟。

❻ 去除叶片和绒毛，底部切片，茴香切窄段。

❼ 从烤箱中取出鱼肉，敲碎盐块，用剪刀去除两面的鱼皮。

❽ 取1块鱼脊肉，剔去中间的鱼骨，再取第二块鱼脊肉。

❾ 鱼肉和马铃薯泥、朝鲜蓟、茴香、橄榄油、柠檬和黑胡椒一起摆盘。

法式贻贝

法国

2~3人份

准备时间：5~10分钟

烹调时间：10分钟

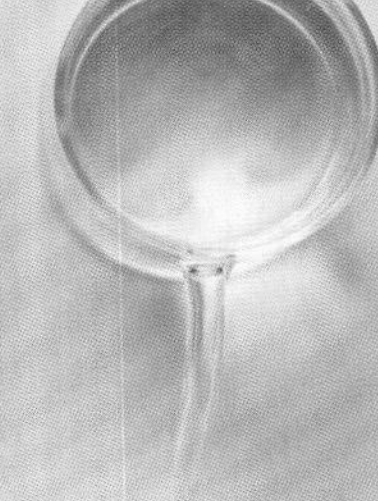
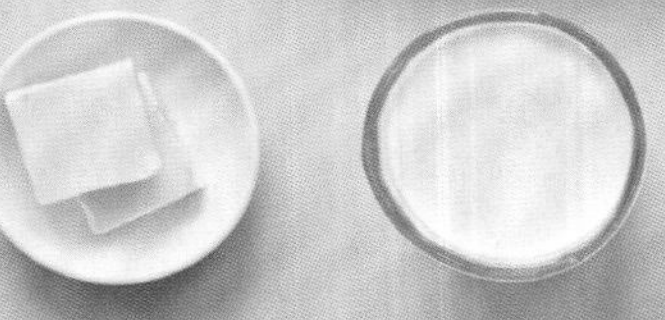

❶ 取厚底平底锅，熔化黄油，小火煎炒大蒜和洋葱至软烂。

❷ 倒入白葡萄酒，煮至沸腾。

❸ 加入贻贝，盖锅盖，煮2~3分钟，使贻贝外壳全部打开。

❹ 用漏勺盛出，丢弃没有张开壳的贻贝。

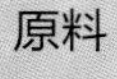
原料

1千克贻贝，洗净，去毛刺
30克黄油
1个洋葱，切碎
1粒蒜瓣，切片
300毫升白葡萄酒
150毫升高脂奶油
盐和黑胡椒
欧芹，切碎（可选）

❺ 平底锅重新放在火上，加入奶油、盐和黑胡椒，煮沸以浓缩酱汁，再次倒入贻贝。

❻ 煮好的贻贝趁热装在温热的碗中或深口盘中，上面可点缀切碎的欧芹。

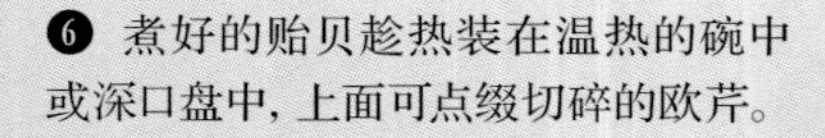
小窍门

步骤3中，可盖紧锅盖，猛烈晃动平底锅，锅内均匀分布的热气可促使贻贝打开外壳。

❶ 取出龙虾肉，切大块。

❷ 把虾肉重新放回洗净的虾壳中，备用。

❸ 平底锅中加入黄油，再将洋葱碎倒入黄油中煎炒2~3分钟，加入鱼汤和干邑。

❹ 加入奶油、柠檬汁和芥末，用盐和黑胡椒调味，酱汁浓缩至一半。

❺ 两半龙虾摆放在烤盘上，均匀浇上酱汁，撒帕尔马干酪丝，入烤箱烤2~3分钟。

焗龙虾

法国

2人份

准备时间：5~10分钟

烹调时间：6~10分钟

原料

1只熟龙虾，竖着切成两半
2个小洋葱，切丁
2汤匙黄油
300毫升鱼汤
4汤匙干邑
100克高脂奶油
1汤匙柠檬汁
1茶匙重辣芥末
2汤匙帕尔马干酪丝
盐和黑胡椒

事先准备

预热烤箱。

❻ 待龙虾表面烤成金黄色，取出，和水芹沙拉一起摆盘。

变化版本

为酱汁调味时，可用红椒粉代替黑胡椒。

大葱佐油醋汁

法国

4人份

准备时间：15分钟

烹调时间：15分钟

原料

6根较细的大葱
1个小洋葱
2个鸡蛋
半茶匙重辣芥末
半茶匙老式芥末酱
3汤匙红酒醋
4汤匙植物油
1把欧芹
盐和黑胡椒

事先准备

小洋葱和欧芹切碎。

❶ 鸡蛋煮10分钟，去壳，切成较大的丁。

❷ 大葱洗净，切去两头，放在蒸笼上蒸12~15分钟，蒸至软烂。

❸ 混合2种芥末、盐、黑胡椒和红酒醋，倒入植物油，搅打，最后加入洋葱碎。

❹ 将油醋汁浇在大葱上，其上撒切碎的鸡蛋和欧芹。

烤马铃薯

法国

6人份

准备时间：20分钟

烹调时间：1小时30分钟

原料

1千克夏洛特品种的马铃薯
1粒蒜瓣
30克黄油
600毫升全脂稀奶油
盐和黑胡椒

事先准备

烤箱预热至160℃。

❶ 马铃薯去皮，以手工或机器切成薄片（厚度为2~3毫米）。

❷ 蒜瓣切成两半，以切面擦拭烤盘内壁，再涂抹大量黄油。

❸ 马铃薯片放入烤盘内，撒盐和黑胡椒，再倒入奶油。

❹ 入烤箱烤1小时15分钟至1小时30分钟，表面应呈金黄色，此时马铃薯已烤熟，奶油质地浓稠。

普罗旺斯杂烩

法国

4~6人份

准备时间：20分钟

烹调时间：40分钟

原料

1个茄子，切丁（500克）
1个红色甜椒，切段
1个绿色甜椒，切段
2根西葫芦，切圆片
2个红洋葱，切块
2粒蒜瓣，切碎
3个熟透的番茄，去皮，切碎
150毫升橄榄油+2汤匙橄榄油
1汤匙切碎的欧芹
1汤匙切碎的百里香
盐和黑胡椒

❶ 茄子丁下锅油煎，用筛子过滤出多余的油脂。

❷ 平底锅加热2汤匙油，倒入西葫芦和2种甜椒，煸炒至金黄软烂，盛出，用筛子过滤油分。

❸ 洋葱和大蒜各炒5分钟，加入番茄，煮至沸腾，小火炖10分钟。

❹ 所有蔬菜重新倒入锅中，加入香草，煮5分钟，上桌前用盐和黑胡椒调味。

胡萝卜豌豆汤

法国

4人份

准备时间：30分钟

烹调时间：30分钟

原料

1.5千克豌豆

3根小胡萝卜（或1把特别嫩的小胡萝卜）

20克黄油

2~3个春天的小洋葱

100克烟熏培根

1~2棵迷你罗马生菜或生菜心

200毫升鸡汤或1个鸡汤块＋水

一小撮细砂糖

盐和黑胡椒

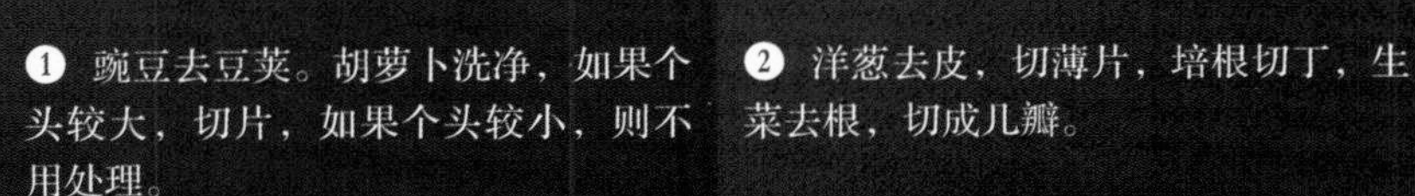

❶ 豌豆去豆荚。胡萝卜洗净，如果个头较大，切片，如果个头较小，则不用处理。

❷ 洋葱去皮，切薄片，培根切丁，生菜去根，切成几瓣。

❸ 在平底锅中熔化黄油，倒入洋葱，中火煎炒5分钟，加入培根丁，继续煎炒5分钟左右，加入细砂糖。

❹ 倒入蔬菜和高汤，高汤应没过蔬菜，中小火（微滚状态）煮10~15分钟。

❺ 如有需要，加入盐和黑胡椒调味。

巧克力甘纳许

法国

300克巧克力甘纳许

准备时间：10分钟

烹调时间：5分钟

原料

150克巧克力，切块

150毫升鲜奶油

制作流程

鲜奶油煮至沸腾，倒在巧克力上。等待2分钟，用打蛋器从中间向四周画圈搅拌，当混合物变得丝滑、光亮且均匀时，甘纳许完成。

注意

这款甘纳许易于使用，能够很好地覆盖蛋糕。用保鲜膜封好的情况下可在阴凉处保存数日。使用时用微波炉轻微加热，可用于制作巧克力挞、松露巧克力，或直径20~22厘米的蛋糕淋面。

英式蛋奶酱

法国

300毫升蛋奶酱

准备时间：15分钟

烹调时间：15分钟

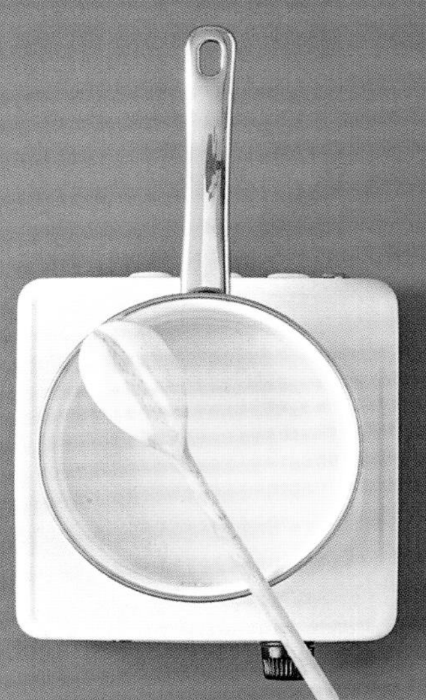

原料

300毫升牛奶

1根香草荚

3个蛋黄

60克细砂糖

制作流程

小火加热牛奶，劈开香草荚，刮出香草籽，放入牛奶中浸泡10分钟，然后煮至沸腾，取出香草荚。容器中倒入蛋黄和细砂糖，猛烈搅打，直至混合物发白，稍变浓厚。将一半量煮沸的牛奶缓缓倒入蛋黄混合物，边倒边搅打。将所有食材倒入平底锅中，开中火，搅拌至蛋奶酱质地浓稠，用小网眼滤器过滤，再次搅拌，使其降温，密封，于阴凉处保存（最长可保存24小时）。

卡仕达酱

法国

500克卡仕达酱

准备时间：10分钟

烹调时间：10分钟

原料

300毫升牛奶

3个蛋黄

50克细砂糖

20克面粉

20克玉米淀粉

制作流程

在平底锅中混合并加热牛奶和一半量的细砂糖。在一个碗中搅打蛋黄和剩下的细砂糖，加入面粉和玉米淀粉。在牛奶沸腾之前倒少量于碗中，稀释混合物，再把混合物倒入锅中，不停搅动，煮至沸腾，继续煮1分钟，倒入洁净干燥的碗中，盖上保鲜膜。

黄油奶油

法国

500克黄油奶油

准备时间：10分钟

烹调时间：10分钟

原料

75克砂糖

300毫升清水

3个常温下的蛋黄

150克软化的黄油

1根香草荚，剖开取籽

制作流程

加热清水和细砂糖，细砂糖熔化（123℃）后再煮5分钟，制成糖浆。把蛋黄搅打成白色的慕斯状，顺着容器壁缓缓倒入糖浆，不要试图刮去粘在容器壁上的糖浆，否则将会形成结块。高速搅打，而后使混合物冷却，调低速度，少量多次加入软化的黄油，再加入香草籽。待混合物变得柔滑均匀，黄油奶油即制作完成。

变化版本

最后加入60克融化的黑巧克力，可赋予成品奶油巧克力的香味。

油酥挞皮

法国

400克油酥挞皮

准备时间：15分钟
等待时间：30分钟

—

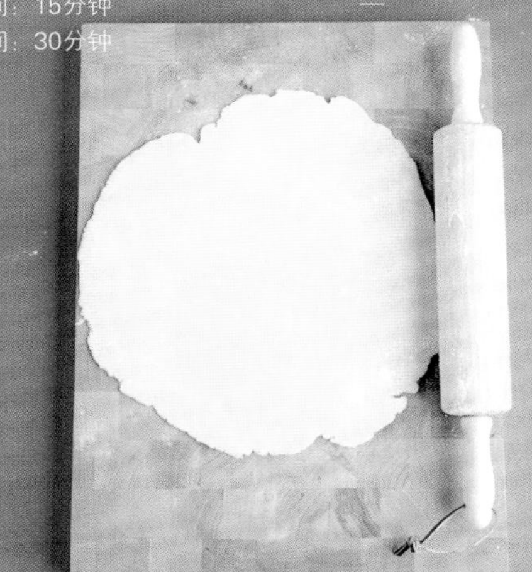

原料

200克T45面粉＋撒在操作台上的面粉
100克黄油
20毫升清水
20克细砂糖
2克盐
1个鸡蛋

制作流程

黄油切块，置于面粉上，用指尖把黄油和面粉搓成沙砾状，中间挖洞，倒入清水、细砂糖、盐和鸡蛋，用手指混合糖和盐，把中间的沙砾状面粉搅拌成液体面糊，再混合剩下的面粉，用手掌揉捏成面团，注意不要过度揉面。把面团压成3~4厘米厚的面饼，裹上保鲜膜，放入冰箱冷藏至少30分钟（把面团压成面饼可加快冷却的速度），取出，用擀面杖擀开。

甜面团

法国

500克甜面团

准备时间：15分钟
等待时间：1小时

—

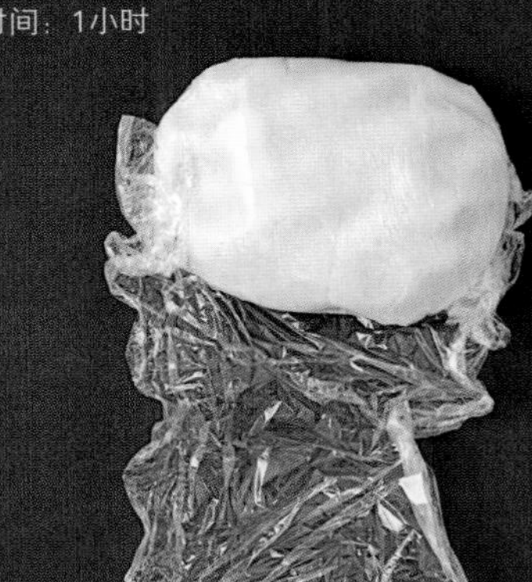

原料

140克黄油
100克细砂糖
1个鸡蛋
200克面粉
50克杏仁粉
1茶匙香草精油

制作流程

用搅拌器把黄油和细砂糖搅打成奶油状的质地，加入鸡蛋，搅拌。加入面粉、杏仁粉和香草精油，所有食材应该充分混合，但不要过度搅拌，此阶段的面团应保持湿润并带有轻微的黏性。面团用保鲜膜包裹，放入冰箱冷藏1小时，低温下的面团更易延展。

变化版本

可在面粉中加入10克可可粉，制作成巧克力口味的甜面团。

咸黄油焦糖

法国

200克咸黄油焦糖

准备时间：5分钟

烹调时间：10分钟

原料

100克细砂糖
30毫升清水
100克稀奶油
15克含盐黄油

制作流程

含盐黄油切块。取小平底锅，中火加热稀奶油。取厚底平底锅，倒入清水和细砂糖，小火，搅拌至细砂糖熔解，煮至沸腾，立即停止搅拌，待焦糖变成棕红色，一次加入全部的热奶油，开中火，继续搅拌2分钟。关火，加入含盐黄油，搅拌使其降温（冷却后的焦糖将变得黏稠）。

巧克力酱

法国

200毫升巧克力酱

准备时间：15分钟

烹调时间：5分钟

原料

100毫升低脂稀奶油
100克黑巧克力
10克黄油

制作流程

用刀子把黑巧克力切碎，加热低脂稀奶油，刚沸腾时即关火，加入黑巧克力和黄油，搅拌均匀即可。巧克力酱可置于阴凉处保存，食用前稍稍加热即可，如有需要，也可在加热后适当搅拌。

建议

这款巧克力酱可被制作成不同口味。事先在奶油中加入1根香草荚，2~3颗小豆蔻，1根肉桂棒，适量伯爵红茶，甚至可以在最后完成时加入1汤匙朗姆酒或干邑。也可使用含盐黄油。

巧克力慕斯

法国

6人份

准备时间：20分钟
等待时间：3小时

烹调时间：3分钟

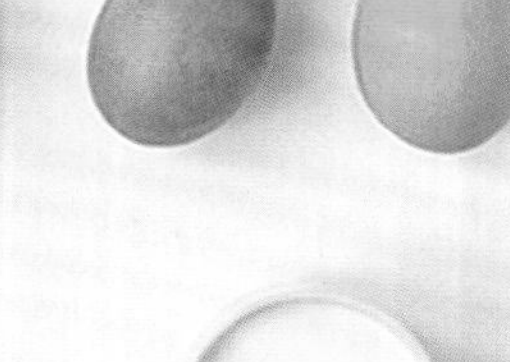

原料

200克黑巧克力＋少许装饰用巧克力
4个鸡蛋
150毫升全脂稀奶油

❶ 将黑巧克力弄碎，倒入碗中，加入2汤匙清水。平底锅加入水，煮沸后关火，将碗放在锅上，熔化巧克力，不断搅动，使之顺滑。

❷ 分离出鸡蛋的蛋清，将蛋黄放入熔化的巧克力中，仔细搅拌。

❸ 将稀奶油搅打成尚蒂伊奶油。

❹ 加入巧克力混合物。

❺ 将蛋白搅打成白雪状。

❻ 将打发的蛋白加入巧克力混合物中：先倒入$\frac{1}{4}$量的打发蛋白，仔细搅动，再逐渐倒入剩下的，小心切拌，直至混合均匀。

❼ 混合物倒入沙拉碗中，食用前于阴凉处静置2~3小时。

米布丁

法国

6人份

准备时间：15分钟

烹调时间：35分钟

❶ 洗净大米。

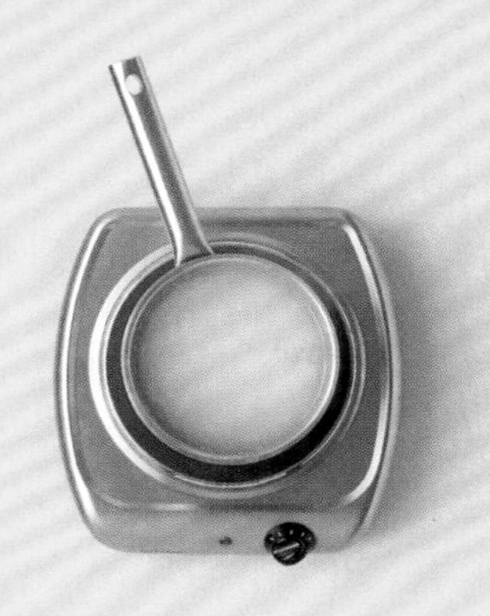

❷ 大米放入滚水中煮3分钟，沥干水分。

❸ 将牛奶倒入平底锅中，劈开香草荚，刮出香草籽，一同放入牛奶中，再加盐和1茶匙细砂糖。

❹ 牛奶煮至沸腾，倒入沥干水分的大米，半盖锅盖，小火煮20分钟，直至大米软烂。

原料

200克圆粒大米（首选艾保利奥米）
750毫升牛奶
1根香草荚
一小撮盐
130克细砂糖
20克黄油

摆盘

200毫升牛奶或稀奶油

❺ 大米煮好后，关火，倒入剩下的细砂糖，用餐叉搅拌，不要破坏米粒。再次放在火上，半盖锅盖，微火煮10分钟。

❻ 关火，加入黄油。降温或冷却后即可食用。

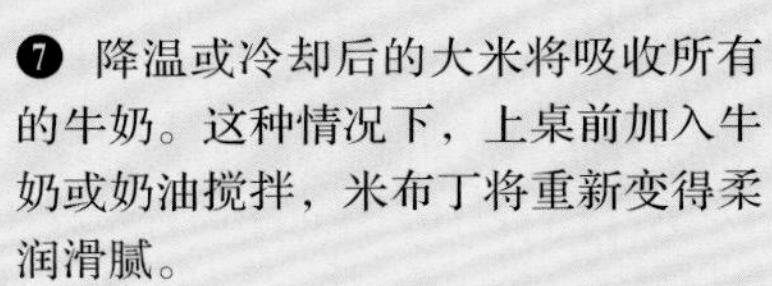

❼ 降温或冷却后的大米将吸收所有的牛奶。这种情况下，上桌前加入牛奶或奶油搅拌，米布丁将重新变得柔润滑腻。

焦糖布丁

法国

6人份

准备时间：20分钟
等待时间：1小时

烹调时间：50分钟

原料

500毫升全脂牛奶
2汤匙细砂糖
2个鸡蛋
2个蛋黄
1根香草荚

表层焦糖

100克细砂糖

事先准备

烤箱预热至150℃。准备一只可容纳6个布丁模具的大烤盘。

❶ 在一个厚底平底锅中倒入100克细砂糖，不要铺太厚，开大火。

❷ 加热使其逐渐熔化，用刮刀不断搅拌，直至全部焦糖化。

❸ 立刻将焦糖平均倒入6个布丁模具底部。

❹ 劈开香草荚，取出香草籽。平底锅中倒入牛奶，加入香草籽和香草荚。

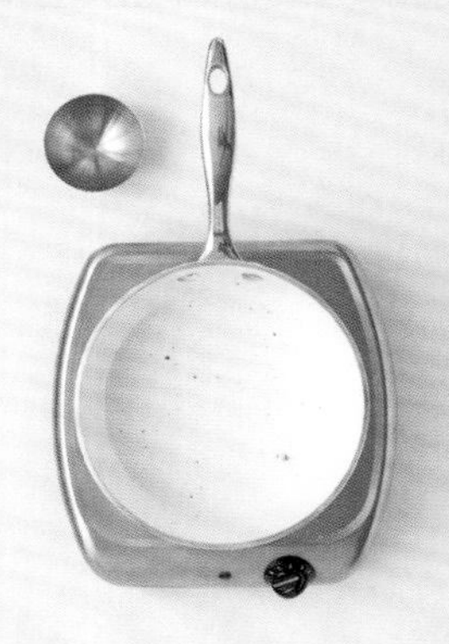

❺ 加入2汤匙细砂糖，搅拌，煮至沸腾，关火。

❻ 混合全蛋和蛋黄。

❼ 挑出香草荚，把热牛奶倒入蛋液中，猛烈搅拌。

❽ 蛋奶混合物平均倒入6个布丁模具中。

❾ 煮沸1升水，倒入烤盘中，水的高度应为布丁模具的一半。

❿ 入烤箱中烤40~45分钟：把刀片插入布丁，取出时是干净的，意味着布丁已经烤好。放入冰箱冷藏。

⓫ 上桌前，将刀片插入布丁和模具壁之间，沿模具内壁划一周，然后快速把模具倒扣在盘子上，使布丁脱模，取走模具。

变化版本

将蛋奶混合物倒入大容器中，加热1小时。

法式焦糖烤布丁

法国

6人份

准备时间：20分钟
等待时间：2小时

烹调时间：1小时

原料

650毫升稀奶油
1根香草荚
8个蛋黄
140克细砂糖
60克粗红糖

事先准备

烤箱调至循环加热模式，预热100℃。

❶ 分离蛋白和蛋黄。

❷ 蛋黄中加入细砂糖，搅打2分钟。

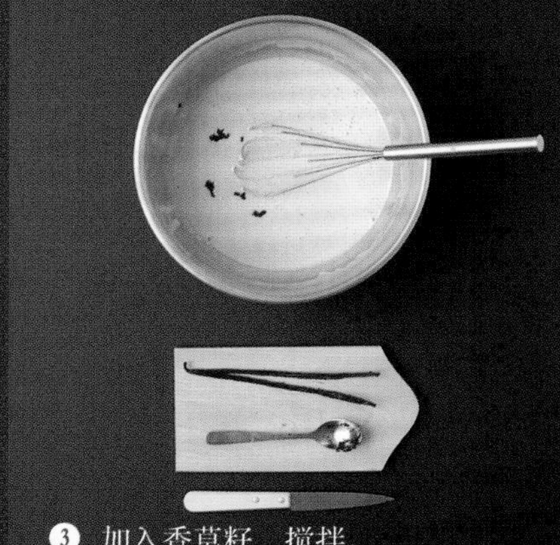

❸ 加入香草籽，搅拌。

❹ 加入稀奶油，搅拌。

❺ 将混合物均匀分配到烤盘上6个模具内。

❻ 放入烤箱，1小时后检查烤制程度：轻轻摇晃其中1个模具，如果布丁质地紧实，中间基本不会晃动，意味着已经烤好。如果没有烤好，继续烤15~30分钟。

❼ 将模具移到架高的烤盘上冷却，盖保鲜膜，于阴凉处放置至少2小时，上桌前在布丁表面均匀撒一层粗红糖，用喷枪烤成焦糖色。

浮岛

法国

3人份

准备时间：15分钟

烹调时间：20分钟

原料

1升牛奶
3个蛋白
3汤匙细砂糖
一小撮盐

英式蛋奶酱（参见70页）

350毫升牛奶
3个蛋黄
2汤匙细砂糖
1根香草荚

焦糖

2汤匙清水
3汤匙细砂糖

❶ 准备英式蛋奶酱（参见70页）。

❷ 分别倒入小碗中，放入冰箱冷却。

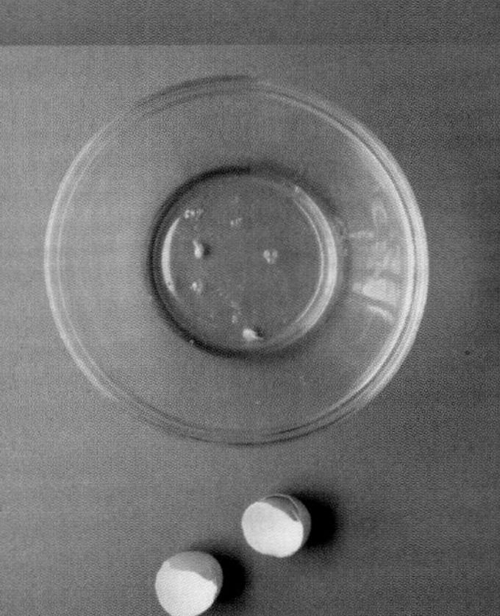

❸ 蛋白放入沙拉碗中，加一小撮盐。

❹ 蛋白搅打成密实的白雪状，加入细砂糖，再次搅打。

❺ 加热牛奶，微滚时调至小火，保持微滚状态，倒入蛋白，每面煮2分钟。

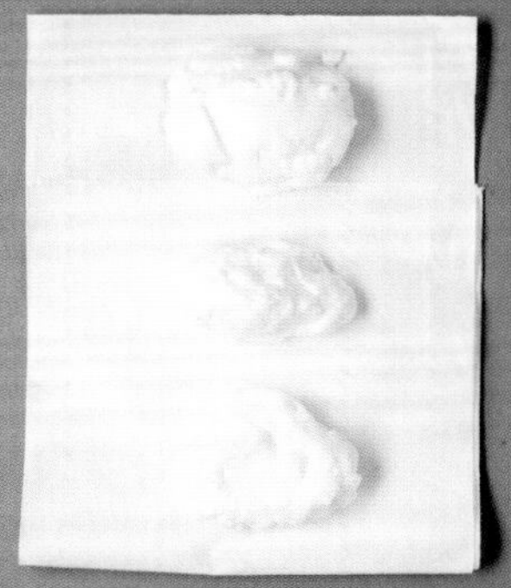

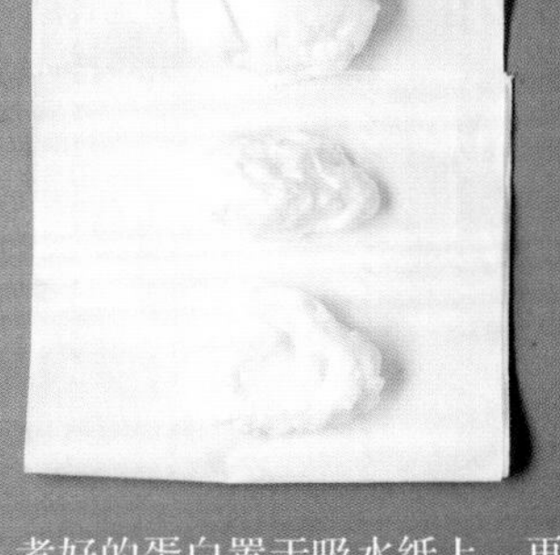

❻ 煮好的蛋白置于吸水纸上，再置于小碗里的奶油上。

❼ 制作焦糖：小平底锅中倒入清水和细砂糖，加热。

❽ 待焦糖变成金黄色，迅速将其浇在浮岛上。

❾ 立即食用。

煮蛋白的技巧

取一大勺蛋白，放入牛奶中，2分钟后翻面，再煮2分钟。

巧克力熔岩蛋糕

法国

4人份

准备时间：15分钟

烹调时间：7分钟

❶ 用水浴法或用微波炉熔化巧克力和黄油。

❷ 混合鸡蛋和细砂糖，搅打至发白，呈慕斯状。

原料

200克黑巧克力
70克黄油
4个鸡蛋
70克细砂糖
50克面粉

事先准备

烤箱预热至220℃。

❸ 蛋液中倒入冷却的巧克力，搅动，加入过筛的面粉混合均匀，制成巧克力面糊。

❹ 蛋糕模具中涂抹黄油和面粉，倒入巧克力面糊。入烤箱烤7分钟，等待2分钟，脱模。

榛果夹心蛋糕

法国

8人份

准备时间：40分钟
等待时间：2小时

—

原料

达克瓦兹蛋糕（2块直径22厘米的圆形蛋糕）
40克杏仁粉
60克榛子粉
160克细砂糖和6个蛋白
70克切碎的榛子

慕斯琳奶油

50克细砂糖和10克玉米淀粉
250毫升牛奶和2个蛋黄
100克黑巧克力
200克软化的黄油
80克果仁糖

事先准备

在2张烘焙纸上画出2个直径22厘米的圆圈，翻转后分别铺在2个烤盘上。

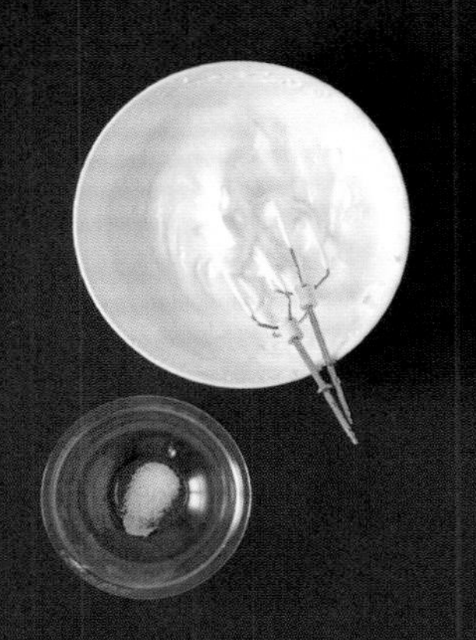

❶ 一边搅打蛋白，一边分次加入细砂糖，直至混合物紧实光亮。

❷ 小心加入杏仁粉和榛子粉，用刮刀搅拌。

❸ 将混合物倒入2张烘焙纸上事先标好的圆圈内，用刮刀涂抹均匀，撒上榛子碎。

❹ 烤箱预热至180℃，烤30分钟，制成2片蛋糕。

❺ 用细砂糖、玉米淀粉、蛋黄和牛奶制作卡仕达酱（参见70页）。关火，加入切碎的巧克力，搅打均匀。

❻ 用打蛋器搅打黄油，加入果仁糖。

❼ 混合黄油和冷却的巧克力卡仕达酱。

❽ 取带有15毫米裱花嘴的裱花袋，倒入慕斯琳奶油，在1片蛋糕上将慕斯琳奶油挤成一个个巧克力球，布满蛋糕表面。

❾ 盖上另一片蛋糕，食用前至少于阴凉处放置2小时。

小窍门

黑巧克力和果仁糖可以用果仁巧克力代替，将果仁巧克力放入温热的卡仕达酱中，同时将制作卡仕达酱的细砂糖减少至15克。

奶油泡芙

法国

40个奶油泡芙

准备时间：1小时

烹调时间：25分钟

原料

卡仕达酱

4个蛋黄
100克细砂糖
500毫升牛奶
20克玉米淀粉
170克黑巧克力，切大块

泡芙面糊

125毫升牛奶
125毫升清水
110克黄油
5克细砂糖
4个鸡蛋
半茶匙盐
140克过筛的面粉

巧克力淋面

150毫升鲜奶油
150克巧克力

事先准备

牛奶煮至沸腾。
烤箱预热至250℃。

❶ 制作卡仕达酱：混合蛋黄、细砂糖和玉米淀粉，倒入热牛奶，煮2分钟，不停搅拌。

❷ 关火，加入巧克力，用打蛋器搅拌至质地丝滑，冷却，盖上保鲜膜。

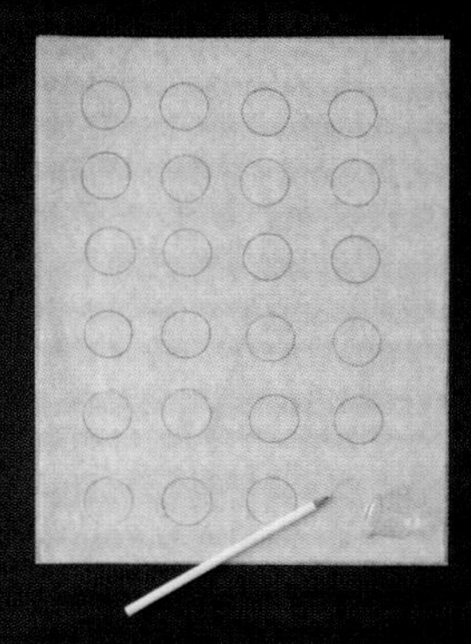

❸ 在烘焙纸上画出若干个直径3.5厘米的圆形，翻转，铺在烤盘上。

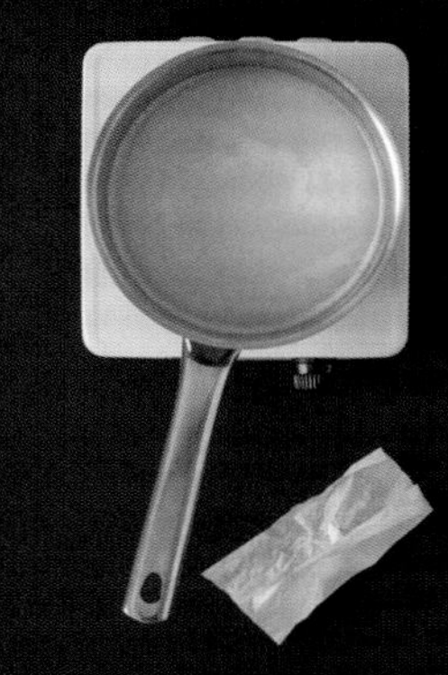

❹ 制作泡芙面糊：混合清水、牛奶、黄油、盐和糖，煮沸。

❺ 关火，一次性加入面粉，仔细搅拌。

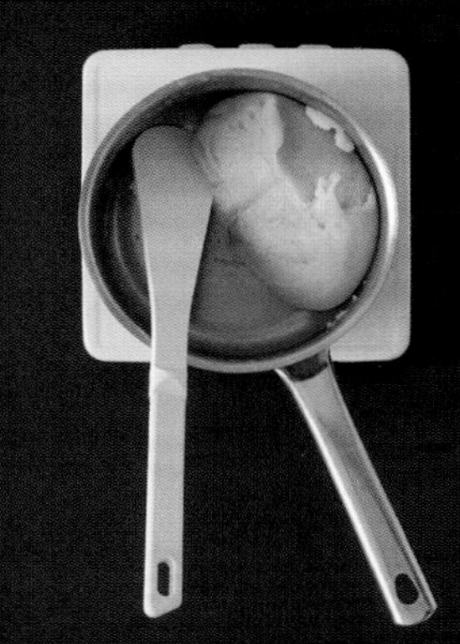

❻ 重新置于火上，继续搅拌，直到面粉不再粘在锅壁上，并形成面团（2分钟）。

❼ 关火，待面团稍稍降温，依次加入4个鸡蛋，猛烈搅拌。

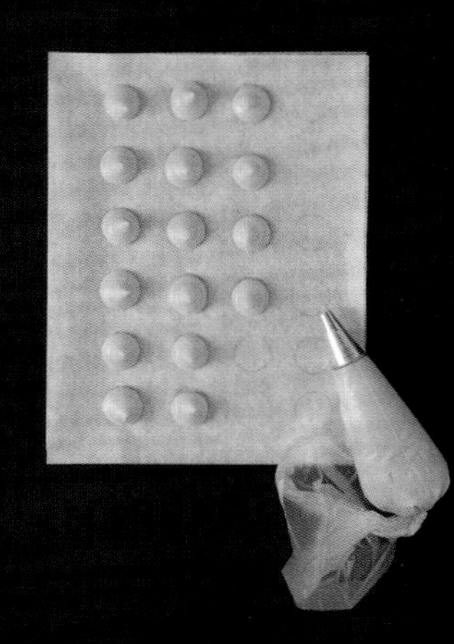

❽ 将面糊倒入裱花袋，在纸上的圆圈内挤入小圆球。

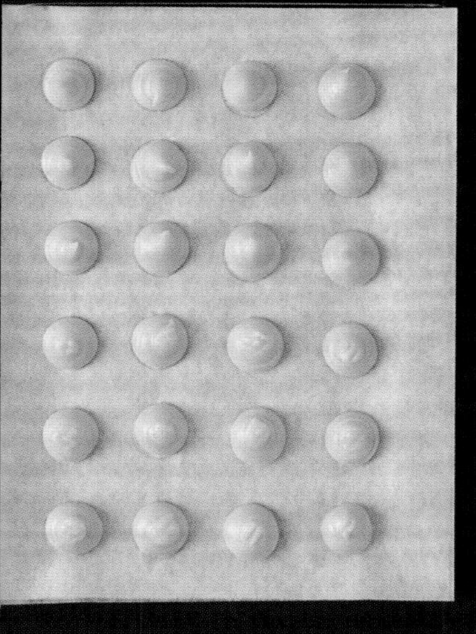

❾ 餐叉浸入冷水中，轻轻敲打面糊球，使其形状均匀。

❿ 烤箱温度调至160℃，烤20~25分钟，移至烤网上降温。

⓫ 用裱花嘴在泡芙上戳洞。

⓬ 卡仕达酱装入裱花袋，填入泡芙中，放置在阴凉处。

⓭ 准备巧克力淋面：将巧克力倒入煮沸的鲜奶油中，等2分钟，搅拌至质地丝滑。每个泡芙蘸取适量淋面，放在烤盘上，阴凉处保存。

⓮ 淋面变硬时，即可食用。

小窍门

为使成品更加漂亮，泡芙蘸取淋面后提起，翻转装盘前应擦去流下的多余巧克力。

巴黎布雷斯特泡芙

法国

8人份

准备时间：1小时30分钟

烹调时间：1小时40分钟

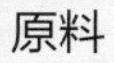

原料

2份泡芙面糊（参见80页）
80克杏仁，切片
细砂糖
1个鸡蛋（上色用）

榛果慕斯琳奶油

半份卡仕达酱（参见70页）
120克软化的黄油
60克完整的榛子仁（带皮）

事先准备

烤箱预热至160℃。
取带有16毫米裱花嘴的裱花袋，装入泡芙面糊。
烘焙纸依据烤盘的形状和尺寸裁剪。

❶ 榛子铺在烤盘上，烤30分钟，至外皮发黑，移出烤盘，降温。

❷ 烘焙纸上画2个相距3厘米，直径16~20厘米的圆形，翻转后铺在烤盘上。

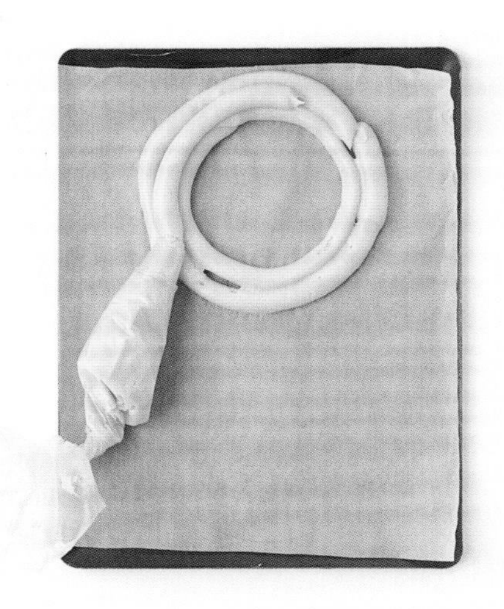

❸ 沿烘焙纸上部的圆形挤1圈泡芙面糊，再在其内侧挤1圈，最后在已完成的两圈上面挤1圈面糊。

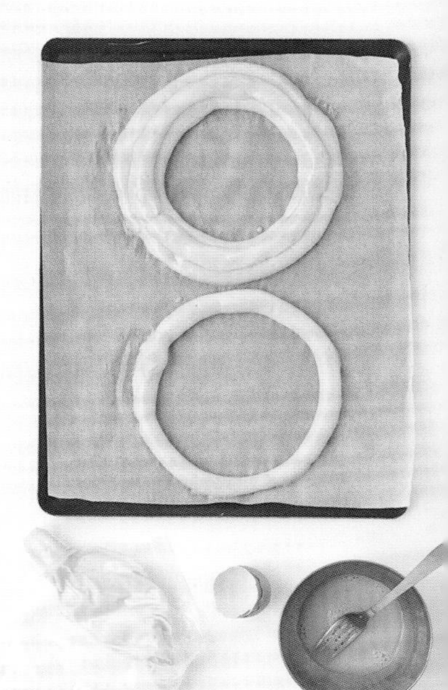

❹ 沿着烘焙纸下部的圆圈挤1圈面糊。鸡蛋打散，用刷子蘸取蛋液涂抹面糊表面，使表面平滑。

❺ 上方的圆圈上撒杏仁片，移除多余的杏仁片，入烤箱：下方的小圈面糊烤45分钟后出炉，上方的大圈面糊烤1小时10分钟。

❻ 榛子仁倒入搅拌机中磨成榛子泥。

❼ 搅打冷却的卡仕达酱，直至其质感类似蛋黄酱。

❽ 搅打黄油，直至其质感类似卡仕达酱（蛋黄酱）。

❾ 将黄油倒入卡仕达酱中，搅打成轻盈的奶油状。

❿ 倒入榛果泥，搅拌均匀，制成慕斯琳奶油，放入冰箱保存。

⓫ 大圈泡芙冷却后，横向剖成两半。

⓬ 慕斯琳奶油从冰箱取出后搅打1分钟，装入带有16毫米裱花嘴的裱花袋。

⓭ 沿大泡芙圈下层的中部挤1圈慕斯琳奶油，再将小泡芙圈压在上面，依由外向内的方向在小泡芙圈上挤满奶油。

⓮ 最后在小泡芙圈上再挤1圈奶油，以粘住上层泡芙。

⓯ 将大泡芙圈上层摆放在奶油上，轻轻按压，撒细砂糖，食用前放入冰箱冷藏至少半小时。

巧克力马卡龙

法国

20个马卡龙

准备时间：45分钟
等待时间：24小时

烹调时间：20分钟

外壳

4个蛋白，常温
60克粉状的砂糖
125克杏仁粉
225克细砂糖
20克可可粉

巧克力甘纳许

200毫升鲜奶油
180克黑巧克力
1茶匙浓缩咖啡

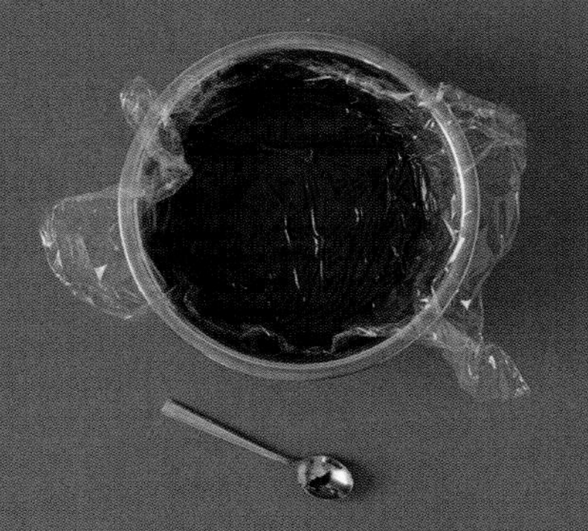

❶ 准备巧克力甘纳许（参见70页），最后加入浓缩咖啡，直接在巧克力甘纳许上铺保鲜膜，备用。

❷ 厨房用纸上画若干直径5.5厘米的圆圈，翻转，铺在烤盘上。

❸ 杏仁粉、细砂糖和可可粉一起过筛，用搅拌器搅打成细腻的粉状。

❹ 蛋白搅打成紧实的白雪状，一点点加入粉状的砂糖。

❺ 加入杏仁粉、细砂糖和可可粉的混合物，由下往上翻拌2分钟，面糊应十分柔滑。

❻ 面糊装入配有12毫米裱花嘴的裱花袋，按照厨房用纸上的圆圈挤出马卡龙外壳，常温下静置30分钟，使其变硬。

❼ 入烤箱烤20分钟，如果是较小的马卡龙，烘焙时间减少至15分钟，取出，静置冷却。

❽ 外壳翻面，其上挤巧克力甘纳许。

❾ 将另一片外壳粘在甘纳许上，放入冰箱过夜。第二天品尝前在室温下放置30分钟。

保存

马卡龙很适合冷冻保存，既可以单独冷冻外壳，食用时再挤入内馅，也可将挤好内馅的马卡龙放在密封盒中冷冻，食用前1小时取出即可。

水果蛋糕

法国

4~6人份

准备时间：20分钟

烹调时间：30分钟

原料

500克新鲜樱桃
2个鸡蛋
65克细砂糖 + 1茶匙细砂糖
70克面粉
100毫升稀奶油
140毫升全脂牛奶
1茶匙香草精油
一大撮盐
一小袋香草砂糖
黄油，涂抹模具用（10克）

事先准备

烤箱预热至180℃。
樱桃洗净，去梗去核。
选择一个长宽分别为30厘米和20厘米的长方形模具或一个直径22厘米的圆形模具。

❶ 模具内壁涂抹黄油，将1勺细砂糖均匀撒到底部。

❷ 码放樱桃，切面朝下。

❸ 打散鸡蛋，倒入细砂糖，继续搅打直至混合物变得浓稠。

❹ 倒入稀奶油、牛奶、香草精油、盐，猛烈搅拌。

❺ 加入面粉，稍稍搅拌即可，出现结块也没有关系。

❻ 将面糊倒入烤盘，入烤箱烤25~30分钟，直至上色。

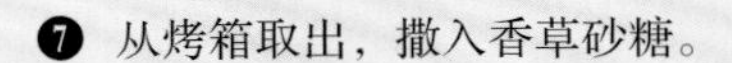

❼ 从烤箱取出，撒入香草砂糖。

变化版本

也可使用450克樱桃罐头，沥干水分即可。

翻转苹果挞

法国

6~8人份

准备时间：25分钟

烹调时间：1小时20分钟

原料

200克油酥挞皮（参见71页）
200克细砂糖
65克清水
60克含盐黄油
1千克微酸的青苹果

事先准备

烤箱预热至220℃，中间放烤网。

❶ 平底锅中加水，再倒入细砂糖，开中火，搅拌至细砂糖溶解。

❷ 煮至沸腾，沸腾后继续煮制，使焦糖上色，呈琥珀色。

❸ 关火，加入切块的黄油，用打蛋器搅拌，直至黄油融化。

❹ 将焦糖倒入模具底部。

❺ 苹果去皮，切块，去核。

❻ 苹果块摆放在模具中，压紧，鼓起的那面朝下。将一些苹果块翻转插入下层，使其相互贴合。

❼ 入烤箱烤1小时。苹果烤好前15分钟从冰箱内取出油酥挞皮。

❽ 挞皮擀成直径24厘米的圆形面饼，盖在苹果上，入烤箱烤15~20分钟。

❾ 取出苹果挞，迅速倒扣在盘子上，稍降温后即可食用。

小常识

倒入黄油时焦糖有可能结晶，但在烤箱中会再次熔化。为避免结晶：在清水和细砂糖混合物中加入1茶匙柠檬汁。

巧克力挞

法国

8人份

准备时间：35分钟
等待时间：1小时

烹调时间：25分钟

原料

1个甜面团（参见71页）
200克可可含量不低于50%的巧克力
200克稀奶油
30克软化的黄油

事先准备

操作台上撒面粉，揉捏面团几秒钟，直至质地变得柔软均匀。
烤箱预热至180℃。

❶ 将面团擀成直径28厘米的面饼（预留两指宽的边），填入模具中，放入冰箱冷冻30分钟。

❷ 面饼上覆盖烘焙纸，压重物，烤15分钟。撤去重物和纸，再烤10分钟。

❸ 巧克力切小块，倒入容器中。

❹ 平底锅加热奶油。

❺ 一半量奶油倒入巧克力，将其覆盖，等待2分钟。

❻ 用铲子仔细搅拌，再倒入剩下的奶油，继续搅拌。

❼ 加入切成小块的黄油，搅拌，注意不要用力过猛。

❽ 将巧克力奶油倒在烤好且已冷却的面饼上。

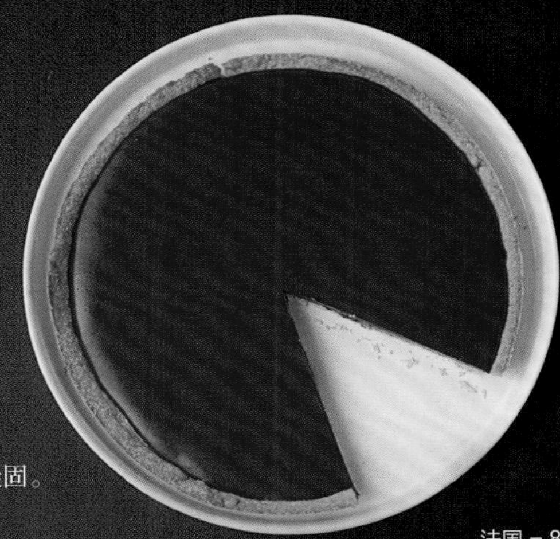

❾ 放入冰箱至少20分钟，使其凝固。

奶酪火锅

瑞士

6~8人份

准备时间：5分钟

烹调时间：15分钟

原料

2个瑞士金山奶酪（Vacherin Mont D'Or）
8~10片帕尔马火腿，切长条
2粒蒜瓣，切薄片
2根迷迭香
4根百里香
现磨黑胡椒
少许橄榄油
1千克煮熟的新马铃薯，竖着切成两半

事先准备

烤箱预热至200℃。除去奶酪上的纸，将奶酪直接放入盒中。

❶ 奶酪放在甜品烤盘上，表面剪小口，塞入大蒜和迷迭香，表面撒百里香和黑胡椒，倒入少许橄榄油。

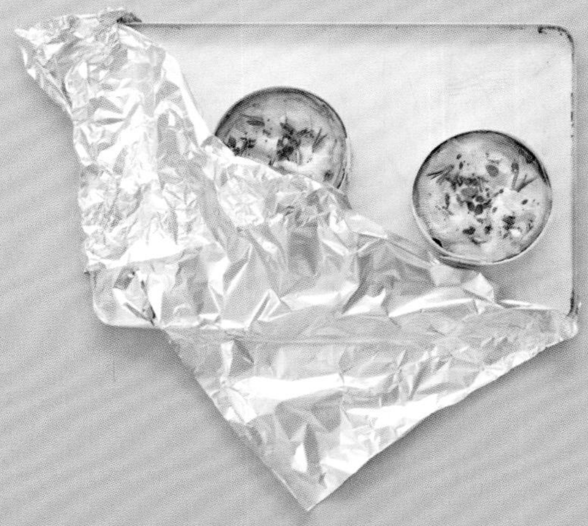

❷ 盖上锡纸，入烤箱烤10~15分钟，奶酪遇热熔化。

❸ 烤奶酪的同时，把帕尔马火腿裹在煮熟的马铃薯上。

❹ 熔化的奶酪可搭配火腿马铃薯块、猪肉制品、香肠和面包，蘸食即可。

瑞士薯饼

瑞士

4~12个薯饼

准备时间：20分钟

烹调时间：30分钟

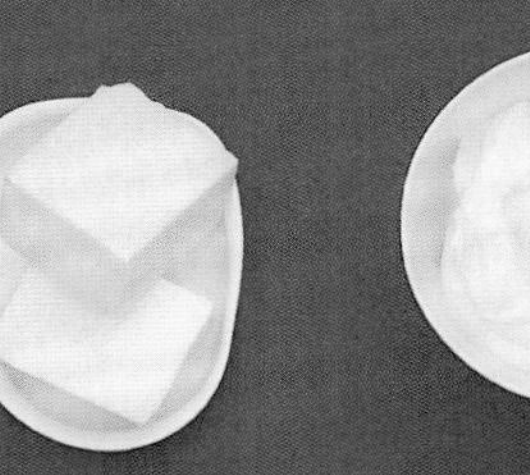

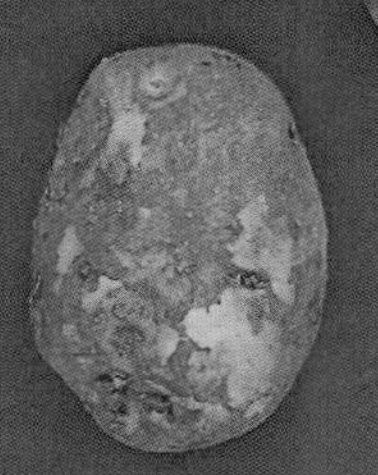

原料

750克淀粉含量丰富的马铃薯，去皮
1个洋葱
100毫升葵花籽油
50克黄油
盐

摆盘

烟熏三文鱼
水芹
鲜奶油

❶ 马铃薯和洋葱分别擦丝。

❷ 马铃薯丝放入干净的茶巾中，挤出多余的水分。

❸ 混合马铃薯丝和洋葱丝，2汤匙混合物做1个小饼。

❹ 平底锅加热葵花籽油和黄油，薯饼下锅用中火煎至表面酥脆。

❺ 煎好的薯饼放在吸油纸上吸去多余的油分，撒盐。

❻ 薯饼和烟熏三文鱼、水芹叶、鲜奶油一起装盘。

变化版本

薯饼中可加入新鲜香草碎或火腿丁。作为早餐，可以和培根、鸡蛋一起食用，也可以和烤肉一起装盘。

柠檬烤鳟鱼

瑞士

2人份

准备时间：12分钟

烹调时间：10~12分钟

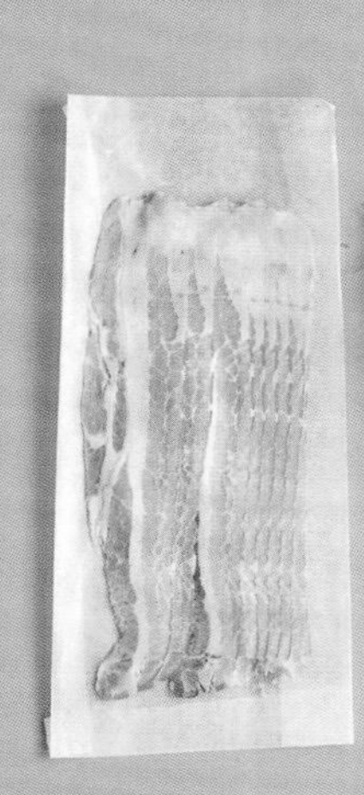

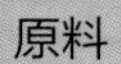

原料

2条中等大小的彩虹鳟鱼，刮去鱼鳞，掏空内脏，洗净
一小把莳萝
1个柠檬，切片
1汤匙压碎的茴香籽
8片腌肉
4茶匙橄榄油
盐和黑胡椒

事先准备

烤箱预热至200℃。

❶ 鳟鱼每面剪3~4条切口，剪去鱼鳍。

❷ 鱼腹中塞入莳萝和柠檬片。

❸ 撒上茴香籽和剩下的莳萝，每条鱼上放1片柠檬。

❹ 用腌肉包裹鱼身，再用刷子刷油，撒上盐和黑胡椒。

❺ 放入烤箱烤10~12分钟，腌肉应烤至金黄，鱼肉内部已经熟透。

❻ 和清蒸蔬菜一起摆盘，即刻食用。

蒙布朗蛋糕

瑞士

10个蛋糕

准备时间：50分钟

烹调时间：45~50分钟

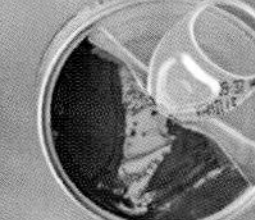

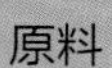

原料

尚蒂伊奶油

250毫升脂肪含量30%的低温稀奶油

25克细砂糖

半根香草荚

法式蛋白霜

2个蛋白

相同重量的细砂糖（约70克）

相同重量的糖霜（约70克）

栗蓉

300克常温的栗子奶油

100克软化黄油

1茶匙朗姆酒

事先准备

烤箱预热至110℃。

甜品烤盘上摆放10只硬质杯子蛋糕模具或小蛋糕模具。

沙拉碗放入冷柜。

❶ 搅打蛋白，至质地膨胀柔软时加入细砂糖，继续搅打至蛋白呈紧实状。

❷ 撒入过筛的糖霜，用刮刀搅拌，制成法式蛋白霜。

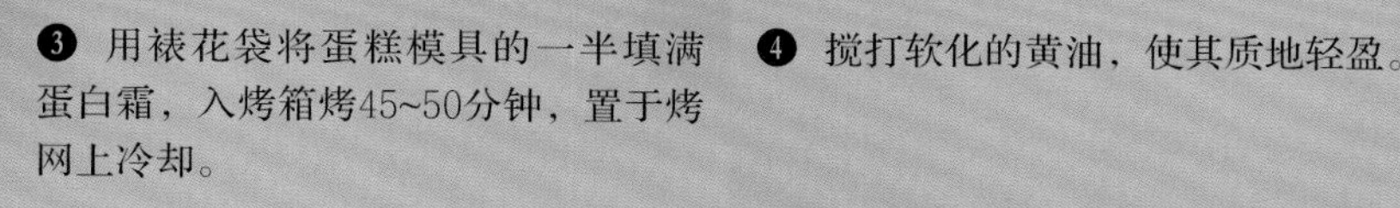

❸ 用裱花袋将蛋糕模具的一半填满蛋白霜，入烤箱烤45~50分钟，置于烤网上冷却。

❹ 搅打软化的黄油，使其质地轻盈。

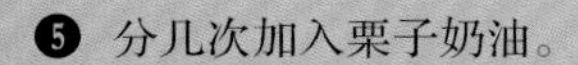

❺ 分几次加入栗子奶油。

❻ 当混合物变顺滑时，加入朗姆酒，稍稍搅拌。

❼ 准备尚蒂伊奶油：在低温沙拉碗中混合低温奶油、细砂糖和香草籽，搅打。将尚蒂伊奶油装入裱花袋中，于每个烤蛋白上挤一层。

❽ 裱花袋中装入栗子奶油，在尚蒂伊奶油上挤几层线状的栗子奶油。

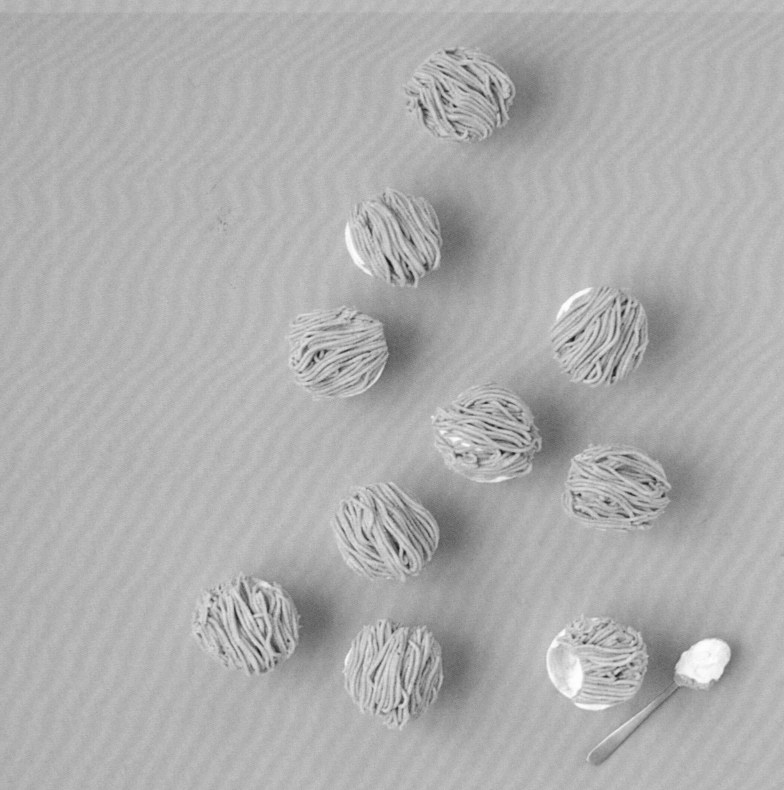

❾ 立即食用或放入冰箱保存。

小窍门

如果蛋白霜在烘焙过程中过于膨胀，没有给尚蒂伊奶油留下空间，可轻轻按压烤蛋白霜的顶部。

啤酒炖牛肉

德国和奥地利

4~6人份

准备时间：15分钟

烹调时间：3小时

原料

900克适合炖煮的牛肉：切成大块的牛肩肉
2汤匙橄榄油
2个洋葱，切碎
6根胡萝卜，削皮，切段
1汤匙面粉
2粒蒜瓣，切薄片
2根百里香
1片月桂叶
450毫升啤酒
盐和黑胡椒

事先准备

烤箱预热至140℃。
洋葱切圆片，大蒜切片，牛肉切块，胡萝卜去皮，切段。

❶ 炖锅中加热橄榄油，牛肉放入锅中，煎至上色。如有需要，可重复几次

❷ 将肉捞出，放入盘中。

❸ 大火煸炒洋葱4~5分钟，上色。

❹ 加入大蒜和胡萝卜，搅动1分钟，重新将肉放入锅中。

❺ 加入面粉，搅拌，把火调小，加入啤酒、百里香和月桂叶，小火煮至沸腾。盖上锅盖，放入烤箱烤2~3小时。

❻ 牛肉煮散时表示已经煮好，与煮马铃薯和绿色沙拉一同装盘上桌。

腌鱼卷

德国和奥地利

4人份

准备时间：10分钟
等待时间：3小时

烹调时间：5分钟

❶ 用500毫升冷水将盐溶解，放入鲱鱼，浸泡约3小时。

❷ 制作腌渍汁所用的全部食材倒入锅中，慢慢煮至沸腾，再炖煮1分钟，静置冷却。

❸ 鲱鱼沥去水分，放在吸水纸上吸干，卷成卷，鱼皮朝外，用牙签固定。

❹ 将鲱鱼卷装入消过毒的玻璃广口瓶中。

原料

6条新鲜肥美的鲱鱼，去鳞，去内脏，取脊肉（确定鱼刺已经剔除干净）

60克盐

腌渍汁

500毫升白葡萄酒醋

1茶匙芥末籽

250毫升白葡萄酒

1个橙子的橙皮

2汤匙红糖

1汤匙黑胡椒粒

6~8片月桂叶

❺ 将腌渍汁倒在鲱鱼上，注意平均分配不同的香料，密封好，放置在冰箱中至少3天再食用。

❻ 食用前将鱼肉沥干水分，摆放在盘中，搭配新鲜面包片和欧芹一起食用。

❶ 平底锅加热植物油，倒入洋葱、大蒜片和辣椒碎，煸炒1分钟，直至混合物散发出香气。

❷ 锅中加入文蛤和黄油，开小火，继续煸炒1~2分钟，加入盐和黑胡椒。

❸ 倒入啤酒，盖锅盖，开大火，不时晃动平底锅，直至文蛤全部开壳。

啤酒文蛤

德国和奥地利

2人份

准备时间：5~10分钟

烹调时间：4~5分钟

原料

900克文蛤，洗净
200毫升黑啤
1汤匙植物油
1把新洋葱，切圆片
1粒蒜瓣，切片
一小撮辣椒碎
30克黄油
盐和黑胡椒

备注

将煮熟后还未开壳的文蛤扔掉。

❹ 煮好的文蛤分别装入2个温热的碗中，浇上菜汁，和新鲜的乡村面包一起食用。

普雷策尔

德国和奥地利

16个普雷策尔

准备时间：25分钟
等待时间：1小时45分钟

烹饪时间：25~30分钟

原料

450克T65面粉
1茶匙盐
15克新鲜的面包酵母
150毫升温水
140毫升温牛奶
30克液态黄油
少许盐之花或马尔顿海盐
1个鸡蛋＋2汤匙牛奶

事先准备

在碗中混合搅拌清水、牛奶和弄碎的新鲜酵母，制成液体混合物。

❶ 混合面粉和盐，中间挖洞，倒入液体混合物，搅拌成面团，加入黄油并混合均匀。

❷ 和面5分钟，将面团揉成球形，盖上茶巾，醒面1~1.5小时。

❸ 和面5分钟，将面团分成16份，揉成球形，盖上茶巾，醒面5分钟，然后将每个面团滚成长25~30厘米的圆柱形。

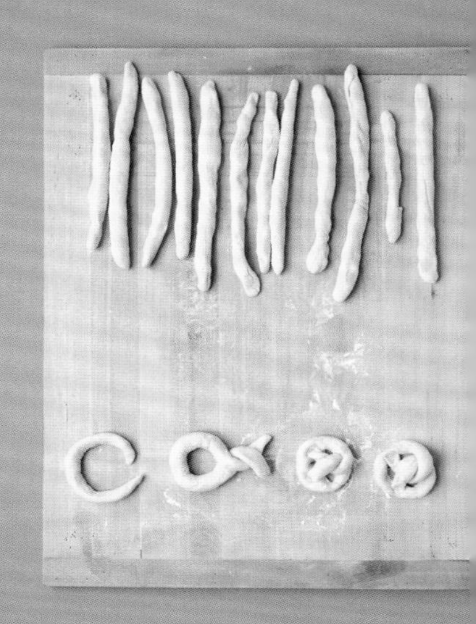

❹ 每根面条打成结，末端粘在一起，摆放在撒了面粉的操作台上，盖上干净的茶巾，醒面10分钟。

❺ 平底锅把水煮至微滚，普雷策尔一个个投入水中，待其浮出水面，捞出。

❻ 面团用滤布沥干水分，摆放在抹过油的烤盘上，用刷子刷上鸡蛋和牛奶的混合物，撒盐之花。

❼ 烤箱预热至200℃。卷饼放入烤箱烤25~30分钟。

变化版本

海盐既经典又美味，如果没有，也可在普雷策尔上撒谷物，再在面团中加1茶匙普通食盐。

咕咕霍夫

德国和奥地利

1人份

准备时间：30分钟
等待时间：1晚+2小时15分钟

烹调时间：35分钟

原料

50克黄油，涂抹模具用

第一个面团

15克新鲜的面包酵母
120毫升温牛奶
120克T55面粉

第二个面团

225克面粉和120克软化的黄油
3汤匙细砂糖和1茶匙盐
2个蛋黄和2个整蛋
1个柠檬或橙子的果皮，擦丝
130克葡萄干，浸泡在2汤匙朗姆酒中
50克完整的杏仁
细砂糖（表面装饰）

❶ 将咕咕霍夫面包的模具冷藏，黄油加热熔化。模具内壁涂抹黄油，再次放入冰箱。此步骤重复一次。

❷ 在制作第一个面团所用的牛奶中溶解酵母，再加入面粉，仔细搅拌。

❸ 盖上保鲜膜，放置整晚。

❹ 用铲刀搅拌黄油和细砂糖，加入鸡蛋、蛋黄和橙皮，制成黄油混合物。

❺ 制作第二个面团：在黄油混合物中加入第一个面团、面粉和盐，在碗中混合成新的面团。

❻ 加入葡萄干和浸泡葡萄干的朗姆酒。

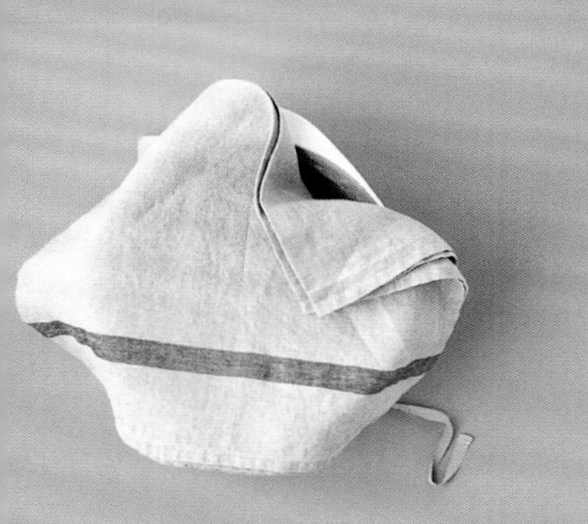

❼ 盖上保鲜膜或茶巾，静置1小时30分钟。

❽ 将杏仁摆放在模具底部。

❾ 将面团放入模具，盖上盖子，醒发45分钟。烤箱预热至200℃，烤30~35分钟，脱模，撒细砂糖。

史多伦德式圣诞面包

德国和奥地利

10人份

准备时间：35分钟
等待时间：2小时30分钟

烹调时间：40分钟

原料

400克T55或T65面粉
一撮盐
15克新鲜面包酵母或一小袋干燥酵母
50克细砂糖
125克软化的黄油
1个鸡蛋
160毫升牛奶
125克葡萄干（以混合葡萄干为佳，其中包含：黑葡萄干、黄葡萄干、科林斯葡萄干）
75克柑橘类水果蜜饯（或任意混合腌渍水果），切碎
30克杏仁或核桃仁，切碎
170克杏仁膏
1个未打蜡的柠檬
125克细砂糖
少许油，涂抹烤盘用

事先准备

温热牛奶，柠檬皮擦丝，水果蜜饯切碎。

❶ 在碗中用温牛奶溶解酵母，如果是干燥酵母，静置5分钟待其起泡。

❷ 面粉、糖和盐一起过筛，在大碗中混合搅拌，中间挖洞。

❸ 洞中倒入酵母，加入轻微打散的鸡蛋和黄油，混合均匀，制成鸡蛋黄油混合物。

❹ 缓慢混合面粉和倒入洞中的食材。

❺ 和面5分钟，如有需要，加入少许面粉。也可用电动和面机搅拌3~4分钟。

❻ 加入葡萄干、水果蜜饯碎和柠檬皮丝，仔细搅拌，使其均匀分布在面团中。

❼ 面团倒入抹了油的碗中，静置2小时，盖上抹了油的保鲜膜：面团的体积应该膨胀1倍。

❽ 面团压扁，擀成宽15~20厘米，长20~25厘米的长方形面饼。

❾ 将杏仁膏搓成长度和面饼一致的长条形，放在面饼上。

❿ 折叠面饼，将杏仁膏包裹起来，封好接缝。

⓫ 将面饼放在抹过油的烤盘上，接口向下，盖上抹油的保鲜膜，发酵30分钟。烤箱预热至190℃。

⓬ 烤40分钟左右，出炉后置于烤网上降温。

⓭ 混合细砂糖和1大勺柠檬汁，搅拌直至形成略稀的混合物。

⓮ 在面包尚未彻底变冷前，在表面涂抹步骤3的鸡蛋黄油混合物。

蜂蜜香料面包

德国和奥地利

6~8人份

准备时间：30分钟

烹调时间：1小时

原料

100克浓稠的蜂蜜
100克红糖
1茶匙肉桂粉
1个八角茴香
半茶匙生姜粉
50毫升姜汁酒
250毫升面粉
1茶匙泡打粉
1个鸡蛋
1汤匙糖浆
80克混合干果
50克腌渍生姜，切碎

上光

4汤匙浓稠的蜂蜜

事先准备

蛋糕模具抹油。
烤箱预热至150℃。

❶ 将蜂蜜、细砂糖、肉桂粉、八角茴香和姜粉倒入耐热容器中。

❷ 倒入100毫升沸水，再倒入姜汁酒，搅拌，静置15分钟使其降温，挑出八角茴香。

❸ 面粉和酵母过筛后倒入混合物中，加入鸡蛋、糖浆、干果和腌渍生姜，仔细搅拌。

❹ 混合物倒入模具中，入烤箱烤1小时，稍稍冷却，涂抹蜂蜜，待温热后食用。

维也纳迷你油酥饼

德国和奥地利

25个饼

准备时间：20分钟

烹调时间：12分钟

❶ 轻轻搅拌鸡蛋和细砂糖，然后放入黄油充分混合。

❷ 逐渐加入面粉、盐和可可粉的混合物。

原料

185克面粉
20克可可粉
170克黄油（软化）
80克细砂糖
1个鸡蛋
一小撮盐

事先准备

将软化的黄油搅拌至质地柔滑。
面粉、盐和可可粉一起过筛。
烤箱预热至170℃。

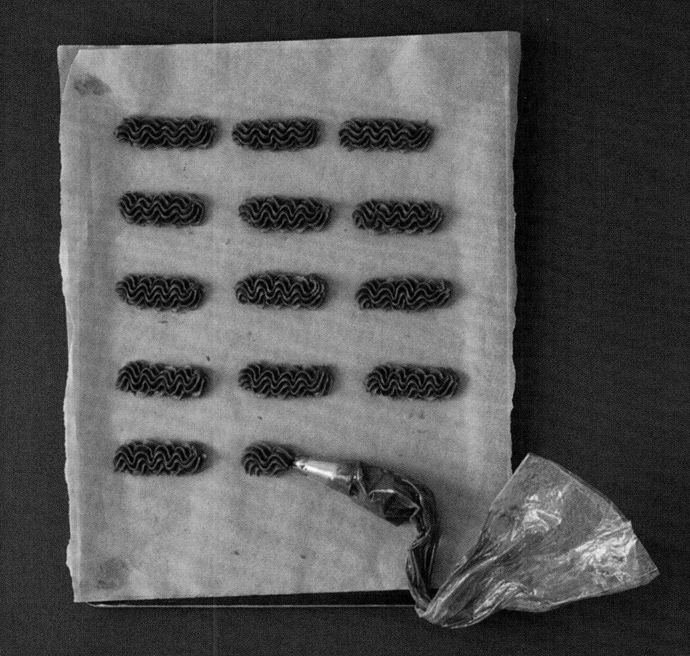

❸ 混合物装入裱花袋中，在铺了烘焙纸的烤盘上挤出饼坯。

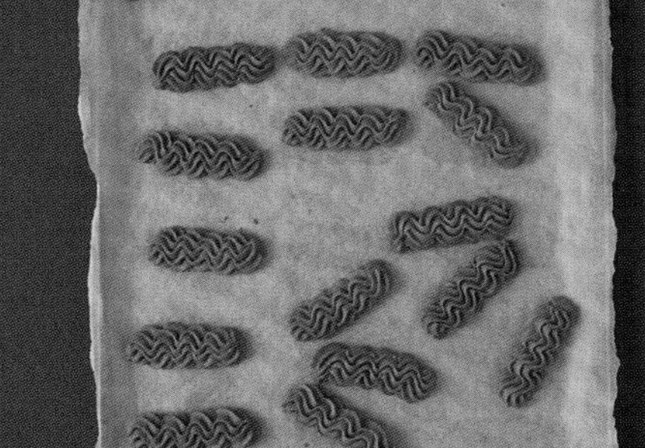

❹ 放入烤箱烤12分钟。

黑森林蛋糕

德国和奥地利

10人份

准备时间：1小时30分钟
等待时间：1小时

烹调时间：30分钟

❶ 分离蛋白和蛋黄。搅打蛋黄和细砂糖，直至混合物变白起泡。

❷ 加入过筛的可可粉。

❸ 打发蛋白。

原料

1份巧克力慕斯（参见72页）
250毫升全脂稀奶油
12个鸡蛋
300克细砂糖
200克酒渍樱桃，如果没有，可选糖渍樱桃＋4汤匙樱桃酒或其他酒
100克黑巧克力
100克可可粉＋少许用于撒在蛋糕上
2汤匙樱桃果酱或杏果酱
少许黄油，涂抹烤盘用

事先准备

烤箱预热至180℃。

❹ 将打发蛋白加入混合物中：先倒入$\frac{1}{4}$，仔细搅拌，再逐次倒入剩下的，用勺子从下往上翻拌。

❺ 烤盘上铺烘焙纸，纸上涂抹融化或软化的黄油，倒入混合物。

❽ 制作巧克力刨花：水浴法熔化切碎的巧克力，涂抹在倒扣的盘子上，放入冰箱冷藏1小时。

❻ 烤20分钟，从烤箱中取出，冷却，倒扣在撒了可可粉的纸上，用模具切割出2个相同大小的圆形，边角料切块。

❼ 搅打稀奶油，制成尚蒂伊奶油。

❾ 用奶酪刀或其他锋利的刀刮擦巧克力表面，制成装饰用的巧克力刨花，于阴凉处保存。

❿ 组装蛋糕：盘子上摆放1块圆形蛋糕，樱桃沥去糖浆，一半量的糖浆倒在蛋糕上，再涂抹一半量的慕斯和尚蒂伊奶油，摆放一半量的樱桃。

⓫ 铺上1层蛋糕边角料，依次将剩下的慕斯、尚蒂伊奶油和樱桃置于上方。再摆放另1块圆形蛋糕，洒上剩下的樱桃酒。

⓬ 平底锅小火熔化果酱，涂抹在蛋糕上。

⓭ 表面撒巧克力刨花和剩下的可可粉。

⓮ 立即食用或放入冰箱保存。

萨赫蛋糕

德国和奥地利

8人份

准备时间：45分钟
等待时间：2小时45分钟

烹调时间：25分钟

原料

巧克力蛋糕

4个鸡蛋
100克细砂糖
40克可可粉
20克马铃薯淀粉

杏子泥

300克新鲜（或速冻）的杏
80克细砂糖

巧克力甘纳许

250克黑巧克力
250毫升鲜奶油

事先准备

杏切大块。
烤箱预热至180℃。

❶ 锅中倒入杏、细砂糖和2汤匙清水，煮至微滚，继续煮5分钟。

❷ 倒入滤器，过滤出杏果泥，保留沥出的糖浆。

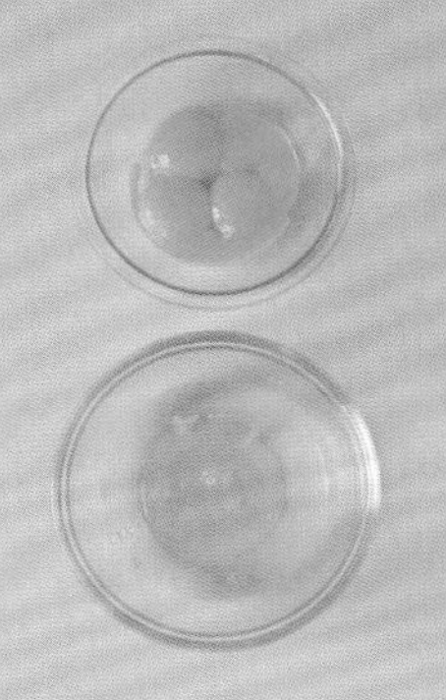

❸ 分离蛋白和蛋黄。

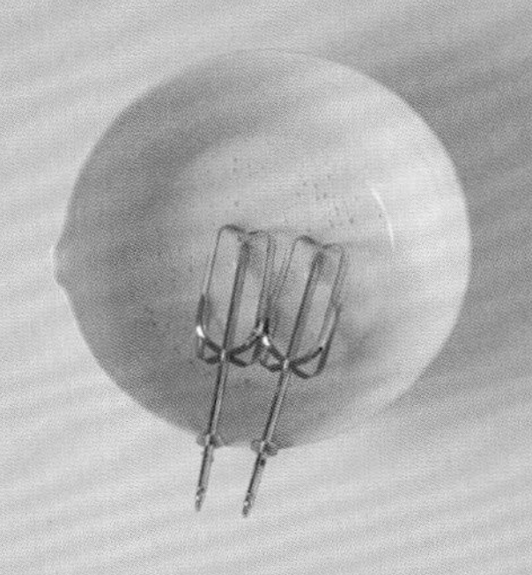

❹ 蛋黄中加入20克细砂糖，搅打至混合物变白。

❺ 蛋白中逐次加入剩下的细砂糖，搅打成细密的白雪状。

❻ 小心将蛋黄混合入蛋白。

❼ 鸡蛋混合物中加入可可粉和马铃薯淀粉。

❽ 取直径20厘米的蛋糕模具，内壁抹油，撒少许面粉，倒入混合物。

❾ 烤20分钟，脱模，彻底冷却后切成2层。

❿ 用巧克力和鲜奶油制作巧克力甘纳许（参见70页）。

⓫ 烤巧克力蛋糕时所用的模具上铺保鲜膜，倒入少许巧克力甘纳许。

⓬ 将半块巧克力蛋糕放入模具中，涂抹糖浆，再浇上薄薄一层巧克力甘纳许。

⓭ 铺上杏果泥。

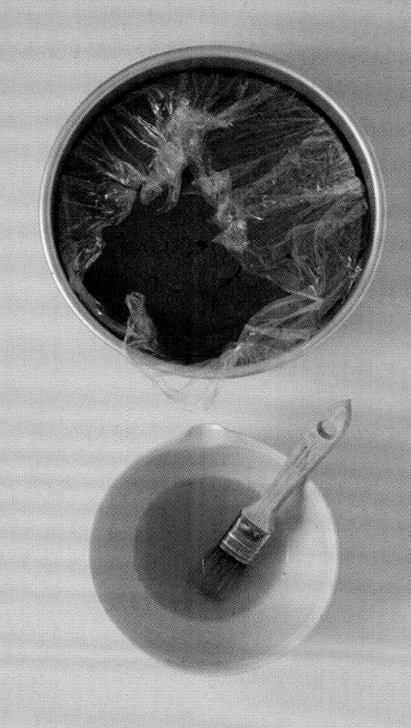

⓮ 另外半块巧克力蛋糕也同样涂抹糖浆，放入模具，轻轻按压，于冰箱中静置2小时。

⓯ 从冰箱中取出蛋糕。如果巧克力甘纳许层过于厚重，放入微波炉中迅速加热使其软化。拉扯保鲜膜的边，脱模，将蛋糕移至烤网上，浇上巧克力甘纳许，用小刮刀抹平。重新放入冰箱冷藏。

⓰ 待巧克力甘纳许凝固（需要大约45分钟），即可装盘。

烟熏三文鱼小松饼

东欧和中欧

20~25人份

准备时间：10分钟

烹调时间：10分钟

原料

65克全麦面粉
65克普通面粉
1茶匙细砂糖
1茶匙酵母
1个鸡蛋，分开蛋白和蛋黄
175毫升牛奶
2汤匙液态黄油
葵花籽油或植物油，涂抹用
150克奶油奶酪
半个柠檬，榨汁
100克烟熏三文鱼片
一小罐圆鳍鱼鱼子酱
$\frac{1}{4}$把莳萝
一小撮盐

❶ 取1只较大的沙拉碗，混合面粉、细砂糖、盐和酵母。

❷ 加入蛋黄、牛奶和液态黄油，搅打成均匀的面糊。

❸ 打发蛋白，直至提起时形成小尖角，倒入面糊。

❹ 平底锅加热食用油，倒入面糊，煎2~3分钟。

❺ 翻面，继续煎1分钟，直至面饼金黄。剩下的面糊用相同的方法煎成面饼。奶油奶酪加入柠檬汁后充分搅打。

❻ 摆盘时，每个面饼上涂抹1勺打发的奶油奶酪，再依次摆放烟熏三文鱼、圆鳍鱼鱼子酱和莳萝嫩叶。

马铃薯团子

东欧和中欧

6人份

准备时间：20分钟

烹调时间：5分钟

❶ 马铃薯去皮后压碎，静置冷却。

❷ 中间挖洞，倒入$\frac{3}{4}$面粉、鸡蛋、盐和一小撮擦丝的肉豆蔻。

❸ 按照由内向外的方向混合所有原料，慢慢加入剩下的面粉，揉成面团。

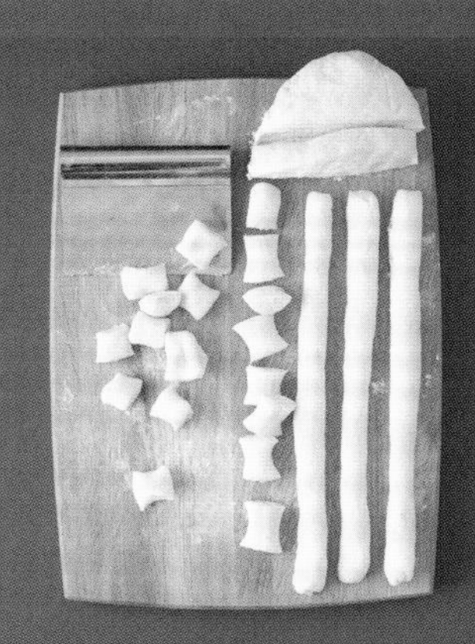

❹ 双手沾面粉，将面团揉搓成厚度1.5厘米的长条，再切成长2厘米的段。

原料

1千克马铃薯泥
250克面粉
1个鸡蛋
盐，肉豆蔻

事先准备

马铃薯洗净，倒入加盐的沸水中煮或上锅蒸40分钟左右，去皮。

❺ 将马铃薯团子放在锉刀背面，用指尖按压，然后摆放在撒了少量面粉的茶巾上。

❻ 在一锅水中放入适量盐，煮至沸腾，分两次放入马铃薯团子，待其浮在水面上，用漏勺捞出。

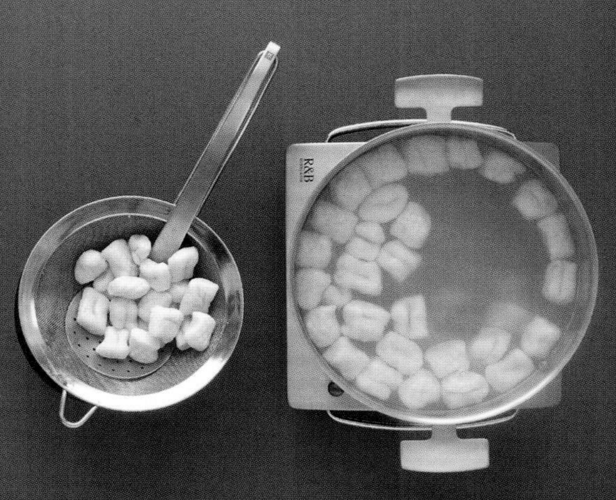

建议

不要过早准备马铃薯团子（最多提前4小时），否则团子会变得又软又黏。

俄式三文鱼烤饼

东欧和中欧

6人份

准备时间：35分钟

烹调时间：1小时10分钟

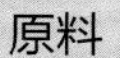

原料

1整条三文鱼，约1.2千克，请鱼贩刮去鱼鳞，掏空内脏

500克简易千层挞皮面团（参见36页）或优质纯黄油面团

1个鸡蛋

1个小南瓜

1把香菜

3~4根柠檬草

一小块生姜（2~3厘米）

1个青柠檬果肉榨汁，保留果皮

1个小洋葱，去皮

1把香菇（也可用巴黎蘑菇代替）

2汤匙橄榄油

1个小青辣椒或红辣椒（可选）

盐和黑胡椒

❶ 将香菜、柠檬草柔软的部分、去皮的洋葱和生姜、辣椒、柠檬皮和少许柠檬汁倒入搅拌机搅打。

❷ 锅内倒入1勺橄榄油，大火煸炒使香菇上色。

❸ 南瓜切成两半，去籽，涂抹少量橄榄油，撒盐和黑胡椒，入烤箱烤大约45分钟，挖出南瓜肉，压成泥状，调味。

❹ 三文鱼除去鱼头和鱼尾，切成两半，放入清水或高汤中，根据鱼肉的厚度煮10~15分钟，煮至半熟。

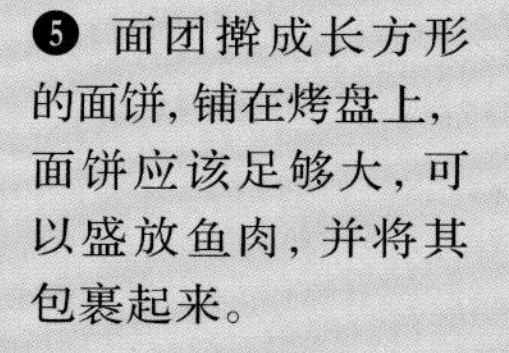

❺ 面团擀成长方形的面饼，铺在烤盘上，面饼应该足够大，可以盛放鱼肉，并将其包裹起来。

❻ 用勺子把香菜混合物涂抹在面饼上，均匀撒上炒好的香菇，面饼边缘留一定空间以便折叠。

❼ 小心拆下鱼肉，剔除鱼皮和所有鱼刺。

❽ 将鱼肉摆放在面饼上。

❾ 用面皮将鱼肉包裹起来，接缝处压实，鸡蛋打散，用蛋液涂抹面饼表面。

❿ 入烤箱烤25分钟左右，直至面饼呈金黄色。

⓫ 切成漂亮的段，和南瓜泥一起装盘。

小窍门

也可使用即时三文鱼脊肉，放入高汤中煮5分钟即可。

烟米蛋糕

东欧和中欧

12人份

准备时间：35分钟

烹调时间：35分钟

原料

400克油酥挞皮（参见71页）
400克烟米
200克细砂糖
50克黄油
50克蜂蜜
20克杏仁粉
1小包香草糖
1个柠檬的皮
30克葡萄干
朗姆酒
2个蛋白
1个鸡蛋，上色用

事先准备

烤箱预热至180℃。

❶ 葡萄干浸入朗姆酒，直至膨胀。长方形模具内壁涂抹黄油。

❷ 油酥挞皮擀成2张与模具尺寸相同的面皮。

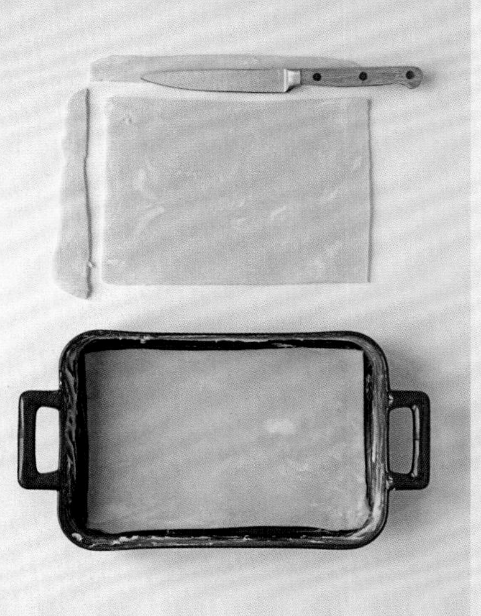

❸ 修剪面皮使其适合模具，将其中一张铺在模具底部。

❹ 用小平底锅加热黄油使之熔化，备用。

❺ 烟米用咖啡研磨器磨碎，再倒入1个较大的容器内。

❻ 加入细砂糖，充分搅拌。

❼ 加入熔化的黄油，搅拌，再加入蜂蜜，继续搅拌。

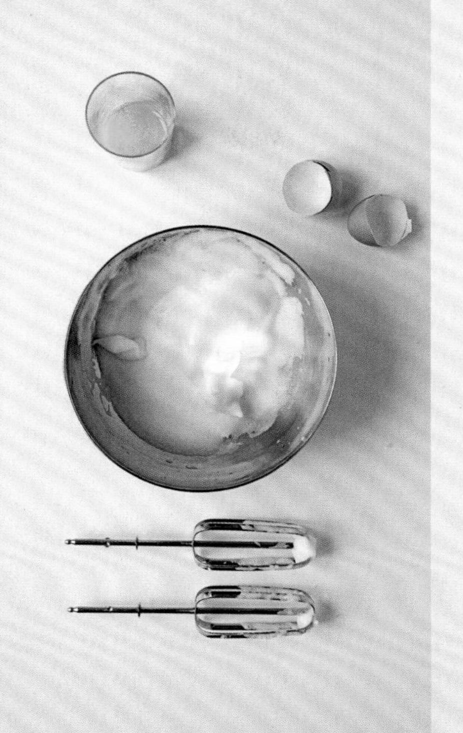

❽ 加入杏仁粉和香草糖。

❾ 最后加入柠檬皮和沥干水分的葡萄干。

❿ 打发2个蛋白。

⓫ 蛋白与烟米混合物以刮刀翻拌混合。

⓬ 将馅料填入模具，均匀涂在挞皮上。

⓭ 其上覆盖另一块挞皮，表面涂抹蛋液以便于上色。

⓮ 入烤箱烤35分钟，上桌前切成方块。

西班牙面包

西班牙

1个面包

准备时间：15分钟
等待时间：1小时

烹调时间：30分钟

原料

500克过筛的面包粉

7克干燥的面包酵母，用2汤匙热水溶解

一小撮细砂糖

1茶匙盐

2汤匙橄榄油＋少许橄榄油，用于涂抹模具和喷洒

2汤匙白醋

250毫升清水

盐之花

事先准备

烤箱预热至180℃。

取长36厘米、宽27厘米的烤盘，抹油。

❶ 取1只较大的瓦罐，倒入面粉，中间挖洞，放入酵母、细砂糖、盐、橄榄油、醋和清水，搅拌。

❷ 在撒了面粉的操作台上揉面5分钟，重新放入瓦罐，盖上茶巾，醒面1小时。

❸ 用手将面团伸展成长方形，放入抹油的烤盘内，用餐叉扎小孔，洒橄榄油，再撒盐之花。

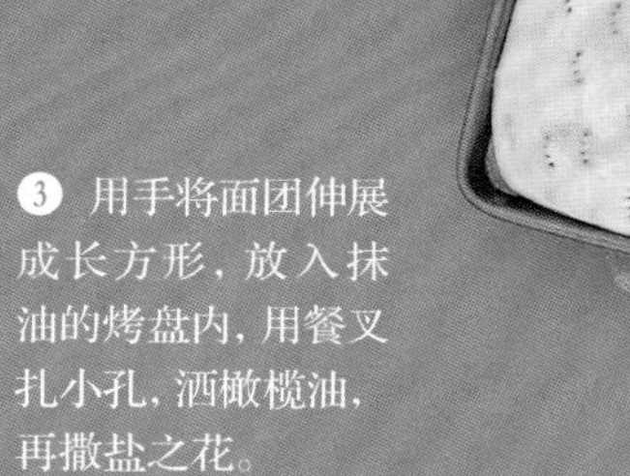

❹ 入烤箱烤25~30分钟，直至面包呈金黄色，出炉后切成方形，趁热食用，可佐橄榄油食用。

桑格利亚酒

西班牙

1.5升酒

准备时间：10分钟

烹调时间：5分钟

❶ 在平底锅中混合细砂糖和清水，开小火，加热至细砂糖溶解，使其彻底冷却。

❷ 混合红酒、橙汁、柠檬水、干邑，柠檬皮和柠檬汁，加入糖浆和肉桂粉。

原料

500毫升红酒
500毫升橙汁
250毫升柠檬水
2汤匙干邑
320克细砂糖
175毫升清水
2个未打蜡的柠檬果皮
半个柠檬榨汁
一撮肉桂粉
2根薄荷的叶子
切块的水果（苹果，橙子或桃子）
冰块

备注

准备1个大沙拉碗

❸ 加入切块的水果和薄荷叶，小心搅动。

❹ 杯子中各放几块冰块，倒入桑格利亚酒，注意每杯中都要有水果和少许薄荷叶。

罗梅斯克酱

西班牙

350毫升酱

准备时间：10分钟

烹调时间：25分钟

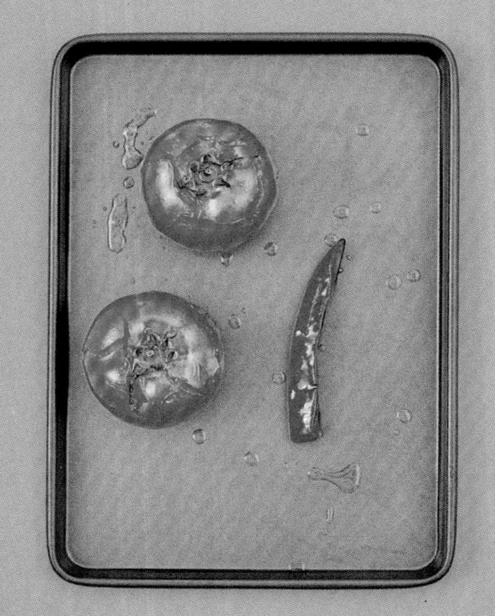

原料

40克去皮的杏仁
40克榛子
2个刚刚成熟的大番茄
1个较大的红辣椒，去梗
115毫升橄榄油
2粒蒜瓣
1茶匙烟熏甜椒粉
1汤匙红酒醋
4汤匙新鲜的白面包糠
盐和黑胡椒
少许柠檬汁

事先准备

烤箱预热至180℃。

准备

杏仁和榛子平铺在烤盘上，入烤箱烤6~8分钟，用茶巾擦掉表皮。番茄和辣椒上洒1汤匙橄榄油，烤至番茄皮裂开，出炉后静置冷却。杏仁和榛子混合打碎，加入番茄、辣椒、大蒜、甜椒粉、醋、面包糠和剩下的橄榄油，仔细搅打。酱料倒入碗中，调味，加入少许柠檬汁，可佐食烤肉、烤海鲜，或作为蘸酱。

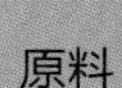

松子大蒜欧芹酱

西班牙

140毫升酱

准备时间：10分钟

烹调时间：2分钟

原料

2片剥去面包皮的软面包
4汤匙橄榄油
3粒蒜瓣
一撮海盐
80克烤松子、去皮的烤杏仁或烤榛子
满满1汤匙切碎的欧芹
几丝藏红花（可选）

准备

锅中放入2汤匙橄榄油，将面包片煎至金黄，切成几块，放在吸油纸上。大蒜和盐倒入研钵中捣碎，加入松子、杏仁和（或）榛子，捣成粗糙的糊状物。加入欧芹、煎面包块、剩下的橄榄油和几丝藏红花，继续研磨直至形成浓稠的酱。

烤杏仁

西班牙

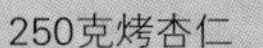

250克烤杏仁

准备时间：20分钟

烹调时间：1小时

原料

250克去皮的杏仁，最好选用马克纳大杏仁

橄榄油，涂抹烤盘用

1个蛋白

2汤匙红糖

$1\frac{1}{2}$茶匙孜然粉

$1\frac{1}{2}$茶匙辣椒粉

半茶匙海盐

半茶匙卡宴胡椒

事先准备

烤箱预热至140℃。

准备

烤盘上铺烘焙纸，涂抹大量橄榄油，防止杏仁粘底。蛋白中加入少许清水，打发成白色的慕斯。加入杏仁，倒入滤器，晃动，过滤出蛋液。混合细砂糖、孜然、辣椒粉、盐和胡椒，倒入杏仁，拌匀。杏仁平铺在烤盘上，入烤箱烤30分钟，烤箱温度调至100℃，晃动烤盘，再烤30分钟。

腌渍橄榄

西班牙

250克腌渍橄榄

准备时间：15分钟
等待时间：1小时

—

原料

250克盐水渍混合橄榄，去核

1汤匙赫雷斯红酒醋

2粒蒜瓣，切薄片

半个橙子的橙皮和橙汁

半个未打蜡黄柠檬的果皮和果汁

1茶匙磨碎的香菜籽

半茶匙孜然粉

半茶匙干燥的百里香

半茶匙干燥的迷迭香

1个红辣椒，去籽，切片

1茶匙茴香籽

3汤匙橄榄油

准备

橄榄沥干水分，倒入碗中，用刀背和刀身轻轻压碎。另取1个碗，混合其余全部食材，倒入橄榄，搅拌均匀，食用前至少腌制1小时。

西班牙冻汤

西班牙

4~6人份

准备时间：20分钟
等待时间：1小时30分钟

—

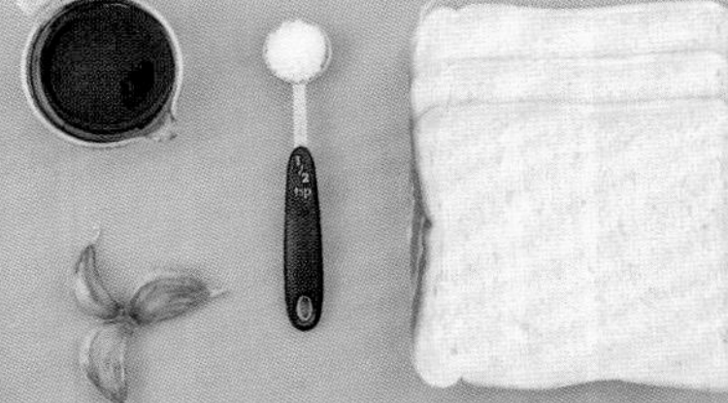
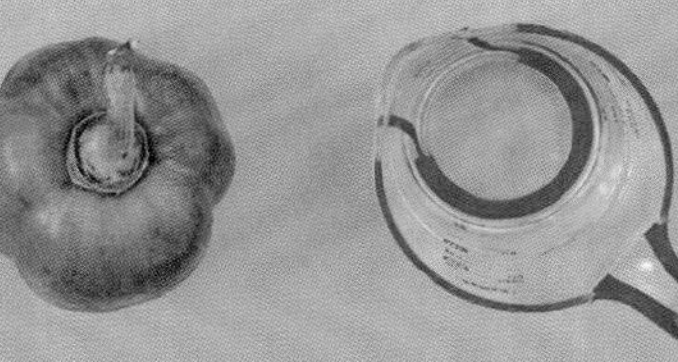
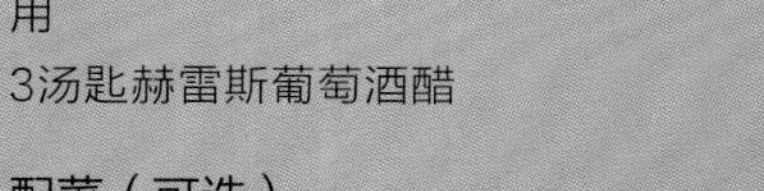

原料

85克剩面包，于冷水中浸泡30分钟
1千克成熟的番茄，切丁
1个绿色柿子椒，切块
1根中等大小的黄瓜，切小丁
75克油浸烤红柿子椒，切块
3粒蒜瓣，切碎
半茶匙盐
150毫升橄榄油 + 少许橄榄油，摆盘用
3汤匙赫雷斯葡萄酒醋

配菜（可选）

薄荷，切碎
白洋葱，切碎
绿色或红色柿子椒，切小丁
黑橄榄，切碎

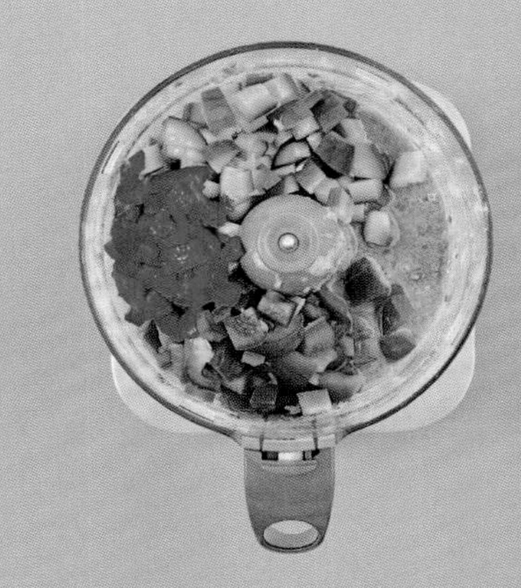

❶ 将面包的水分沥干，放入搅拌器，再倒入番茄、柿子椒、黄瓜、大蒜和盐，搅打成泥。

❷ 混合物倒入筛子，用勺子背按压。

❸ 加入油和醋，品尝，如有需要可再次添加，调整味道，于阴凉处放置至少1小时30分钟。

❹ 将冻汤盛入冰凉的碗中，最后用少量配菜（可选）和少许橄榄油点缀。

西班牙辣薯块

西班牙

4人份

准备时间：15分钟

烹调时间：40分钟

原料

900克质地紧实的马铃薯，切成2半，每半切4块
1升葵花籽油，烹调用
半茶匙盐
1个大洋葱，切碎
60克油浸烤红柿子椒，切块
2个蒜瓣，切碎
600毫升番茄酱
3汤匙橄榄油
一撮细砂糖
1汤匙烟熏甜椒粉
半茶匙卡宴胡椒
1片月桂叶

❶ 葵花籽油加热，倒入撒盐的马铃薯块，油炸15分钟，薯块应该变软，但没有上色，沥干油分。

❷ 锅内倒入橄榄油，放入洋葱和柿子椒，用小火煸炒10分钟，加入大蒜，继续煸炒5分钟。

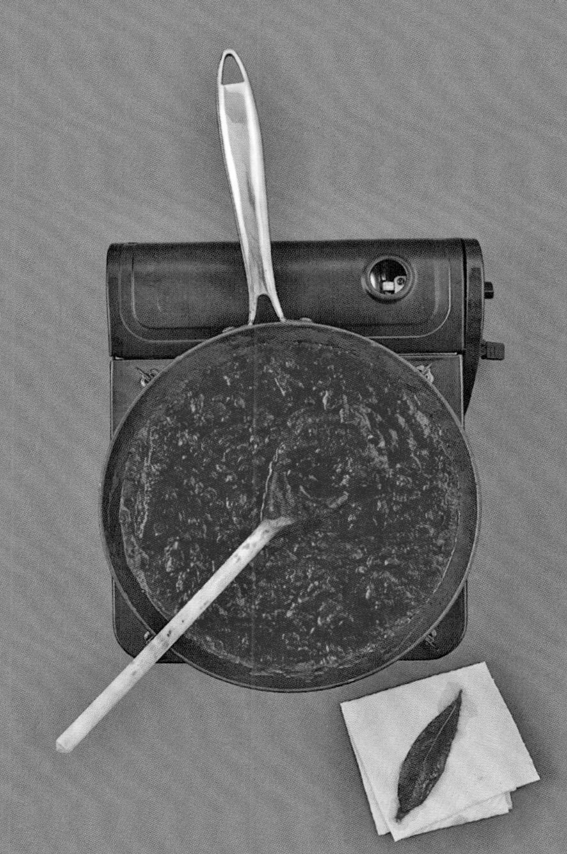

❸ 倒入番茄酱、细砂糖、甜椒粉、卡宴胡椒和月桂叶，煮至酱汁浓稠，调味，挑出月桂叶，备用。

❹ 加热葵花籽油，当温度很高时，迅速把薯块油炸成金黄色，捞出，浇上酱汁，即可上桌。

西班牙海鲜馅饼

西班牙

12个馅饼

准备时间：45分钟
等待时间：1小时

烹调时间：1小时

原料

500克过筛的普通面粉
1茶匙活性酵母
1茶匙盐
1茶匙烟熏甜椒粉
200毫升热水 + 100毫升橄榄油

馅料

400克鱼肉和煮熟的海鲜
1个鸡蛋，打成蛋液
600毫升番茄酱
1个大洋葱，切碎
2个蒜瓣，切碎
2汤匙橄榄油
$1\frac{1}{2}$茶匙烟熏甜椒粉
一撮粉状细砂糖
125毫升红酒
盐和黑胡椒

❶ 混合面粉、酵母、盐和甜椒粉，中间挖洞，倒入水和橄榄油，用餐叉搅拌。

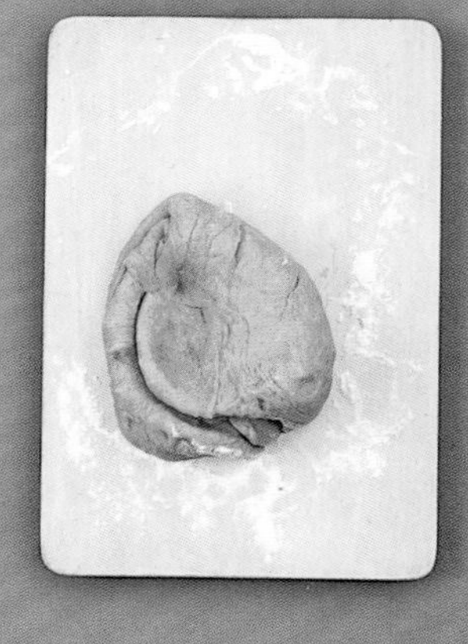

❷ 揉面5分钟，直至面团光滑，放入瓦罐内，盖好，静置发酵1小时。

❸ 锅内倒入2汤匙橄榄油，小火煸炒洋葱和大蒜，撒盐，炒15分钟。

❹ 倒入番茄酱、甜椒粉、细砂糖和红酒，煮15分钟，加入鱼肉和海鲜，调味。

❺ 烤箱预热至190℃。操作台上撒面粉，把面团擀成2毫米厚的面皮，用模具切割出12个直径14厘米的圆饼。

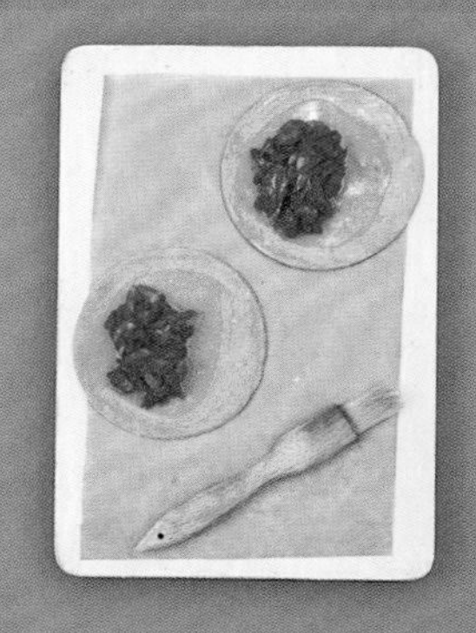

❻ 每个圆饼上放1汤匙馅料，在面饼边缘刷上清水，将面饼对折，把馅料包裹起来。

❼ 用餐叉按压馅饼边缘以封紧开口，在表面涂抹蛋液，用相同的方法处理剩下的面团。

❽ 馅饼放在烤盘上，入烤箱烤25分钟，烤至呈金黄色。

建议

为使面皮和馅料达到完美的平衡，面皮应该擀得非常薄，可以将面团分成2份，再分别擀成面皮。

塞馅红椒

西班牙

12个塞馅红椒

准备时间：30分钟

烹调时间：5分钟

原料

160克新鲜山羊奶酪
12个罐装红椒（西班牙柿子椒）
2汤匙罐装红椒的油
$2\frac{1}{2}$汤匙赫雷斯葡萄酒醋
50毫升干赫雷斯
125克细砂糖
1个未打蜡的柠檬的果皮，擦丝
2汤匙去皮杏仁，切碎，轻微炙烤
一小撮海盐
1茶匙百里香
摆盘用脆面包

❶ 细砂糖和葡萄酒醋一起加热，不断搅动，保持沸腾状态2分30秒，直至细砂糖变成焦糖，关火，倒入干赫雷斯。

❷ 碗中混合山羊奶酪、柠檬皮、杏仁、盐、百里香和红椒油，搅拌。

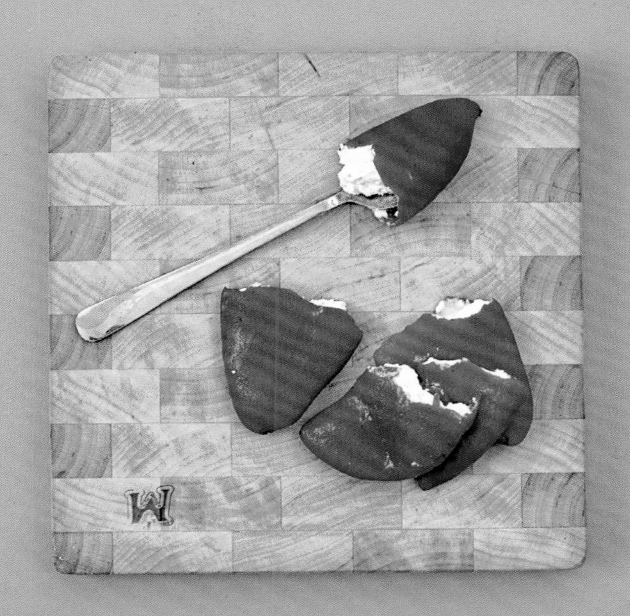

❸ 用汤匙把尽可能多的馅料塞入红椒中。

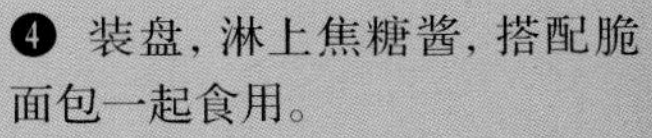

❹ 装盘，淋上焦糖酱，搭配脆面包一起食用。

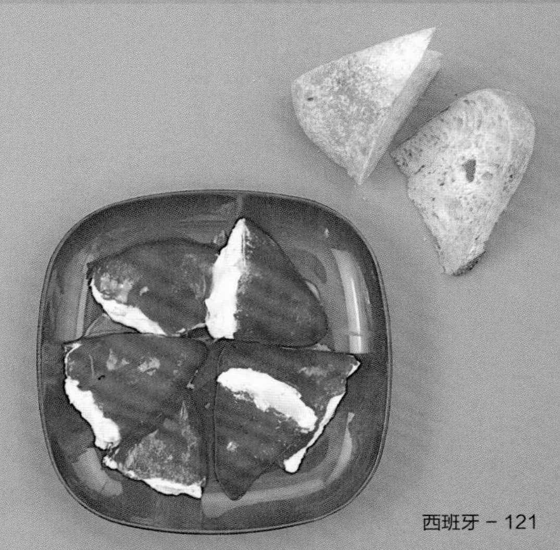

西班牙烘蛋

西班牙

4~6人份

准备时间：20分钟

烹调时间：40分钟

原料

650克马铃薯，去皮，切成两半，再切块
6个鸡蛋，打散
750毫升葵花籽油，烹调用
65毫升橄榄油
1个中等大小的洋葱，切碎
3粒蒜瓣，切片
盐和黑胡椒

小窍门

准备直径23厘米的平底不粘锅。

❶ 薯块撒盐，倒入热葵花籽油中炸软，捞出，沥干油分。

❷ 用平底锅加热2汤匙橄榄油，小火煸炒洋葱15分钟，再倒入大蒜，继续煸炒5分钟。

❸ 取沙拉碗，倒入薯块、洋葱和蛋液，搅拌，撒入大量调味品。

❹ 将平底锅擦干净，加热剩下的橄榄油，将混合物倒入锅中，加热至凝固。

❺ 放入烤箱上部，以上火烤制4分钟，直至蛋液熟透，蛋饼变成金黄色。

❻ 将蛋饼倒扣在盘中，切成小块，冷食或热食均可。

小窍门

如果时间充足，将撒盐的薯块倒入滤器中，静置10分钟，再下锅油炸。

西班牙马铃薯香肠

西班牙

4人份

准备时间：20分钟

烹调时间：30分钟

原料

800克马铃薯，去皮，切丁，撒盐
4个鸡蛋
4根香肠，竖着切成两半，再切成厚1厘米的半圆柱形
250克猪肉丁
2个较大的红洋葱，切片
90毫升橄榄油
2粒蒜瓣，去皮
塔巴斯科辣椒酱（可选）

❶ 平底锅加热3汤匙橄榄油，大蒜煸炒至金黄，取出弃用。

❷ 倒入马铃薯，中火煸炒5分钟，加入洋葱，再炒15分钟。

❸ 倒入香肠，拌炒5分钟，加入猪肉丁，继续炒3分钟，盖锅盖。

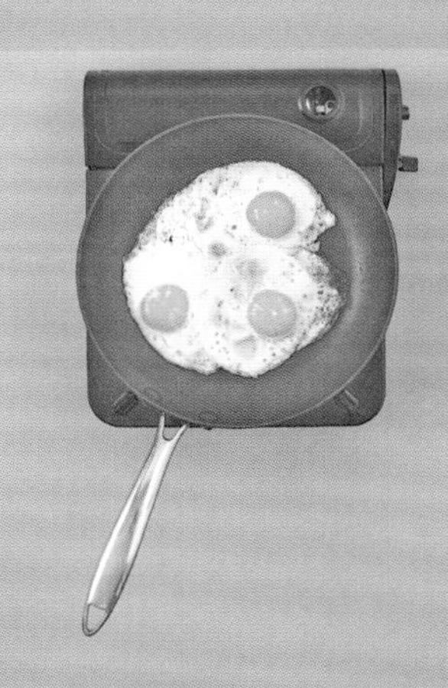

❹ 另取1只平底锅，加热剩下的橄榄油，煎蛋：煎至蛋白凝固，蛋黄仍可流动。

❺ 煎好的鸡蛋摆放在马铃薯香肠上。

❻ 炒好的菜分装在盘子里，洒几滴塔巴斯科辣椒酱（可选），立即上桌。

猪羊肉丸

西班牙

10人份

准备时间：35分钟
等待时间：1小时

烹调时间：35分钟

原料

250克猪绞肉
250克羊绞肉
1个鸡蛋，轻轻打散
2汤匙杏仁粉
2汤匙干面包糠
3粒蒜瓣，切碎
1汤匙薄荷碎＋少许装饰用的薄荷碎
$1\frac{1}{2}$茶匙孜然粉
1茶匙海盐
一小撮黑胡椒
75毫升橄榄油
1个较大的洋葱，切碎
800毫升番茄酱
半茶匙烟熏甜椒粉
1汤匙番茄浓汁

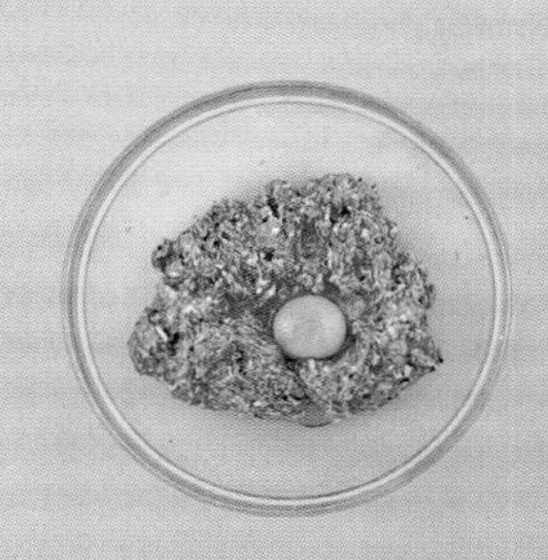

❶ 混合猪绞肉、羊绞肉、面包糠、鸡蛋、杏仁粉、薄荷、2粒蒜瓣、孜然、盐和黑胡椒，于阴凉处放置1小时。

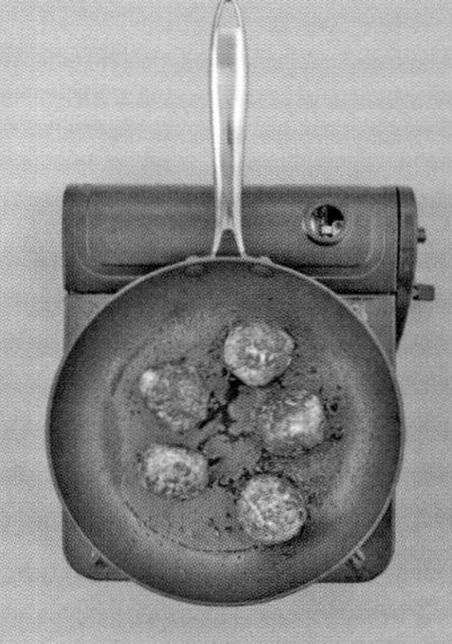

❷ 将混合物捏成10个丸子。用3汤匙橄榄油煎10分钟，时不时翻面。

❸ 平底锅加热剩下的橄榄油，倒入洋葱和剩下的大蒜，小火煸炒8~10分钟。

❹ 倒入番茄酱、番茄浓汁和甜椒粉，炖煮10分钟，直至酱汁变得浓稠。

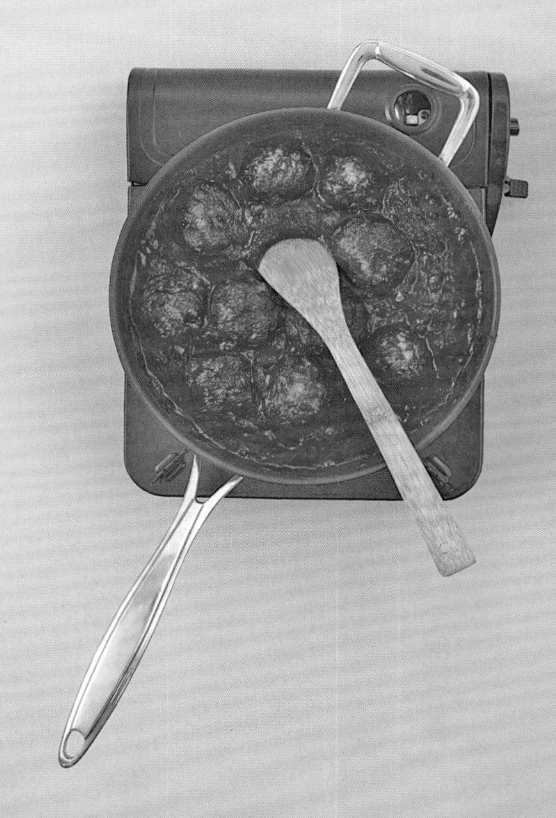

❺ 撒盐和黑胡椒，倒入肉丸子炖煮10分钟，时不时搅动，直至丸子煮熟。

❻ 撒入薄荷碎，上桌。

变化版本

丸子可只用猪绞肉制作，薄荷可以用鼠尾草代替。

炸火腿丸子

西班牙

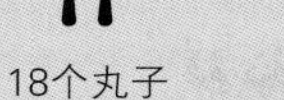

18个丸子

准备时间：25分钟
等待时间：3小时

烹调时间：40分钟

原料

125克塞拉诺火腿，切小片
500毫升全脂牛奶
2片月桂叶
10颗黑胡椒粒
半个洋葱
85克黄油
1汤匙橄榄油
70克面粉＋4汤匙打散的鸡蛋
250克干燥细腻的白面包糠
1升葵花籽油，用于炸制
一小撮海盐

❶ 牛奶中放入月桂叶、黑胡椒和洋葱，小火煮至沸腾。关火，浸泡1小时，过滤。

❷ 火腿倒入黄油和橄榄油中煸炒3分钟，加入面粉和盐，混合物搅打至质地丝滑。

❸ 关小火，少量多次加入牛奶，搅动。煮5分钟，不停搅动，直至混合物质地浓稠丝滑。

❹ 将混合物倒入烤盘或模具中，静置冷却。

❺ 用2把勺子挖起面糊，塑成梭形的小丸子，摆放在盘中。

❻ 将4汤匙面粉和面包糠分别倒入2个盘中，丸子先裹面粉，再蘸蛋液，最后裹面包糠。

❼ 在大锅中加热葵花籽油，每次放4个丸子，用中到大火把丸子炸至金黄。炸熟后用漏勺捞出，放在吸油纸上。

❽ 趁热或常温食用。

小窍门

丸子面糊应质地较浓稠，达到可以用手塑型的程度。

赫雷斯鸡肉饭

西班牙

4~6人份

准备时间：15分钟

烹调时间：35分钟

❶ 用油把鸡肉煎成金黄色，先煎有鸡皮的一面。煎好的鸡肉摆放在盘中。

❷ 取煎炒用的平底锅，倒入洋葱和柿子椒煸炒5分钟。再加入大蒜，继续煸炒1分钟。

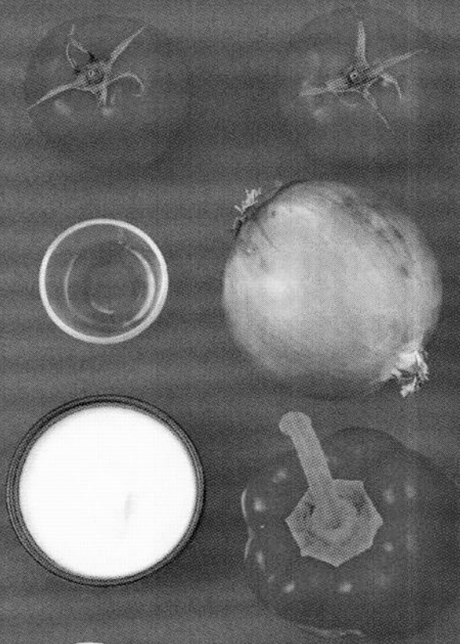

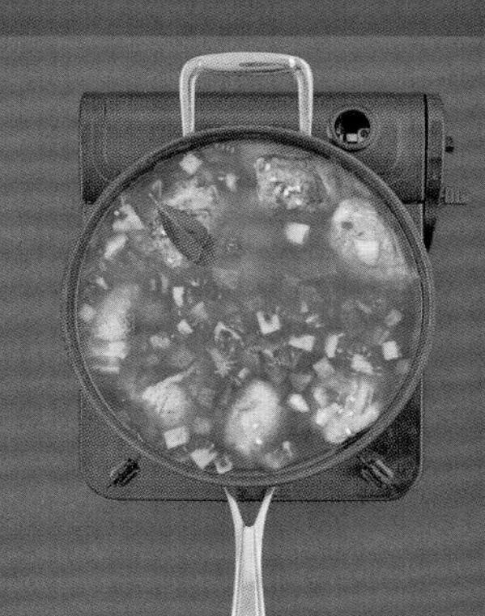

❸ 倒入赫雷斯葡萄酒，沸腾时搅动，熔化锅底的焦糖浆。

❹ 鸡肉重新放入锅中，再加入番茄、甜椒粉、鸡汤、米粒和月桂叶。搅拌，调味。

原料

8块去骨鸡大腿肉
400克帕耶拉大米
1个较大的洋葱，切碎
1个红色柿子椒，切丁
3粒蒜瓣，切碎
2汤匙干赫雷斯
2个刚刚成熟的番茄，去皮，切丁
120克速冻豌豆（可选）
1汤匙烟熏甜椒粉
1升鸡汤
1片月桂叶
2汤匙橄榄油
盐和黑胡椒

事先准备

鸡肉上撒盐和黑胡椒

❺ 关小火，盖锅盖，炖煮20分钟，中途搅动，直到所有汤汁都被吸收，鸡肉彻底煮熟。

❻ 烹调完成前5分钟，倒入豌豆（可选），豌豆热透后即可上桌。

建议

完成步骤4时，应确保米粒完全浸入汤汁中。

加泰罗尼亚炖杂烩

西班牙

6~8人份

准备时间：30分钟

烹调时间：2小时15分钟

原料

500克牛胸肉
2个鸡腿
1个猪肘和1个猪蹄
250克烟熏猪胸肉
2根香肠，约150克
1根西班牙血肠
250克卷心菜，切成较粗的长条
6个较小的新马铃薯
500克干燥的鹰嘴豆，浸泡整晚，沥干水分
2根较大的胡萝卜，每根切4条
6粒蒜瓣
半个洋葱，插入1颗丁香
2片月桂叶和10粒黑胡椒
半茶匙藏红花细丝
100克粉丝

❶ 炖锅中放入牛胸肉、鸡腿肉、猪肘、猪蹄、烟熏猪胸肉，加入大蒜、洋葱、月桂叶和黑胡椒，倒入足以覆盖食材的水。

❷ 小火煮至沸腾，时不时撇去浮渣，然后加入鹰嘴豆，小火炖煮1小时30分钟。

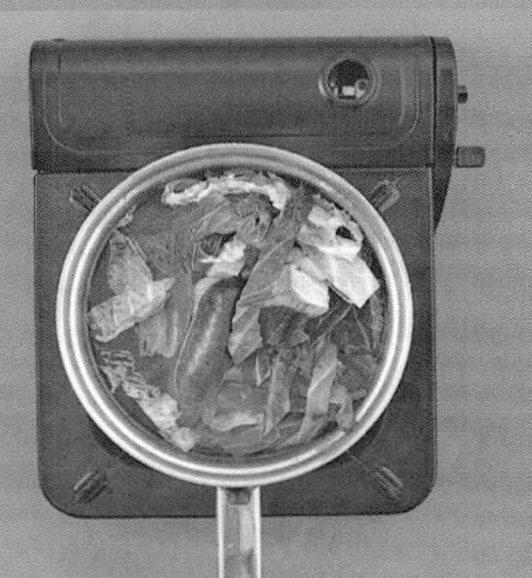

❸ 将马铃薯、胡萝卜和香肠放入清水中煮20分钟，加入卷心菜和西班牙血肠，继续煮5分钟。

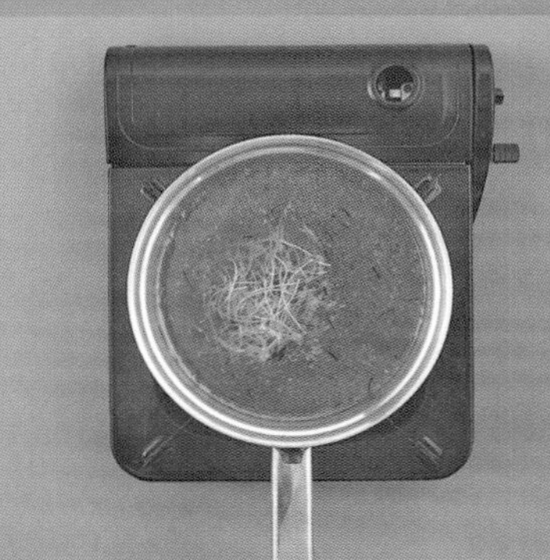

❹ 取2升煮肉的高汤，过滤，和藏红花一起煮沸，倒入粉丝，煮8分钟。

❺ 蔬菜、所有肉、香肠和血肠沥干水分，摆放在盘中。牛、鸡、猪肉分别切块，去骨，和鹰嘴豆一起装盘。

❻ 粉丝高汤倒入汤碗中，和蔬菜、肉类一起上桌。

香肠佐红酒酱汁

西班牙

4人份

准备时间：5分钟
等待时间：2小时

烹调时间：20分钟

原料

500克生香肠
1根迷迭香
500克红葡萄酒
1汤匙橄榄油
1个洋葱，切碎
2粒蒜瓣，切碎
盐和黑胡椒

事先准备

香肠和迷迭香放在红葡萄酒中浸泡2小时，沥干水分，取出迷迭香，红酒腌汁备用。

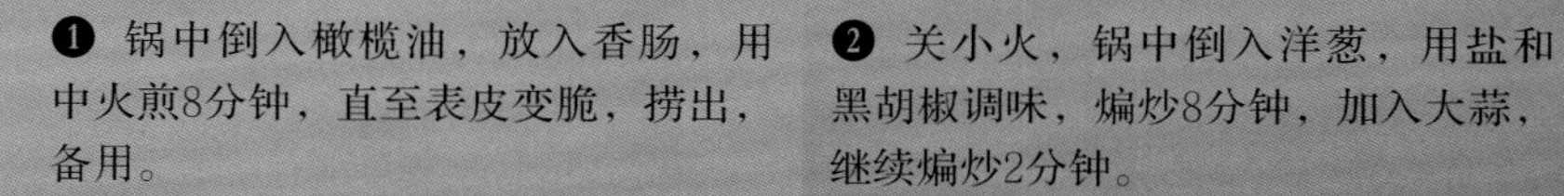

❶ 锅中倒入橄榄油，放入香肠，用中火煎8分钟，直至表皮变脆，捞出，备用。

❷ 关小火，锅中倒入洋葱，用盐和黑胡椒调味，煸炒8分钟，加入大蒜，继续煸炒2分钟。

❸ 倒入红酒腌汁，开中火，保持沸腾状态约5分钟，直至水分变少，酱汁浓稠。

❹ 香肠斜切成厚片，浇上酱汁，重新加热几分钟，面包佐食用。

塞馅茄子

西班牙

4人份

准备时间：15分钟

烹调时间：50分钟

❶ 茄子烤20分钟，中途翻面，烤至软烂，切成两半，取出茄子内瓤。

❷ 平底锅加热橄榄油，倒入蘑菇，大火煸炒5分钟。

❸ 加入大蒜、番茄、松子仁和少许柠檬汁，仔细搅动，继续煸炒4分钟。

❹ 加入茄子内瓤，中火煮5分钟，关火，加入杏仁粉和擦丝的奶酪。

原料

2个去梗的大茄子（共约600克）
2汤匙橄榄油
300克混合蘑菇，切碎
3粒蒜瓣，切碎
2个大番茄，切小丁
4汤匙烤松子仁
少许柠檬汁
4汤匙杏仁粉
100克曼彻格奶酪，擦丝
盐和黑胡椒

事先准备

烤箱预热至190℃。

❺ 品尝馅料，可依口味调味。将馅料填入挖空的茄子。

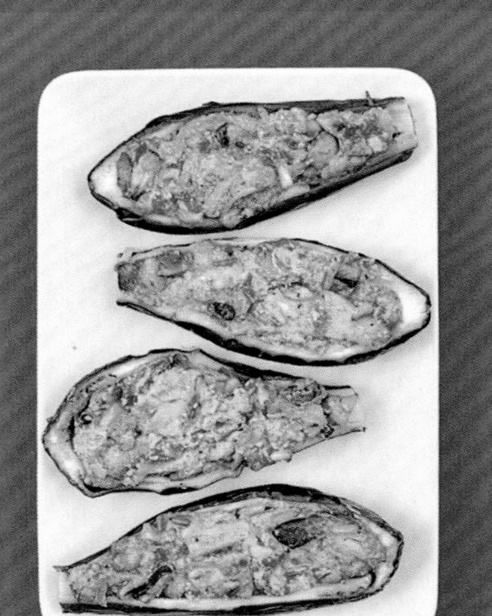

❻ 入烤箱烤15分钟，直至馅料滚烫，奶酪熔化。

变化版本

往锅中加入番茄时，可一同加入150克切丁的火腿或香肠。

小窍门

挖茄子内瓤时，茄子皮上留1厘米厚的肉，以防塞馅后的茄子烤烂。

素食烩饭

西班牙

4人份

准备时间：25分钟

烹调时间：45分钟

❶ 芦笋放入加盐的沸水中烫煮1分钟，再倒入四季豆，煮1分钟，沥干水分，备用。

❷ 平底锅加热3汤匙橄榄油，倒入洋葱和柿子椒，煸炒5分钟。加入大蒜，翻炒2分钟。

❸ 平底锅倒入剩下的橄榄油，再倒入大米、番茄酱、高汤、藏红花和甜椒粉，加入大量调味品。

❹ 煮至沸腾，关小火，炖煮20分钟，不要搅动，直至汤汁被吸收殆尽。

原料

250克烩饭用大米
100克绿芦笋
75克四季豆，切成5厘米的段
1个洋葱，切碎
1个绿色柿子椒，切小丁
4个蒜瓣，切碎
75克新鲜或速冻豌豆
4汤匙橄榄油
250毫升番茄酱
750毫升热鸡汤或蔬菜汤
半茶匙藏红花细丝
1汤匙烟熏甜椒粉
2汤匙切碎的平叶欧芹
1个柠檬，切块
盐和黑胡椒

❺ 撒入豌豆、四季豆和芦笋，将蔬菜与米饭搅匀，煮5分钟。

❻ 平底锅离火，盖上茶巾，静置5分钟，加入欧芹碎和柠檬块。

小窍门

使用直径30~40厘米的烩饭用平底锅，如果没有，使用相同尺寸的煎炸用平底锅。

建议

烹调过程中，可将平底锅在火上规律地晃动，使饭菜熟得均匀，但不要搅动。

香肠蚕豆烩饭

西班牙

4人份

准备时间：20分钟

烹调时间：40分钟

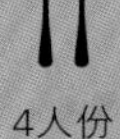

❶ 蚕豆放入加盐的沸水中煮10分钟，沥干水分，用手指挤压去皮。

❷ 锅中放入橄榄油，以大火炒熟猪肉块，装盘，盖上锡纸。

❸ 香肠用小火煸炒1分钟，加入洋葱和柿子椒，炒10分钟，加入大蒜，搅动3分钟。

❹ 平底锅中倒入大米，加入甜椒粉和高汤，调味，煮20分钟，不要搅动。

原料

400克猪里脊肉，切块
150克生香肠，切小块
250克去荚的蚕豆
100毫升橄榄油
2个洋葱，切碎
1个绿色柿子椒，切小丁
4粒蒜瓣，切碎
250克烩饭用大米
1茶匙烟熏甜椒粉
900毫升鸡汤
1个柠檬，切块
盐和黑胡椒

❺ 关火，加入猪肉丁和炒菜剩下的汤汁，把肉块埋进米饭里，撒上蚕豆。

❻ 平底锅盖上锡纸，静置5分钟，搭配柠檬块，上桌。

建议

使用直径30~40厘米的烩饭用平底锅，如果没有，选用相同尺寸的煎炸用平底锅。

海鲜烩饭

西班牙

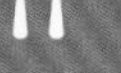

4人份

准备时间：25分钟

烹调时间：40分钟

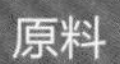

原料

250克贻贝
250克文蛤
250克墨鱼，切成环状
125克白鱼，切丁
125克生虾，去壳（保留虾尾），剔除虾肠
250克烩饭用大米
900毫升鱼肉汁
半个红洋葱，半个绿色柿子椒，半个红色柿子椒，切碎
1个刚刚成熟的番茄，切小丁
60克香肠
60克速冻豌豆
2粒蒜瓣，切碎
100毫升橄榄油
1汤匙烟熏甜椒粉
3汤匙平叶欧芹，切碎
1茶匙百里香叶子，切碎
半茶匙藏红花，用少许热水溶解
盐和黑胡椒

❶ 50毫升清水煮至沸腾，倒入贻贝和文蛤，盖锅盖，煮至贝壳张开，沥干水分，汤汁保留。

❷ 平底锅中加入50毫升橄榄油、洋葱和柿子椒煸炒5分钟，加入番茄、大蒜、甜椒粉、欧芹、百里香、盐和黑胡椒，翻炒2分钟。

❸ 在墨鱼、白鱼和虾中撒入盐，倒入平底锅，加入剩下的橄榄油和大米，煸炒2~3分钟。

❹ 倒入鱼肉汁、藏红花、贻贝汤汁、晃动平底锅，不要搅动，炖煮10分钟。

❺ 撒入豌豆和香肠丁，与米饭搅拌均匀。贻贝和文蛤放在米饭上，继续煮15分钟，不要搅动，直至米饭软烂，汤汁收干。

❻ 平底锅离火，盖上干净的茶巾，静置5分钟，用柠檬块装饰，上桌。

备注

使用直径30~40厘米的烩饭用平底锅，如果没有，选用相同尺寸的煎炸用平底锅。

墨汁墨鱼

西班牙

4人份

准备时间：15分钟

烹调时间：15分钟

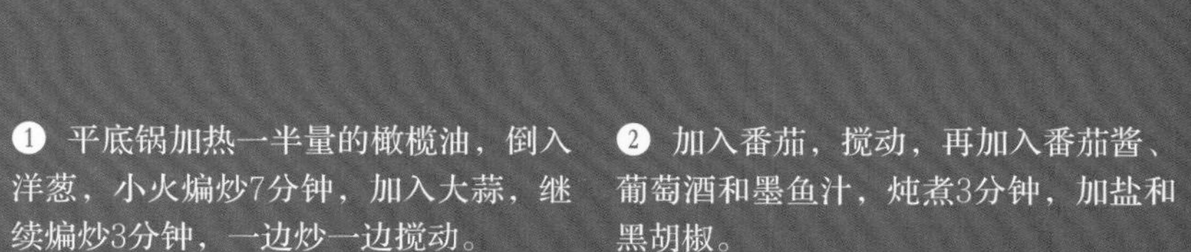

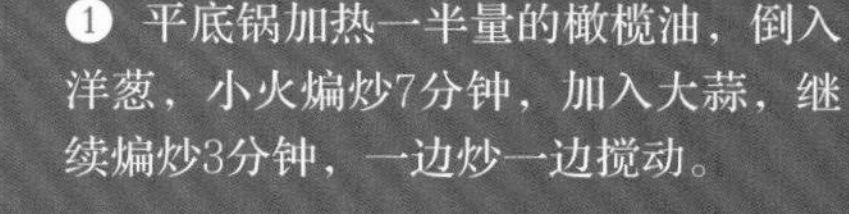

❶ 平底锅加热一半量的橄榄油，倒入洋葱，小火煸炒7分钟，加入大蒜，继续煸炒3分钟，一边炒一边搅动。

❷ 加入番茄，搅动，再加入番茄酱、葡萄酒和墨鱼汁，炖煮3分钟，加盐和黑胡椒。

原料

500克洗净的墨鱼，切成2.5厘米的条状
6小袋墨鱼汁（1大汤匙的量）
1颗大洋葱，切碎
3粒蒜瓣，切碎
1个刚刚成熟的番茄，去皮，切丁
125毫升番茄酱
150毫升白葡萄酒
90毫升橄榄油
盐和黑胡椒

❸ 另取1只平底锅，加热剩下的橄榄油，倒入墨鱼，大火煸炒1分钟。

❹ 加入墨鱼汁酱汁，煮至沸腾，继续煮1分钟，上桌，佐食米饭或马铃薯。

塞馅墨鱼

西班牙

6人份

准备时间：15分钟

烹调时间：35分钟

原料

6只洗净的大墨鱼
60克塞拉诺火腿
90毫升红葡萄酒
4片隔夜面包
2个番茄，切丁
4汤匙橄榄油
4个白洋葱，切碎
3粒蒜瓣，切碎
一小把平叶欧芹，切碎
一小撮卡宴胡椒
500毫升番茄酱
1根百里香的叶子，切碎
盐和黑胡椒
脆皮面包（可选）

事先准备

切下墨鱼头，弃用。
切下墨鱼触手，切丁。

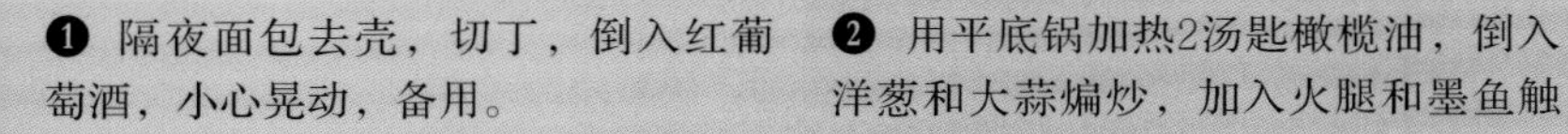

❶ 隔夜面包去壳，切丁，倒入红葡萄酒，小心晃动，备用。

❷ 用平底锅加热2汤匙橄榄油，倒入洋葱和大蒜煸炒，加入火腿和墨鱼触手，炒5分钟。

❸ 倒入沥干水分的面包丁，搅动。煮3分钟，加入欧芹和卡宴胡椒，调味。

❹ 将馅料放在展平的墨鱼上，开口处用2根小木扦交叉封好。

❺ 炖锅内加热剩下的橄榄油，把墨鱼稍稍煎至金黄，加入番茄丁、番茄酱和切碎的百里香。

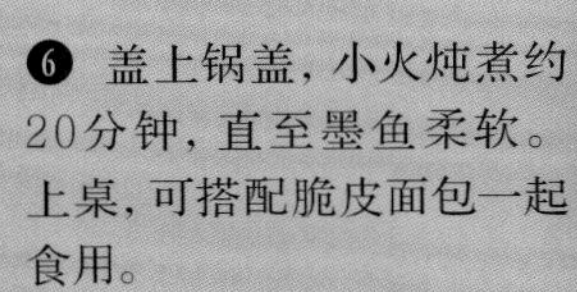

❻ 盖上锅盖，小火炖煮约20分钟，直至墨鱼柔软。上桌，可搭配脆皮面包一起食用。

腌沙丁鱼

西班牙

4人份

准备时间：10分钟
等待时间：6小时

烹调时间：5分钟

❶ 在加热的平底锅中抹油，沙丁鱼撒盐和黑胡椒，煎2分钟。

❷ 翻面，再煎2分钟，盛入深口盘中。

❸ 平底锅中加热少许橄榄油，倒入4种香料和月桂叶，煸出香味。

❹ 加入小洋葱和大蒜，煸炒2分钟，再倒入葡萄酒和苹果醋，制成腌料。

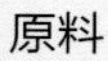

原料

8只沙丁鱼，去头，去鳞，掏空内脏
2汤匙橄榄油
1茶匙香菜籽
1茶匙芥末籽
一小撮辣椒粉
3片月桂叶
4个小洋葱，去皮，切碎
1粒蒜瓣，去皮，切碎
150毫升白葡萄酒
150毫升苹果醋
盐和黑胡椒

❺ 做好的腌料倒入沙丁鱼中，冷却，于阴凉处放置6小时。

❻ 搭配皮塔饼食用，将腌料中的香料一同盛入盘中。

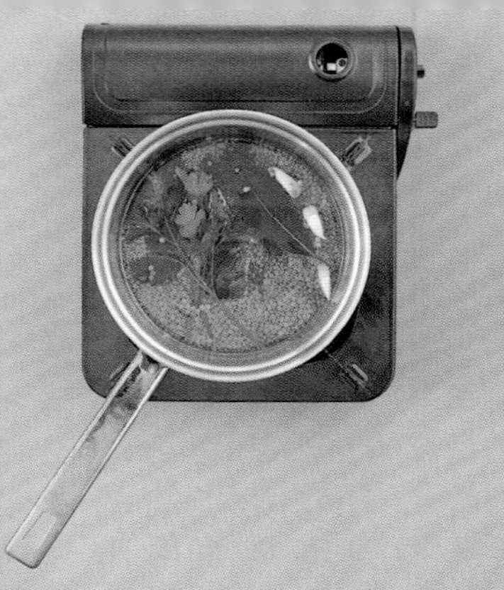

❶ 平底锅中倒入扁豆、大蒜、欧芹和月桂叶，加水，煮至沸腾，小火煮20分钟。

❷ 准备酱汁：锅内倒入鸡汤、醋、蜂蜜和3汤匙橄榄油，小火加热。

鳕鱼扁豆

西班牙

4人份　准备时间：15分钟　烹调时间：30分钟

❸ 将酱汁倒在扁豆上，加入番茄和洋葱，调味，搅动，盖锅盖，备用。

❹ 用剩下的油煎鳕鱼，每面煎4分钟，保温备用。

原料

4块带皮鳕鱼，调味
4片塞拉诺火腿
250克棕色扁豆
3粒蒜瓣
4根欧芹
1片月桂叶
3汤匙鸡汤
2汤匙赫雷斯葡萄酒醋
1汤匙红酒醋
90毫升橄榄油＋炸火腿用橄榄油
1茶匙液体蜂蜜
3个刚刚成熟的番茄，去皮，去籽，切碎
2个白洋葱，切碎
盐和黑胡椒

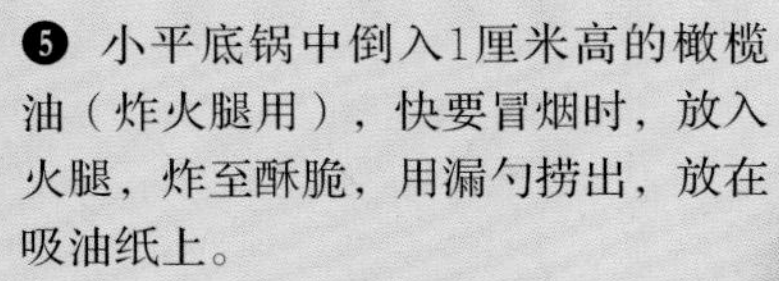

❺ 小平底锅中倒入1厘米高的橄榄油（炸火腿用），快要冒烟时，放入火腿，炸至酥脆，用漏勺捞出，放在吸油纸上。

❻ 鳕鱼块放在扁豆上，最后摆放火腿脆片。

小窍门

扁豆装盘前取出大蒜、欧芹和月桂叶。

杏仁蜂蜜牛轧糖

西班牙

20块牛轧糖

准备时间：30分钟

烹调时间：30分钟

❶ 小火加热蜂蜜、糖浆和细砂糖，搅拌至熔解，开大火，加热至120℃。

❷ 蛋白搅打至顺滑的白雪状。糖浆的温度达到120℃时，将其中$\frac{1}{4}$倒入蛋白中，继续搅打。

原料

125克橙花蜂蜜（或其他风味的蜂蜜）
225克葡萄糖浆
190克细砂糖
2个蛋白
200克去皮的杏仁
1个柠檬的柠檬皮，擦丝
植物油，用于涂抹模具
可食用米纸

事先准备

取长20厘米、宽14厘米的烤盘，盘底和边缘铺米纸，刷少许油。

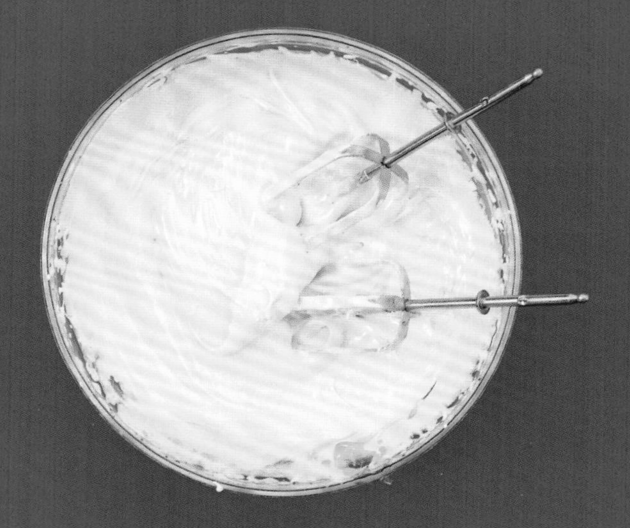

❸ 糖浆重新放回火上，加热至150℃。一边倒入蛋白一边搅打，搅打5分钟，加入杏仁和柠檬皮。

❹ 模具内壁涂植物油，将蛋白糊倒入模具，其上覆盖米纸，待其冷却后倒扣在案板上，切块。

备注

为确保牛轧糖制作成功，必不可少的设备是煮糖温度计和电动搅拌器。

加泰罗尼亚布丁

西班牙

6人份

准备时间：10分钟
等待时间：3小时

烹调时间：15分钟

原料

1升全脂牛奶
130克细砂糖
半个柠檬的柠檬皮擦丝
半颗橙子的橙皮擦丝
一小撮肉桂粉
8个蛋黄
2汤匙玉米淀粉

❶ 牛奶中倒入3汤匙细砂糖、柠檬皮、橙皮和肉桂粉，小火加热。沸腾前关火。

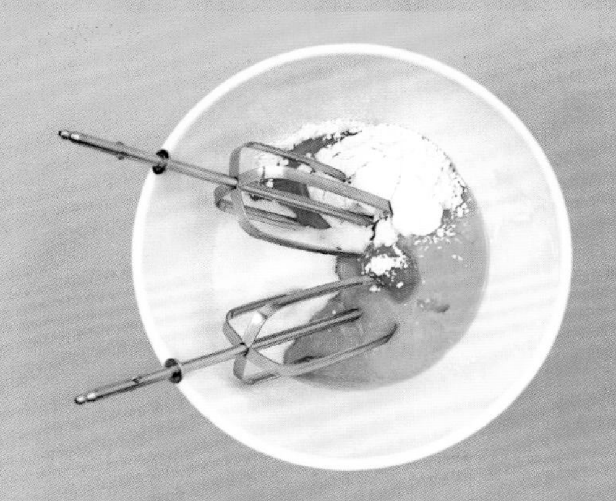

❷ 蛋黄、玉米淀粉和3汤匙糖浆混合搅打，加入少许热牛奶，倒入平底锅，搅打。

❸ 煮5~10分钟，搅打至浓稠，不要煮沸，倒入6个布丁模具中，于阴凉处放置3小时。

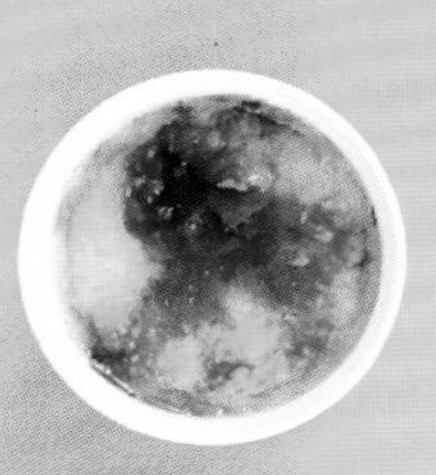

❹ 剩下的细砂糖撒在布丁上，使用喷枪或把模具置于高温烤网下，使表面焦糖化，立即食用。

巧克力酱油条

西班牙

4~6人份

准备时间：15分钟

烹调时间：35分钟

原料

巧克力酱

2茶匙玉米淀粉
500毫升全脂牛奶
120克黑巧克力，掰成块
3汤匙细砂糖
一小撮肉桂粉

油条

120克无盐黄油
一撮盐
150克普通面粉
3个鸡蛋，打散
油炸用植物油
肉桂细砂糖，装盘时使用

❶ 准备酱汁：碗中混合玉米淀粉和125毫升牛奶，备用。

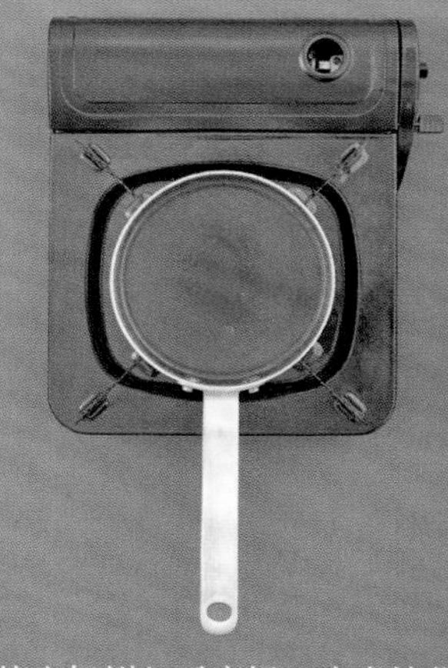

❷ 剩下的牛奶倒入平底锅，小火熔化巧克力，搅动。

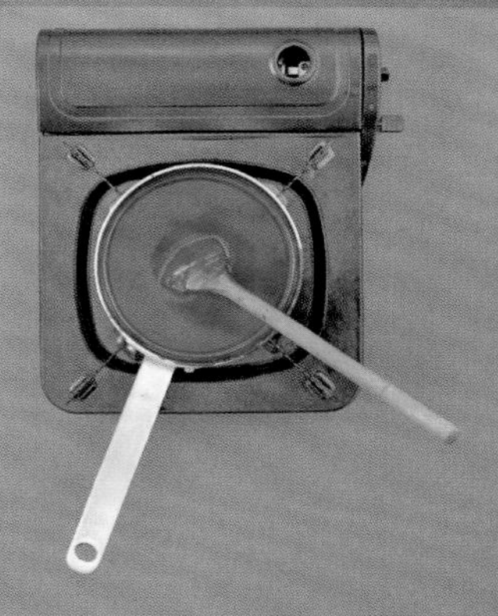

❸ 倒入玉米淀粉糊、细砂糖和肉桂粉，煮15分钟，直至浓稠，将煮好的酱汁倒入几只小罐中。

❹ 煮沸250毫升清水、黄油和盐。关小火，倒入面粉，搅拌成面糊。

❺ 关火，分3次逐次加入打散的蛋液，每次加入前都应仔细搅打，面糊倒入装有裱花嘴（不要太大）的裱花袋中。取厚底平底锅，倒入高度4厘米的油，加热到180℃，关小火，向油中挤入10厘米长的面糊（每次挤2~3根，不能再多）。每面油炸2分钟。

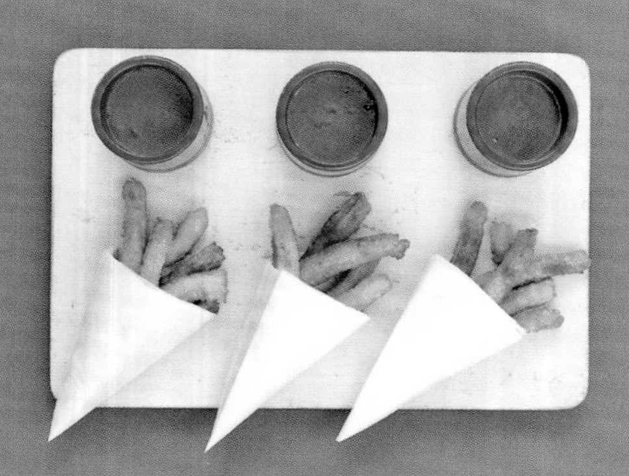

❻ 用漏勺捞出炸好的油条，放在吸油纸上，撒上肉桂细砂糖，和小罐的巧克力酱一起摆盘，立即食用。

油莎豆饮

西班牙

1升欧恰塔

准备时间：15分钟
浸泡一整晚

—

❶ 油莎豆用冷水浸泡一整晚，仔细冲洗，沥干水分。

❷ 搅拌机中倒入油莎豆和热水，搅拌成细腻的糊状。

原料

250克油莎豆（又称虎坚果）
1升热水
1颗未打蜡柠檬的果皮
细砂糖，根据口味选择
肉桂粉，摆盘用（可选）

❸ 用筛子过滤，扔掉筛子中剩下的部分，根据口味加入柠檬汁和细砂糖。

❹ 冰镇饮用，可撒上一小撮肉桂粉。

意大利

罗勒青酱

意大利

6人份

准备时间：15分钟

—

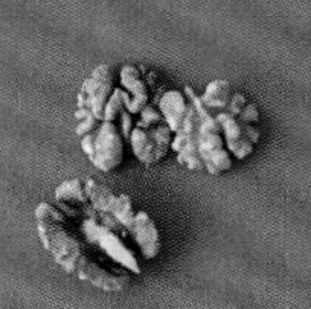

原料

6~8把罗勒叶子（100克）
20克松子仁
10克核桃仁
1粒蒜瓣，去芽
100毫升橄榄油
30克帕尔马干酪，待擦丝
粗盐和黑胡椒

事先准备

清洗罗勒叶子。搅拌器的槽和刀片放入冰箱1小时，可防止酱料过热，失去香味。

❶ 将松子倒入干燥的平底不粘锅，不断晃动直至炒熟，静置冷却。

❷ 搅拌器的搅拌碗中放入罗勒叶子、炒熟的松子仁、核桃仁、压碎的大蒜、一小撮盐和黑胡椒。

❸ 搅拌30秒，然后加入擦丝的帕尔马干酪，缓缓倒入橄榄油。

❹ 青酱制作完成。可涂抹在烤面包片上、搭配马苏里拉奶酪一起食用，或用少量水稀释后拌意大利面，无须加热。

马苏里拉奶酪蘸酱

意大利

4人份　准备时间：5分钟　—

原料

1份罗勒青酱

1块马苏里拉奶酪（保留奶酪汁水，备用）

准备

混合搅拌罗勒青酱和马苏里拉奶酪，加入足够量的马苏里拉奶酪汁，制成乳状的混合物。既可以直接涂抹面包，也可用面包蘸食。

西西里风味青酱

意大利

6~8人份　准备时间：10分钟　—

原料

40克去核的淡味黑橄榄

40克去核的青橄榄

40克盐渍刺山柑花蕾，沥干

40克风干番茄

1汤匙干牛至

1把罗勒叶

2把新鲜的平叶欧芹

100毫升橄榄油

准备

混合搅拌2种橄榄、刺山柑花蕾、风干番茄、牛至、欧芹和罗勒，缓缓加入橄榄油，制成滑腻的混合物。

建议

此款青酱可直接涂抹在烤面包片上，或用少量水稀释后作为意大利面酱食用。

开心果青酱

意大利

8人份　准备时间：10分钟　烹调时间：10分钟

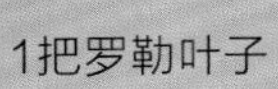

原料

120克生开心果

50克芝麻菜

50克意大利绵羊奶酪

150毫升橄榄油

盐、黑胡椒、肉豆蔻

事先准备

开心果挑拣后放入烤箱，170℃烤10分钟，降温，混合芝麻菜和擦丝的绵羊奶酪，搅打。缓缓加入橄榄油，搅拌直至混合物呈糊状。用盐、黑胡椒和擦丝的肉豆蔻调味。

香草青酱

意大利

6~8人份　准备时间：10分钟　—

原料

1把罗勒叶子

1把欧芹

4根薄荷

2根迷迭香

3~4根百里香

100毫升橄榄油

1粒蒜瓣，除芽

三小撮盐

黑胡椒

准备

用沾水的吸水纸清洁香草，混合大蒜、盐和黑胡椒，少量多次加入橄榄油。此款青酱用于调配意粉沙拉和海鲜意面极为适合。

橄榄佛卡夏面包

意大利

8人份

准备时间：30分钟
等待时间：30分钟

烹调时间：30分钟

原料

1个比萨面团（参见150页），用水量为350毫升，手感略黏

6汤匙橄榄油

1汤匙盐之花

100克去核的意大利黑橄榄

建议

比萨面团中加入2汤匙迷迭香或一小把切碎的新鲜鼠尾草，或十几条沥干的鳀鱼碎。入烤箱烤制时，面团上撒100克切成两半的樱桃番茄或2片切成圆片的洋葱。

❶ 将黑橄榄与面团混合，揉捏1分钟，铺在抹过油的烤盘上，用手从中间向四周按压。

❷ 用餐叉搅打混合橄榄油、4汤匙温水和盐之花（少许盐之花将会溶解）。

❸ 用指尖在面饼上按出一些小坑，刷上一半量的橄榄油混合物，静置30分钟。

❹ 烤箱预热至180℃，烤30分钟，表层应呈金黄色。烤熟后，浇上剩下的橄榄油混合物。

面包棒

意大利

30个面包棒

准备时间：40分钟
等待时间：1小时30分钟

烹调时间：15分钟

原料

500克T65面粉
20克面包酵母或2袋干燥的面包酵母
200~250毫升温水
6汤匙橄榄油
2茶匙精盐
1茶匙糖
干牛至、芝麻或坚果（可选，用于添加风味）

事先准备

用准备比萨面团（参见150页）的方式准备面包棒面团，根据本配方调整食材用量。面团分成3份，表面撒干牛至、芝麻或坚果。盖上干净的茶巾，常温发酵1小时。

❶ 发酵好的面团揉捏30秒，揉成长圆柱形，切片。

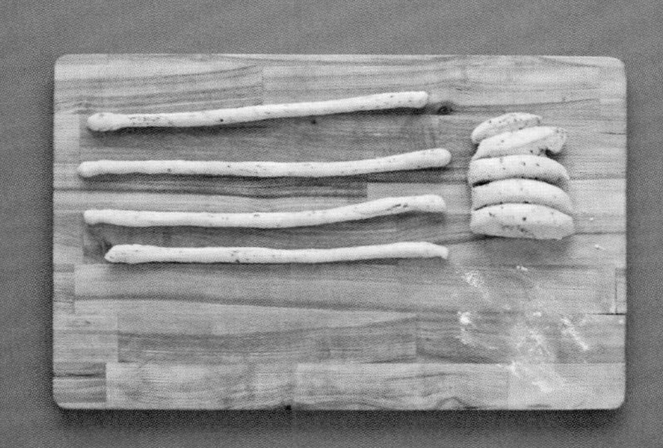

❷ 用手掌把每片面团搓成厚约1.5厘米，长10厘米的细条。

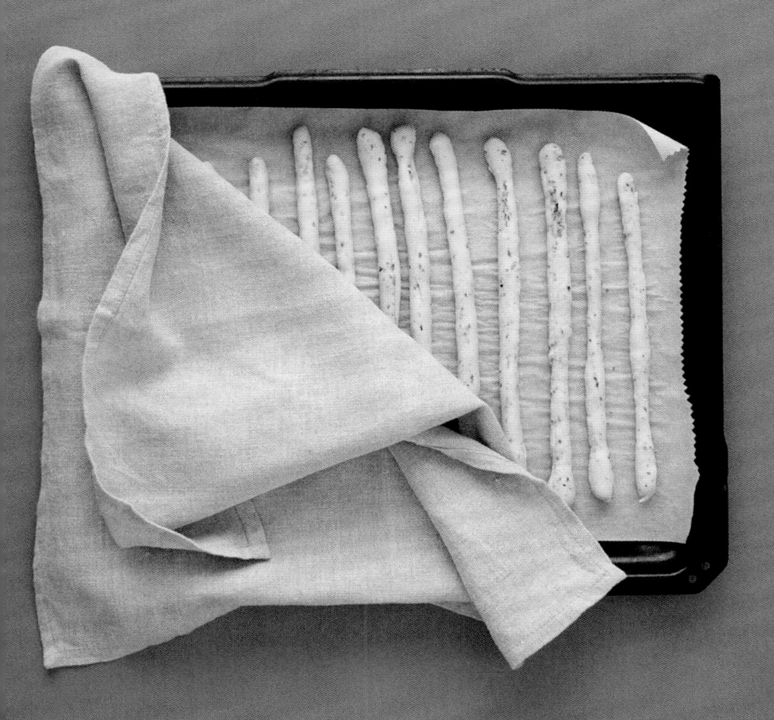

❸ 烤盘上铺烘焙纸，均匀摆放面包棒，盖上潮湿的茶巾，继续发酵30分钟。

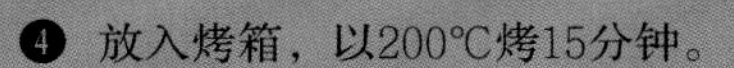

❹ 放入烤箱，以200℃烤15分钟。

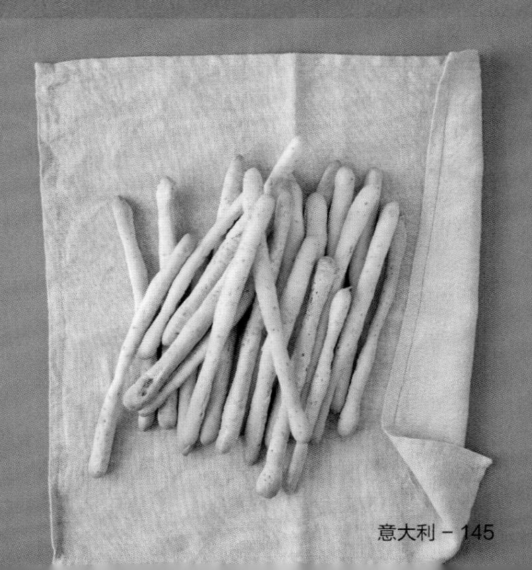

番茄烤面包片

意大利

4人份

准备时间：20分钟
等待时间：1小时

烹调时间：5分钟

原料

8~10片1厘米厚的乡村面包片
800克成熟度正好的长形番茄
4粒蒜瓣，除芽
1把罗勒
100毫升橄榄油
盐、黑胡椒

事先准备

罗勒叶切成较大的碎片。如果番茄的皮较厚，须去皮：将番茄切开，在沸水中浸泡30秒。

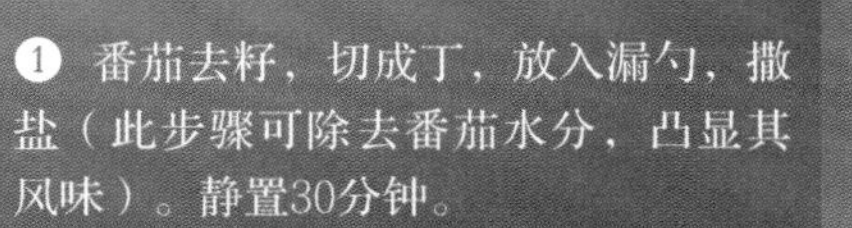

❶ 番茄去籽，切成丁，放入漏勺，撒盐（此步骤可除去番茄水分，凸显其风味）。静置30分钟。

❷ 用橄榄油为番茄调味，加入2粒蒜瓣片（上桌前挑出）和罗勒。品尝，如有需要，加盐。再次静置30分钟。

❸ 烤面包片，用1粒蒜瓣在面包表面轻轻涂抹，撒盐和黑胡椒，涂上少许橄榄油。

❹ 腌渍好的番茄摆放在面包片上，立即食用。

建议

涂抹面包的蒜可用盐渍鳀鱼或油浸鳀鱼或1片马苏里拉水牛奶酪代替，再覆盖上番茄。

马苏里拉炸饭团

意大利

25~30个饭团

准备时间：10分钟

烹调时间：20分钟

原料

600~800毫升蔬菜高汤
2个小洋葱，切碎
1汤匙橄榄油
125克艾保利奥大米
25克擦丝的帕尔马干酪
30克风干番茄，切碎
5片罗勒叶
125克马苏里拉奶酪，切丁
裹层用的面粉
2个鸡蛋，打散
200克意式玉米粥
油炸用植物油

❶ 高汤倒入平底锅，中火加热，控制火候，不要使汤沸腾。

❷ 洋葱碎用橄榄油煸炒至软烂，加入大米，搅拌至米粒呈半透明。

❸ 加入几勺热高汤，搅动，待汤汁被米粒吸收干净时再次加入。煮15~20分钟。

❹ 加入帕尔马干酪和风干番茄，仔细搅拌，盛入深口盘中，静置冷却。

❺ 罗勒叶切碎，倒入米饭中，再加入马苏里拉奶酪丁，仔细搅拌。

❻ 用茶匙挖米饭（15克左右），捏成饭团。

❼ 面粉、蛋液和玉米粥分别放入3个碗中，放入饭团，依次在面粉、蛋液和玉米粥中滚过。

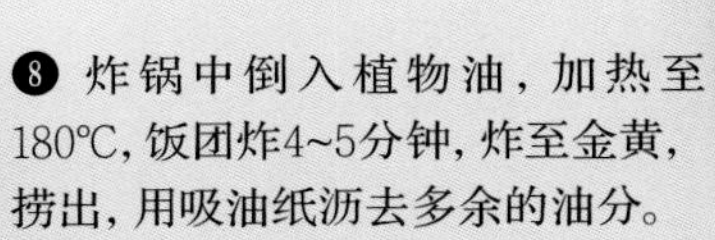

❽ 炸锅中倒入植物油，加热至180℃，饭团炸4~5分钟，炸至金黄，捞出，用吸油纸沥去多余的油分。

炸通心粉

意大利

36个炸通心粉

准备时间：15分钟

烹调时间：35分钟

❶ 在平底锅中熔化黄油，加入面粉，炒2分钟，变成焦黄色。

❷ 少量多次加入热牛奶，持续猛烈搅动，煮5~8分钟。

❸ 加入2种奶酪和芥末，继续煮4~5分钟，得到质地柔滑的混合物。

原料

300克煮熟的通心粉
50克帕尔马干酪，擦细丝
100克番茄，切块
25克无盐黄油
25克面粉＋少许裹层用面粉
300毫升热牛奶
100克车达奶酪，擦粗丝
1茶匙英国芥末
2个鸡蛋，打散
100克面包糠
油炸用植物油

❹ 加入通心粉和番茄。

❺ 将通心粉混合物倒入深口盘或烤盘，静置冷却。

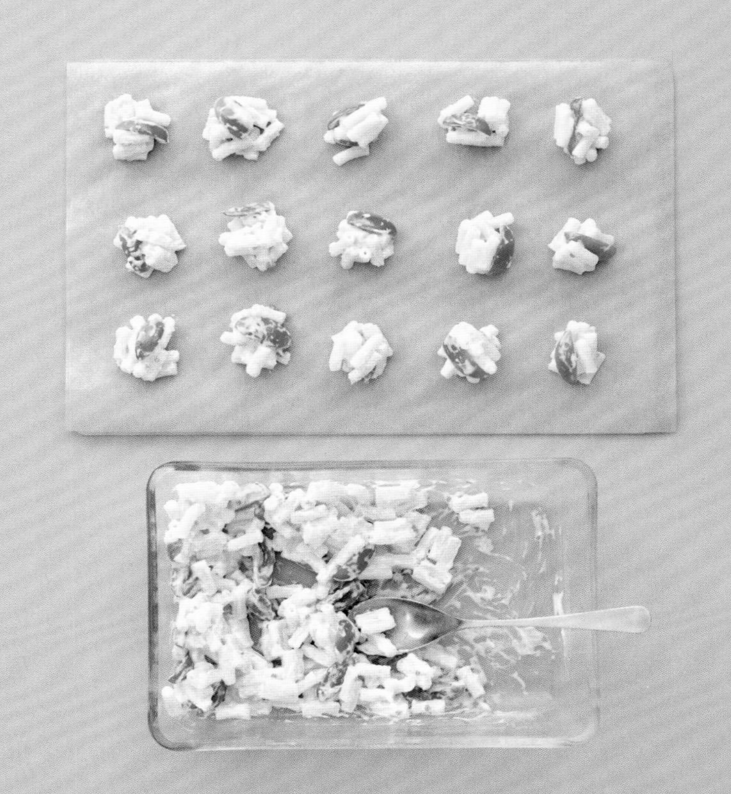

❻ 用汤匙挖馅料（20克），塑成丸子形。

❼ 面粉、蛋液和面包糠分别倒入3个盘中，将丸子依次在面粉、蛋液和面包糠中滚过。

❽ 炸锅中倒入植物油，加热至180℃，放入丸子炸3~4分钟，炸至金黄，捞出，用吸油纸沥去多余的油分，趁热食用。

自制比萨面团

意大利

4~5人份

准备时间：20分钟
等待时间：2小时

烹调时间：20分钟

原料

500克T65面粉
250~300毫升温水
25克新鲜面包酵母或2袋8克重的干酵母
2茶匙精盐
1茶匙细砂糖＋一小撮细砂糖
3汤匙橄榄油

❶ 将新鲜酵母弄散。加入3汤匙温水和一小撮细砂糖，静置15分钟，使其活化。

❷ 沙拉碗中倒入面粉，边缘撒盐，中间倒入酵母。

❸ 加入细砂糖和橄榄油，少量多次加入温水。

❹ 用餐叉仔细搅拌。

❺ 和面5~10分钟，如果需要，加入少量水或面粉。

❻ 和好的面团应该光滑柔软，最终将其塑成球形。

❼ 将面团放入大碗中，用刀尖在顶端划一个十字，其上覆盖保鲜膜或潮湿的茶巾（避免面团干燥）。

❽ 面团发酵1~2小时：体积应该增大1倍。

❾ 和面1分钟，用手把面团平铺在抹了油的烤盘上。为效果更佳，盖上茶巾，再次醒面30分钟。

小窍门

为了使面团成功发酵，应把它放置在温暖的地方（25~30℃），并避免空气流动（靠近热源，或放入预热50℃而后关闭电源的烤箱内）。

玛格丽特比萨

意大利

10~14块

准备时间：20分钟
等待时间：2小时

烹调时间：20分钟

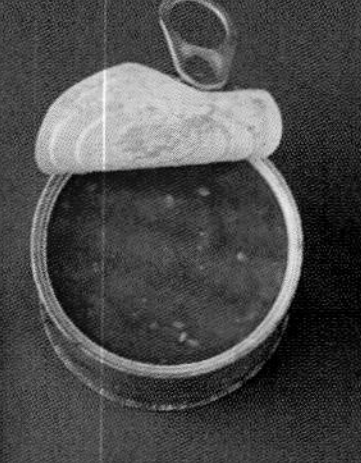
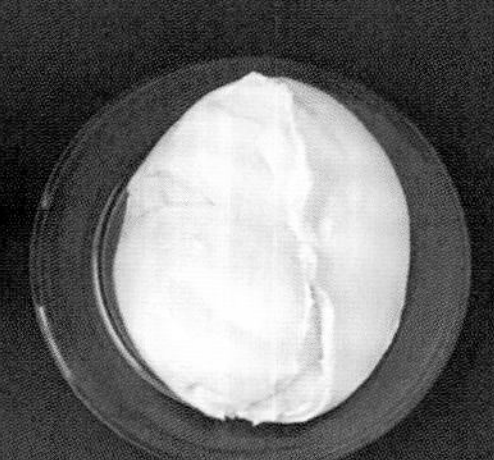

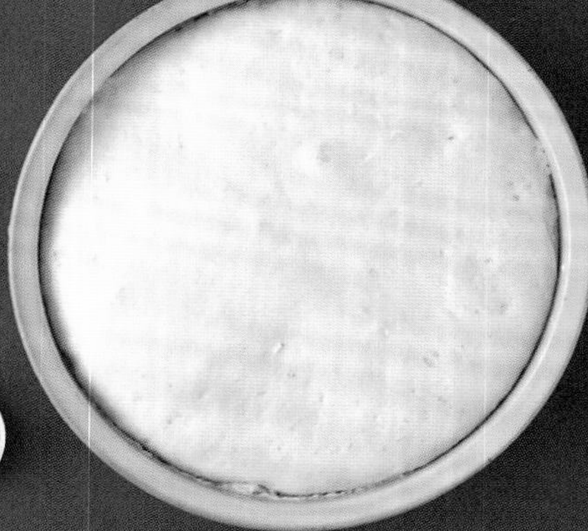

原料

1个比萨面团（参见150页）
400克捣碎的番茄
1汤匙干牛至
十几片罗勒叶
250克马苏里拉水牛奶酪（如果没有，请使用用高质量的马苏里拉奶牛奶酪或多姆奶酪）
1粒蒜瓣，除芽，压碎
3汤匙橄榄油
盐

事先准备

重新揉面1分钟，用手把面团展平，铺在抹了油的烤盘上，盖上潮湿的茶巾，再次发酵30分钟。

❶ 马苏里拉奶酪切小丁，沥干水分。

❷ 混合番茄、压碎的大蒜、牛至、一半量的罗勒碎和2汤匙橄榄油，加入盐。

❸ 将番茄混合物均匀涂抹在比萨面饼上，淋少许橄榄油，烤箱预热至240℃，烤12分钟，将马苏里拉奶酪撒在表面。

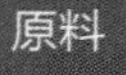
❹ 再烤6分钟，待比萨饼边和表面烤成金黄色，撒入剩下的罗勒碎。

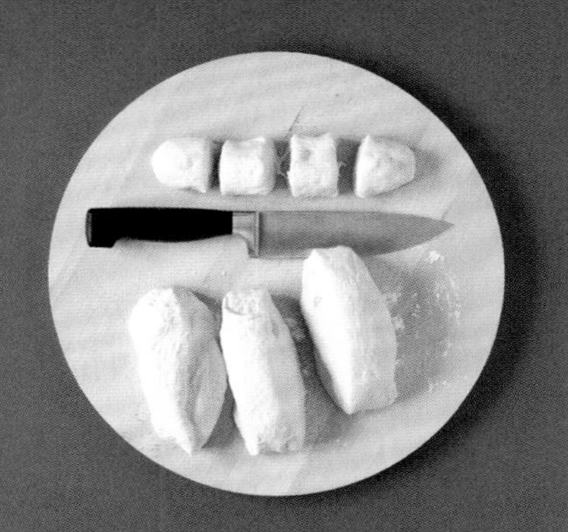

❶ 将比萨面团分成4个直径3厘米的面团，每个面团再切成4块，擀成直径10厘米的圆形面皮。

❷ 将番茄酱、马苏里拉奶酪和罗勒混合均匀。每个面皮中放1茶匙馅料，折叠，边缘压实。

❸ 包好的比萨饺立刻放入大量热橄榄油中，炸至两面金黄。

油炸迷你比萨饺

意大利

16个比萨饺

准备时间：45分钟

烹调时间：15分钟

原料

1个比萨面团（参见150页）
300克番茄酱（参见166页）
250克马苏里拉奶酪，切小块
十几片罗勒叶
1~2升橄榄油（或油炸用油）

事先准备

马苏里拉奶酪沥干水分。
罗勒切成较大的碎片。

建议

加入一些切碎的猪肉制品：火腿、香肠、意式肉肠等。

❹ 将炸好的比萨饺放在吸油纸上，趁热食用。

面包沙拉

意大利

4人份

准备时间：20分钟
等待时间：1小时

—

原料

8片质地紧密的剩面包
500克樱桃番茄
1根小黄瓜，去皮去籽
2根芹菜和1个红洋葱
100克去核的黑橄榄
50克盐渍刺山柑花蕾，沥干，切碎
1把罗勒叶
4汤匙红酒醋
100毫升橄榄油
盐和黑胡椒

事先准备

将面包片放在沙拉碗中。

❶ 在碗中混合250毫升水、一半的醋、100毫升橄榄油、盐和黑胡椒。

❷ 将调好的酱汁浇在面包片上，使面包吸收酱汁并膨胀，如果酱汁量不够，可加入少量水。

❸ 洋葱切圆圈，蔬菜切小块。

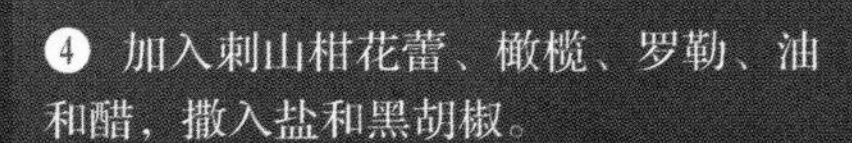

❹ 加入刺山柑花蕾、橄榄、罗勒、油和醋，撒入盐和黑胡椒。

❺ 面包片和蔬菜交替铺在沙拉碗中。

❻ 静置1小时，淋上少许橄榄油，上桌。

西西里通心粉

意大利

6人份　　准备时间：10分钟　　烹调时间：6分钟

原料

350克意大利斜管面或普通水管面
200克橄榄油浸金枪鱼（或罐头装油浸白金枪）
50克意大利黑橄榄，去核
50克油浸风干番茄
30克盐浸刺山柑花蕾，沥干
2汤匙干牛至
250克樱桃番茄
初榨橄榄油
盐和黑胡椒

❶ 樱桃番茄切成两半，撒盐。风干番茄、橄榄和刺山柑花蕾切碎。

❷ 所有食材混合在一起，加入4汤匙橄榄油、牛至、盐和黑胡椒。

❸ 通心粉煮熟至有嚼劲的程度，捞出，沥干水分，放入冷水中，捞出铺在盘上，洒入初榨橄榄油，防止粘连。

❹ 通心粉和蔬菜混合，加入大块的金枪鱼，可依味淋上少许橄榄油。以盐和黑胡椒调味。

杂菜汤

意大利

6人份

准备时间：20分钟

烹调时间：1小时

原料

600克新鲜菜豆或200克干菜豆
2个马铃薯
1个洋葱
2根胡萝卜，2根中等大小的西葫芦
2根芹菜
2片甜菜叶
100克四季豆
3个新鲜番茄，去皮去籽
2汤匙欧芹碎
橄榄油
盐和黑胡椒

事先准备

如果是干菜豆，料理前用水浸泡12小时。

❶ 所有蔬菜去皮，切块。洋葱去皮，切碎。菜豆去荚。

❷ 取一个较大的平底锅，倒入2汤匙橄榄油，放入洋葱、芹菜和胡萝卜煸炒。

❸ 倒入其余的蔬菜和去荚的菜豆，撒盐，加入水。

❹ 小火炖煮约1小时，最后加入切碎的欧芹、少许橄榄油和黑胡椒。

菜豆汤

意大利

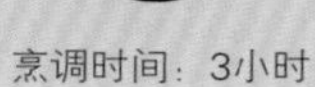

6人份

准备时间：15分钟
浸泡时间：12小时

烹调时间：3小时

❶ 将洋葱、芹菜、胡萝卜和蒜瓣切成小块。在双耳盖锅中加热少许橄榄油，倒入蔬菜、猪肥肉、迷迭香和月桂叶，煸炒，撒盐。

❷ 倒入泡好的豆子，加入1升水和小苏打，沸腾后，保持微滚状态约2小时（中途可加入沸水）。最后放入盐。

原料

300克干蔓越莓豆
100克意大利扁面，切小段
30克猪肥肉或猪皮
1个洋葱和1粒蒜瓣
2根芹菜
1个胡萝卜
100毫升橄榄油
一小撮小苏打或1块昆布（5厘米）
1把迷迭香和1片月桂叶
盐和黑胡椒

事先准备

前一天，将豆子在加了小苏打或昆布的水中浸泡至少12小时。泡好后沥干水分。

❸ 将一半的汤汁和炖菜倒入电动碎菜机（或搅拌机搅打成糊状，再倒回锅中）。

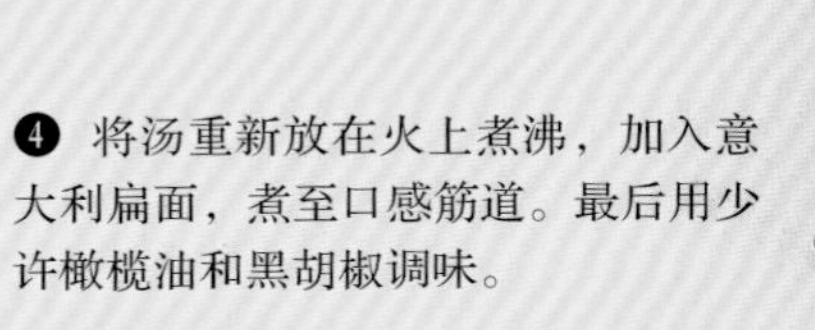

❹ 将汤重新放在火上煮沸，加入意大利扁面，煮至口感筋道。最后用少许橄榄油和黑胡椒调味。

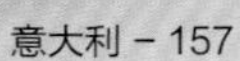

西葫芦蛋饼

意大利

6人份

准备时间：20分钟

烹调时间：15分钟

原料

12个鸡蛋
2根中等大小的西葫芦
1个蒜瓣
半把薄荷，切碎
半把罗勒，切碎
50克新鲜的帕尔马干酪，擦丝
橄榄油
盐和黑胡椒

事先准备

香草切碎，西葫芦切圆片。

❶ 用平底锅加热少许橄榄油，倒入大蒜和西葫芦，炒5分钟，挑出大蒜，撒盐和黑胡椒。

❷ 用餐叉将鸡蛋打散，加入帕尔马干酪丝，以及薄荷和罗勒碎，撒盐和黑胡椒。

❸ 将蛋液混合物倒在西葫芦上，开大火，不断晃动平底锅。

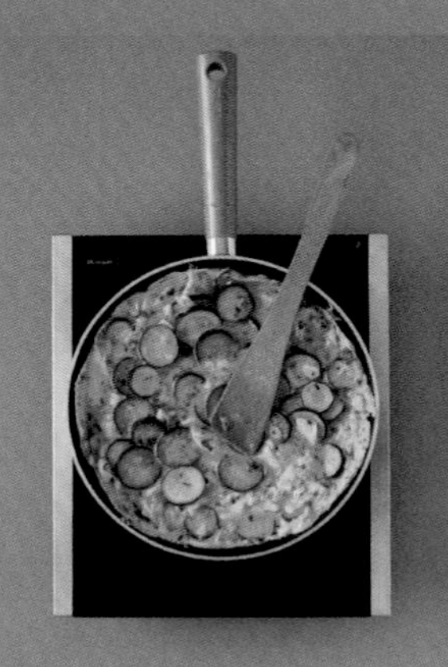

❹ 当蛋液开始粘锅壁时，用锅铲将其往中间推。

❺ 饼底凝固时，取1只大盘子扣在锅上，迅速将蛋饼倒扣在盘中。

❻ 锅内加入1汤匙橄榄油，将蛋饼滑入锅中并不断晃动，另一面也同样煎成金黄色。煎好的蛋饼应表皮焦黄，内部柔软。

变化版本

此菜谱可使用您喜欢的任意蔬菜：煎熟的朝鲜蓟、豌豆、绿芦笋、柿子椒等。

意式柿子椒

意大利

4人份

准备时间：15分钟

烹调时间：35分钟

原料

4个柿子椒（红色、黄色、绿色）
4个成熟的番茄（或1罐番茄罐头）
2个中等大小的洋葱
2粒蒜瓣，除芽
1把罗勒
3汤匙橄榄油
盐和黑胡椒

品尝

这道典型的夏日小菜适合温热或常温食用，宜搭配鸡肉、三文鱼、烤面包片或米饭等。

❶ 柿子椒去籽，切大块。洋葱和蒜瓣切片。番茄切块，去籽。

❷ 在平底锅中加热橄榄油，倒入洋葱煸炒2分钟，加入番茄、柿子椒、蒜片和一半量的罗勒叶。

❸ 大火煮5分钟，撒盐，盖锅盖，小火煮20分钟，打开锅盖，煮至液体蒸发。

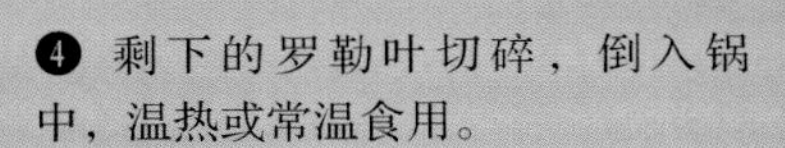

❹ 剩下的罗勒叶切碎，倒入锅中，温热或常温食用。

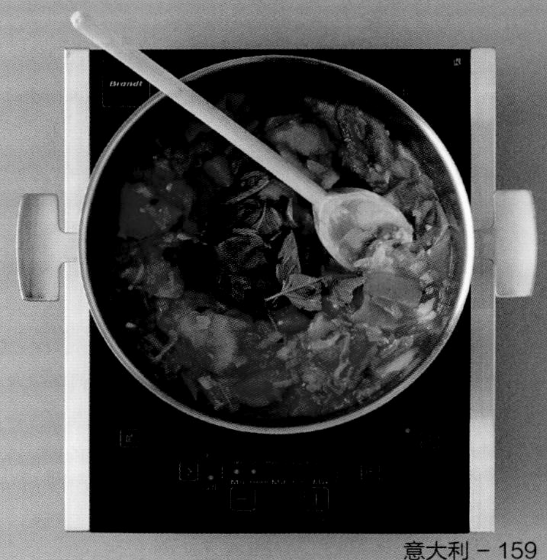

茄子炖菜

意大利

4~6人份

准备时间：30分钟

烹调时间：20分钟

❶ 茄子切成边长2厘米的丁。芹菜去皮，切丁。番茄去籽，切丁。洋葱切碎。

❷ 在平底锅中加热橄榄油，倒入茄子丁，煎至柔软，撒盐。

❸ 用另一个锅烧水，加入盐，倒入芹菜烫煮2分钟。

❹ 在平底锅中加热少许橄榄油，倒入洋葱，煸炒2分钟。

原料

3个茄子和3个长形番茄
2个小洋葱和2根芹菜
4汤匙去核的青橄榄
1汤匙葡萄干
2汤匙松子仁
1汤匙盐浸刺山柑花蕾，沥干
2汤匙红酒醋
1汤匙细砂糖
橄榄油

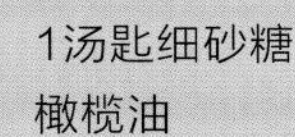

事先准备

番茄切块，用沸水烫煮30秒，放入冷水中降温，去皮。

❺ 加入茄子和芹菜，再加入橄榄、刺山柑花蕾、葡萄干、松子仁和番茄，搅拌，小火煮3分钟。

❻ 将细砂糖和红酒醋混合均匀，倒入锅中，小火煮几分钟。

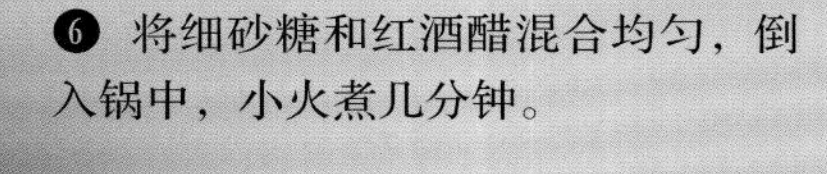

小窍门

这是西西里炖茄子的少油版本，正宗的西西里炖茄子需要油炸茄子。

摆盘

温热或常温食用，可搭配烤面包片、意粉沙拉、米饭或作为小菜。

意式千层茄子

意大利

4~6人份

准备时间：1小时

烹调时间：1小时

原料

500克茄子
400克番茄罐头
1个洋葱，切碎
2粒蒜瓣，切片
1汤匙橄榄油，少许烹调用橄榄油
125毫升白葡萄酒
2汤匙罗勒碎
240克新鲜面包糠
半茶匙干牛至
60克绵羊奶酪，擦丝
面粉和3个鸡蛋
90克绵羊奶酪，擦丝
200克马苏里拉奶酪，切片

事先准备

烤箱预热至180℃。

❶ 用橄榄油稍稍煸炒洋葱和大蒜，再加入番茄和白葡萄酒，煮20分钟，加入罗勒。

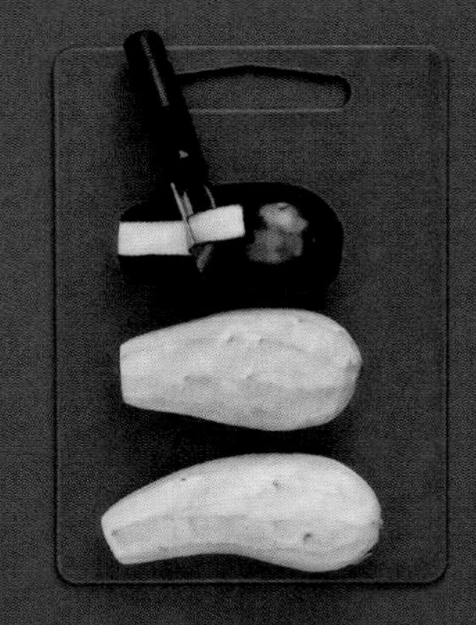

❷ 茄子去皮，切薄片。

❸ 混合面包糠、香草和60克绵羊奶酪丝。

❹ 锅底倒油，茄子煎至金黄，放在吸油纸上沥干油分。

❺ 取一个深模具，底部铺番茄酱，再铺茄子，然后撒奶酪。重复此步骤，直到用完所有食材。

❻ 最上层铺马苏里拉奶酪片，入烤箱烤40分钟，直至表层金黄。和沙拉一起上桌。

自制意面

意大利

650克意面

准备时间：30分钟
等待时间：2小时

—

原料

300克面粉
100克硬质小麦粉
4个中等大小的鸡蛋
1汤匙橄榄油
一小撮盐

事先准备

为了得到质地均匀的混合物，所有食材应放置在常温下。混合面粉和小麦粉，倒在操作台上。

建议

也可只使用面粉，但小麦粉的加入能使面条质地更加坚韧、耐煮。

❶ 在面粉和小麦粉的混合物中间挖洞，打入鸡蛋，加盐，用餐叉搅拌。

❷ 用餐叉慢慢混合鸡蛋面粉和小麦，用时粉缓缓加入橄榄油。

❸ 用指尖和面。

❹ 用手掌把面团揉成光滑的球形，裹上保鲜膜，静置1~2小时。

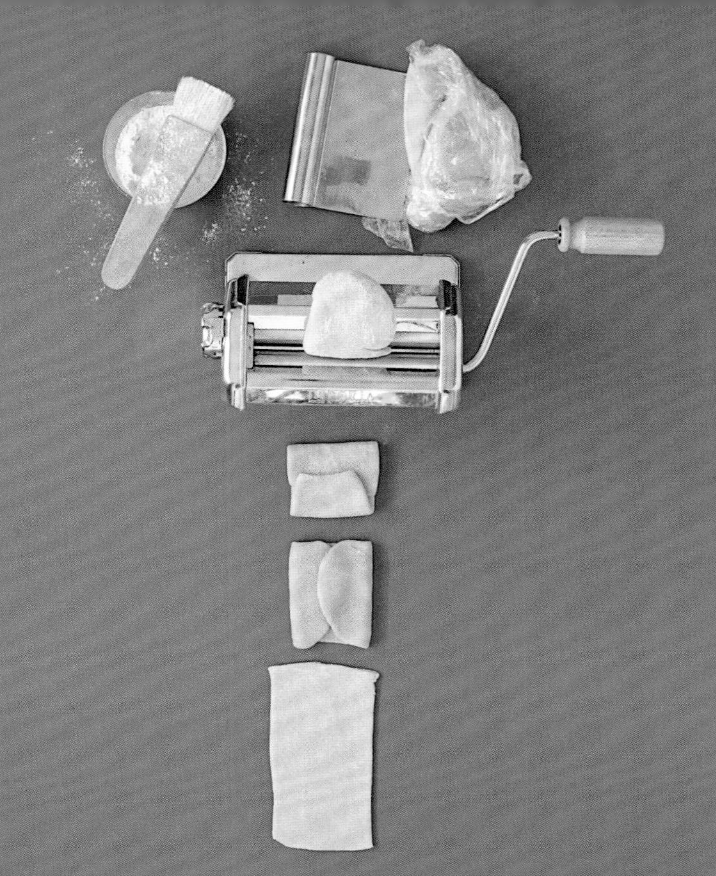

❺ 取60克左右的面团，用手掌压成面饼，表面抹少量面粉，放入压面机，将滚轴调至最大挡。将压出的面皮折三折，再次放入机器，重复此步骤，直至得到均匀的长方形面皮。

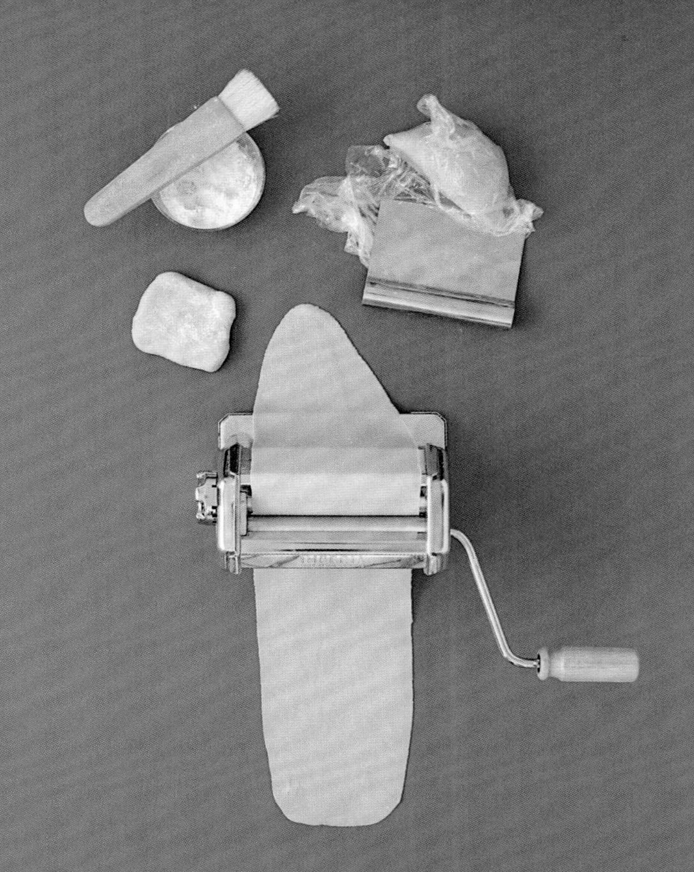

❻ 将面皮对折，重复放入压面机数次，逐渐将滚轮的距离调窄，直至得到理想厚度的面皮。

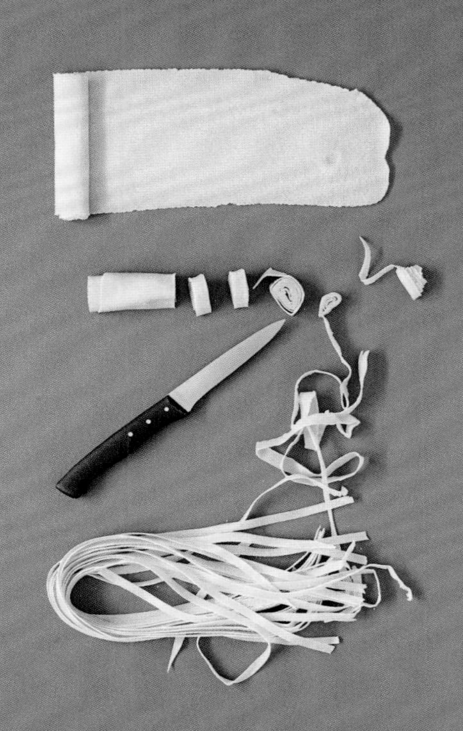

❼ 根据需要把面皮切开。为防止粘连，可将压好的面皮放在撒了面粉的茶巾上干燥（10分钟）。卷起面皮，切成宽1厘米的段，展开，散放在茶巾上，严密覆盖以防潮，两天内食用完毕。

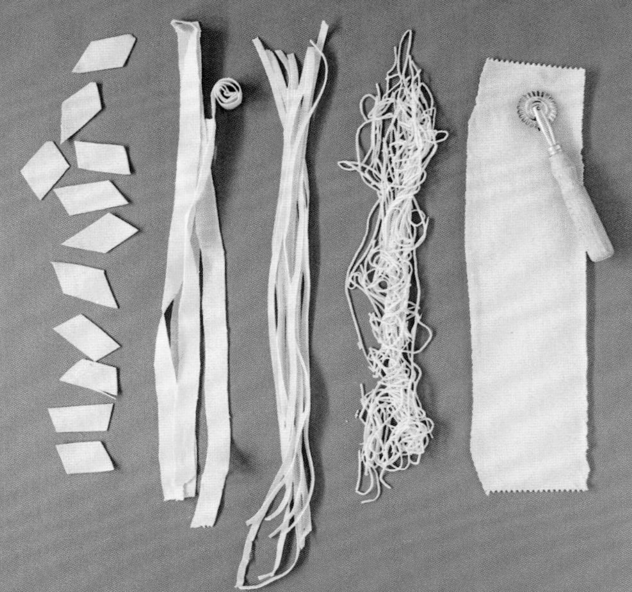

建议

将做好的面皮分成小份，剩下的用塑料袋密封，防止干燥。

小窍门

为控制分量，每人需要60~80克面皮。

如何做手擀面

有规律地向操作台上撒面粉，用擀面杖从中间向四周擀面，动作要足够快，否则面团会变得干燥，厚度不需要很均匀，这样能使面条沾上更多的酱料。

多种风味意面

意大利

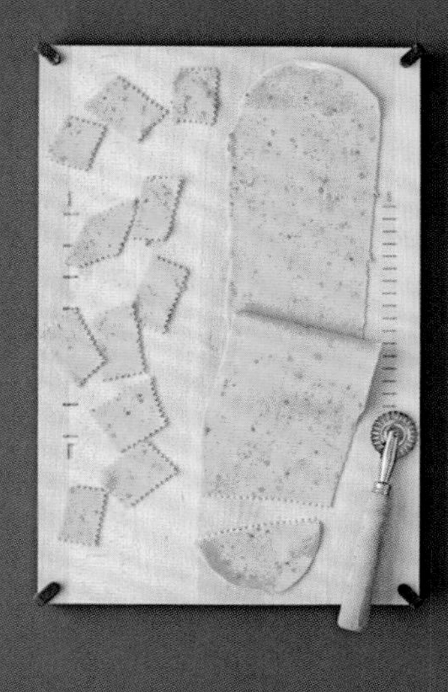

墨鱼汁意面

4克墨鱼汁用2汤匙热水调和，2个鸡蛋和1个蛋白打成蛋液，另备300克面粉和1茶匙油，混合所有食材。

菠菜意面

300克面粉；1个鸡蛋和1个蛋黄打成蛋液；30克菠菜，煮熟，甩干，切碎；一小撮盐和1茶匙油，混合所有食材。

迷迭香意面

150克面粉、50克硬质小麦粉、2个鸡蛋、1汤匙切碎的新鲜迷迭香、一小撮盐、1茶匙橄榄油，混合所有食材。

番茄意面

220克面粉，80克硬质小麦粉，2个鸡蛋，1个蛋黄，40克打成泥的油浸风干番茄，混合所有食材。

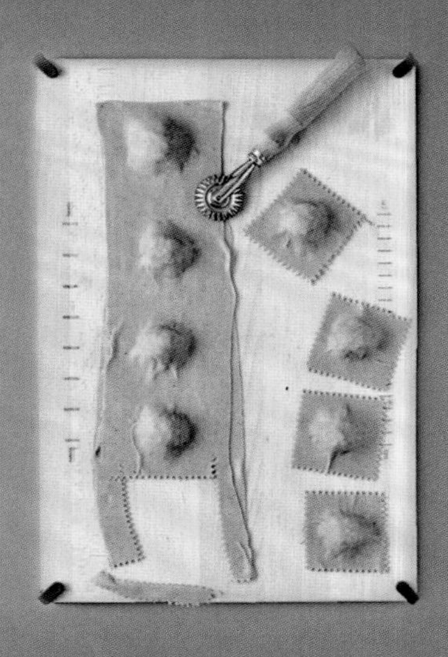

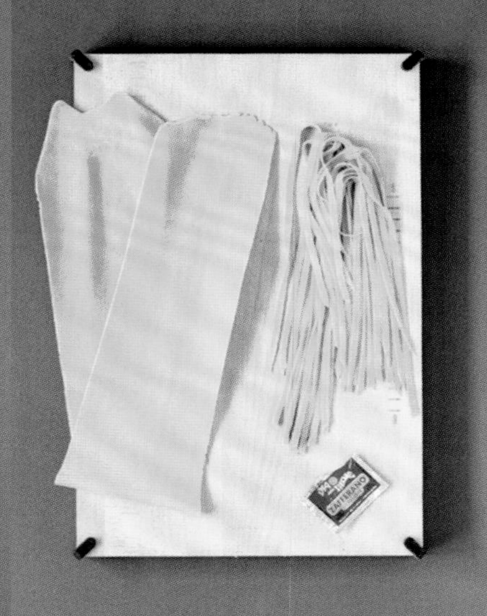

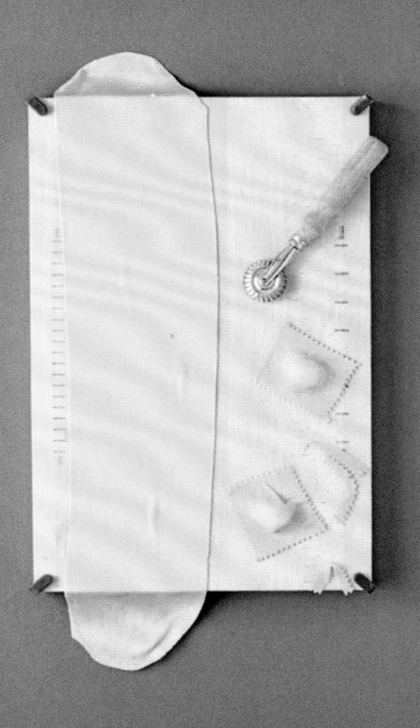

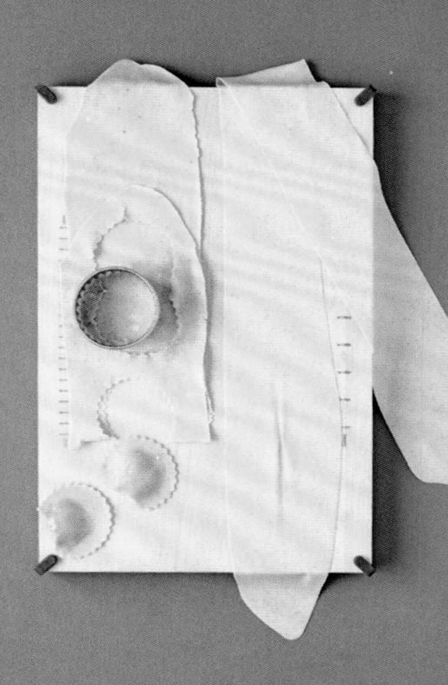

栗子意面

200克面粉、100克栗子粉、3个中等大小的鸡蛋、一小撮盐、1茶匙橄榄油，混合所有食材。

藏红花意面

3克藏红花粉用3汤匙热水稀释；2个鸡蛋和1个蛋黄打成蛋液；另备300克面粉、适量盐和1茶匙橄榄油，混合所有食材。

褐色意面

300克T80有机灰褐色面粉、3个中等大小的鸡蛋、一小撮盐、1茶匙橄榄油，混合所有食材。

卡姆面粉意面

300克卡姆小麦粉、3个鸡蛋、一小撮盐、1茶匙橄榄油，混合所有食材。

煮意面

意大利

4人份　准备时间：2分钟　烹调时间：12分钟

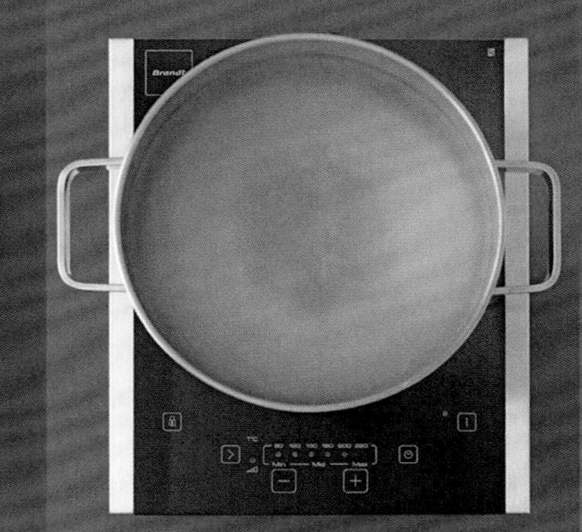

❶ 大平底锅中倒入冷水，盖锅盖，煮至沸腾。

❷ 水煮沸时加入粗盐，再倒入意面。

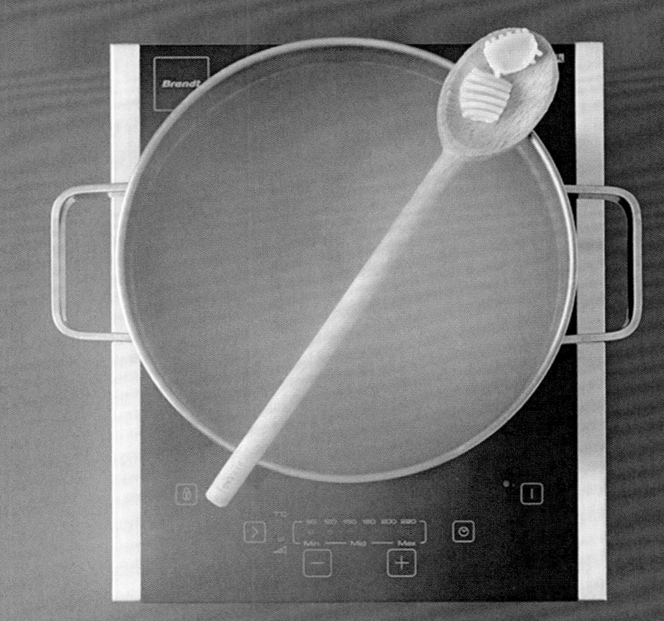

❸ 时不时用木勺搅拌意面（可以不倒油）。水要保持沸腾状态，直至意面煮熟，需约12分钟。

原料

350~400克意面（风琴面）
4升水（每100克意面需要1升水）
35~40克粗盐，灰色最佳（1升水需要8~10克盐）

❹ 沥干水分：如果是硬质小麦意面，在包装上标明的烹调时间前1~2分钟将其捞出，沥水，立即调味，防止意面粘连。

小窍门

食用前将意面重新放在火上（除了某些特定的食谱），混合酱汁和几勺面汤，一起烹调1分钟。

番茄酱

意大利

6人份

准备时间：15分钟

烹调时间：30分钟

原料

1.2千克熟透的长形番茄或800克番茄罐头
1个洋葱
1个胡萝卜
1根芹菜
2汤匙橄榄油
1把罗勒
盐

❶ 洋葱、胡萝卜和芹菜切碎，番茄切成两半，去籽。

❷ 切碎的蔬菜和橄榄油一起煸炒5分钟，加入番茄和一半量的罗勒，加盐。

❸ 煮至沸腾，转小火，浓缩酱汁（需要20~30分钟），时不时用木铲搅动。

❹ 酱汁倒入蔬菜研磨器研磨，加入剩下的罗勒增添香味。做好的番茄酱装入广口瓶，瓶内倒少许橄榄油，放入冰箱，可保存2~3天。

小窍门

如果番茄酱口感过酸，可加入一小撮细砂糖。

白酱

意大利

1升白酱

准备时间：20分钟

烹调时间：20分钟

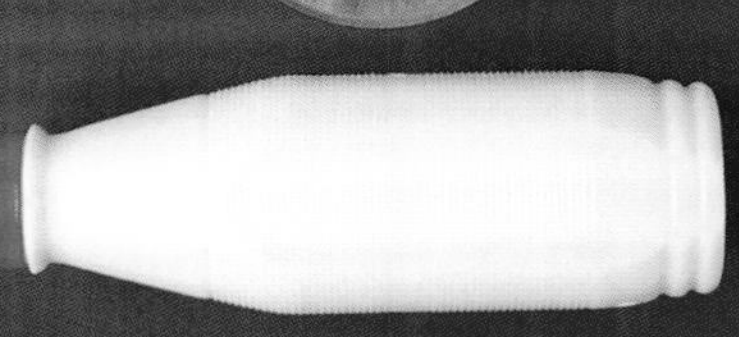

原料

70克黄油
70克面粉
1升全脂鲜牛奶
1个肉豆蔻
盐

建议

多加一点面粉，做出的白酱质地更加浓厚。

变化版本

如想要制作不含奶制品的白酱，每100克面粉和100毫升橄榄油可使用1升植物奶（米浆、豆浆或藜麦奶）。

❶ 在平底锅中熔化黄油。

❷ 倒入面粉，搅拌。

❸ 待混合物逐渐上色，缓缓倒入牛奶。

❹ 不断搅动，防止结块。

❺ 煮10分钟，加入盐和少许擦丝的肉豆蔻。

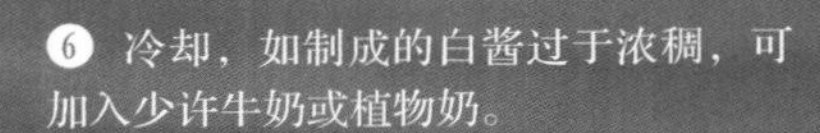

❻ 冷却，如制成的白酱过于浓稠，可加入少许牛奶或植物奶。

番茄肉酱

意大利

10人份

准备时间：30分钟

烹调时间：1.5~2小时

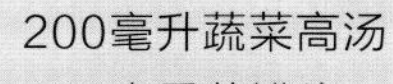

原料

300克牛肉（牛背肩肉），切碎
300克小牛肉（牛肩肉），切碎
300克猪肉，切碎
100克原味意式培根
100克胡萝卜
100克洋葱
100克根芹菜
200毫升红酒
200毫升蔬菜高汤
400克番茄罐头
1个香草束（百里香、迷迭香、月桂叶）
3汤匙橄榄油
2个丁香
盐和黑胡椒

事先准备

蔬菜切小块。

❶ 培根切碎。肉和蔬菜（除了番茄）一起用橄榄油煸炒20~30分钟，开大火，时不时搅拌。

❷ 当食材开始粘锅时，倒入葡萄酒，待酱汁开始挥发，撒盐。

❸ 加入高汤、香草和丁香，盖上锅盖炖煮30分钟后，加入番茄，继续小火炖煮30~45分钟。

❹ 用盐调味，加入黑胡椒，请于2天内吃完。如果吃不完，须冷冻保存。

快速番茄肉酱

意大利

4人份

准备时间：5分钟

烹调时间：30分钟

原料

250克牛绞肉
450克番茄罐头
100克意式培根或烟熏猪胸肉丁
1汤匙橄榄油
2个洋葱
1粒蒜瓣
2茶匙浓缩番茄
4根罗勒
盐和黑胡椒

❶ 在平底锅中加热橄榄油，倒入洋葱和蒜，煸炒5分钟，不用上色。

❷ 加入猪肉丁或培根，炒至金黄。

❸ 加入牛绞肉。

❹ 仔细搅拌，用木勺把绞肉压碎，使其上色。

❺ 加入番茄罐头、浓缩番茄和罗勒叶。撒盐和黑胡椒，仔细搅动。

❻ 盖锅盖，小火炖煮20分钟。

变化版本

牛绞肉可用做香肠的绞肉代替。在加入番茄的同时加入1杯浓烈的红葡萄酒。

辣培根番茄意面

意大利

4人份

准备时间：20分钟

烹调时间：20分钟

原料

350克直身空心意面（bucatini）
150克烟熏猪胸肉
800克番茄罐头
2个较大的洋葱
2个小干辣椒，弄碎（或辣椒粉）
4汤匙橄榄油
50克绵羊奶酪（或帕尔马干酪）
盐和黑胡椒

事先准备

煮面（参见165页）。

❶ 洋葱切碎，烟熏猪胸肉切小丁。绵羊奶酪擦丝。

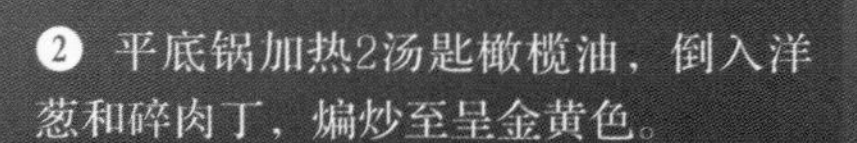

❷ 平底锅加热2汤匙橄榄油，倒入洋葱和碎肉丁，煸炒至呈金黄色。

❸ 加入番茄罐头和弄碎的干辣椒，大火煮2分钟，然后中火煮8~10分钟，时不时搅动。尝过味道后再依口味撒盐。

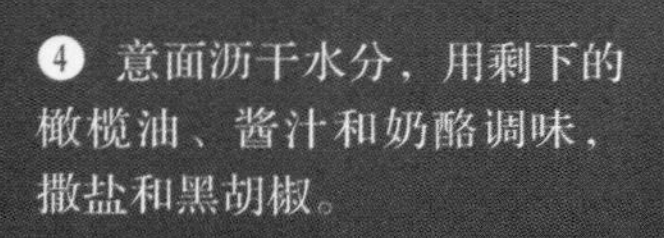

❹ 意面沥干水分，用剩下的橄榄油、酱汁和奶酪调味，撒盐和黑胡椒。

改良奶汁培根意面

意大利

4人份

准备时间：30分钟

烹调时间：20分钟

原料

350克较粗的意大利面
4颗紫朝鲜蓟
120克较肥的意式培根或猪肉丁
1个鸡蛋＋3个蛋黄
80克帕尔马干酪，擦丝
50毫升橄榄油
1粒蒜瓣
1汤匙欧芹碎
半杯白葡萄酒（或蔬菜高汤）
盐和黑胡椒

事先准备

朝鲜蓟洗净，切小块。培根切丁。帕尔马干酪擦丝。

❶ 锅内加热2汤匙橄榄油，倒入朝鲜蓟、大蒜和欧芹煸炒，朝鲜蓟应保持一定硬度。倒入白葡萄酒，煮至酒精蒸发，撒盐和黑胡椒。

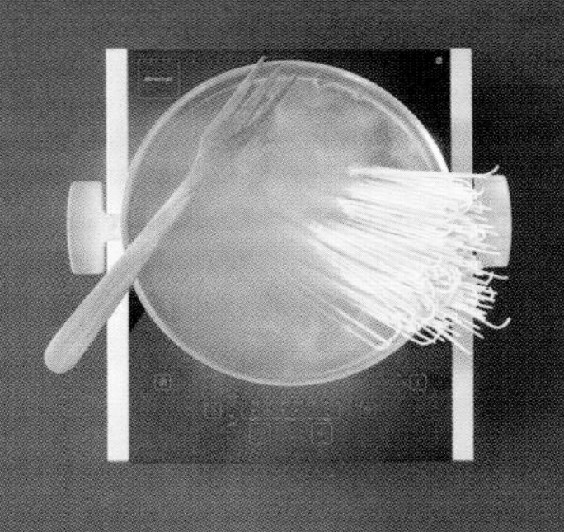

❷ 用大量加了盐的沸水煮意面，面条应煮至口感筋道。

❸ 平底锅倒入少许橄榄油，培根煎至金黄。

❹ 混合鸡蛋、帕尔马干酪和少许橄榄油，加盐和黑胡椒，再倒入少量煮意面的水。

❺ 煮好的意面沥干水分，淋入2~3汤匙橄榄油，撒入热培根，再加入蛋液混合物和朝鲜蓟，仔细搅拌。

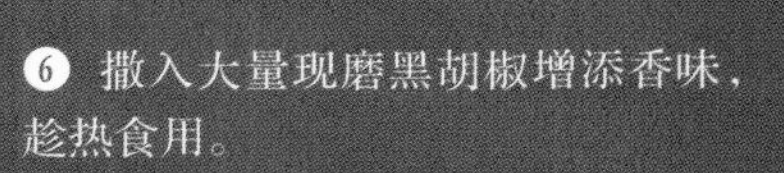

❻ 撒入大量现磨黑胡椒增添香味，趁热食用。

蘑菇意大利面

意大利

4人份

准备时间：45分钟

烹调时间：30分钟

原料

500克新鲜宽面（参见162页）
40克黄油
20克帕尔马干酪，擦丝

蘑菇酱

600克野生蘑菇（牛肝菌、鸡油菌、平菇等）
2粒蒜瓣
3汤匙橄榄油
40克黄油＋2块核桃大小的黄油
半把欧芹、盐、黑胡椒

事先准备

用小刀刮去蘑菇上的泥土在水中浸泡两次，捞出，擦干。

❶ 将最大的蘑菇切成2~3块，放在干净的茶巾上晾干。

❷ 平底锅加热橄榄油，放入2块核桃大小的黄油、大蒜，倒入蘑菇，大火煸炒，不要搅动，让蘑菇出水。

❸ 撒盐和黑胡椒，加入少许欧芹碎，小火继续煮3分钟（挑出大蒜），保持温热。

❹ 意大利面煮至口感筋道。平底锅中倒入少许煮面的水，加入黄油，倒入煮好的意面、蘑菇和帕尔马干酪。

酸辣鳀鱼水管面

意大利

4人份

准备时间：15分钟

烹调时间：20分钟

❶ 鳀鱼取肉，用水冲洗。刺山柑花蕾去盐分，切碎。蒜瓣切片。橄榄切碎。辣椒和欧芹切碎。

原料

350克水管面
800克番茄罐头
3条鳀鱼，盐渍最佳
100克去核黑橄榄
2汤匙盐渍刺山柑花蕾
半把欧芹
1个小红辣椒，新鲜或干的均可
1粒蒜瓣，去皮
5汤匙橄榄油
盐和黑胡椒

事先准备

煮意面（参见165页）。

❷ 锅内加热2汤匙橄榄油，倒入鳀鱼，小火煸炒，加入大蒜、刺山柑花蕾和辣椒，搅动1分钟。

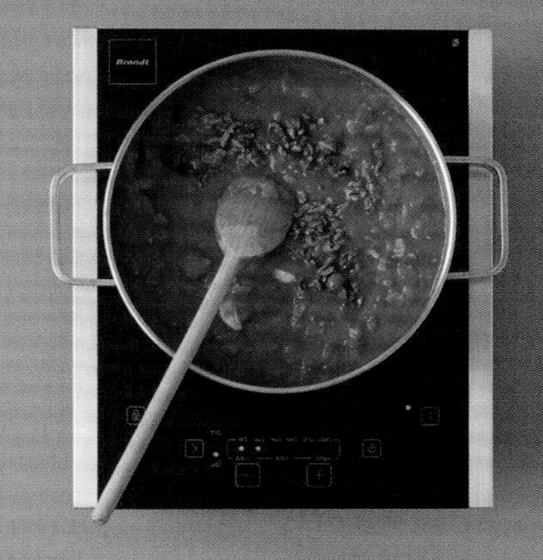

❸ 倒入番茄和橄榄，大火煮2分钟，然后中火煮8~10分钟。尝过味道后依口味撒盐，加入2汤匙欧芹碎。

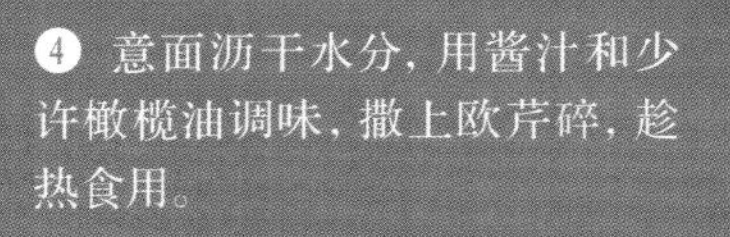

❹ 意面沥干水分，用酱汁和少许橄榄油调味，撒上欧芹碎，趁热食用。

茄子斜管面

意大利

4人份　　准备时间：20分钟　　烹调时间：20分钟

原料

350克斜管面
2个茄子
400克番茄酱（参见166页）
100克新鲜（或咸味）里考塔奶酪
50克绵羊奶酪（或帕尔马干酪），擦丝
1把罗勒
1粒蒜瓣
50毫升橄榄油
盐

事先准备

茄子切丁。

❶ 在平底锅中加热2汤匙橄榄油，放入大蒜和一部分茄子。

❷ 小火煸炒茄子，直至金黄软烂。

❸ 加入番茄酱和一半的罗勒，炖煮几分钟。

❹ 意面煮至口感筋道，用酱汁调味。撒入里考塔奶酪块、绵羊奶酪丝和黑胡椒。

甜菜意面

意大利

4人份

准备时间：20分钟

烹调时间：20分钟

❶ 烤杏仁切碎，黑橄榄切小块。

❷ 准备甜菜：白色的茎和绿色的叶分开，再分别切成条。

❸ 甜菜茎倒入加了盐的沸水中煮5分钟，然后倒入叶子，继续煮3分钟。

❹ 用漏勺将甜菜捞出，沥干水分，保留煮菜的水，倒入意面。

原料

400克卡姆小麦或双粒小麦意面
6片甜菜
1粒蒜瓣，去皮
100克烤杏仁
1把黑橄榄
2茶匙姜黄粉
40克帕尔马干酪，擦丝
4汤匙橄榄油
盐和黑胡椒

❺ 平底锅加热一半量的橄榄油，加入蒜瓣、姜黄粉、切碎的杏仁和黑橄榄，中火搅拌1~2分钟。再倒入甜菜，搅拌，中火收干水分，挑出蒜瓣。

❻ 意面沥干水分，用剩下的橄榄油和甜菜酱调味，如有需要，加入少许煮面的水，撒入帕尔马干酪，上桌。

文蛤意面

意大利

2人份

准备时间：40分钟

烹调时间：30分钟

原料

200克扁细意面（或直细面）
500克文蛤
2粒蒜瓣，去皮
半把欧芹，切碎
100毫升干白葡萄酒
少许干辣椒

橄榄油
盐和黑胡椒

事先准备

用流动水把文蛤冲洗干净，将贝壳已张开的挑出来，弃用。

❶ 1粒蒜瓣切片，倒入锅中，用少许橄榄油煸炒，加入$\frac{1}{3}$量的欧芹碎，少许辣椒，倒入白葡萄酒。

❷ 待酒沸腾后再等待1分钟，倒入文蛤。

❸ 盖上锅盖，煮至沸腾，待贝壳张开，关火。将文蛤用滤器捞出。

❹ 用小网眼筛子过滤煮文蛤的汤汁。一半文蛤保留外壳，用于摆盘装饰。剩下的取蛤肉。

❺ 平底锅中倒入1汤匙橄榄油、1颗蒜瓣（稍后挑出）、辣椒、两小撮欧芹碎，以及煮文蛤的汤汁，加热并收汁，撒盐。

❻ 在此期间准备1大锅加入盐的清水，意面煮至口感筋道（参见165页）。

❼ 在加入意面调味之前，将去壳的蛤肉倒入平底锅中。

❽ 煮好的意面捞出沥水，倒入平底锅内，放入蛤肉、2汤匙橄榄油一起煸炒。

❾ 趁热食用，撒入黑胡椒增添香气，用剩下的欧芹碎和带壳的文蛤做装饰。

变化版本

文蛤（或一部分）可用贻贝和/或蛤子代替（烹调时间相同）。

沙丁鱼空心意面

意大利

4人份

准备时间：30分钟

烹调时间：50分钟

原料

500克直身意大利细面条
8~10条沙丁鱼＋4条装饰用
1棵球茎茴香
2茶匙茴香籽
2条鳀鱼，洗去盐分，切碎
30克葡萄干
20克松子仁
1个较大的洋葱，切碎
1袋藏红花粉
橄榄油
面粉
盐和黑胡椒

事先准备

沙丁鱼洗净，去头，去骨，每条分成2片鱼脊肉。葡萄干用温水浸泡15分钟。

❶ 锅中加入4升清水，煮至沸腾，加入切成两半的球茎茴香和茴香籽，煮15分钟，沥干水分（保留煮菜的水）。

❷ 平底锅中加入1汤匙橄榄油，倒入洋葱碎煸炒2分钟，再加入1杯煮菜的水，水分蒸发至一半，加入4汤匙橄榄油、藏红花粉、葡萄干、松子仁和球茎茴香，炖煮5分钟。

❸ 倒入沙丁鱼（除去装饰用的）和切碎的鳀鱼，撒少量盐，加黑胡椒，开小火，继续煮5分钟，搅动，制成沙丁鱼酱。

❹ 剩下的沙丁鱼裹上面粉，用橄榄油炸熟（或用橄榄油煎至金黄）。

❺ 将煮好的意面（参见165页）倒入锅中，和锅中的橄榄油、沙丁鱼酱一起翻炒，最后用油炸或油煎沙丁鱼装饰，上桌。

西葫芦饺子

意大利

6人份

准备时间：40分钟

烹调时间：15分钟

原料

450克自制藏红花意面面团（参见164页）
150克塔雷吉欧奶酪
250克里考塔奶酪
100克新鲜山羊奶酪
2~3根西葫芦
1粒蒜瓣，除芽
一小把欧芹
2汤匙橄榄油
100毫升蔬菜高汤
60克+40克擦丝的帕尔马干酪
2个蛋黄
50克黄油
盐和黑胡椒

事先准备

西葫芦切小丁。

❶ 混合里考塔奶酪、山羊奶酪、蛋黄和60克帕尔马干酪，制成馅料。塔雷吉欧奶酪去除硬边，切小丁。

❷ 在平底锅中加入橄榄油和蒜瓣，倒入西葫芦，煸炒5分钟，撒盐。

❸ 炒好的西葫芦取$\frac{1}{3}$留作装饰，剩下的和高汤一起煮5分钟，用搅拌机搅打，制成西葫芦奶油汁。

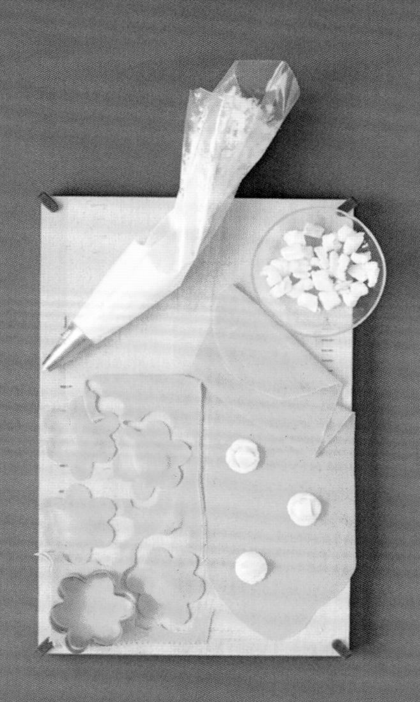
❹ 将面团擀成面皮。面皮上面摆放榛子大小的馅料和塔雷吉欧奶酪丁，再覆盖1层面皮。用模具切出所需的形状。

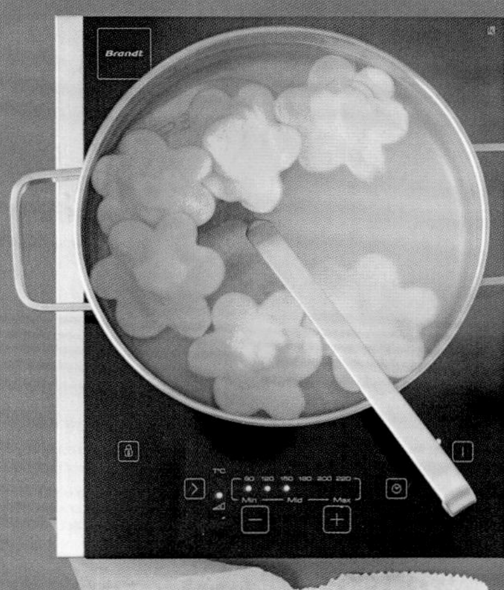
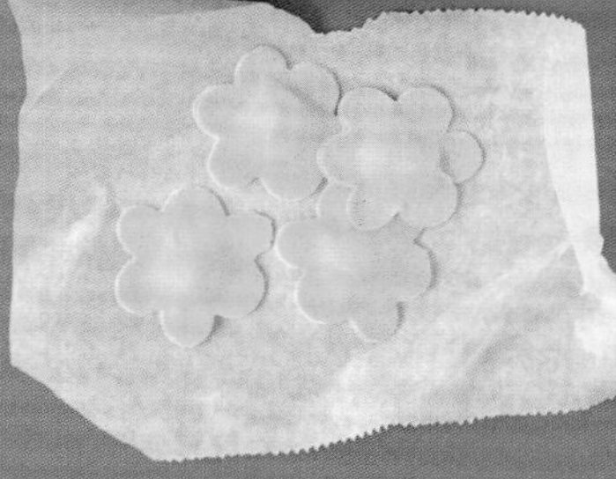
❺ 将小雏菊形状的饺子投入微滚的加了盐的清水中煮3分钟左右，用漏勺捞出（以防弄烂饺子）。

❻ 熔化黄油，将饺子和黄油混合在一起。取一个深口盘，盘底倒入少量温热的西葫芦奶油汁，上面摆放饺子，撒入西葫芦丁和帕尔马干酪。

牛肉饺子

意大利

6人份

准备时间：40分钟

烹调时间：30分钟

原料

450克自制意大利面面团（参见162页），使用300克面粉和3个鸡蛋
300克熟牛肉（烟熏）
1个菊苣心或菠菜（350克）
60克成熟30个月的帕尔马干酪
1粒蒜瓣和1个鸡蛋
肉豆蔻，擦丝
盐和黑胡椒

调味

60克黄油和橄榄油
10片鼠尾草
60克帕尔马干酪

事先准备

菊苣洗净，擦干，用刀切成较大的碎片。

❶ 锅内倒油，加入蒜瓣，倒入菊苣心反复煸炒，直至柔软，撒盐和黑胡椒。

❷ 牛肉去脂肪，用刀切碎，再将炒好的菊苣切碎。

❸ 将牛肉和菊苣混合在一起，加入鸡蛋和帕尔马干酪，用肉豆蔻、盐和黑胡椒调味。

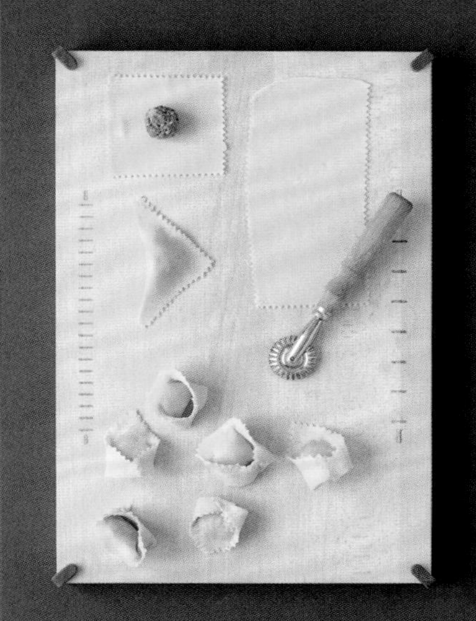

❹ 将面团擀成面皮，切割成边长8厘米的正方形。每张切好面皮中间放10克馅料，先将面皮对折，再将两端捏在一起。

❺ 饺子投入微滚的加入盐的清水中煮3分钟，用漏勺过滤（为防止弄烂饺子）。

❻ 煮好的饺子用加了鼠尾草的黄油调味，撒帕尔马干酪。

包饺子步骤

先将加了馅料的面皮对折成三角形，用手指按压面皮边缘，再将饺子拿在手中，用食指和拇指中间的部分把两端合拢捏实：捏实的两端和中间带馅的面皮之间应留有空隙。

肉酱千层面

意大利

6人份

准备时间：1小时30分钟

烹调时间：2小时

原料

8~12张煮熟并切分成适合大小的菠菜千层面（参见164页）

肉酱

350克牛肉（牛背肩肉）和350克小牛肉（牛肩肉），切小丁

100克胡萝卜和100克洋葱

100克根芹菜

3汤匙橄榄油

150毫升红葡萄酒

250毫升蔬菜高汤

400克罐装番茄

25克干牛肝菌

1把香草束和2个丁香

1份白酱（参见167页）

150克帕尔马干酪

30克黄油

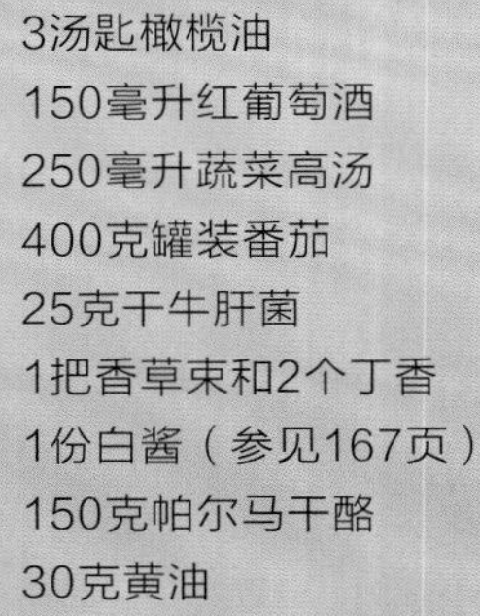

❶ 牛肝菌用250毫升温水浸泡30分钟，将泡牛肝菌的水沥干。

❷ 蔬菜切碎。

❸ 牛肉和蔬菜（除了蘑菇）用橄榄油大火煸炒20~30分钟，搅动。

❹ 当混合物开始粘锅时，倒入葡萄酒，煮至酒精挥发。

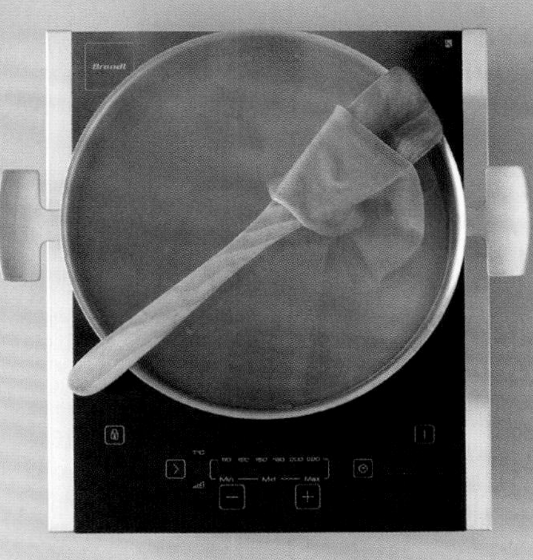

❺ 撒盐，加入牛肝菌、泡菌的水、高汤、香草束和丁香，炖煮1小时，途中加入番茄。

❻ 煮千层面：放入加了盐和少许橄榄油的沸水中，一次放3~4片，煮2~3分钟。

❼ 将煮好的面捞出，立刻投入装了冷水的沙拉碗中，沥干水分，铺展在干净的茶巾上，注意不要叠放。

❽ 烤盘内涂抹黄油，倒入白酱，再依次叠放千层面、白酱和肉酱，撒入帕尔马干酪。

❾ 叠放步骤重复4次，用混合了4汤匙肉酱的白酱收尾，撒上帕尔马干酪，摆放几块榛子大小的黄油。入烤箱，180℃烤30分钟。取出，静置5分钟后切块。

建议

也可使用原味千层面，最好提前煮好。

芦笋千层面

意大利

6人份

准备时间：40分钟

烹调时间：50分钟

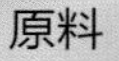

原料

8~12片千层面（参见162页）
1把绿芦笋
1千克未去荚的豌豆（或250克去荚的豌豆）
1把新洋葱
1份白酱（参见167页）
500克布拉塔奶酪（或里考塔奶酪）
100克帕尔马干酪
2~3汤匙橄榄油
3~4块核桃大小的黄油
盐和肉豆蔻

事先准备

豌豆去荚。

❶ 绿芦笋（只取嫩的部分）切圆片，保留5厘米左右的芦笋尖，洋葱（包括葱绿）切丁。

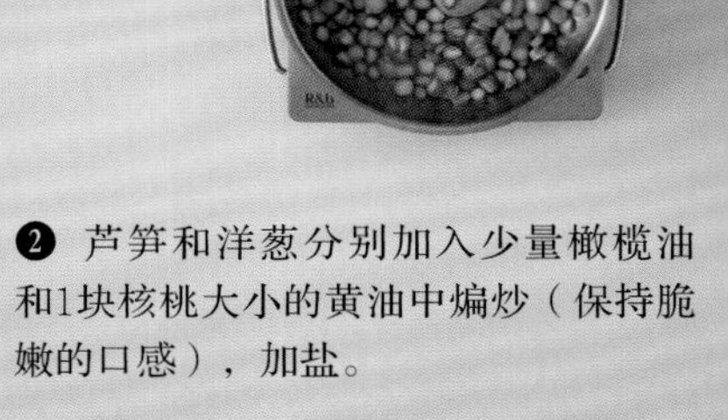

❷ 芦笋和洋葱分别加入少量橄榄油和1块核桃大小的黄油中煸炒（保持脆嫩的口感），加盐。

❸ 500毫升清水煮至沸腾，加盐，倒入芦笋尖煮2~3分钟，备用。

❹ 豌豆倒入少量盐水中，小火煮至柔软。

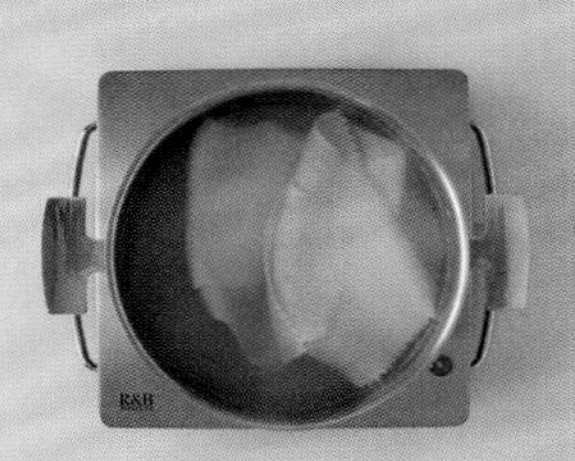

❺ 千层面放入加了盐和1汤匙橄榄油的沸水中煮2~3分钟，每锅不超过3~4片，否则将会粘连在一起。

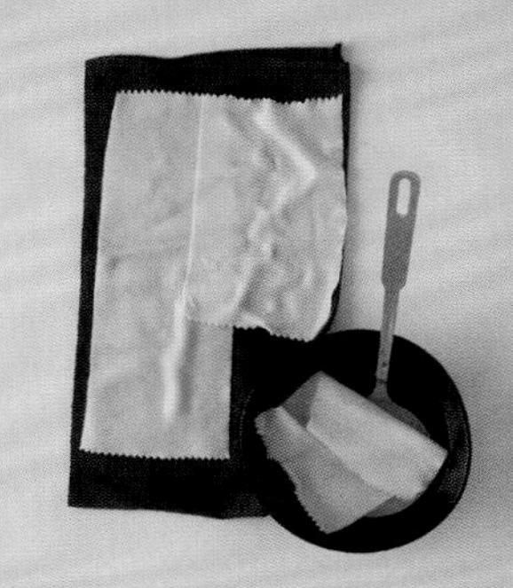

❻ 将煮好的千层面浸入装有冷水的沙拉碗中，再捞出沥干水分，铺展在干净的茶巾上，不要叠放。

❼ 烤盘涂抹黄油，依次叠放1层千层面、白酱、蔬菜和布拉塔奶酪，撒帕尔马干酪。

❽ 叠放步骤重复2次，最后再次铺1层千层面，撒上布拉塔奶酪碎和帕尔马干酪。

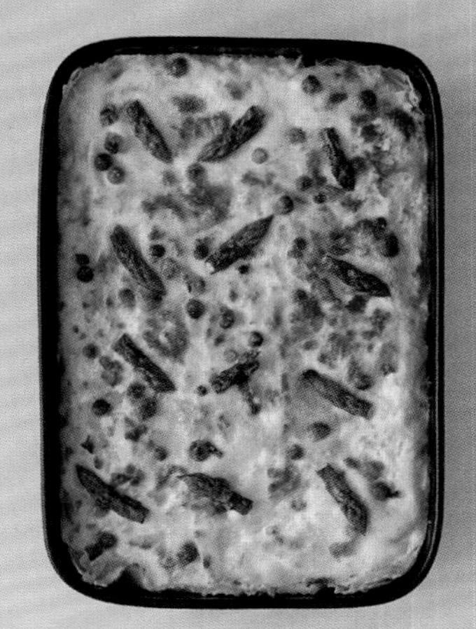

❾ 烤箱预热至180℃，烤20分钟左右。上桌前，芦笋尖用1块核桃大小的黄油煸炒，撒在千层面上做装饰。

建议

如果没有自制千层面，也可购买手工制作的干燥的鸡蛋千层面。

红栗南瓜千层面

意大利

6~8人份

准备时间：40分钟
等待时间：1小时

烹调时间：1小时

❶ 南瓜切大块，去籽，上锅蒸软（蒸20~40分钟），沥干水分。

❷ 意式杏仁饼搅打成粉末，芥末水果打成泥。

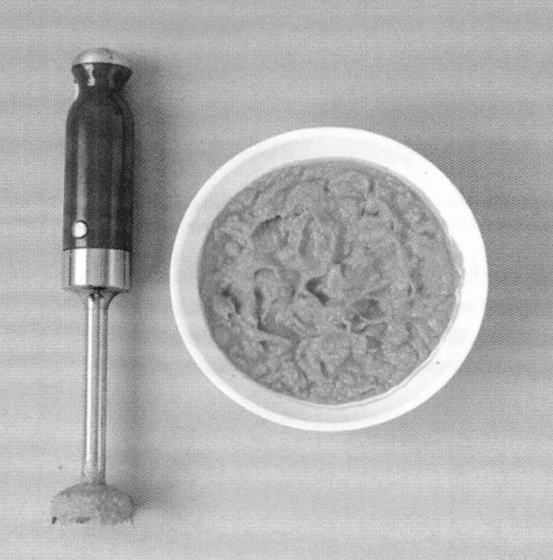

❸ 南瓜打成泥（如果是有机的，带皮一起搅打）：需要800克南瓜泥。

❹ 加入4撮肉豆蔻、杏仁饼、芥末水果和70克帕尔马干酪，加盐和黑胡椒。

原料

6张千层面（参见162页）
1.5千克整个红栗南瓜（或800克左右的南瓜泥）
50克意式杏仁饼
80克雷蒙纳芥末水果
70克＋30克帕尔马干酪
60克黄油
盐，黑胡椒
肉豆蔻，擦丝

❺ 取1片千层面，切成两半，上面涂抹薄薄一层南瓜馅，四周留出1厘米不涂馅，卷起，用保鲜膜裹好。重复此步骤，直至消耗掉所有食材，放入冰箱冷藏至少1小时。

❻ 烤盘内涂抹黄油，每个千层面卷切成4段，摆放在烤盘里。撒入帕尔马干酪并放入剩下的黄油，入烤箱，180℃烤20分钟左右。

菊苣千层面

意大利

6人份

准备时间：1小时

烹调时间：30分钟

原料

8片千层面（参见162页）
500克晚熟的红色菊苣，如果没有，也可使用早熟的菊苣
1升白酱（参见167页）
100克帕尔马干酪
20克黄油，切碎
100毫升红葡萄酒
2个小洋葱
2汤匙橄榄油
盐和黑胡椒

事先准备

千层面提前煮好（参见165页）。
帕尔马干酪擦丝。菊苣竖着切成4块，然后洗净，擦干。

❶ 洋葱去皮，切碎，菊苣切小块。

❷ 洋葱倒入橄榄油中煸炒1分钟，加入菊苣，煮3分钟，倒入红葡萄酒，煮至酒精蒸发，撒盐和黑胡椒。

❸ 烤盘涂抹黄油，依次叠放千层面、白酱、菊苣和帕尔马干酪的混合物，并重复2次。在最上层铺千层面、白酱和少量菊苣。

❹ 撒入帕尔马干酪和弄碎的黄油。入烤箱，180℃烤约20分钟。

菠菜加乃隆意面

意大利

6人份

准备时间：1小时

烹调时间：1小时

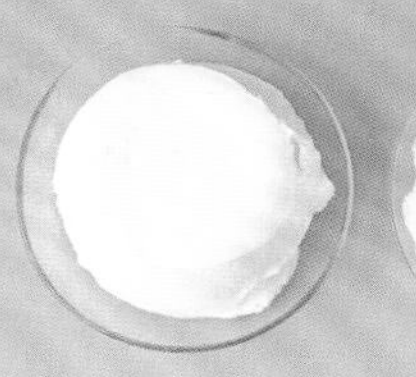

原料

6片事先煮好的千层面或12片长宽分别为15厘米和12厘米的面皮
600克新鲜菠菜或300克速冻菠菜
250克里考塔奶酪
250克马斯卡彭奶酪
100克帕尔马干酪
1粒蒜瓣
50克黄油
100毫升稀奶油
1颗肉豆蔻，擦丝
盐和黑胡椒

事先准备

菠菜洗净，切去茎部。大蒜切两半。

❶ 菠菜上锅蒸塌，降温，用手按压出水分。

❷ 在平底锅中加热30克黄油和切成两半的蒜瓣，小火煸炒菠菜，撒入肉豆蔻和盐。

❸ 炒好的菠菜降温，用刀子剁碎（不要使用搅拌机，否则菠菜将丧失其风味）。

❹ 混合菠菜、里考塔奶酪、一半量的马斯卡彭奶酪和帕尔马干酪丝，撒黑胡椒，再次确认味道。

❺ 面皮切成两半（10厘米×15厘米）。填入馅料（使用带裱花嘴的裱花袋）。

❻ 烤盘内涂抹黄油，摆放填入馅料的意面卷。

❼ 混合稀奶油和剩下的马斯卡彭奶酪。

❽ 意面卷上涂抹马斯卡彭奶酪奶油，撒上帕尔马干酪。

❾ 入烤箱，200℃烤20分钟，直至意面表面金黄，趁热食用。

可选

涂抹意面的马斯卡彭奶酪奶油可用400毫升白酱（参见167页）代替。

帕尔马干酪烩饭

意大利

4人份

准备时间：10分钟

烹调时间：25分钟

原料

300克卡纳罗利大米，或阿勃瑞欧大米，或维亚诺内·纳诺大米
1.2升肉汤或蔬菜汤
1个中等大小的洋葱
1汤匙橄榄油
10克＋40克黄油
50毫升干白葡萄酒（或高汤）
40克冷黄油
40克擦丝的帕尔马干酪
盐

事先准备

高汤加热，置于火上，保持微滚状态。洋葱切碎。

❶ 平底锅加热橄榄油和10克黄油，倒入洋葱，小火煸炒5分钟。

❷ 倒入大米，开大火翻炒并不断搅动，直至米粒变得半透明。撒盐。倒入干白葡萄酒，搅动，煮至酒精挥发。

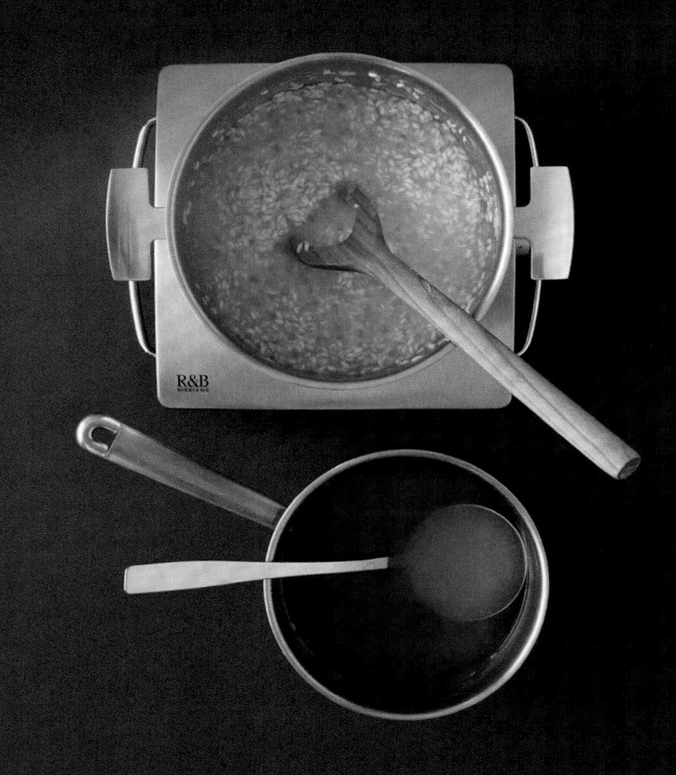

❸ 倒入1汤匙高汤，中火继续煮15分钟，不断加入高汤，使米粒吸收汤汁。

❹ 料理结束前5分钟，可依个人喜好加入额外的食材。

❺ 关火，加入切块的黄油和帕尔马干酪，搅拌。盖锅盖，静置2分钟。

❻ 立即上桌。烩饭不宜久放，因为热气会把它焖烂。

❶ 平底锅内倒入牛肝菌、鸡汤和葡萄酒，煮至沸腾，使酒精挥发，关小火炖煮。

❷ 加热橄榄油和黄油，倒入大葱，煸炒至柔软，加入蒜瓣，1分钟后，倒入大米，煮3分钟。

❸ 倒入蘑菇，北风菌除外。当蘑菇软烂时，倒入250毫升鸡汤，煮至汤汁收干。

❹ 加入剩下的鸡汤，继续炖煮直到大米煮软，关火，加入奶酪和北风菌，调味。

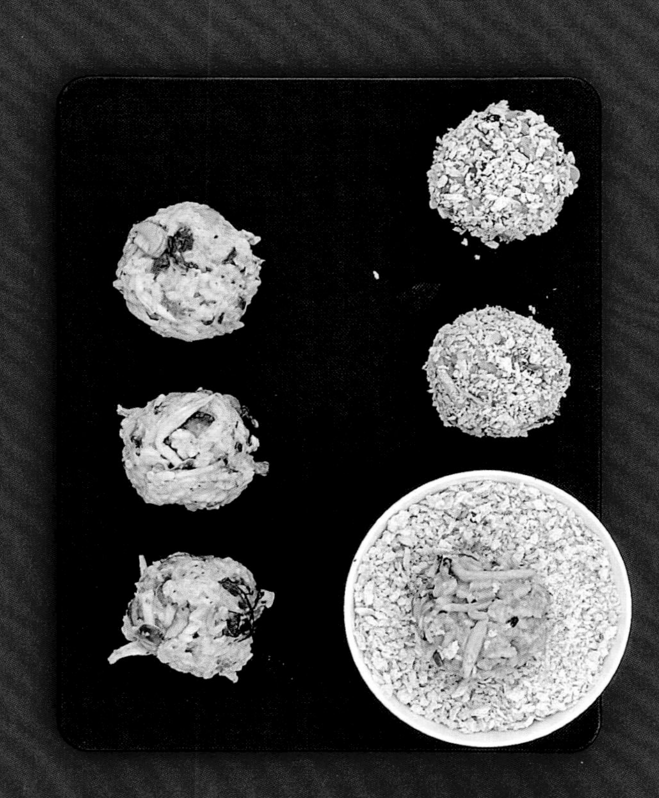

❺ 如果想要制作米饼，需等米饭冷却。将每汤匙米饭捏成1个米饼，外层包裹面包糠。

蘑菇烩饭

意大利

4人份

准备时间：20分钟

烹调时间：50分钟

原料

440克阿勃瑞欧大米
10克干牛肝菌
1.5升鸡汤
125毫升白葡萄酒
1汤匙橄榄油
50克黄油
1颗大葱，切圆片
2粒蒜瓣，切碎
200克巴黎蘑菇，切片
200克洋菇，切片
50克帕尔马干酪
125克北风菌
3汤匙马斯卡彭奶酪
120克面包糠
植物油，烹调用
柠檬块（可选）
盐和黑胡椒

❻ 平底锅中倒油，米饼煎至金黄酥脆，佐柠檬块食用。

建议

做米饼时不要使用马斯卡彭奶酪，否则成品将过于软烂。

蔬菜烩饭

意大利

2人份

准备时间：5分钟

烹调时间：30分钟

原料

50克黄油

150克煮熟的小块蔬菜（蚕豆、豌豆、芦笋尖等）

1升蔬菜高汤或鸡汤

40克帕尔马干酪，擦丝

1个洋葱或2个小洋葱，切碎

半杯白葡萄酒

200克适合做烩饭的大米：阿勃瑞欧大米、卡纳罗利大米等

1汤匙鲜奶油或马斯卡彭奶酪，或15克额外的黄油

盐和黑胡椒

❶ 将一半量的黄油倒入炖锅中，加入蔬菜，翻炒，中火煮2分钟，备用。

❷ 平底锅重新放在火上，加热剩下的黄油，洋葱中火煸炒5分钟。加入高汤。

❸ 倒入大米，轻轻搅拌，使米粒裹上油脂，米粒应变得发亮。

❹ 倒入白葡萄酒，煮至沸腾，直至液体完全被米粒吸收。

❺ 加入1汤匙高汤，搅动至汤汁吸收。

❻ 倒入炒好的蔬菜。

❼ 缓缓加入高汤，每次一勺，一边加一边搅拌，直至汤汁全部被吸收。煮15~20分钟。

❽ 烩饭煮好后，加入帕尔马干酪，马斯卡彭奶酪（或鲜奶油），用勺子搅拌米粒。

❾ 如果需要可以再用盐和黑胡椒调味（高汤已经含盐）。立即上桌。

注意

加入高汤的量取决于米粒吸收汤汁的速度，应时不时品尝，当米粒口感软糯又有嚼劲的时候，停止加入高汤。

海鲜烩饭

意大利

4人份

准备时间：15分钟

烹调时间：30分钟

❶ 虾去壳，分别保留虾肉和虾壳。

❷ 将鱼汤和虾壳倒入炖锅中，小火加热浓缩汤汁。

❸ 锅中倒入$\frac{2}{3}$量的黄油，煸炒大蒜、小洋葱和芹菜。

❹ 倒入大米并翻炒，倒入干白葡萄酒，煮5~6分钟。

❺ 倒入1汤匙高汤，搅拌至汤汁被吸收。

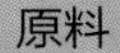

❻ 继续缓缓倒入高汤，每次一勺。

原料

440克海鲜（6只虾、200克文蛤和200克贻贝）
1升鱼汤
50克黄油
2个小洋葱，切碎
1根芹菜茎，切碎
2粒蒜瓣，切碎
350克烩饭用大米
150毫升干白葡萄酒
60克帕尔马干酪碎
盐和黑胡椒
初榨橄榄油，摆盘用

❼ 15~20分钟后，米饭应变得软糯，汤汁应完全被吸收。炖锅中加入虾肉和贝壳，继续炖煮2~3分钟，直至海鲜煮熟。

❽ 加入少量帕尔马干酪丝和剩下的黄油，撒入盐和黑胡椒，倒入少许初榨橄榄油，撒入帕尔马干酪碎，上桌。

玉米粥

意大利

—　　—　　烹调时间：5或45分钟

原料

500克黄色的玉米面粉（预煮或生的均可）

2升清水（较稀的玉米粥需要2.5升水，浓稠的玉米粥需要1.5升水）

盐

配比

1份玉米面粉需要4~5份水。

❶ 清水煮沸，加盐（每升水加10克盐）。

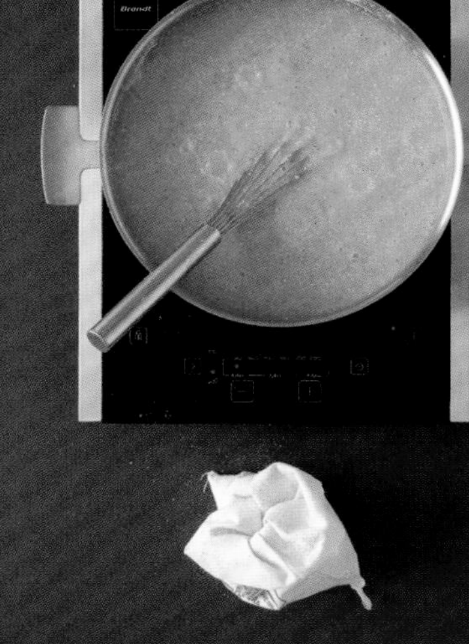

❷ 当水开始沸腾时，倒入玉米面，同时用打蛋器搅拌，避免结块。

❸ 煮至沸腾时，关小火，如果玉米面是预煮的，继续煮几分钟，如果是生的，继续煮45分钟，其间不断用木勺搅动。如果想要煮较稀的玉米粥，加入更多的水。当玉米粥变得不粘锅时，便说明煮好了。

❹ 煮好的玉米粥盛在木盘上或倒入潮湿的模具中塑形，趁热上桌。如果是较稀的玉米粥，用勺子食用。

建议

料理结束前，加入煮好的蘑菇，切碎的橄榄或风干番茄。

罗马烤饼

意大利

6人份

准备时间：50分钟

烹调时间：40分钟

原料

250克细小麦粉
2个蛋黄
80克帕尔马干酪，擦丝
140克黄油（其中70克为液态黄油）
1升牛奶
盐

❶ 煮沸牛奶，倒入小麦粉，用打蛋器搅拌，加入20克黄油和少许盐，煮20分钟，不停搅拌。

❷ 关火，加入50克黄油和50克帕尔马干酪，搅拌，加入蛋黄。

❸ 将搅拌好的小麦粉倒在潮湿的烘焙纸上，均匀地铺开。

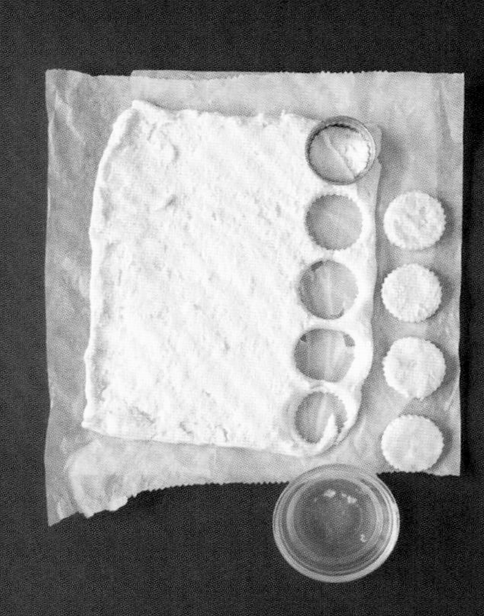

❹ 圆形模具沾水，切割出直径5~6厘米的圆饼，摆放在涂抹了黄油的烤盘中。

❺ 撒入帕尔马干酪，淋上液态黄油，入烤箱，200℃烤15分钟。

红焖小牛肘

意大利

4人份

准备时间：30分钟

烹调时间：1小时30分钟

原料

4块4厘米厚的小牛肘肉
2个中等大小的洋葱
150毫升干白葡萄酒
200~300毫升的肉汤
60克黄油
4汤匙橄榄油
40克面粉

盐和黑胡椒

意式柠檬欧芹酱
1粒蒜瓣，除芽
1把欧芹
1个未经处理的柠檬

事先准备

洋葱切碎。

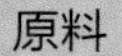

❶ 牛肉上划3道切口，使其在料理过程中能够铺展开，撒少量面粉。

❷ 锅内加热一半量的橄榄油和20克黄油，倒入切碎的洋葱，小火煸炒20分钟，备用。

❸ 炖锅中倒入剩下的橄榄油和20克黄油，放入牛肉煸炒5分钟，加入洋葱。

❹ 倒入白葡萄酒，煮6~7分钟，撒盐和黑胡椒，再加入半杯肉汤。

❺ 盖锅盖，小火炖煮约1小时20分钟。

❻ 时不时翻动牛肉，酱汁变得黏稠时再次加入肉汤。

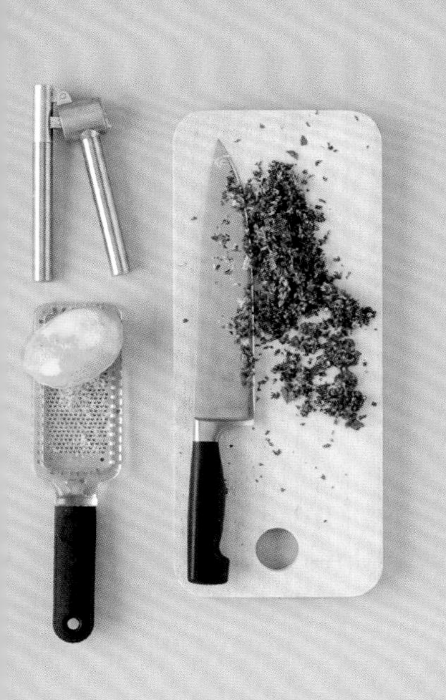

❼ 准备柠檬欧芹酱：大蒜压碎，一半的柠檬皮擦丝，和欧芹一起用刀子切碎。

❽ 牛肉脱骨时意味着已经煮好。将炖锅内剩下的汤与20克黄油和一半量的柠檬欧芹酱混合，搅打成酱汁。

❾ 将牛肉重新放入炖锅，开火炖2分钟，盛入盘中，浇上酱汁，撒上剩下的柠檬欧芹酱，佐食藏红花烩饭。

米兰煎牛排

意大利

2人份　准备时间：20分钟　烹调时间：5分钟

原料

2片薄薄的小牛肉排
1个鸡蛋
10克黄油
2汤匙橄榄油
4~5片新鲜软面包（或面包糠）
1个柠檬
盐

事先准备

小牛排放在2片烘焙纸中间，用捣锤敲扁（3~4毫米）。面包切去外壳，打碎。

❶ 在深口盘中将鸡蛋打散，面包糠放在烘焙纸上。

❷ 小牛排两面蘸蛋液，再裹上面包糠，按压，使其紧密附着在牛排上。

❸ 在平底锅中加热黄油和橄榄油，牛排煎至两面金黄。

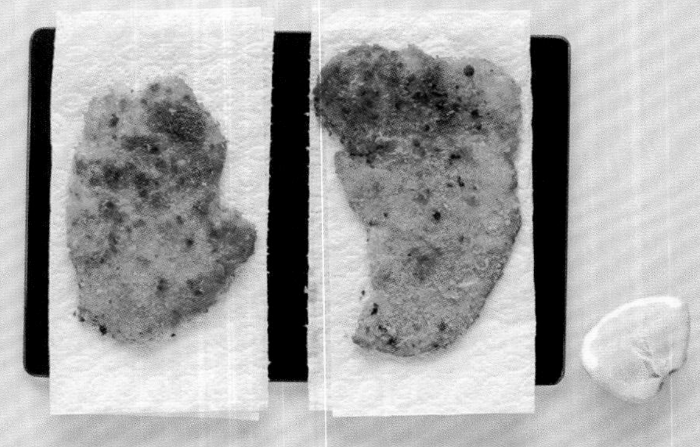

❹ 煎好的牛排放在吸油纸上，撒盐，热吃冷吃均可，搭配柠檬块或番茄沙拉。

生牛肉片

意大利

4人份

准备时间：15分钟

—

原料

1块重400克的牛肉（例如牛腿肉）
香草油（做法参见右侧说明）
40克优质帕尔马干酪
盐和黑胡椒

香草油

将1把细香葱、半把平叶欧芹的叶子和1把水芹投入沸腾的加入盐的清水中煮15秒，再浸泡在冰水里，沥干水分，晾干。和250毫升菜籽油、4汤匙橄榄油混合并搅打，过滤出汁液，阴凉处放置24小时。

❶ 牛肉裹上保鲜膜，放置在冰柜里30分钟，使肉质紧实。

❷ 取出，切尽量薄的片。

❸ 盘子上洒香草油，摆放牛肉片。

❹ 撒上盐、黑胡椒，铺上帕尔马干酪片，上桌。

煎小牛肉火腿卷

意大利

2人份

准备时间：15分钟

烹调时间：8分钟

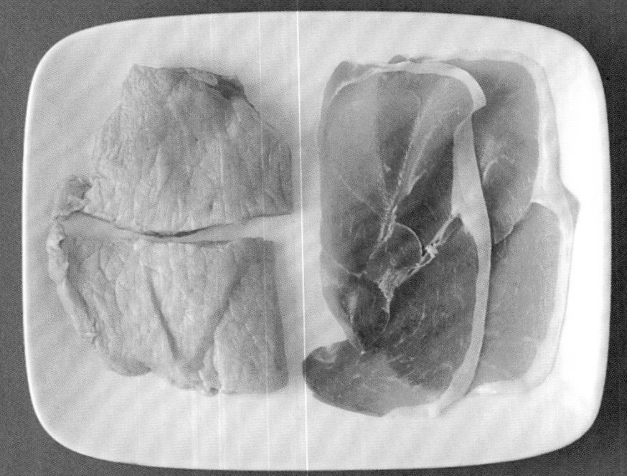

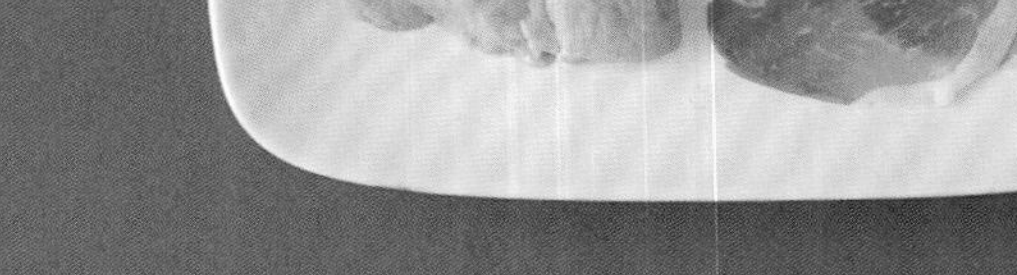

原料

从小牛腱上切下的2片薄薄的牛肉片（150克）

2片薄薄的帕尔马火腿

2片鼠尾草

30克黄油

1汤匙橄榄油

50毫升干白葡萄酒或清水

少许盐

小窍门

如果没有捣锤，用小平底锅的锅底敲打牛肉。

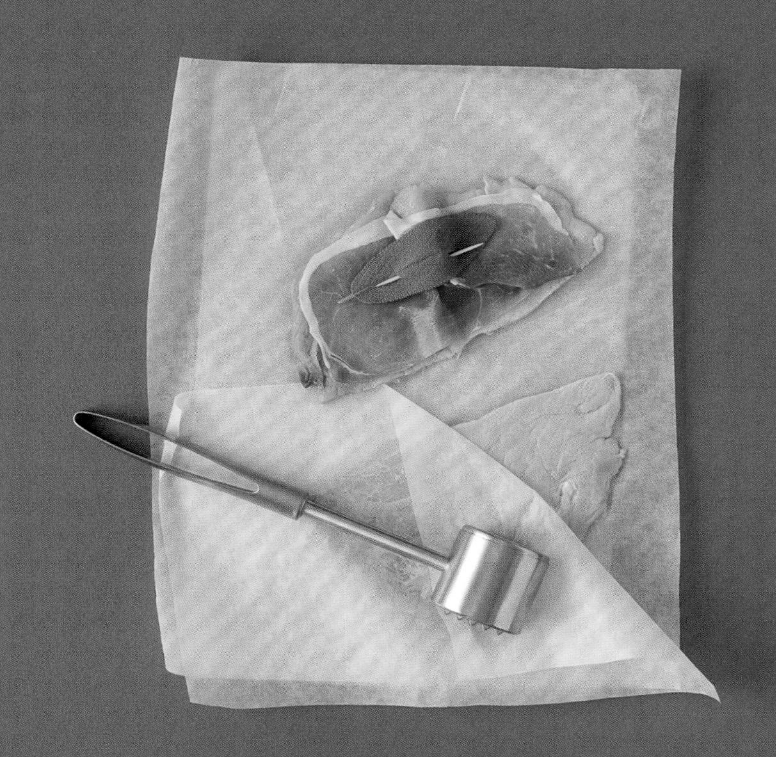

❶ 将小牛肉放在2片烘焙纸中间，用捣锤敲扁。牛肉上放1片火腿和1片鼠尾草，用牙签固定。

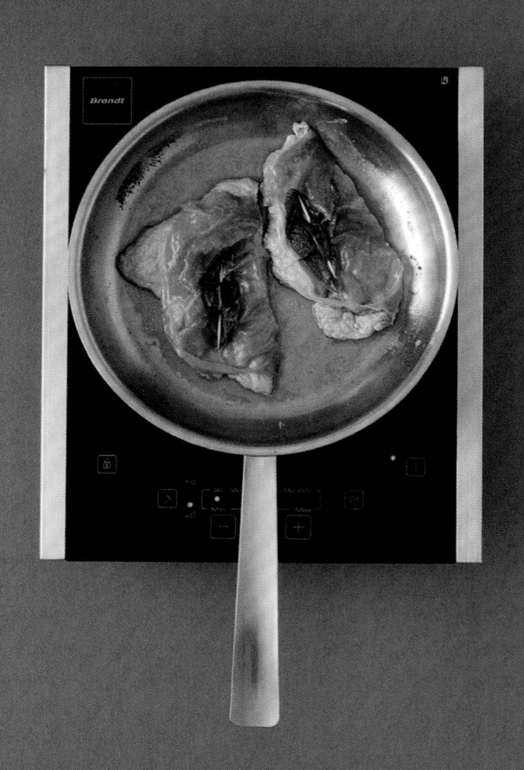

❷ 在平底锅中加热橄榄油和20克黄油，大火煎牛肉，先煎火腿那面，再煎另一面（总共5分钟），盛出并保温。平底锅中倒入葡萄酒（或水），将锅底的焦糖浆铲下来煮沸。保持沸腾状态1分钟，加入剩下的10克黄油，搅拌均匀，制成酱汁。

❸ 将酱汁浇到煎好的肉上，趁热食用，佐食芝麻菜或当季蔬菜沙拉。

西西里箭鱼

意大利

2人份

准备时间：20分钟
等待时间：1小时

烹调时间：15分钟

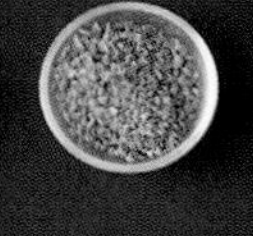

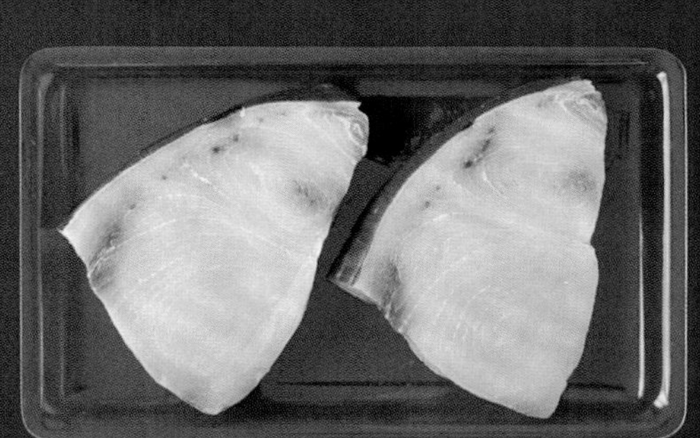

原料

2块箭鱼（1.5厘米厚）
2条鳀鱼
3汤匙盐浸刺山柑花蕾
1个柠檬
80克自制面包糠
1粒蒜瓣
1汤匙牛至
3汤匙橄榄油
盐和黑胡椒

事先准备

刺山柑花蕾用清水冲洗后切碎（将代替盐）。烤箱预热至180℃。

❶ 箭鱼上涂抹切碎的刺山柑花蕾、柠檬皮碎屑和橄榄油，腌制1小时。

❷ 平底锅加热少许橄榄油，炒鳀鱼，倒入面包糠、切成两半的蒜瓣（随后挑出）和牛至，开中火，搅动1分钟。

❸ 箭鱼上包裹面包糠混合物，摆放在抹过油的烤盘里，上面倒少许橄榄油。

❹ 入烤箱烤15分钟。品尝时淋上柠檬汁，佐食番茄沙拉或烤番茄。

提拉米苏

意大利

8人份

准备时间：15分钟
等待时间：6小时

—

原料

250毫升浓咖啡（可以使用10克冻干咖啡）
5个鸡蛋
500克马斯卡彭奶酪
300克手指饼干（约35块饼干）
60克细砂糖
2汤匙可可粉

事先准备

热咖啡倒入容器中，加入10克细砂糖（1汤匙），搅拌，稍稍降温。

❶ 分离蛋白和蛋黄。蛋黄中加入50克细砂糖搅打至混合物变白。

❷ 倒入马斯卡彭奶酪，用打蛋器搅打成带有空气感的混合物。

❸ 蛋白搅打成白雪状，质地不要过于紧密。

❹ 分2次加入之前的奶酪混合物中，用刮刀搅拌。

❺ 取几块饼干，浸入咖啡后快速取出，避免碎掉，铺在方形容器的底部。

❻ 饼干上覆盖薄薄1层奶油，再交替铺2次饼干和奶油，盖上保鲜膜，放入冰箱冷藏至少6小时。

❼ 上桌前，用小筛子在提拉米苏上撒可可粉。

建议

手指饼干十分柔软，所以不应在咖啡中浸泡太久，也可使用砂糖指状饼干，可多浸泡几秒钟使其变软。

意式奶冻

意大利

6~8人份

准备时间：25分钟
等待时间：3小时

烹调时间：10分钟

原料

1升全脂稀奶油（新鲜食品柜台购买）
1根香草荚，剖成两半
3汤匙香草布丁粉
1个未打蜡柠檬的果皮，擦丝

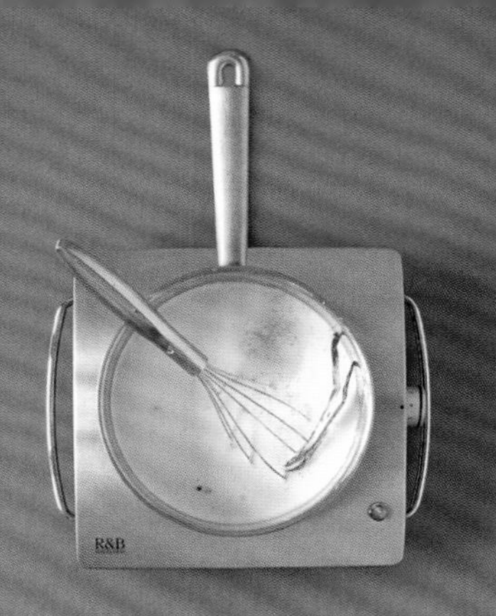

❶ 在平底锅中加热奶油，加入剖成两半的香草荚和柠檬皮碎屑，搅拌3分钟。

❷ 倒入布丁粉，不停搅拌。

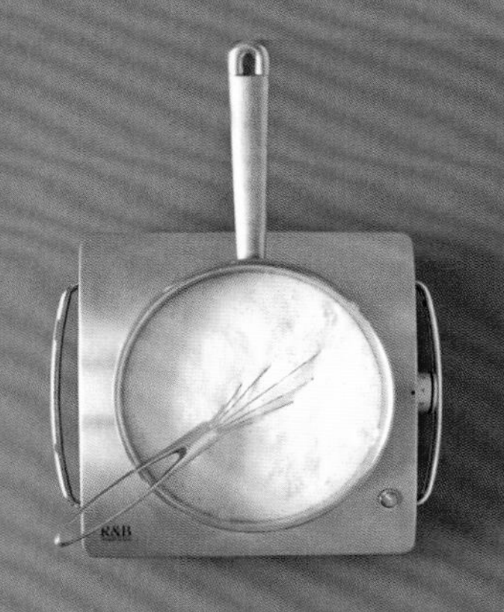

❸ 用打蛋器搅拌至第一次沸腾。

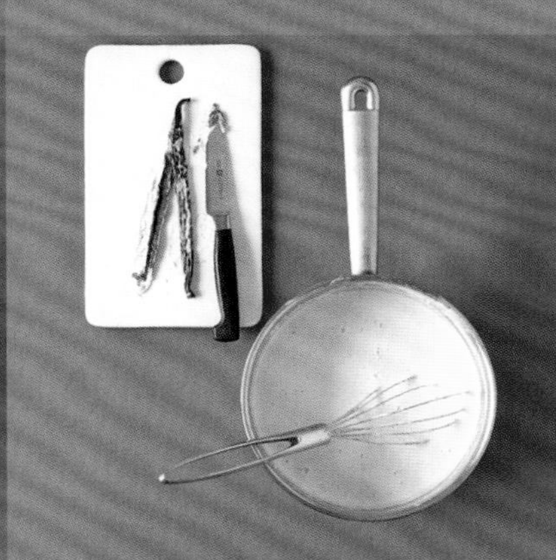

❹ 关火，刮掉香草荚上的香草籽。搅拌，使其冷却5分钟。

❺ 用水流冲洗模具，不擦干，以方便脱模。奶油先倒入玻璃瓶，再倒入模具。冷却，盖上保鲜膜，于阴凉处放置3小时。

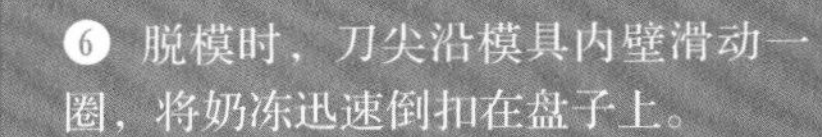

❻ 脱模时，刀尖沿模具内壁滑动一圈，将奶冻迅速倒扣在盘子上。

小窍门

布丁粉也可用3汤匙细砂糖混合10克明胶或2茶匙琼脂粉代替。

意式冰糕

意大利

10人份

准备时间：30分钟
等待时间：6小时

—

原料

500毫升冷藏鲜奶油
200克杏仁牛轧糖
100克巧克力（可可含量70%）

萨芭雍

6个蛋黄
100克黄色蔗糖
150毫升玛萨拉葡萄酒

事先准备

1个大模具（或10个小模具）中抹油，铺上保鲜膜。

❶ 在容器中混合搅拌蛋黄、黄色蔗糖和玛萨拉葡萄酒，将混合物倒入隔水炖锅中，用电动打蛋器搅打。

❷ 5分钟后将得到轻盈的慕斯液（萨芭雍），静置冷却。

❸ 将牛轧糖和巧克力粗粗切碎。

❹ 将鲜奶油打发，倒入冷却的萨芭雍中。

❺ 模具底部铺$\frac{1}{3}$量的巧克力和牛轧糖，盖上$\frac{1}{3}$量的奶油，此步骤重复2次。完成后放入冰箱冷冻6小时。

❻ 从冰箱中取出，于室温下放置10~15分钟，将少量热水浇在模具上，迅速在盘子上脱模。

美味潘多洛

意大利

14块

准备时间：30分钟

—

原料

1个重1千克的手工潘多洛蛋糕

马斯卡彭奶油

250克马斯卡彭奶酪和3个蛋黄

250克冷藏全脂稀奶油

3汤匙黄糖

4汤匙酒，品种任选（朗姆酒、玛萨拉葡萄酒、阿玛雷托杏仁甜酒、威士忌等）

2盒红色浆果（醋栗、黑加仑、覆盆子）和红色糖果

1汤匙细砂糖

小窍门

潘多洛蛋糕如果要提前切片，将蛋糕片重新放回塑料袋中，以防止变干，上桌前再做装饰。

❶ 将蛋黄、黄糖和酒用电动打蛋器搅打至变白。

❷ 加入马斯卡彭奶酪，继续搅打成浓稠的奶油状。

❸ 打发稀奶油，制成尚蒂伊奶油，用打蛋器将其和马斯卡彭奶油小心地混合在一起。

❹ 将潘多洛蛋糕横向切成2厘米厚的片，最大的蛋糕片再切成2或3块。

❺ 新组建潘多洛蛋糕：蛋糕片中间涂抹马斯卡彭奶油（用刮刀或裱花袋均可），撒入切成两半的覆盆子。

❻ 用红色浆果和糖果做装饰，用筛子在表面撒细砂糖。

巧克力杏仁饼蛋糕

意大利

6~8人份

准备时间：30分钟

烹调时间：25分钟

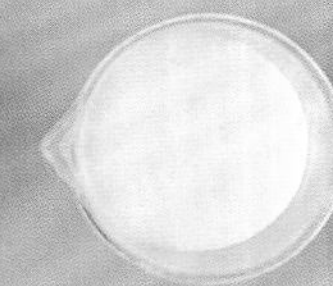

原料

100克黑巧克力（可可含量70%）
100克＋20克黄油
3个鸡蛋
150克黄细砂糖
50克面粉
半茶匙泡打粉
70克杏仁饼（最好是脆的）

巧克力淋面

100克黑巧克力
100毫升稀奶油
60克烤杏仁

事先准备

烤箱预热至180℃。
黑巧克力和黄油切块。

❶ 水浴法熔化切成块的100克黑巧克力和100克黄油。

❷ 杏仁饼用搅拌机打碎，或用擀面杖压碎。

❸ 取一圆形模具，用20克黄油涂抹底部和内壁，再铺上杏仁饼碎，放入冰箱。

❹ 鸡蛋和细砂糖混合搅打成慕斯状。

❺ 缓缓加入过筛的面粉和泡打粉，再加入温热的黑巧克力。

❻ 将混合物倒入模具中，入烤箱烤25分钟。烤好后用刀尖戳入蛋糕中心：提起时刀尖应该是干净的。

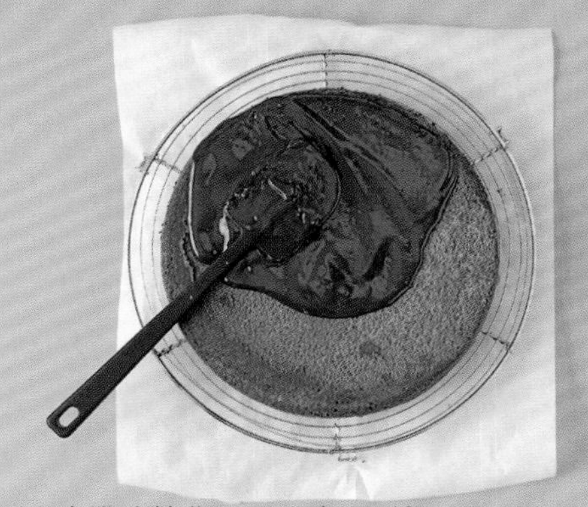

❼ 制作巧克力淋面：水浴法熔化黑巧克力和稀奶油。蛋糕冷却5分钟后脱模，移到烤网上。将淋面倒在蛋糕上，用刮刀涂抹均匀。

❽ 将烤杏仁切碎，撒在表面做装饰。

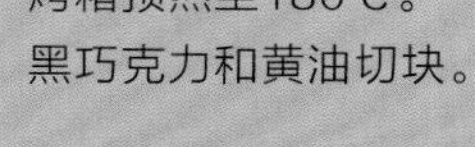

奶酪松子葡萄干挞

意大利

8人份

准备时间：30分钟

烹调时间：1小时

原料

1张油酥挞皮（参见71页）
500克里考塔奶酪
2个鸡蛋和40克液态黄油
150克细砂糖
50克葡萄干和50克松子仁
1茶匙肉桂粉
1个未经处理的柠檬的柠檬皮，擦丝
50毫升玛萨拉葡萄酒

事先准备

葡萄干在温水中浸泡10分钟。
沥干水分，撒面粉。

❶ 油酥挞皮揉捏30秒，使其变柔软，放在撒了面粉的操作台上，用擀面杖擀平。

❷ 模具内壁涂抹黄油，撒面粉，铺挞皮，用餐叉插满小孔，置于阴凉处。

❸ 把里考塔奶酪搅拌均匀，加入其余所有原料，最后加入鸡蛋和玛萨拉葡萄酒。

❹ 将混合物倒入模具中，用手指将挞皮边缘按压至和内馅等高。

❺ 放入烤箱，160℃烤1小时，如果表面开始变成褐色，盖上1片锡纸。

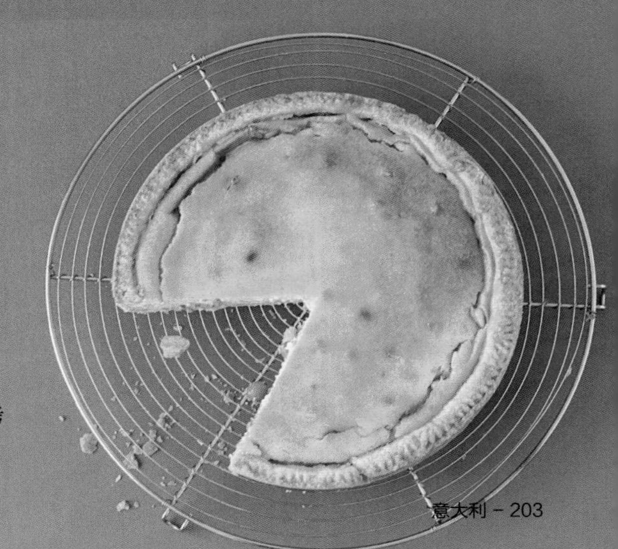

❻ 从烤箱中取出，放置在烤网上降温，然后切块。

酸奶黄瓜酱

希腊和土耳其

1碗酸奶黄瓜酱

准备时间：20分钟

—

原料

1根黄瓜
2盒希腊酸奶（或2罐脱脂白奶酪）
一小粒蒜瓣
1汤匙红酒醋（或柠檬汁）
半把薄荷
2汤匙橄榄油
盐和黑胡椒

❶ 黄瓜去皮，去籽，切片。

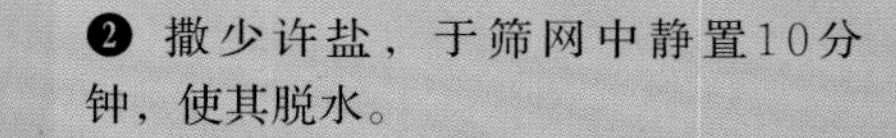

❷ 撒少许盐，于筛网中静置10分钟，使其脱水。

❸ 大蒜切碎，薄荷切碎。黄瓜片沥干水分。

❹ 将所有原料混合在一起，撒盐和黑胡椒。该酱适合冷食，作为餐前小吃佐食蔬菜。

塔拉马酱

希腊和土耳其

700克塔拉马酱

准备时间：15分钟

—

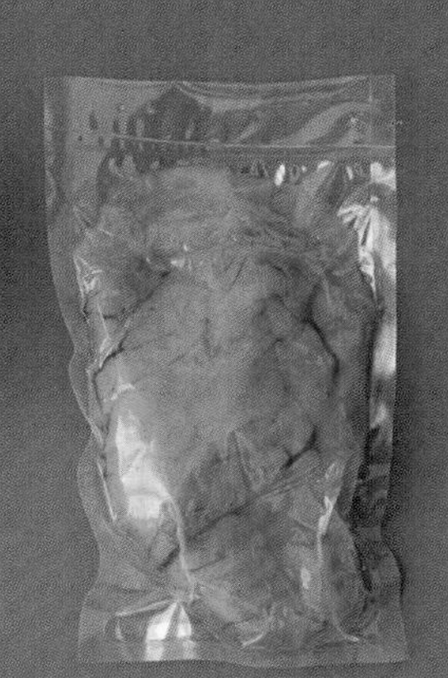

原料

1袋盐渍烟熏鳕鱼子（约200克）
120克软面包（约3大片）
90毫升柠檬汁
320毫升中性油（如葡萄籽油、有机菜籽油等）
100毫升牛奶

❶ 切去面包外皮，将面包片迅速浸入牛奶中，再用手掌用力挤压出水分。

❷ 将盐渍烟熏鳕鱼子倒入搅拌器的槽中，再加入面包和柠檬汁，搅拌成糊状。

❸ 倒入中性油，继续搅拌至混合均匀。

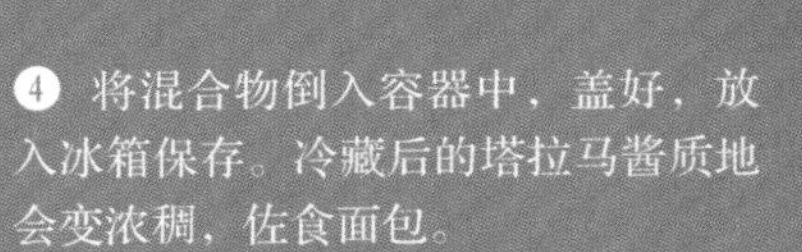

❹ 将混合物倒入容器中，盖好，放入冰箱保存。冷藏后的塔拉马酱质地会变浓稠，佐食面包。

希腊雪茄（奶酪卷）

希腊和土耳其

20根希腊雪茄

准备时间：40分钟

烹调时间：5分钟

原料

20克薄荷
250克菲达干酪
1个鸡蛋，打散
10片饼皮
60克＋20克黄油
2汤匙橄榄油

事先准备

薄荷洗净，擦干，摘叶。
薄荷叶叠起来，卷好，压实，切碎。

❶ 小平底锅熔化60克黄油。用餐叉搅拌薄荷碎和菲达干酪，然后加入打散的蛋液，混合均匀，制成馅料。

❷ 饼皮叠放，切成两半，再切去边缘。

❸ 每片饼皮上刷黄油，中间放1茶匙馅料，将较长的边向内折叠1厘米，再对折，然后卷起，滚成雪茄的形状，压紧。

❹ 平底锅大火加热橄榄油和黄油，放入“雪茄”煎2~3分钟，时不时翻动，直至酥脆，放在吸油纸上，上桌。

芝麻酱汤

希腊和土耳其

4人份

准备时间：10分钟

烹调时间：25分钟

原料

1升＋60毫升清水
半汤匙粗盐
85克长粒米[巴斯马蒂米（basmati）]
90克芝麻酱
40毫升柠檬汁

❶ 将1升水煮至沸腾，撒盐，倒入大米，盖好盖，小火煮20分钟。

❷ 取1个中等大小的容器，倒入芝麻酱和60毫升清水，搅打成质地柔滑的混合物。

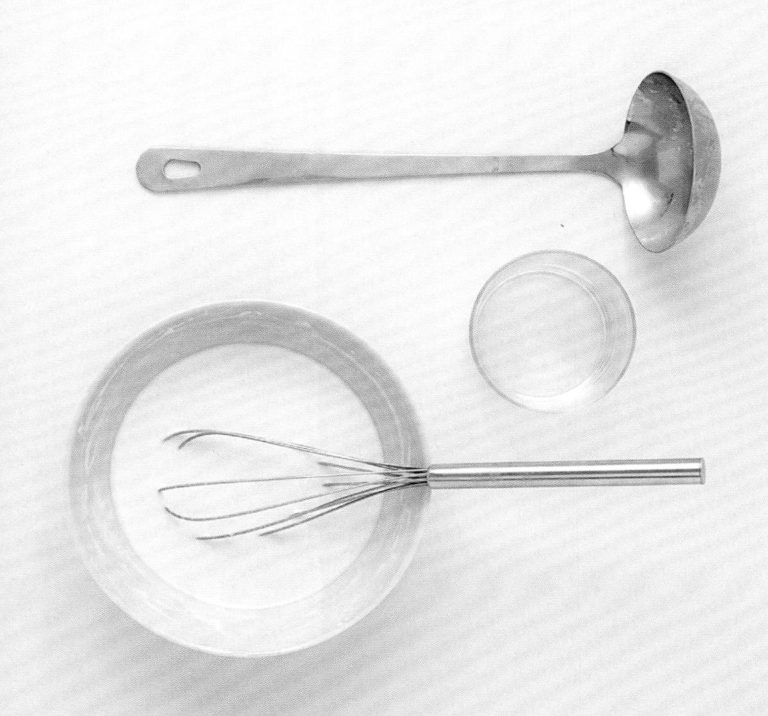

❸ 再加入柠檬汁，充分搅拌，倒入1汤匙米汤，继续搅拌。

❹ 米汤离火，倒入芝麻酱混合物，搅拌均匀，装盘。

干酪菠菜三角饼

希腊和土耳其

20~24个三角饼

准备时间：5分钟
等待时间：10分钟

烹调时间：25分钟

原料

2汤匙黄油＋150克液态黄油，用于涂抹酥皮表面
1个洋葱，切碎
250克菠菜嫩叶，切成较大的片
半个柠檬，榨汁
200克菲达干酪，弄碎
半茶匙肉豆蔻粉
现磨黑胡椒
6片妃乐酥皮
3汤匙芝麻

事先准备

烤箱预热至180℃。

❶ 平底锅中火熔化2汤匙黄油，倒入洋葱，煸炒至柔软金黄。

❷ 调至大火，倒入菠菜嫩叶，快速翻炒，再加入柠檬汁。

❸ 炒好的菠菜放入漏勺中，在沙拉碗上沥去水分，降温的同时按压，挤去多余的水分。

❹ 菠菜中倒入菲达干酪和肉豆蔻粉，撒黑胡椒，充分搅拌，制成干酪菠菜。

❺ 操作台上摆放1片妃乐酥皮，刷上液态黄油，再盖上1片酥皮。

❻ 酥皮切成长、宽分别为12厘米和5厘米的段，在1段酥皮上刷少量液态黄油，取1茶匙干酪菠菜馅，置于一端的角落。

❼ 折叠酥皮，形成三角形，继续折叠，直到酥皮段的尽头。将叠好的三角饼放置在铺了烘焙纸的烤盘上，重复此步骤。再次涂抹黄油，并于表面撒芝麻。

❽ 将三角饼放入烤箱烤10~15分钟，直至表面金黄。最好趁热食用，会成为绝佳的餐前小食。

希腊沙拉

希腊和土耳其

6人份

准备时间：25分钟

—

❶ 将生菜叶堆放在一起，卷起，切块。菲达干酪切小块，小萝卜和洋葱切圆片，柿子椒切条，樱桃番茄切成两半。

原料

1棵绿生菜
1个绿色、红色或黄色的柿子椒
8个樱桃番茄和8个小萝卜
100克菲达干酪
1个红洋葱和1粒蒜瓣
8个黑橄榄
1茶匙牛至
2汤匙柠檬汁
100毫升橄榄油
半茶匙盐
黑胡椒

事先准备

生菜洗净，擦干。柿子椒、樱桃番茄和小萝卜洗净。洋葱去皮。

❷ 蒜瓣去皮，切成两半并压碎，用其擦拭沙拉碗内壁，然后丢弃。

❸ 蔬菜、干酪、橄榄和牛至放入沙拉碗中，倒入柠檬汁，撒盐和黑胡椒，搅拌均匀。

❹ 倒入橄榄油，再次搅拌均匀，立即上桌。

希腊式烤四季豆

希腊和土耳其

6人份

准备时间：15分钟

烹调时间：3小时

原料

750克四季豆
1个较大的洋葱，切圆片
375毫升橄榄油
1片月桂叶
3粒蒜瓣，切薄片
1茶匙细砂糖
1茶匙盐
250克番茄膏

❶ 烤箱预热至150℃。四季豆洗净，去梗。

❷ 取1口较大的炖锅，倒入250毫升水、四季豆、洋葱、橄榄油、月桂叶、大蒜、砂糖、盐和番茄膏，煮至沸腾。

❸ 其上覆盖1张烘焙纸，并加盖锅盖。

❹ 入烤箱烤3小时。常温食用最佳。

希腊式烤鲭鱼

希腊和土耳其

2人份

准备时间：5~10分钟

烹调时间：6分钟

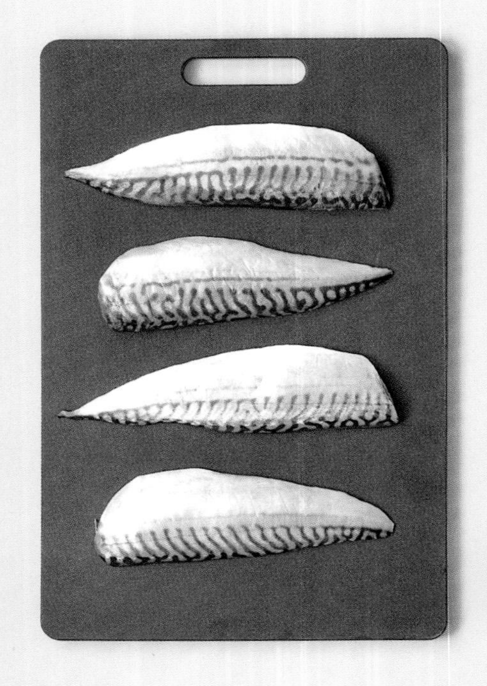

原料

6块带皮鲭鱼
60克菲达干酪
1棵球茎茴香，切薄片
一小把牛至，取叶
一小把薄荷，取叶
1个红辣椒，切条
1汤匙橄榄油＋少许橄榄油，涂抹去刺的鲭鱼
盐和黑胡椒

事先准备

生铁烤网用大火预热。

❶ 混合菲达干酪、2种香草、辣椒、1汤匙橄榄油、盐和黑胡椒。

❷ 鲭鱼鱼皮朝下放置，鱼肉上覆盖干酪混合物。

❸ 再撒上球茎茴香片。

❹ 每2块鲭鱼为一组合，用细绳捆绑好，表面刷橄榄油。

❺ 撒上盐和黑胡椒，放在生铁烤网上，一面烤4分钟，另一面烤2分钟，小心地去除绳子，和柠檬一起摆盘。

塞馅乌贼

希腊和土耳其

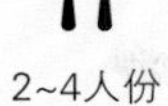

2~4人份

准备时间：10分钟

烹调时间：35~40分钟

❶ 乌贼触须切小块。

❷ 放入容器中，再倒入面包糠、刺山柑花蕾、大蒜、鳀鱼和欧芹，加入3汤匙橄榄油，撒盐和黑胡椒。

❸ 充分搅拌馅料，并将其填入乌贼，用牙签封好。

❹ 在平底锅中加热剩下的橄榄油，倒入乌贼，每面煎1分钟。

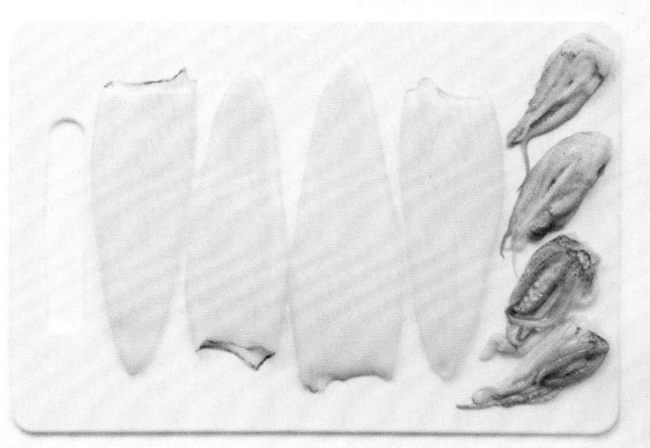

原料

4只中等大小的乌贼，去除内脏，洗净，保留触须。
400克番茄罐头
100克面包糠
1汤匙刺山柑花蕾，切碎
2粒蒜瓣，切碎
8条盐渍鳀鱼，切碎
1汤匙欧芹，切碎
4汤匙橄榄油
盐和黑胡椒

事先准备

烤箱预热至180℃。

❺ 倒入番茄罐头，撒盐和黑胡椒，将乌贼连同平底锅放入烤箱烤35~40分钟，烤至乌贼软烂。

❻ 从烤箱中取出乌贼，最后一次撒盐和黑胡椒，装盘。可用少许欧芹碎装饰。

穆萨卡

希腊和土耳其

4人份

准备时间：1小时

烹调时间：1小时10分钟

原料

750克牛绞肉
1千克茄子
10克欧芹
1个洋葱
2个鸡蛋
60克黄油
1汤匙浓缩番茄
60毫升红葡萄酒
60毫升水
40克软面包（2片较大的切片）
30克面粉
500毫升牛奶
油（涂抹茄子用）
半茶匙肉桂粉
40克帕尔马干酪碎
盐和黑胡椒

❶ 冲洗茄子，切去绿色的蒂，皮削成条纹状，纵向切片。

❷ 放入滤器中，撒盐，压上重物，使其出水。

❸ 欧芹洗净，擦干，摘叶。将叶片卷在一起，切碎。洋葱去皮，切碎。

❹ 打蛋，轻微搅拌。

❺ 在平底锅中熔化一半量的黄油，倒入洋葱，炒软，直至轻微上色（炒5~10分钟）。

❻ 加入肉馅，撒盐和黑胡椒，搅拌均匀，炒至肉馅变色。

❼ 加入浓缩番茄、欧芹、葡萄酒和水，搅拌，保持微滚状态，直至液体全部被吸收，离火并静置冷却。

❽ 面包切下外皮，用搅拌机打碎。

❾ 在另一口锅中熔化剩下的黄油，加入面粉，搅拌成柔滑的混合物，继续加热并搅拌，直至混合物呈泡沫状。

❿ 平底锅离火，倒入一半量的牛奶并搅打，加入剩下的牛奶，猛烈搅打，避免出现结块。撒入盐和黑胡椒。

⓫ 将锅重新放在火上，煮至沸腾，保持微滚状态5分钟，不停搅动。

⓬ 将少许酱汁倒在蛋液上，搅拌并倒回酱汁锅中，将平底锅重新放到火上，开小火，搅打2分钟。关火，盖锅盖。

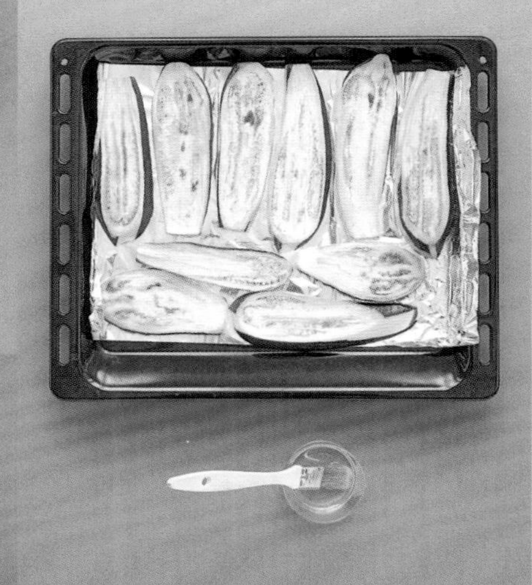

⓭ 茄子洗净，擦干，平铺在盖了锡纸的烤盘上，刷油，用面火炉或烤箱上火烤5分钟。

⓮ 烤箱预热至200℃。牛绞肉中加入肉桂粉，一半量的软面包糠和一半量的帕尔马干酪碎，搅拌。

⓯ 取1个烤盘，底部撒剩下的面包糠，铺1~2层茄子，撒一半量的牛绞肉，浇上少许酱汁。

⓰ 再铺1层（或2层）茄子，撒入剩下的肉馅。

⓱ 在最上层的肉馅上浇剩下的酱汁，撒剩下的帕尔马干酪碎，入烤箱烤40~45分钟，直至穆萨卡变成金黄色，冷却5~10分钟，切块。

小窍门

如果赶时间，可省略步骤2：为使茄子出水。于烤茄子前撒少许盐即可。

烤肉串

希腊和土耳其

4人份

准备时间：40分钟
等待时间：24小时

烹调时间：6~8分钟

原料

1千克羊腿肉（去肥肉，去皮）
1个黄色柿子椒
1个红色柿子椒
1个橙色柿子椒
1个红洋葱
1根薄荷（8片叶子）
1根迷迭香
3粒蒜瓣
1个未经处理的柠檬
50毫升橄榄油
1茶匙盐
黑胡椒

❶ 薄荷和迷迭香洗净，擦干，摘叶。摘取迷迭香的叶子时，用2根手指靠着茎部，另一只手捏住向反方向拉下叶子。

❷ 蒜瓣去皮，除芽。取半个柠檬的柠檬皮，擦丝，再取半个柠檬，榨汁。

❸ 香草、柠檬皮、柠檬汁、橄榄油、盐、黑胡椒和大蒜用搅拌机打碎，制成质地均匀的腌渍汁。

❹ 羊腿肉切大块。

❺ 羊肉块和腌渍汁放入密封容器内，放入冰箱保存24小时。

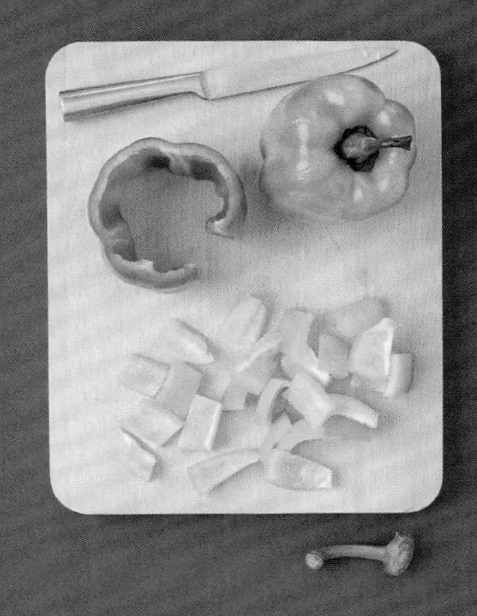

❻ 3种柿子椒洗净，去蒂，切成两半，去掉籽和白色的筋，切块。

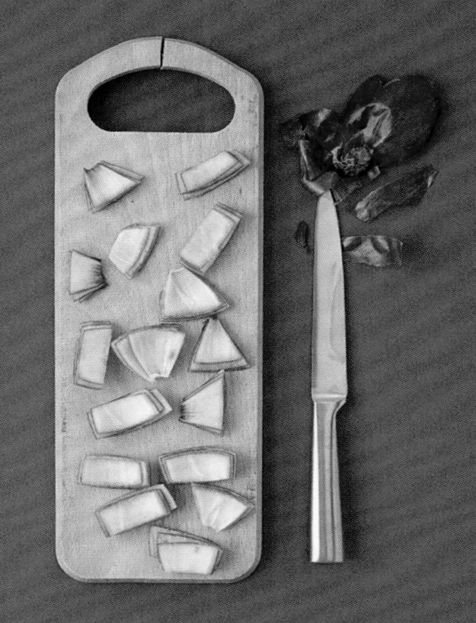

❼ 红洋葱去皮，切块，取外侧最厚的3层，切块。

❽ 加热烤网。将肉块、柿子椒和洋葱块串起来，制成8个肉串，放在烤盘上。

❾ 将肉串放入烤箱，烤6~8分钟，待柿子椒烤熟后翻面。摆盘时，可将剩下的半个柠檬榨汁，淋在肉串上。

小窍门

如果买不到橙色的柿子椒，可以不使用。用红色和黄色的柿子椒即可，只是成品颜色没有那么鲜艳。

土耳其薄饼

希腊和土耳其

8张饼

准备时间：20分钟

烹调时间：10~15分钟

原料

300克面粉
1茶匙细砂糖
1茶匙盐
1个蛋白
30毫升橄榄油

配料

1个蛋白
4根迷迭香
海盐适量

❶ 烤箱预热至200℃，2~3个烤盘上铺烘焙纸。将过筛的面粉、细砂糖和盐混合均匀。

❷ 加入蛋白、橄榄油和150毫升清水，混合成柔软的面团。

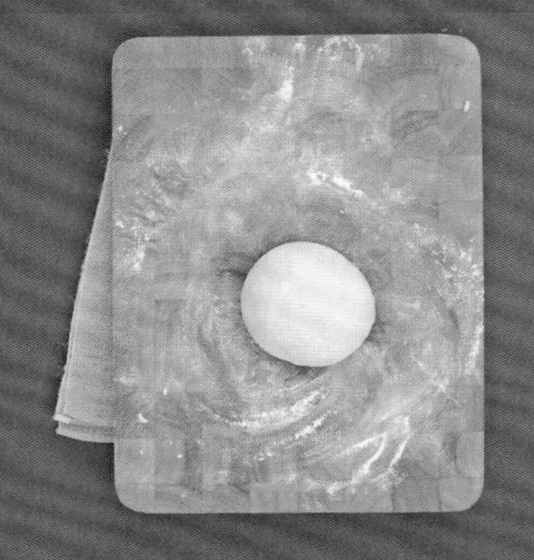

❸ 将面团倒扣在撒了少许面粉的操作台上，揉成球形。

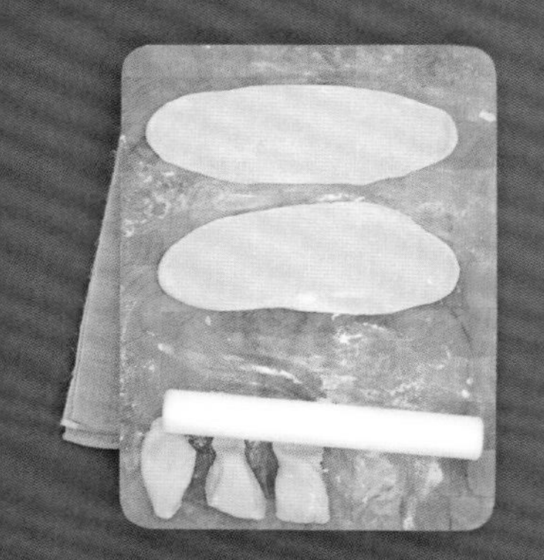

❹ 面团分成8等份，分别擀成薄薄的面饼。

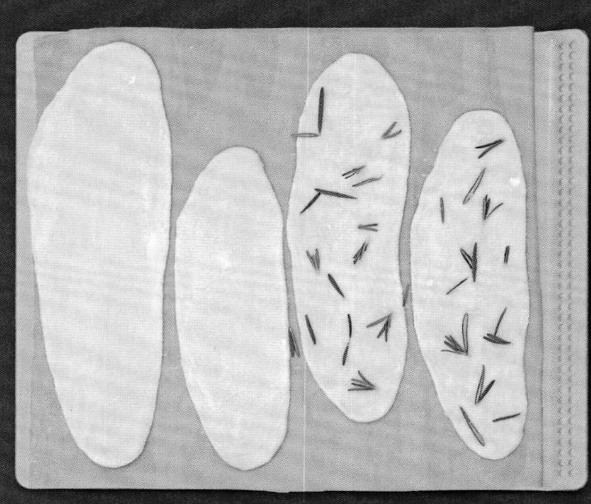

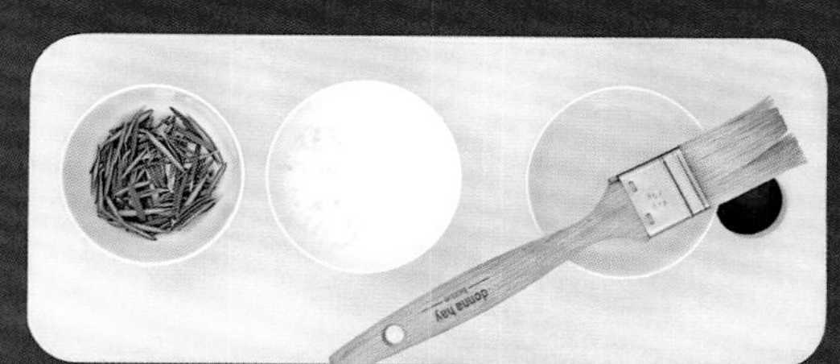

❺ 面饼表面刷蛋白，撒海盐和迷迭香（或其他配料）。

❻ 将薄饼放在事先准备的烤盘上，放入烤箱烤10~15分钟，直到金黄酥脆。搭配奶酪和酸辣酱食用。不用切块，客人用餐时自己动手把薄饼掰碎。

土耳其软糖

希腊和土耳其

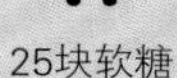
25块软糖

准备时间：15分钟

烹调时间：35~40分钟

原料

400克细砂糖
2个柠檬
90克玉米淀粉 + 2汤匙用于制作糖衣的玉米淀粉
2汤匙玫瑰水
230毫升水
红色素（约4滴）或1茶匙甜菜汁
2汤匙细砂糖

事先准备

方形或长方形模具内铺烘焙纸。柠檬榨汁。

❶ 玉米淀粉用100毫升清水稀释。

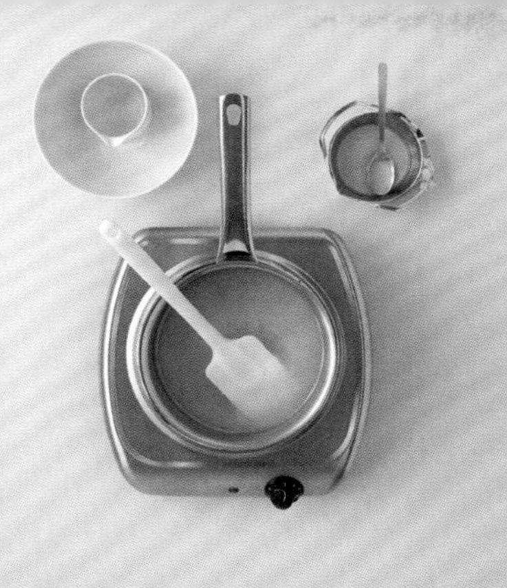

❷ 平底锅倒入130毫升水，1茶匙柠檬汁和细砂糖，开中火，搅拌，溶化细砂糖。

❸ 煮至沸腾，直到糖浆变得浓稠，有黏性，煮出的气泡能粘在锅铲上，糖浆不应上色。

❹ 平底锅离火，倒入柠檬汁，搅拌。重新搅拌容器中的玉米淀粉，倒入锅中，搅动。

❺ 煮至沸腾，开中火，继续煮20~25分钟，不断搅动。混合物应该不再冒出蒸汽。

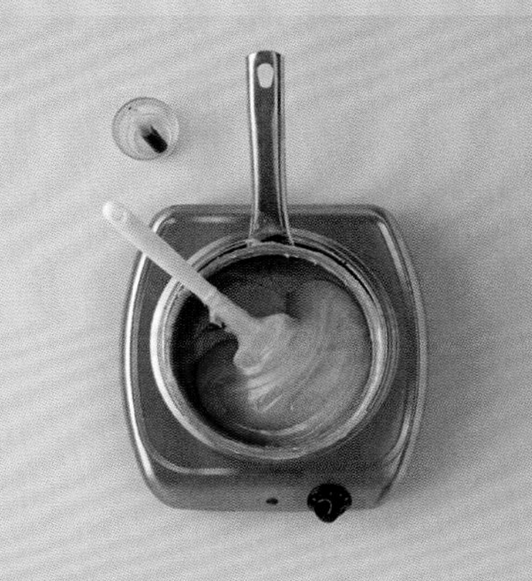

❻ 当混合物变得难以搅拌时，倒入玫瑰水和色素，继续搅拌成相同质地的混合物。

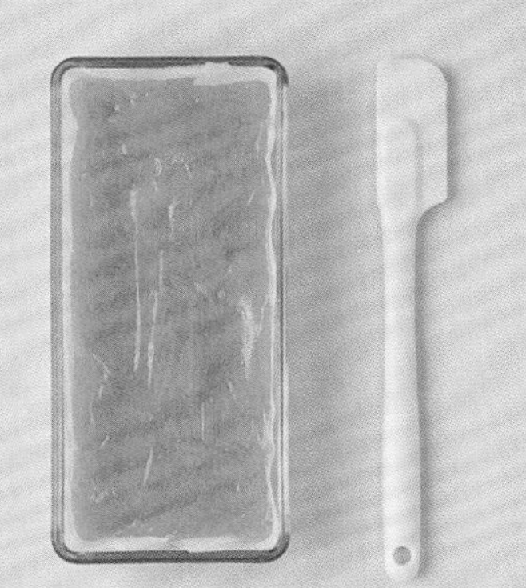

❼ 将混合物倒入事先准备的模具中，用抹过油的刮刀把表面涂抹平整，等待其降温。

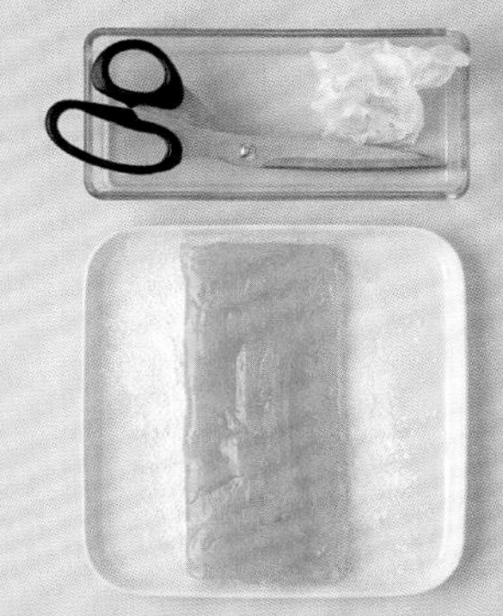

❽ 待软糖降至室温后脱模，倒在撒了细砂糖和玉米淀粉的盘子上，裹上糖衣。

❾ 用剪刀将软糖剪成立方体，确保每面都裹上淀粉和细砂糖的混合物。

建议

当糖块聚集成一团，可以用锅铲轻易提起时，说明已经做好了。

果仁蜜饼

希腊和土耳其

15~20块

准备时间：40分钟

烹调时间：2小时25分钟

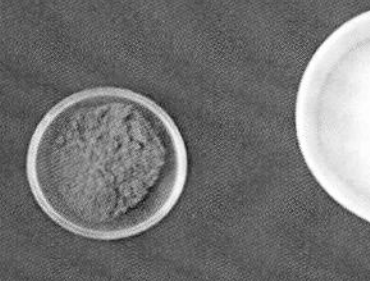

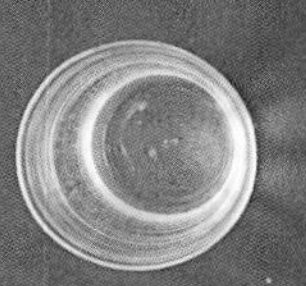

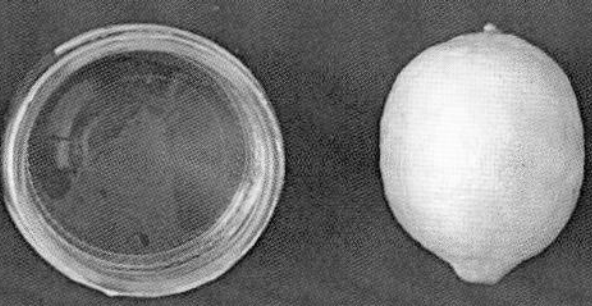

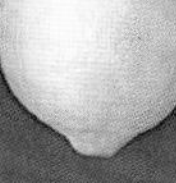

原料

125克核桃仁和125克去皮的杏仁
70克细砂糖
1茶匙肉桂粉
20张饼皮
125克黄油

糖浆

1个未经处理的柠檬
230克清水
70克细砂糖
120克蜂蜜

事先准备

烤箱预热至150℃，中部放烤网，下面放滴油盘。熔化黄油。

❶ 将核桃仁和杏仁搅打成较粗的粉末状，和细砂糖、肉桂粉混合在一起。

❷ 盘子上叠放饼皮，上面摆放烤盘，将饼皮切割成与烤盘底部相同的尺寸。

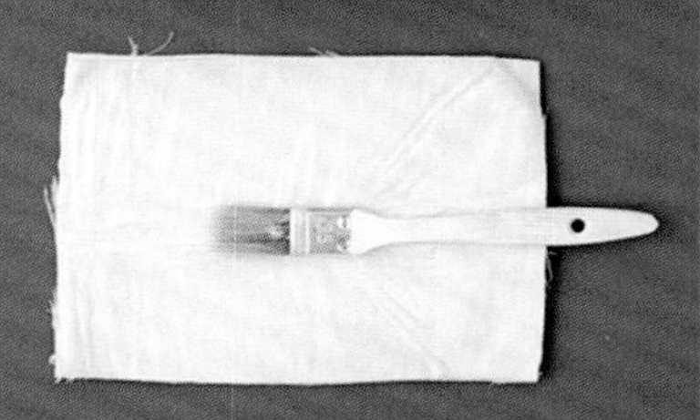

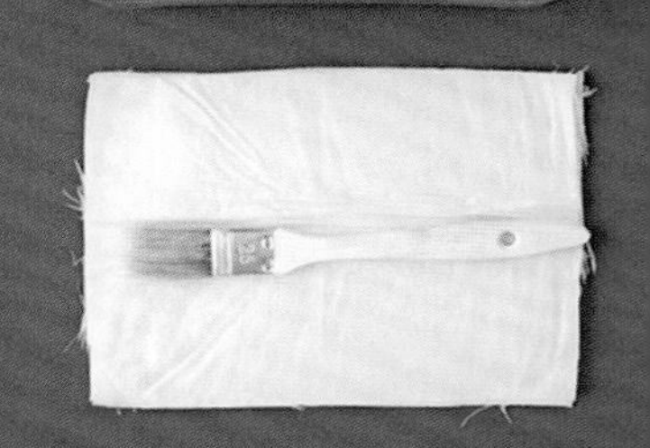

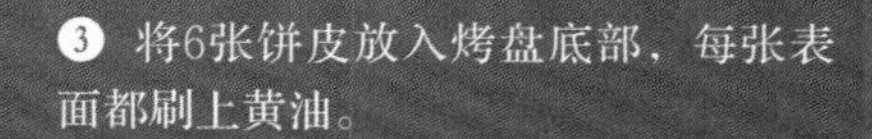

❸ 将6张饼皮放入烤盘底部，每张表面都刷上黄油。

❹ 撒$\frac{1}{3}$量的果仁碎，再铺2张刷了黄油的饼皮，再撒$\frac{1}{3}$量的果仁碎。而后将此步骤重复1次。

❺ 将10张刷了黄油的饼皮放在最后一层果仁碎上。煮沸一小锅热水。

❻ 将果仁蜜饼饼坯切成菱形。煮好的水倒入滴油盘中，饼放入烤箱，烤2小时。

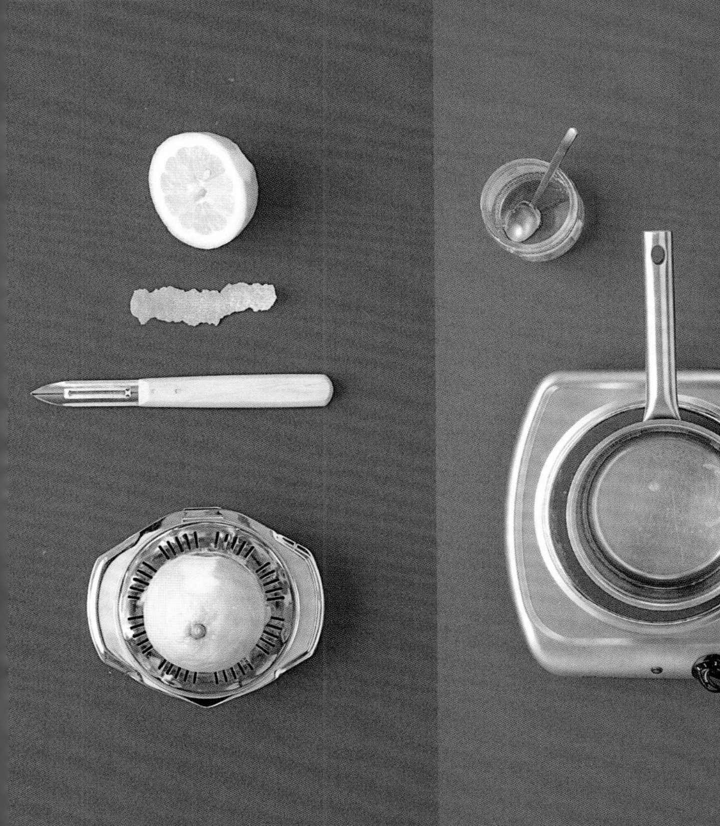

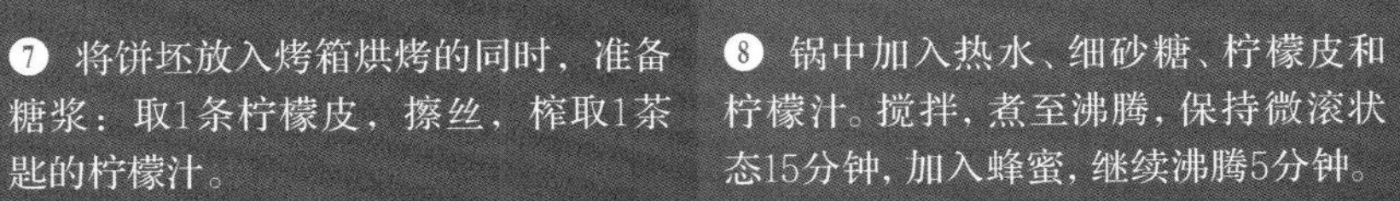

❼ 将饼坯放入烤箱烘烤的同时，准备糖浆：取1条柠檬皮，擦丝，榨取1茶匙的柠檬汁。

❽ 锅中加入热水、细砂糖、柠檬皮和柠檬汁。搅拌，煮至沸腾，保持微滚状态15分钟，加入蜂蜜，继续沸腾5分钟。

❾ 将烤成金黄色的果仁蜜饼从烤箱中取出，在滚烫的饼上浇冷却的糖浆。微温时或趁热食用均可。

小窍门

果仁蜜饼入烤箱前洒少量水，可防止饼皮在烘焙过程中变皱。可用手指沾水，弹在饼皮上。

2

北非、撒哈拉以南非洲和中东

马格里布

哈利拉汤

马格里布

6~8人份

准备时间：35分钟

烹调时间：1小时15分钟

❶ 番茄切块，去籽，再切丁。洋葱切碎。芹菜洗净，竖着切成两半，再切块。取柠檬皮，擦丝。

❷ 羊腿肉切小块（边长约2厘米）。

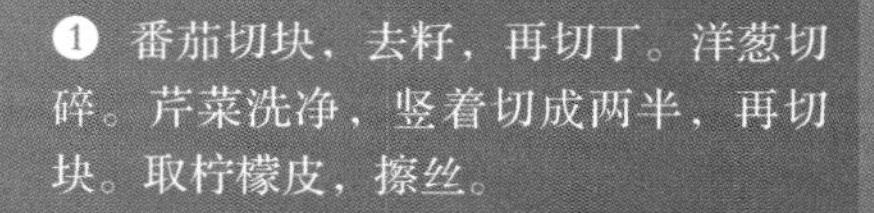

原料

400克羊腿肉
4个番茄（或1汤匙浓缩番茄）
2个洋葱
3根芹菜
1个未经处理的柠檬
100克黄扁豆
200克熟鹰嘴豆
2棵欧芹和1棵香菜
1茶匙肉桂粉
3升鸡汤（5块浓缩鸡汤底料）
1份藏红花（0.1克）
2汤匙橄榄油
黑胡椒，研碎

事先准备

鸡汤煮至微滚。冲洗扁豆。番茄和洋葱去皮。

❸ 取煎炒用的平底锅，以中到大火加热橄榄油，羊肉每面煎成金黄色。

❹ 倒入洋葱和芹菜，煸炒2~3分钟，上色。仔细搅拌。

❺ 加入番茄（或浓缩番茄）、柠檬皮和肉桂粉，搅拌。

❻ 倒入微滚的鸡汤，加入藏红花和扁豆，煮至沸腾，盖锅盖，中火继续煮1小时，撇去浮渣和泡沫。

❼ 鹰嘴豆沥干水分，冲洗干净，于料理结束前5分钟倒入锅中。

❽ 欧芹和香菜洗净，擦干，去根，剩下的部分切碎。

❾ 上桌前，撒黑胡椒碎（如果需要）和香草碎。

注意

如果买不到优质的藏红花，可用1茶匙生姜粉代替，料理过程中和肉桂粉同时加入汤中。

羊肉三角饼

马格里布

14个三角饼

准备时间：40分钟

烹调时间：40分钟

原料

100克羊腿肉，去肥肉，去皮
4片薄饼
半个洋葱
20克松子仁
1汤匙橄榄油
2根平叶欧芹
40克液态黄油
1汤匙酸奶
1大撮盐
黑胡椒

事先准备

烤箱预热至200℃。欧芹洗净，擦干，摘叶，切碎。半个洋葱去皮，切碎。

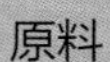

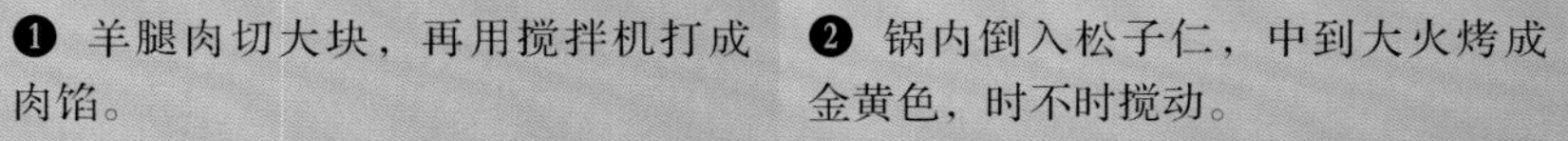

❶ 羊腿肉切大块，再用搅拌机打成肉馅。

❷ 锅内倒入松子仁，中到大火烤成金黄色，时不时搅动。

❸ 盛出松子仁，倒入橄榄油，洋葱煸炒上色，再加入羊肉和烤好的松子仁，调小火。

❹ 翻炒，将羊肉炒散，盖上锅盖煮10分钟，撒盐和黑胡椒，关火，加入酸奶和欧芹，搅拌均匀，使其降温。

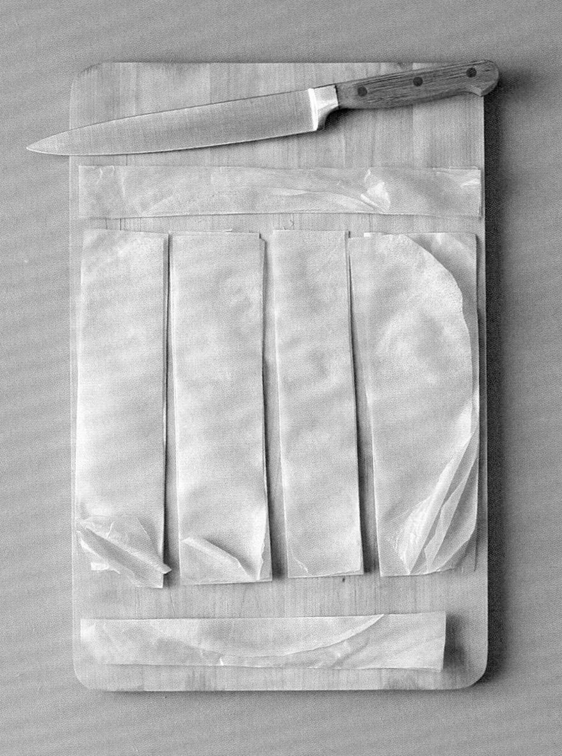

❺ 饼皮叠放在烘焙纸上，切去边缘，再切成4条长方形。

❻ 从烘焙纸上拿起1张饼皮，刷上液态黄油，取满满1茶匙馅料放在饼皮边缘。

❼ 折叠起1个直角，肉馅稍稍压平后继续折叠，直到顶部，多余的饼皮塞入最后一折。重复此步骤，直到用完所有的馅料。

❽ 包好的三角饼放在铺了烘焙纸的烤盘上，放入烤箱烤15分钟左右，直到呈金黄色。趁热食用。

平底锅料理

用平底锅大火加热3汤匙橄榄油和1汤匙黄油，倒入三角饼，煎3~4分钟，中途翻面，三角饼煎至酥脆后出锅，放在吸油纸上吸去多余的油分。

生菜沙拉

马格里布

4人份

准备时间：20分钟
等待时间：1小时

—

❶ 蔬菜去籽，2种柿子椒去除白色的筋和蒂，洋葱去根。欧芹摘叶，切碎。

❷ 葱绿切圆片，葱白切小段，再切片，剩下的蔬菜切成边长约5毫米的丁。

原料

半个红色柿子椒
半个绿色柿子椒
4个新洋葱
15克平叶欧芹，洗净，擦干。
2个番茄
半根黄瓜
1个未经处理的柠檬
1汤匙橄榄油
2撮盐
黑胡椒

事先准备

所有蔬菜洗干净，不用削皮。

❸ 取柠檬皮，擦丝，柠檬榨汁。

❹ 蔬菜上洒柠檬汁和橄榄油，加入柠檬皮、盐和黑胡椒，撒欧芹碎，仔细搅拌。于阴凉处放置至少1小时后食用。

突尼斯三明治

马格里布

4人份

准备时间：10分钟

—

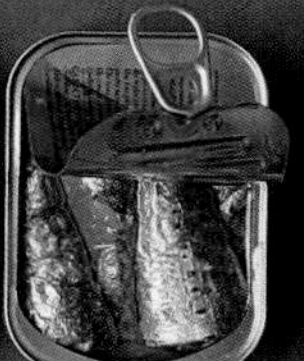

原料

2盒油浸沙丁鱼罐头（每盒115克）
半茶匙哈里萨辣酱
4个皮塔饼（参见262页）
半个柠檬
16片油浸番茄，油保留备用
盐，黑胡椒

❶ 从罐头中取出沙丁鱼，用刀尖剔去鱼刺。

❷ 取2汤匙油浸番茄的油，倒入哈里萨辣酱，用餐叉搅匀。

❸ 用烤面包机烤皮塔饼，用锯齿刀把烤好的皮塔饼片成两片，取较厚的一片。

❹ 于皮塔饼一侧$\frac{2}{3}$处放沙丁鱼，4片番茄，浇上油和辣酱的混合物，洒柠檬汁，加入盐和黑胡椒，最后折叠。

番茄大蒜汤

马格里布

4人份

准备时间：15分钟

烹调时间：35分钟

原料

1个洋葱
4粒蒜瓣
50毫升橄榄油
半茶匙辣椒粉
85克番茄酱
2汤匙浓缩番茄
800毫升水
1茶匙盐和黑胡椒
100克粉丝

建议

可依喜好在烹调结束前5分钟加入1茶匙茴香籽。

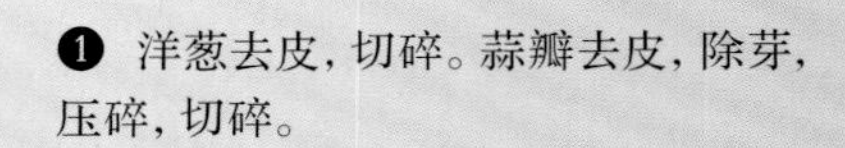

❶ 洋葱去皮，切碎。蒜瓣去皮，除芽，压碎，切碎。

❷ 中到大火加热橄榄油，加入洋葱，煸炒至软烂，再加入大蒜，继续煸炒30秒。

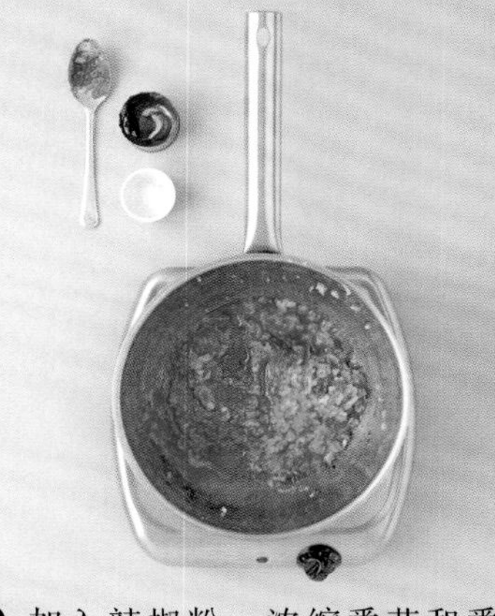

❸ 加入辣椒粉、浓缩番茄和番茄酱，搅动。

❹ 倒入200毫升清水，加盐，盖锅盖，小火煮15分钟。

❺ 倒入600毫升水，煮至沸腾，倒入粉丝，煮至沸腾，盖锅盖。

❻ 小火煮15分钟，撒黑胡椒，上桌。

① 将番茄和2种柿子椒放在烤网上。番茄烤5分钟（皮会开裂），柿子椒烤30分钟（皮会发黑），不时地翻面。

② 番茄去皮，去蒂，切成8块，去籽。待柿子椒冷却后，剥皮，切成两半，去掉籽和白色的筋，切条。

③ 取一个沙拉碗，混合番茄、柿子椒、刺山柑花蕾、大蒜、橄榄油和柠檬汁。仔细搅拌，放入冰箱冷却。

烤番茄沙拉

马格里布

4人份

准备时间：15分钟

烹调时间：30分钟

原料

6个番茄
1个红色柿子椒和1个黄色柿子椒
1粒蒜瓣
半个柠檬
1茶匙刺山柑花蕾
50毫升橄榄油
2根香菜，洗净，擦干
20毫升红酒醋
一撮盐
黑胡椒

事先准备

加热烤箱内的烤网。大蒜去皮，除芽，压碎，切细末。柠檬榨汁。烤网上铺锡纸。

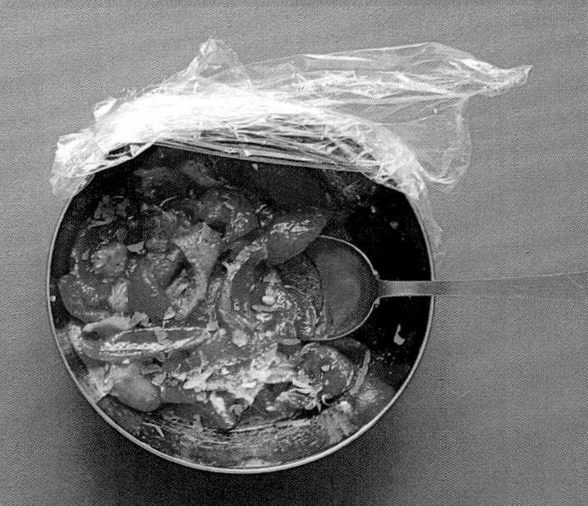

④ 上桌前，香菜摘叶，切碎，和蔬菜搅拌在一起，加入红酒醋，撒盐和黑胡椒，搅拌均匀，即可食用。

北非番茄炖菜

马格里布

2人份

准备时间：20分钟

烹调时间：1小时5分钟

原料

3个番茄
1个红色柿子椒
1个黄色柿子椒
3片油浸番茄
3汤匙橄榄油
2粒蒜瓣
1个洋葱
1茶匙香菜籽
1份藏红花（0.1克）
盐和黑胡椒

❶ 大蒜去皮，除芽，压碎。洋葱去皮，切成两半，把洋葱瓣拆开。

❷ 取一个较大的平底锅，中火加热2汤匙橄榄油，倒入洋葱和大蒜煸炒10分钟，不用上色。

❸ 番茄去皮（蔬果削皮刀），切块，去籽。

❹ 柿子椒去蒂，劈开，去掉籽和白色的筋，切条。

❺ 平底锅中加入番茄和柿子椒，中火加热10分钟，不时搅动。

❼ 香菜籽用研钵捣碎。

❻ 油浸番茄切成两半。

❽ 锅中加入油浸番茄、香菜籽、一撮盐，并将黑胡椒磨瓶转动几次以撒上研磨胡椒碎，仔细搅拌。

❾ 盖锅盖，小火炖40分钟，不时搅动。揭开锅盖，继续煮5分钟，淋1汤匙橄榄油，上桌。

实用窍门

如果没有研钵，也可将香菜籽倒入平底锅，其上压一只更小的平底锅，用锅底将其压碎。

摩洛哥牛肉丸

马格里布

4人份

准备时间：30分钟

烹调时间：8分钟

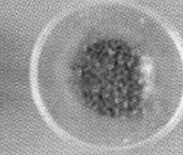
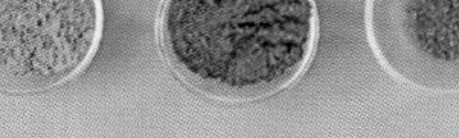

原料

500克牛绞肉
10克香菜和20克欧芹
1个洋葱
50克黄油
8个鸡蛋
1茶匙孜然
2茶匙辣椒粉
3撮卡宴辣椒
1茶匙盐＋一撮盐
1~2汤匙水
1~3汤匙油（另加2~3汤匙用来抹手的油）
黑胡椒

❶ 香菜和欧芹洗净，擦干，摘叶。叶片叠放，卷起，压紧，切碎。

❷ 洋葱去皮，切碎。

❸ 取较大的容器，倒入牛绞肉、洋葱、香草、香料和1茶匙盐，倒入油和水，揉捏成质地柔软的肉团。

❹ 手上抹油，用手掌团丸子。

❺ 平底锅大火熔化黄油，丸子放入锅中煎至金黄。

❻ 把鸡蛋小心地打入锅内丸子的空隙中，煎至蛋白凝固（蛋黄仍旧呈液态）。撒一小撮辣椒和盐，上桌。

橄榄柠檬鸡

马格里布

4人份

准备时间：35分钟

烹调时间：1小时30分钟

原料

4个鸡腿
1个洋葱和3粒蒜瓣
1茶匙盐
1茶匙黑胡椒
40克黄油
2汤匙橄榄油
1茶匙姜
1茶匙摩洛哥综合香料
500毫升水
10克香菜和20克平叶欧芹
110克去核青橄榄
2个腌渍柠檬

事先准备

洋葱去皮，切碎。
大蒜去皮，切成两半，除芽，压碎。

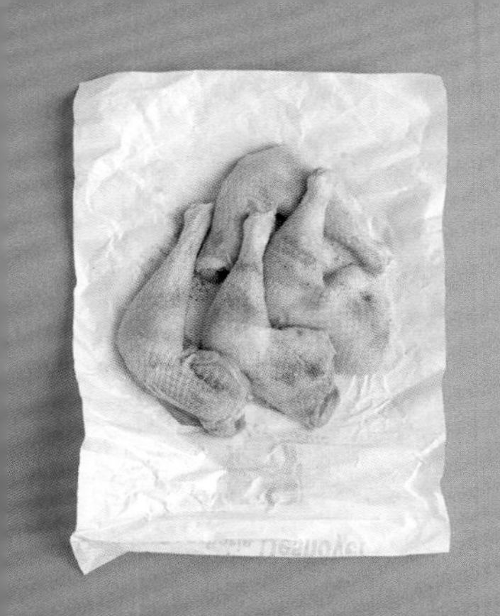

❶ 取一半量的盐和黑胡椒，混合在一起，涂抹在鸡腿的上下两面。

❷ 锅内加热黄油和橄榄油，放入鸡腿，煎至金黄，先煎带皮的一面。取出，关小火。

❸ 倒入洋葱煸炒，加入大蒜，搅拌，撒香料和剩下的黑胡椒和盐，搅拌。

❹ 倒水，再次放入鸡腿，煮至沸腾，调至中火，保持微滚状态1小时。

❺ 香菜和欧芹洗净，擦干，摘叶，将叶片卷起，压紧并切碎。冲洗橄榄，沥干水分。

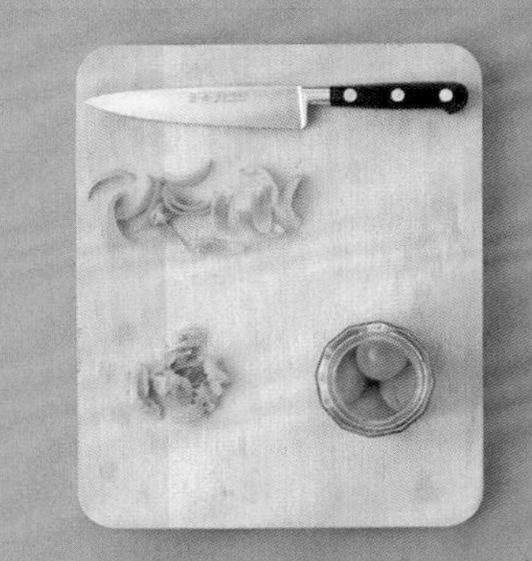

❻ 腌渍柠檬切块，取果肉，冲洗果皮，擦干，每块一分为二。

❼ 锅中加入腌渍柠檬、橄榄和2种香草。盖锅盖，煮15分钟。

❽ 揭开锅盖，捞出鸡腿。开大火煮5~7分钟，使锅内汤汁变浓稠。

❾ 鸡腿装入盘中，淋上汤汁，多余的汤汁盛出备用。

杏仁鸡肉塔吉锅

马格里布

4人份

准备时间：30分钟

烹调时间：1小时30分

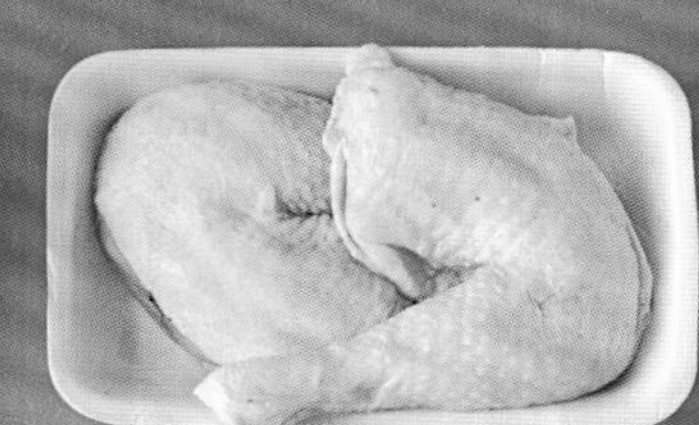

原料

1千克鸡腿
4个红洋葱
1粒蒜瓣
3汤匙橄榄油
2份藏红花（0.2克）
15克黄油
300毫升鸡汤（或半块浓缩高汤块）
15克生姜
半个柠檬
150克去皮的杏仁
黑胡椒

事先准备

混合搅拌1汤匙藏红花和橄榄油

❶ 洋葱去皮，切碎。大蒜去皮，压碎。生姜去皮，擦丝。柠檬榨汁。

❷ 顺着关节把鸡腿切成两半，鸡皮打花刀，涂抹藏红花橄榄油。

❸ 取1只较大的煎炒用平底锅，以中到大火熔化黄油和剩下的橄榄油，放入鸡肉，两面煎黄，取出。

❹ 锅中倒入洋葱和大蒜，中火煸炒，搅拌。开始上色时，盖锅盖，继续煮20分钟。

❺ 倒入鸡汤，煮至沸腾，用锅铲刮除锅底的焦糖浆。

❻ 将鸡腿放入塔吉锅，倒入平底锅中的鸡汤，加入大蒜，撒黑胡椒，搅拌均匀。盖锅盖，小火煮45分钟。

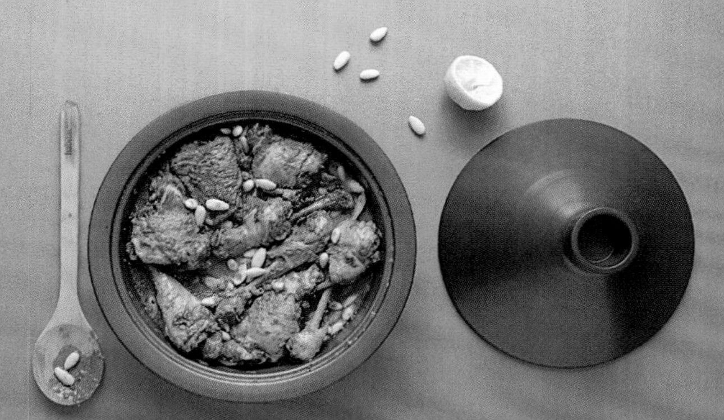

❼ 揭开锅盖，继续煮15分钟，让酱汁变得黏稠。加入柠檬汁和杏仁，搅拌均匀。盖锅盖，趁热上桌。

李子羊肉塔吉锅

马格里布

4人份

准备时间：20分钟
等待时间：2小时

烹调时间：1小时45分钟

原料

1块重2千克的羊肩肉，去骨，切成12块
半升鸡汤（或1块浓缩高汤块）
2个洋葱
2粒蒜瓣
4汤匙橄榄油
1份藏红花（0.1克）
1茶匙生姜粉
1茶匙肉桂粉
20个去核的李子
70克去皮的杏仁
10克芝麻
盐和黑胡椒

事先准备

鸡汤煮至微滚。

❶ 洋葱去皮，切碎。大蒜去皮，除芽，压碎。

❷ 混合搅拌3汤匙橄榄油、生姜粉、肉桂粉、藏红花、大蒜和洋葱，撒盐和黑胡椒制成腌料。

❸ 调好的腌料涂抹在羊肩肉上，密封，室温腌渍2小时。

❹ 取1只较大的煎炒用平底锅，以中到大火加热剩下的橄榄油，羊肉煸炒至上色。

❺ 将微滚的鸡汤倒入炒羊肉的锅中。再全部倒入塔吉锅中，盖锅盖，小火煮1小时15分钟。

❻ 加入李子，揭开锅盖，继续以中火煮15分钟。

❼ 以中火加热平底锅，杏仁烤至上色（不放油）。

❽ 用同样的方法烘焙芝麻。

❾ 将杏仁和芝麻撒到塔吉锅里，上桌。

建议

在将平底锅里的食材倒入塔吉锅前，用锅铲刮下粘在锅底的焦糖浆，这些糖浆可以为菜肴增添焦糖风味。

蔬菜古斯古斯

马格里布

6人份

准备时间：25分钟

烹调时间：1小时

原料

3根胡萝卜和3个小萝卜
4根西葫芦
1段南瓜
2个马铃薯
3个洋葱和1个蒜瓣
3汤匙橄榄油
1根肉桂棒和一小撮藏红花
1茶匙摩洛哥综合香料
1升高汤（或2~3块浓缩高汤块）
2盒优质番茄罐头
1个橙子
一小罐鹰嘴豆
6汤匙葡萄干
哈里萨辣酱适量，半把平叶欧芹
500克颗粒中等大小的古斯古斯
6汤匙松子仁
30克黄油

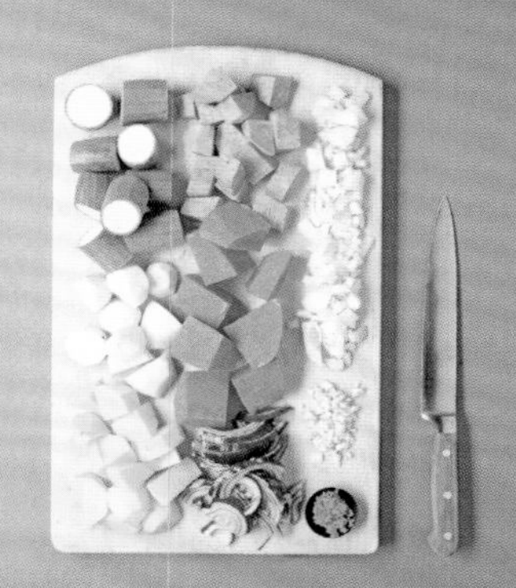

❶ 蔬菜洗净，去皮，切大块。蒜瓣切片。橙子皮擦丝。

❷ 洋葱倒入锅中煸炒5分钟，加入大蒜，不断翻炒。加入摩洛哥综合香料，搅动。

❸ 倒入切块的蔬菜，翻炒5分钟。

❹ 倒入高汤和番茄罐头，煮至沸腾。

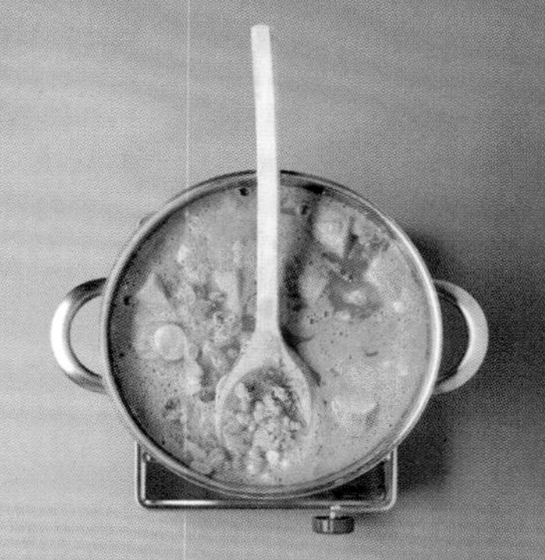

❺ 加入肉桂、藏红花、橙皮、沥干水分的鹰嘴豆和葡萄干，煮30分钟。

❻ 准备古斯古斯：深口盘中倒入冷水，浸泡10分钟，把颗粒打散。

❼ 在煮蔬菜的锅上放蒸笼，倒入古斯古斯，将黄油均匀铺在表面。

❽ 盖锅盖，蒸20分钟左右。

❾ 高汤炖蔬菜与撒了烤松子仁（平底锅不放油，烤至金黄）的古斯古斯一起上桌，用哈里萨辣酱调味。

鸡肉古斯古斯

马格里布

4人份

准备时间：40分钟

烹调时间：1小时5分钟

原料

4只大鸡腿
1茶匙生姜粉
1份藏红花（0.1克）
5汤匙橄榄油
500毫升鸡汤（或1块浓缩高汤块）
100克葡萄干
500克洋葱
20克细砂糖
半根新鲜辣椒
1个番茄
2粒蒜瓣

古斯古斯

300克颗粒较小的古斯古斯
30克黄油
220毫升鸡汤（或1块浓缩高汤块）

❶ 鸡腿切成两半，鸡皮用刀划2~4个口子。

❷ 生姜粉、藏红花和2汤匙橄榄油混合在一起，涂抹在鸡肉上，盖好。

❸ 取1个洋葱，去皮，切成两半，再切片。500毫升鸡汤煮至微滚。用清水浸泡葡萄干。

❹ 加热2汤匙橄榄油，放入洋葱，煸炒上色，撒入细砂糖。倒入鸡汤（100毫升），保持微滚状态15分钟。

❺ 葡萄干沥干水分，倒入洋葱中煮10分钟，直至高汤蒸发。

❻ 辣椒用研钵碾碎，番茄去皮，切块，去籽。剩下的洋葱切碎，蒜瓣去皮，除芽，压碎。

❼ 取烹饪古斯古斯用的平底锅，大火加热1汤匙橄榄油，鸡腿煎至金黄，先煎带皮的一面。

❽ 关小火，倒入番茄、洋葱、大蒜和辣椒，翻炒，倒入鸡汤，高度为食材的一半（400毫升）。保持微滚状态25分钟。

❾ 将葡萄干和焦糖洋葱的混合物重新加热，和鸡腿、古斯古斯一起上桌。

羊肉古斯古斯

马格里布

4人份

准备时间：35分钟

烹调时间：1小时

原料

600克羊肩肉，去骨，切成12块
500毫升鸡汤（或1块浓缩高汤块）
2根胡萝卜和3根萝卜
1个绿色柿子椒和2个番茄
1个红洋葱和1根西葫芦
10克新鲜生姜
半根新鲜辣椒和2份藏红花
1茶匙香菜籽
2汤匙橄榄油
250克熟鹰嘴豆，沥干水分，冲洗
半茶匙4种综合香料

古斯古斯

300克颗粒较小的古斯古斯
30克黄油
220毫升鸡汤（或1块浓缩高汤块）

事先准备

720毫升鸡汤煮至微滚。羊肉提前从冰箱中取出解冻。

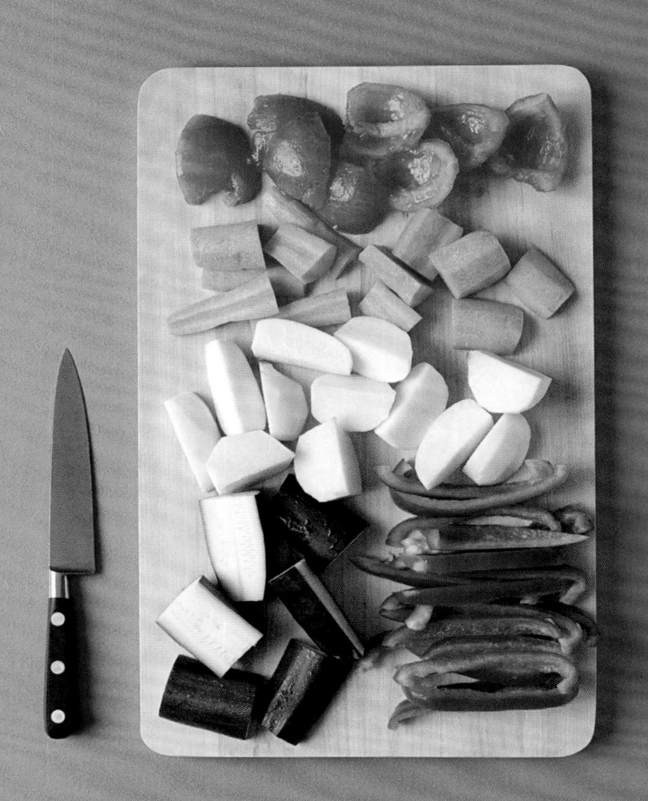

❶ 胡萝卜、萝卜和西葫芦切大块。番茄和绿色柿子椒分别去籽并切块和切条。

❷ 红色洋葱去皮，切块。生姜去皮，擦丝。

❸ 辣椒洗净，和香菜籽一起放进研钵捣成糊状。

❹ 大火加热橄榄油。放入羊肩肉，煎至金黄。取出羊肉，火力调小。

❺ 将洋葱、生姜、辣椒香菜籽糊和香料倒入古斯古斯蒸锅中，煸炒2分钟。加入鹰嘴豆，翻炒，再加入番茄和羊肉，倒入500毫升鸡汤，盖锅盖，保持微滚状态20分钟。

❻ 在此期间，把古斯古斯米放入蒸笼中，上锅煮熟（参见249页）。

❼ 加入胡萝卜、萝卜和柿子椒，煮15分钟。加入西葫芦，继续煮10分钟。

❽ 将羊肉盛入深口盘中，和古斯古斯一起食用。

鮟鱇鱼塔吉锅

马格里布

4人份

准备时间：50分钟

烹调时间：1小时

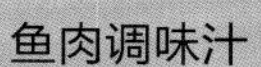

鱼肉调味汁

2汤匙橄榄油
鮟鱇鱼的鱼骨和鱼肚（请鱼贩保留）
500毫升清水
40克平叶欧芹和1粒蒜瓣
一小撮摩洛哥综合香料
1茶匙茴香籽
1份藏红花（0.1克）

塔吉锅

500克沙质土豆
1条重1.5千克的鮟鱇鱼（去头净重）
1份藏红花（0.1克）
4个番茄和切割去皮的洋葱
2个盐渍柠檬和100克黑橄榄
1汤匙橄榄油（+1茶匙）

事先准备

蒜瓣去皮，压碎。欧芹洗净，茎部打结。

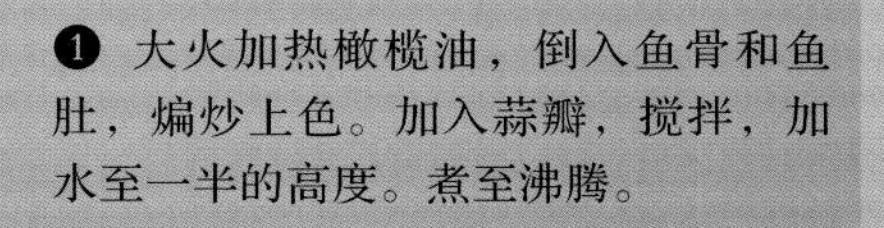

❶ 大火加热橄榄油，倒入鱼骨和鱼肚，煸炒上色。加入蒜瓣，搅拌，加水至一半的高度。煮至沸腾。

❷ 加入欧芹、藏红花、茴香籽和摩洛哥综合香料，煮20分钟，撒盐和黑胡椒，关火，浸泡15分钟，过滤此汤汁。

❸ 再次将汤汁倒入洗净的平底锅中，开中火煮至沸腾，保持微滚的状态。

❹ 混合橄榄油和藏红花。

❺ 马铃薯去皮，切薄片，擦干，涂抹藏红花橄榄油。

❻ 番茄去皮（用蔬果削皮刀），切块，去籽。洋葱切圆片。

❼ 取1个腌渍柠檬，去除果肉，柠檬皮切8段。另一个柠檬切块。

❽ 塔吉锅底部抹油。逐层摆放马铃薯、洋葱、番茄和橄榄。

❾ 将微滚的鱼肉调味汁倒入塔吉锅中，浸没马铃薯，盖锅盖，小火煮15分钟。鮟鱇鱼切成8块，用小刀在鱼肉上戳小洞，插入柠檬皮。将鱼肉摆放在橄榄的上层，柠檬块撒在鱼肉上，继续煮45分钟至1小时后即可食用。

鱼肉馅饼

马格里布

4人份

准备时间：1小时
等待时间：30分钟

烹调时间：30~35分钟

原料

500克白鱼
6张薄饼
100克绿豆粉丝
40克香菜
40克平叶欧芹
2粒蒜瓣
1个未经处理的柠檬
半茶匙甜椒粉
半茶匙孜然粉
40毫升红酒醋
70毫升橄榄油＋1茶匙烹饪用橄榄油
50克黄油
1汤匙细砂糖
盐

❶ 香菜和欧芹洗净，擦干。切去叶子上方的茎。

❷ 大蒜瓣去皮，切两半，除芽。柠檬皮擦丝，果肉榨汁。

❸ 将大蒜、甜椒粉、一大撮盐混合搅打成泥状，加入孜然粉和2种香草，继续搅打成糊状。

❹ 加入柠檬汁、红酒醋和橄榄油，用餐叉搅拌。加入一半量的柠檬皮，将香草混合物分成两半。

❺ 取1个容器，放入鱼肉，其上涂抹一半量的香草混合物，密封，于冰箱中放置半小时。

❻ 煮沸1锅水，离火，倒入粉丝，盖锅盖，浸泡5分钟，沥干水分，冲洗。

❼ 取一只平底不粘锅，以中到大火加热少许橄榄油，放入鱼肉，根据厚度煎3~8分钟。如果鱼肉很厚，翻面后再煎一会儿。

❽ 关火，加入沥干水分的粉丝，充分搅拌，撒入剩下的柠檬皮，倒入容器中冷却。

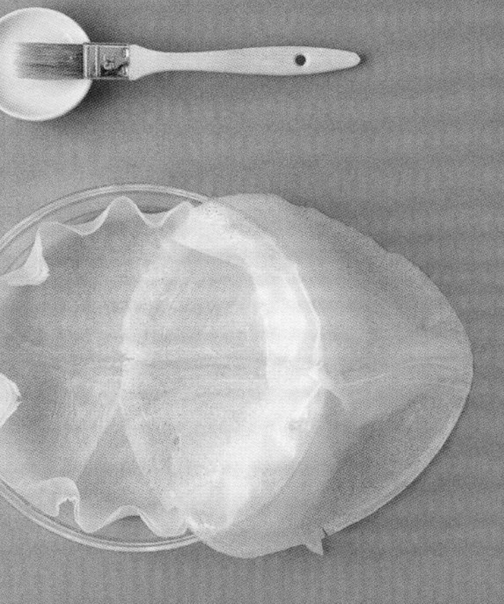

❾ 烤箱预热至200℃。熔化黄油。薄饼叠放，最上面一层刷黄油。取一个圆形模具，放入一张刷了黄油的薄饼。

❿ 重复此步骤，放入第2张刷了黄油的薄饼。再取1张黄油薄饼，如图摆放在模具边缘。

⓫ 最后3张薄饼同样围绕模具摆放成花朵形状。

⓬ 中间倒入温热的馅料，再加入剩下的香草混合物。

⓭ 向内折叠薄饼，将馅饼密封好。按压边缘多余的饼皮，喷水，防止饼皮在烘焙过程中起皱。入烤箱烤10~15分钟，直至饼皮金黄酥脆。

⓮ 预热烤箱中的烤网，并将其置于上层。馅饼表面撒细砂糖，将模具放在烤箱上层烤几秒钟，直至呈焦糖色。脱模时，先用刮刀检测能否将馅饼轻易提起，如果可以，另取1把刮刀，两只手合力将馅饼取出。

酱汁鲷鱼

马格里布

4人份

准备时间：10分钟

烹调时间：7~10分钟

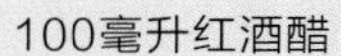

原料

500克鲷鱼块
6汤匙橄榄油
1个红洋葱
50克葡萄干
30克松子仁
半茶匙肉桂粉
100毫升红酒醋

事先准备

洋葱去皮，切成两半，再切碎。

❶ 取一只平底不粘锅，以中到大火加热2汤匙橄榄油，煎鲷鱼，根据鱼肉厚度煎3~5分钟，盛出备用。

❷ 平底锅倒入洋葱、葡萄干、松子仁和肉桂粉，持续翻炒2分钟，炒至上色。

❸ 加入红酒醋，煮至沸腾，让红酒醋蒸发。

❹ 酱汁浇在鱼肉上，再淋上剩下的橄榄油，上桌。

哈里萨辣酱虾

马格里布

2人份

准备时间：5分钟

烹调时间：6~8分钟

原料

12只大虾

100克哈罗米奶酪（希腊奶酪），切小块

2汤匙哈里萨辣酱

事先准备

4根木扦用冷水浸泡30分钟。大火加热烤盘或生铁烤网。

❶ 大虾去壳，保留虾尾。

❷ 容器中混合虾尾、哈罗米奶酪和哈里萨辣酱，将虾肉和奶酪穿在钎子上。

❸ 每面烤3~4分钟，直至虾肉烤熟。

❹ 虾肉串佐食皮塔饼、柠檬块和鹰嘴豆泥。

摩洛哥酱汁鱼

马格里布

4人份

准备时间：20分钟
等待时间：30分钟

烹调时间：3~6分钟

原料

650克白鱼
40克香菜
40克平叶欧芹
2粒蒜瓣
1个未打蜡的柠檬
半茶匙甜椒粉
半茶匙孜然粉
40毫升红酒醋
70毫升 + 1茶匙橄榄油
盐

事先准备

香菜和欧芹洗净，擦干。

❶ 香菜和平叶欧芹切掉叶子以上的茎。蒜瓣去皮。柠檬皮擦丝，果肉榨汁。

❷ 大蒜切成两半，除芽。用搅拌机混合搅打大蒜、一撮盐和甜椒粉，直至打成泥状。

❸ 加入孜然粉、香菜叶和欧芹叶，搅打成糊状。

❹ 加入柠檬汁，一半量的柠檬皮，红酒醋和70毫升橄榄油，用餐叉搅拌。

❺ 将搅拌好的酱料分成两份。

❻ 将鱼肉放在容器中，其上涂抹一半量的酱料。盖好，放入冰箱冷藏半小时。

❼ 取一只平底不粘锅，以中到大火加热1茶匙橄榄油，放入鱼肉，根据厚度煎3~8分钟不等。

❽ 将鱼肉翻面。如果鱼肉较薄，则可省略此步骤。

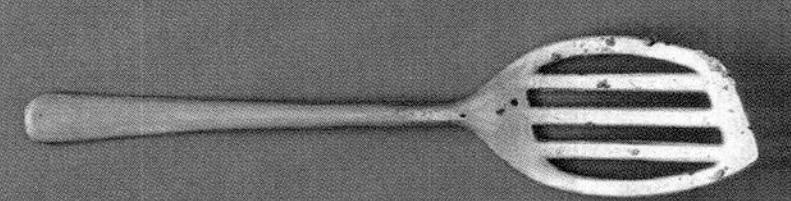

❾ 鱼肉装盘，撒入剩下的酱料和柠檬皮。

粗粒小麦粉

马格里布

4人份

准备时间：20分钟

烹调时间：10~40分钟

原料

300克颗粒较小的粗粒小麦粉

30克黄油

500毫升鸡汤（或1块浓缩高汤块）

事先准备

取一只烹饪古斯古斯的蒸锅或普通蒸锅，将鸡汤倒入下层蒸锅中，煮至微滚。

❶ 取一个较大的深口盘，倒入小麦粉，再倒入220毫升鸡汤。

❷ 搅拌，用手搓揉小麦粉，使鸡汤渗入，然后静置5分钟。

❸ 将小麦粉铺展在烹饪古斯古斯专用的蒸笼上，盖锅盖，上锅蒸至蒸汽冒出（需要5~35分钟）。

❹ 蒸好的小麦粉装盘，表面撒满切成小块的黄油。

❺ 搅拌，使黄油和小麦粉充分融合。

❻ 食用前将小麦粉放回蒸笼中，上锅加热，直至蒸汽冒出，调小火为其保温，直至上桌。

注意事项

若使用烹饪古斯古斯的专用蒸锅，应用蒸笼布绑紧上、下层，以防蒸汽逸出。

薄荷茶

马格里布

1壶茶

准备时间：20分钟

烹调时间：5分钟

原料

750毫升清水
1汤匙绿茶（珠茶）
20克薄荷
50克细砂糖

事先准备

薄荷洗净，摘去茎部靠下的部分。清水煮至沸腾。

注意事项

茶叶泡的时间越长，味道就越明显，否则就只有薄荷的味道。

❶ 茶壶中倒入少许开水，画圈晃动壶身，再将水倒掉。

❷ 将茶叶放入一个容器中，倒入沸水，浸泡1分钟。

❸ 用滤器过滤茶叶，将水倒掉。茶叶放入茶壶中。

❹ 加入薄荷，搓捻薄荷的茎，以释放出更多的香气，再加入细砂糖。

❺ 倒入开水，浸泡3分钟，不要搅拌。

❻ 搅拌：茶水先由茶壶倒入茶杯，再将杯中的茶水倒回茶壶中，重复2~3次。根据口味浸泡5~10分钟。

❶ 取一个细目筛网，面粉和细砂糖分别过筛。

❷ 软化的黄油中加入20克细砂糖和一小撮盐，用电动搅拌器搅拌至轻盈发白的状态。

❸ 分3次加入面粉，用手揉成面团。

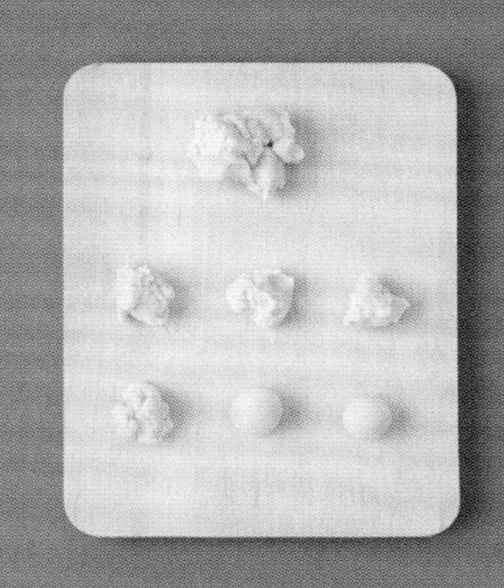

❹ 将面团分成十等份，用手掌揉搓出10个小面团。

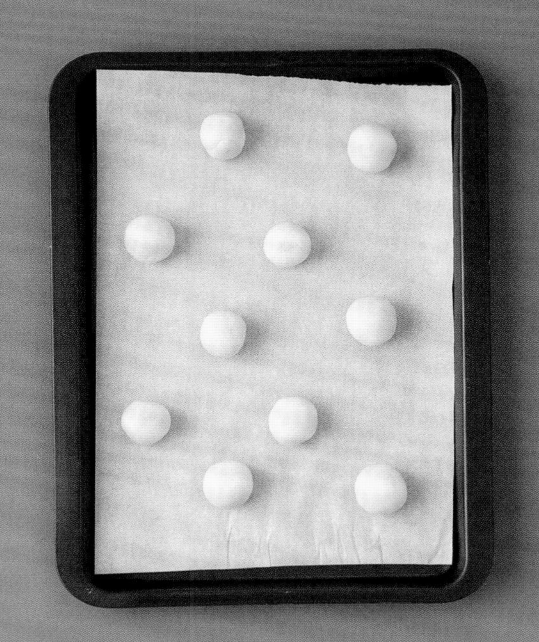

❺ 面团摆放在烤盘上，入烤箱烤20分钟（饼干会慢慢变扁）。

软心酥饼

马格里布

10个酥饼

准备时间：20分钟

烹调时间：20分钟

原料

100克软化的黄油
20克细砂糖
120克T45型面粉
盐

事先准备

烤箱预热至180℃。烤盘上铺烘焙纸。

❻ 烤好的酥饼降温后撒细砂糖。

建议

酥饼放入密封罐内保存。

羚羊角

马格里布

15个羚羊角

准备时间：40分钟

烹调时间：15分钟

面团

180克面粉
50毫升中性油（如葡萄籽油、有机菜籽油等）
30毫升橙花水
一小撮盐
1个鸡蛋，打散

馅料

250克杏仁粉
80克细砂糖
1茶匙肉桂粉
20克软化的黄油，切小块
50毫升橙花水

❶ 制作面团，混合搅打面粉、盐、鸡蛋和油，倒入橙花水。

❷ 用手将混合物揉捏成面团，盖上保鲜膜，备用。

❸ 制作馅料，混合搅打杏仁粉、肉桂粉和细砂糖。加入橙花水，再加黄油。

❹ 从搅拌机中取出馅料，用手继续揉捏，使其质地更加均匀（揉1分钟）。

❺ 掌心沾水，揉搓馅料。烤箱调至170℃。

❻ 烤盘上覆盖烘焙纸。面团分成2份。

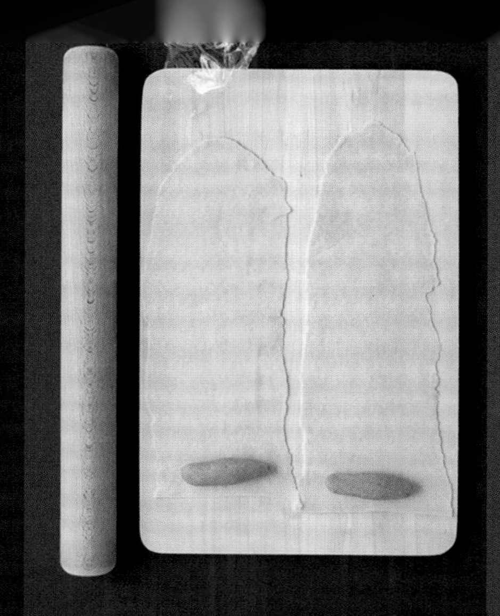

❼ 取其中一个面团，揉成长方形，在撒了面粉的操作台上擀成很薄的面皮，再切成两半。把1份馅料放在面皮的一端。

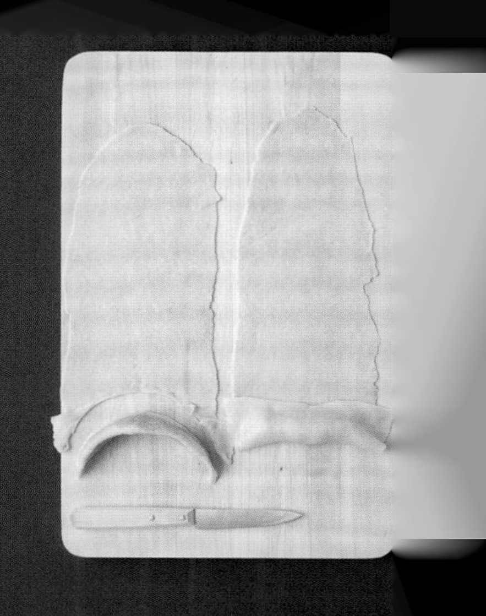

❽ 折叠面皮，覆盖馅料，用指尖压实封口处。

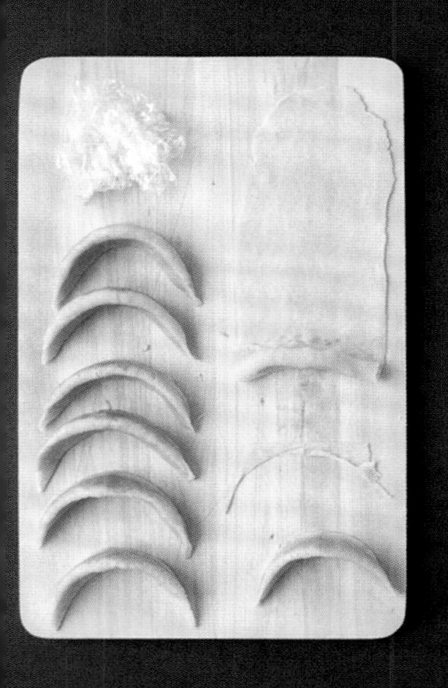

❾ 用手指小心地将面卷压平，捏成羚羊角的形状。两端封口，用刀子切齐。

❿ 将整形完毕的面卷摆放在烤盘上。一个面团用完后，将另一个面团擀成面皮，重复步骤7—10。

⓫ 放入烤箱烤15分钟，出炉并降温，装盘从烤盘上撤走。

技巧

杏仁角

马格里布

16个杏仁角

准备时间：30分钟

烹调时间：2~3分钟

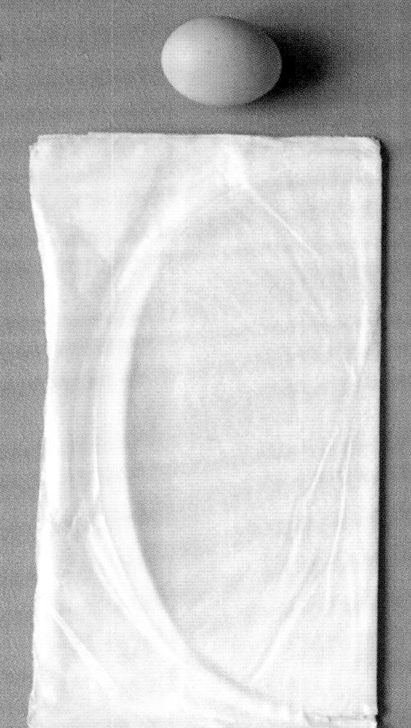

原料

125克杏仁粉
50克细砂糖
半茶匙肉桂粉
1茶匙橙花水
10克黄油
1个蛋白
4张薄饼
半升油炸用油
100毫升蜂蜜

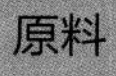

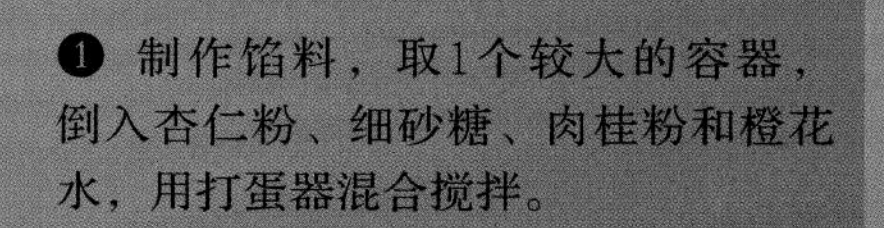

❶ 制作馅料，取1个较大的容器，倒入杏仁粉、细砂糖、肉桂粉和橙花水，用打蛋器混合搅拌。

❷ 加入切块的黄油，用指尖揉搓，使之与步骤1的混合物融合在一起。

❸ 加入蛋白，继续搅拌，直至面团质地均匀（1分钟）。

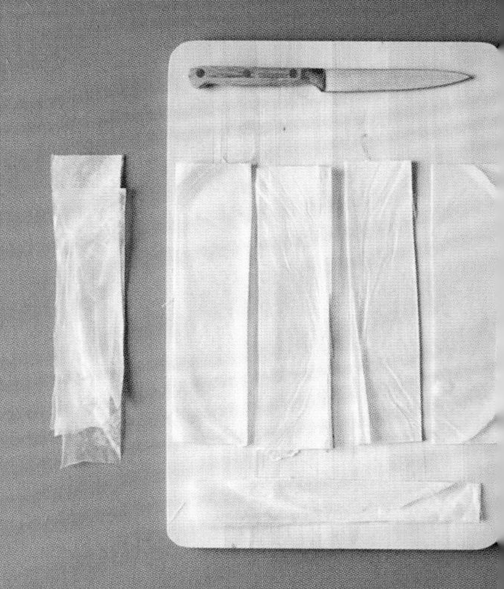

❹ 薄饼叠放（不要揭掉烘焙纸）。切去两头，连同烘焙纸一起切成4个长方形。

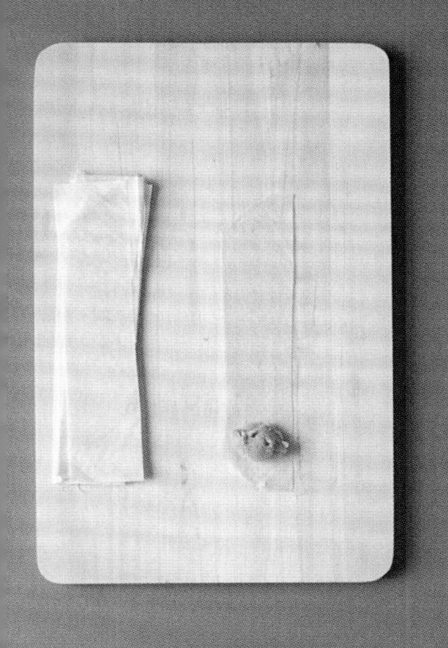

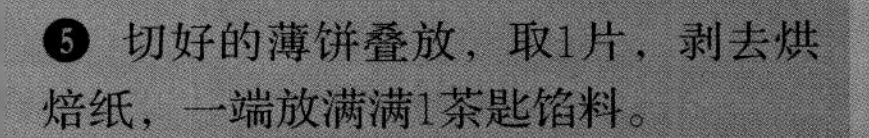

❺ 切好的薄饼叠放，取1片，剥去烘焙纸，一端放满满1茶匙馅料。

❻ 将1个角折叠起来，馅料稍稍压平，而后继续向上方折叠成三角形。

❼ 就像叠信封一样，把顶端塞进最后一折。

❽ 用较大的平底锅加热油，放入杏仁角，油炸2~3分钟，直至表面金黄。用漏勺捞出，放在吸油纸上。

❾ 在平底锅中以中火熔化蜂蜜，当蜂蜜变成液态时，离火，将杏仁饼浸入其中，翻面，使其浸满蜂蜜。再放在架起的烤网上，沥去多余的液体。

建议

可省略蜂蜜，这样制作出的杏仁角甜度会较低。

撒哈拉以南非洲

炸香蕉

撒哈拉以南非洲

4人份

准备时间：4分钟

烹调时间：20分钟

原料

2个大香蕉，去皮，切段。
盐，任选
500毫升花生油

辣酱汁

2个番茄
1个小洋葱，去皮
1个红辣椒
1茶匙白醋
盐和黑胡椒，可选

❶ 取1只煎炒用的平底锅，加热花生油。将1把木勺伸入锅底检测油温，如果油温够高，木勺周围将有气泡形成。

❷ 将除白醋之外的所有辣酱汁所需食材放进搅拌机，搅打，用较大量的盐和黑胡椒调味。

❸ 将辣酱汁倒入平底锅中加热，煮至沸腾，继续炖煮5~10分钟以收汁，直至酱汁变浓稠，关火，加入白醋。

❹ 香蕉段表面撒盐，在锅中加热花生油，放入香蕉段，炸至两面金黄。

❺ 炸好的香蕉搭配辣酱汁食用。

❶ 黄洋葱和青辣椒切片。

❷ 取一个较大的沙拉碗，混合鸡肉、黄洋葱、青辣椒、盐、黑胡椒、大蒜、第戎芥末和柠檬汁。将鸡肉块完全浸没在柠檬汁混合腌料中，腌渍一夜或最少4小时。

❸ 取一个较大的平底锅，加热4汤匙油。从腌料中取出鸡肉，放在锅中煎至各面金黄。

❹ 取一只煎炒用的平底锅或大平底锅，加热剩下的油。从腌料中取出洋葱，放入锅中煎炒6分钟，直至其变柔软。加入胡萝卜和卷心菜，再炒2~3分钟。

亚萨炒鸡

撒哈拉以南非洲

4人份

准备时间：15分钟
等待时间：4小时

烹调时间：40分钟

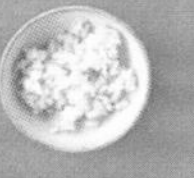

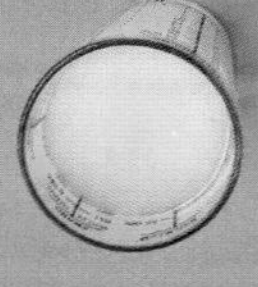
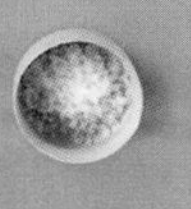

原料

- 1只整鸡，切块
- 2个较大的黄洋葱
- 3个青辣椒
- 半汤匙黑胡椒粒
- 500毫升柠檬汁
- 2粒蒜瓣，切碎
- 2茶匙第戎芥末
- 1茶匙盐
- 5汤匙花生油或葡萄籽油
- 1根中等大小的胡萝卜，先竖着切开，再横着切片
- $\frac{1}{4}$棵小卷心菜，擦丝

❺ 将剩下的腌料倒入锅中，再倒入鸡肉，煮至沸腾，盖锅盖，炖煮15~20分钟，直至鸡肉完全煮熟，腌料浓缩成酱汁。亚萨炒鸡通常搭配白米饭食用。

麻菲鸡

撒哈拉以南非洲

4人份　　准备时间：15分钟　　烹调时间：1小时

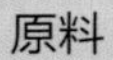

原料

1千克鸡腿
2汤匙花生油
2粒蒜瓣，切碎
1个黄洋葱，切碎
1个较小的红色柿子椒
1根中等大小的胡萝卜
1个墨西哥辣椒，去籽，切碎
2个番茄，切丁
2根新鲜百里香
1茶匙孜然粉
1升鸡汤
半杯奶油状的花生黄油
2汤匙浓缩番茄
10克新鲜香菜，切碎
半个柠檬，榨汁
盐和黑胡椒

❶ 鸡腿去骨，肉切小块。

❷ 将鸡肉放入沙拉碗中，撒入较多的盐和黑胡椒，加入一半量切碎的黄洋葱，大蒜和孜然粉，揉搓。

❸ 取煎炒用的平底锅，加热一半量的花生油，分几次倒入鸡肉，将各面煎至金黄，取出备用。

❹ 红色柿子椒和胡萝卜切小块。

❺ 用同一口锅加热剩下的花生油，倒入洋葱、柿子椒、胡萝卜和墨西哥辣椒，炒至轻微变软。

❻ 碗中混合花生黄油和浓缩番茄，倒入半杯鸡汤，搅拌，将混合物倒入锅中，加番茄丁、百里香和剩下的鸡汤。

❼ 煮至沸腾，继续炖煮5~10分钟，加入鸡肉。关小火，煮35~40分钟，不时搅动，直至鸡肉完全煮熟，酱汁变得浓稠。

❽ 再次确认调味，加入柠檬汁。

❾ 麻菲鸡搭配原味白米饭食用，上桌时撒入新鲜香菜。

虾仁炒秋葵

撒哈拉以南非洲

4人份　　准备时间：15分钟　　烹调时间：45分钟

原料

300克去壳虾仁
2汤匙花生油
500克新鲜秋葵
1个较小的黄洋葱，切碎
2粒蒜瓣，切碎
2茶匙烟熏甜椒粉
1个长青椒，切圆片
3个较大的成熟番茄，切丁
2根百里香
半个青柠檬，榨汁
250毫升水或鱼汤
10克平叶欧芹，切碎

❶ 秋葵洗净，擦干，切去两头，切小段。

❷ 用炒锅加热花生油，倒入黄洋葱、蒜瓣、长青椒和甜椒粉，煸炒3~4分钟，加入秋葵。一边翻炒一边观察，秋葵炒到能拉出细丝，倒入青柠檬汁，继续翻炒。

❸ 倒入虾仁，保持火力，继续煸炒至虾变红。加入百里香、番茄丁和水，煮至沸腾。

❹ 炖煮10~15分钟，撒上新鲜的欧芹，搭配原味白米饭食用。

烤咖喱馅饼

撒哈拉以南非洲

4人份　准备时间：40分钟　烹调时间：1小时

❶ 烤箱预热至180℃，中号烤盘上涂抹黄油。面包撕碎，盛入碗中，倒入225毫升牛奶。

❷ 取一只煎炒用的平底锅，加热花生油，洋葱炒至透明，加入月桂叶、八角茴香和肉桂棒、酸甜果酱和杏果酱，搅拌，加入苹果、番茄、葡萄干，仔细搅拌。

原料

1千克羊绞肉或牛绞肉
1个较大的黄洋葱，切丁
1茶匙孜然粉
1根肉桂棒和1片月桂叶
2个八角茴香
1个番茄，切丁
1个青苹果，去皮，切丁
2片面包
300毫升牛奶
75克葡萄干
2汤匙杏果酱
2汤匙酸甜果酱（桃或杏）
2个鸡蛋
2汤匙花生油
50克杏仁片
黄油，用于涂抹盘子

❸ 倒入绞肉、面包和部分牛奶，不停搅动，肉煮熟后，继续炖煮，并加入1个鸡蛋和杏仁片。

❹ 取出月桂叶、八角茴香和肉桂棒。将肉馅倒入抹了黄油的烤盘中，铺平。

❺ 搅打剩下的鸡蛋和牛奶，倒入烤盘，不要覆盖，放入烤箱烤1小时，直至馅饼熟透，表面金黄。

皮塔饼

黎巴嫩

6人份

准备时间：35分钟
等待时间：45分钟至2小时

烹调时间：12~24分钟

原料

1茶匙干燥的面包酵母或4克新鲜的面包酵母

135毫升温水（35~40℃）

250克T55或T65型面粉

1茶匙盐

2汤匙＋1茶匙橄榄油

事先准备

将1汤匙温水倒在干燥的酵母上，等待15分钟。如果是新鲜酵母，倒入水中，用餐叉搅动，不用等待。

❶ 取1个较大的容器，混合面粉和盐。

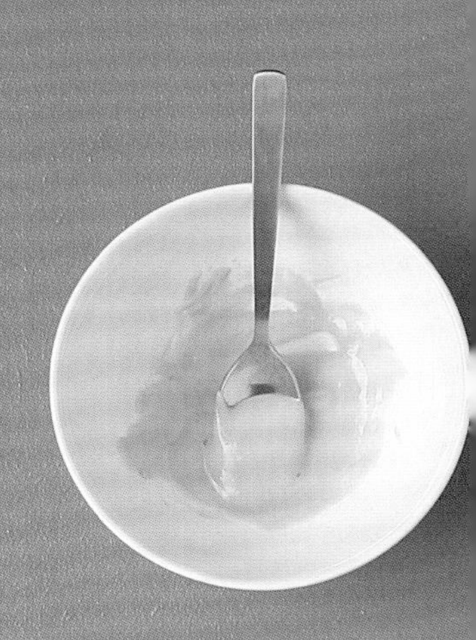

❷ 酵母中加少许水，搅拌使其混合，混合物应带有光泽。

❸ 向酵母中倒入剩下的水（125毫升），继续搅动。

❹ 将酵母水倒入面粉中，用刮刀混合并搅拌。

❺ 混合至一半时，加入橄榄油。

❻ 揉成面团，揉好的面团应该不粘手。

❼ 取1个沙拉碗，碗底倒入少许油，滚动面团，使其表面裹满油（防止干燥），盖上保鲜膜。放在温暖的地方发酵45分钟至2小时：面团体积应该增大至2倍。

❽ 预热烤箱，温度调至最高（250℃以上），烤网置于中层，其上放置烤盘。把面团压扁，赶出空气。

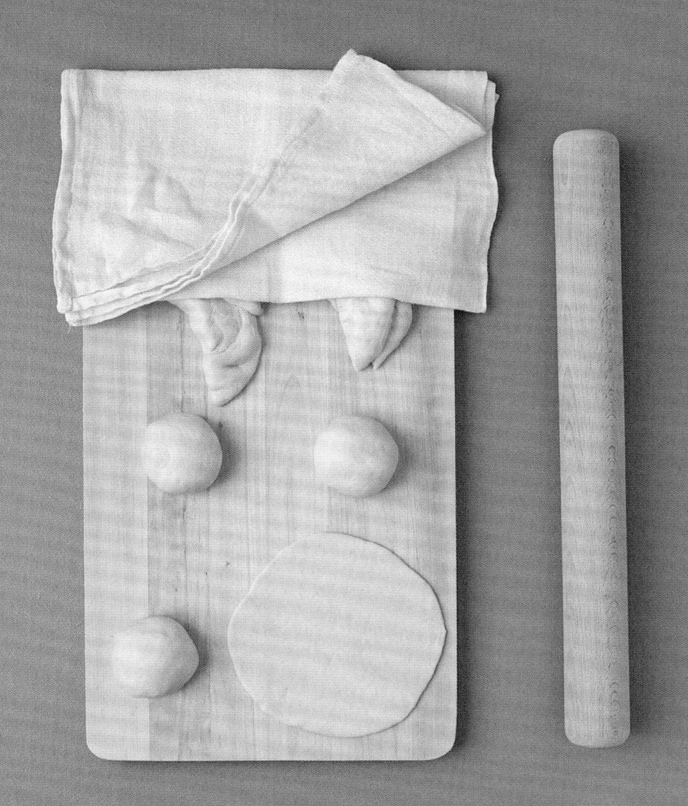

❾ 面团切成六等份，分别整形成球形：不断从四周向中心折叠。将面团用茶巾盖起来。取1个面团，放在撒了面粉的操作台上，擀成面饼（3毫米厚）。

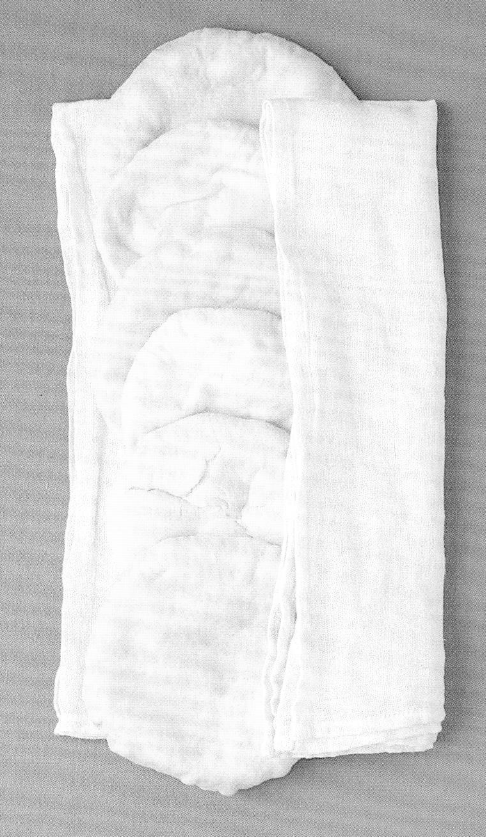

❿ 烤箱预热至预定温度后，将面饼滑入烤盘。待其膨起（像气球一样），并轻微上色（2~4分钟），取出，迅速用茶巾裹住，以保持柔软的口感。待烤箱温度再次上升，以同样方法处理剩下的面饼。

鹰嘴豆泥

黎巴嫩

600克鹰嘴豆泥

准备时间：15分钟

烹调时间：1~3小时

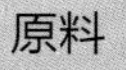
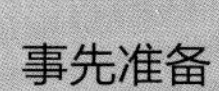

原料

150克鹰嘴豆
1茶匙盐
1粒蒜瓣
3个柠檬（得到100毫升柠檬汁）
4汤匙芝麻酱
4汤匙橄榄油
水（用于煮鹰嘴豆）

事先准备

提前一天将鹰嘴豆洗净，挑出坏掉的和起皱的豆子。放入加了半茶匙小苏打的大量清水中浸泡，放置在阴凉处。

❶ 鹰嘴豆沥干水分，擦干，放在平底锅中，倒入大量水，煮至沸腾。

❷ 盖锅盖，根据豆子种类煮1~3小时不等。品尝煮好的豆子：应煮至非常软烂，撒盐，继续煮5分钟。

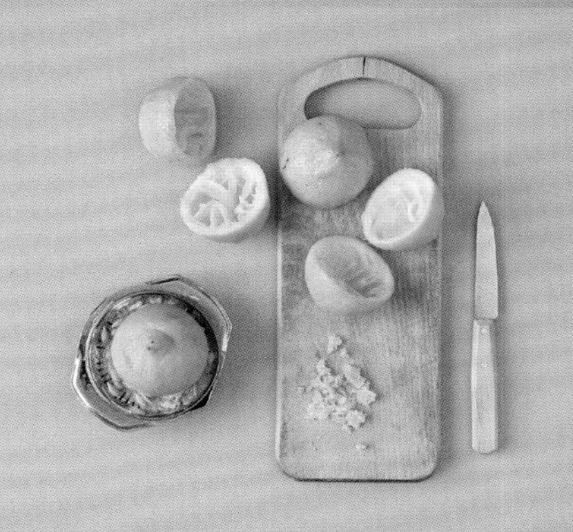

❸ 大蒜瓣去皮，除芽，切碎。柠檬榨汁。

❹ 鹰嘴豆沥干水分（保留煮豆的水），将除橄榄油和水外的所有食材放进搅拌机。

❺ 搅打成质地细腻绵密的泥状，如果需要，加入适量煮豆的水。

❻ 鹰嘴豆泥放入盘中，上面浇橄榄油，搭配皮塔饼食用。

拌茄子

黎巴嫩

4人份

准备时间：25分钟
等待时间：1小时

烹调时间：45分钟

原料

3个茄子
1粒蒜瓣
1个柠檬
2汤匙芝麻酱
盐

事先准备

烤箱预热至250℃。用刀尖在茄子上戳几个洞，放在铺了锡纸的烤盘上。

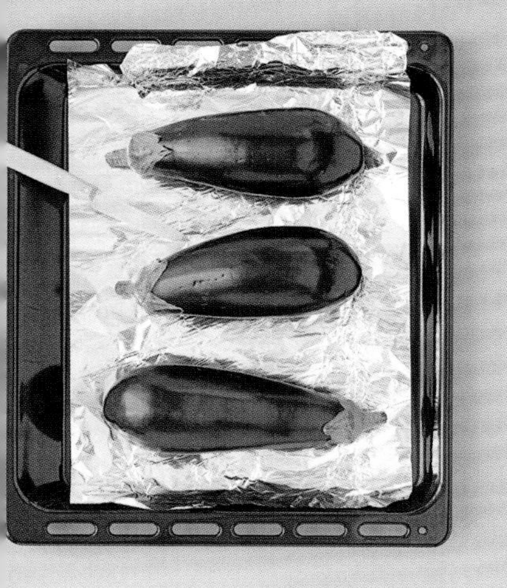

❶ 茄子放入烤箱烤30~45分钟，中途翻面。烤好的茄子应非常柔软。

❷ 大蒜瓣去皮，除芽，按压，切碎。柠檬榨汁。

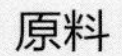

❸ 捏着茄子柄，将茄子纵向切开，用汤匙挖取茄子肉，放在筛网中，用餐叉碾压，除去多余的汁水。

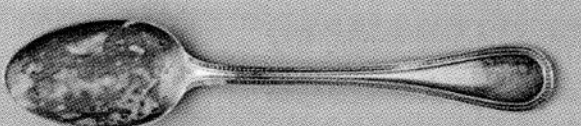

❹ 茄子肉和其他食材随意搅拌在一起（质地无须非常顺滑）。食用前至少冷藏1小时。

酸奶奶酪

黎巴嫩

250克酸奶奶酪

准备时间：10分钟
等待时间：4小时

—

原料

500克全脂酸奶
半茶匙盐

❶ 在容器中混合酸奶和盐。

❷ 滤器内铺细目纱布（或2层薄纱布），置于另一个容器上，将酸奶和盐的混合物倒入容器中。

❸ 纱布对角打结，拧紧，放入冰箱至少4小时，以沥去水分（奶酪的质地将会越来越紧实）。

❹ 食用时，将酸奶奶酪和少许橄榄油或任意喜欢香料一起涂抹在面包上。制作完成的酸奶奶酪放入密封容器内，放置于冰箱中，可保存一星期。

塔布勒沙拉

黎巴嫩

6人份

准备时间：30分钟
等待时间：1小时

—

原料

240克平叶欧芹和40克薄荷
3个新洋葱
3个番茄
2汤匙布格麦
4个柠檬（可得到150毫升柠檬汁）
100毫升橄榄油
1茶匙盐

事先准备

欧芹和薄荷洗净。薄荷擦干，摘叶。欧芹整理整齐，切断，茎部弃用。柠檬榨汁。

❶ 欧芹叶切碎。薄荷叶叠放，卷起，切成比欧芹更细的碎屑。

❷ 洋葱切碎，番茄去籽，切小丁。

❸ 在容器中混合布格麦、番茄、洋葱、平叶欧芹、薄荷、柠檬汁、橄榄油和盐。充分搅拌。

❹ 盖上保鲜膜，放入冰箱至少冷藏1小时再食用。

橄榄芝麻菜

黎巴嫩

4人份

准备时间：15分钟

—

原料

200克芝麻菜
140克黑橄榄
4个新洋葱
2个柠檬
60毫升橄榄油
盐，黑胡椒

注意事项

也可使用去核橄榄，但其质量通常没有那么好。

❶ 芝麻菜洗净，干燥。橄榄去核，除去洋葱绿色的茎，切碎。

❷ 柠檬切去两头，用锋利的刀去皮，露出果肉。

❸ 柠檬果肉切薄片，再将每片切成4块，甚至6块。

❹ 所有食材放入沙拉碗中，倒入橄榄油，撒入大量盐和黑胡椒，搅拌，上桌。

❶ 用剪刀把皮塔饼剪成小方块，分开两层，放在烤盘上，放入烤箱烤10分钟。

❷ 薄荷和平叶欧芹摘叶，番茄切成两半，小萝卜切成5段，洋葱切圆形薄片，黄瓜纵向切两半，再切片。生菜切条。

小萝卜盐肤木果沙拉

黎巴嫩

4人份

准备时间：15分钟

烹调时间：10分钟

原料

2个皮塔饼（参见262页）
15克薄荷和30克平叶欧芹
150克樱桃番茄
150克小萝卜
半根黄瓜
3个新洋葱
1棵生菜
100毫升橄榄油
2茶匙盐肤木果粉
30毫升红酒醋
盐

事先准备

烤箱预热至150℃。蔬菜和香草洗净，擦干。小萝卜去蒂，洋葱切去茎部。

❸ 混合橄榄油和1茶匙盐肤木果粉，倒入烤得焦脆的皮塔饼。

❹ 所有食材混合在一起，加醋，撒1茶匙盐肤木果粉，上桌。

鸡肉汤

黎巴嫩

4人份

准备时间：45分钟

烹调时间：55分钟

原料

2个洋葱
2汤匙油
2个鸡腿和2块鸡胸
1.25升水
2茶匙盐＋一小撮盐
1片月桂叶
半根胡萝卜
1根芹菜
10克欧芹
半个柠檬
100克粉丝
黑胡椒

事先准备

洋葱去皮，切碎。

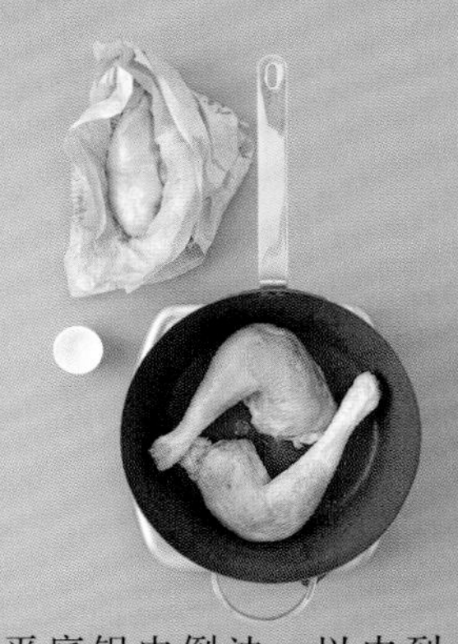

❶ 平底锅内倒油，以中到大火加热，鸡腿煎至上色。

❷ 取出鸡肉，倒入一半量切碎的洋葱，炒至柔软。

❸ 重新放入鸡腿，盖锅盖，小火煮20分钟。

❹ 加水、盐和月桂叶，用锅铲刮掉锅底的结块。煮至沸腾。

❺ 加入鸡胸肉，炖煮20分钟，取出鸡胸肉并静置冷却。

❻ 过滤，静置10分钟（油脂将浮在表面）。

❼ 半根胡萝卜去皮，横着切两段，再纵向对半切开，最后切成小丁。芹菜茎切小丁。

❽ 用汤匙撇起鸡汤的油脂，留存备用（约2汤匙油脂），用来炒蔬菜。

❾ 用煮鸡汤的平底锅以中到大火加热鸡油。

❿ 倒入胡萝卜、芹菜、剩下的洋葱和一小撮盐，翻炒几分钟，至蔬菜软烂。

⓫ 倒入鸡汤（和容器内残留的含有少量鸡胸肉的鸡汁），煮至微滚，炖煮15分钟。

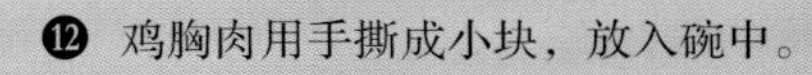

⓬ 鸡胸肉用手撕成小块，放入碗中。

⓭ 欧芹洗净，擦干，摘叶，叶子叠放，切碎。半个柠檬榨汁。

⓮ 将鸡肉加入汤中，煮10分钟。

⓯ 烹饪结束前5分钟，煮沸鸡汤，加入粉丝。

⓰ 平底锅离火，加柠檬汁，撒黑胡椒，搅拌。撒欧芹碎，上桌。

扁豆汤

黎巴嫩

4人份

准备时间：15分钟

烹调时间：35分钟

原料

250克绿扁豆
1个洋葱
25克黄油
2根肉桂棒
1升鸡汤（或1块浓缩鸡汤块）
1茶匙盐
黑胡椒

❶ 扁豆洗净，沥干水分。洋葱去皮，切碎。

❷ 以中火熔化黄油，倒入洋葱，炒软。加入扁豆，搅拌。

❸ 倒入鸡汤，加入肉桂棒，煮25分钟，时不时撇去浮渣，最后撒盐和黑胡椒。

❹ 取出肉桂棒，将一半量的扁豆汤倒入搅拌机中打成糊状。

❺ 将扁豆糊倒回锅中，重新放在火上加热，搅拌，加热几分钟。

❻ 趁热食用。

羊肉饼

黎巴嫩

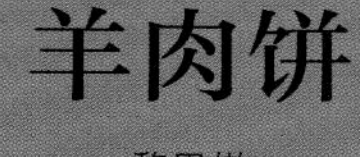

25~30块饼

准备时间：50分钟

烹调时间：1小时

原料

700克羊后腿肉
350克布格麦
75克松子仁
6个洋葱
100毫升＋3汤匙橄榄油
盐和黑胡椒

事先准备

羊肉切小块，于阴凉处保存。布格麦用大量冷水浸泡10分钟。烤箱预热至180℃。用双手挤压布格麦，挤出尽量多的水分，备用。

❶ 洋葱去皮，切碎。羊后腿肉搅碎，取500克放入冰箱备用。

❷ 以中火加热橄榄油，放入松子仁，炒上色。

❸ 盛出松子仁。倒入切碎的洋葱，煸炒10分钟至上色。

❹ 加入半绞肉，撒盐和黑胡椒，再煮10分钟。保留1大勺松子仁，剩下的在关火时倒入锅中搅拌均匀，制成馅料。

❺ 从冰箱中取出备用的羊肉，与布格麦和2茶匙盐混合搅打数次，直到打成顺滑的肉泥。

❻ 在大烤盘上刷1汤匙油，将一半量的肉泥铺在烤盘内，压实，表面均匀铺上馅料。

❼ 手掌沾水，把剩下的肉泥拍成数个薄薄的肉饼，摆放在馅料上。用沾水的手指按压，使其与馅料紧密贴合在一起。将肉饼切成菱形。

❽ 每块肉饼中间插入1粒松子仁，将2汤匙油刷在肉饼表面。入烤箱烤40~45分钟，直至肉饼上色，质地变得紧实。

糖浆炸糕

黎巴嫩

20块炸糕

准备时间：15分钟
等待时间：30分钟

烹调时间：20分钟

原料

250克绵羊酸奶
125克面粉
半茶匙小苏打
85毫升清水
170克细砂糖
1汤匙橙花水
油炸用油

❶ 用刮刀混合搅拌绵羊酸奶、面粉和小苏打。

❷ 将混合物用茶巾覆盖，于常温放置30分钟。

❸ 水中放入细砂糖，煮至沸腾。关小火，保持微滚状态10分钟。

❹ 糖浆煮好后，关火，加入橙花水，搅拌。

❺ 加热油炸用油，放入面糊块，炸5分钟，直至表面金黄。

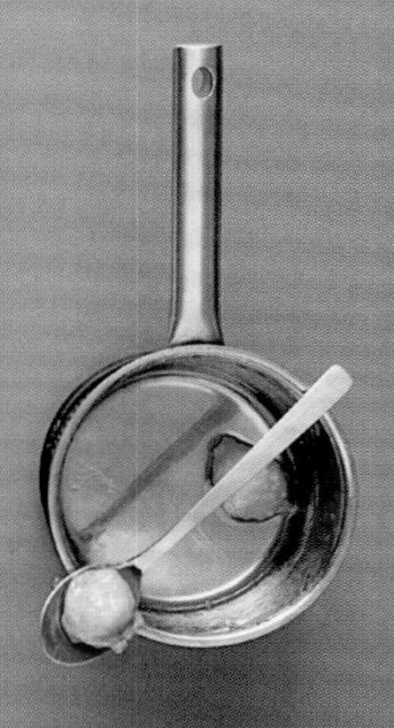

❻ 趁热将炸糕倒入糖浆中，充分搅拌，用漏勺捞出。

黎巴嫩布丁

黎巴嫩

4人份

准备时间：20分钟
等待时间：2小时

烹调时间：10分钟

原料

500毫升牛奶
100克细砂糖
45克玉米淀粉
30毫升玫瑰水
30毫升橙花水
20克去壳开心果
20克去皮杏仁

❶ 将玉米淀粉倒入100毫升牛奶中，搅拌均匀。

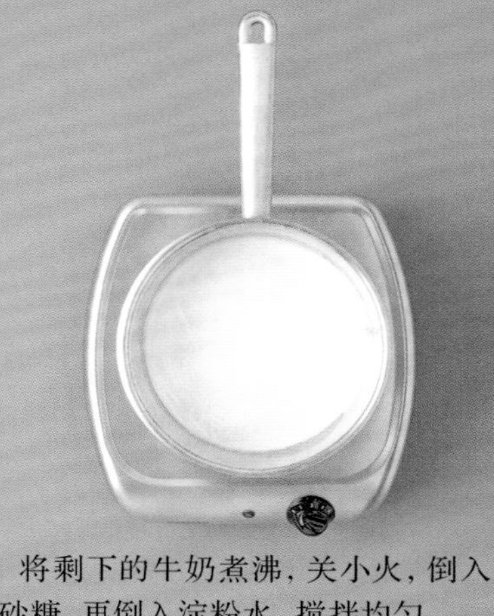

❷ 将剩下的牛奶煮沸，关小火，倒入细砂糖，再倒入淀粉水，搅拌均匀。

❸ 关火，倒入玫瑰水和橙花水的混合物，搅拌。

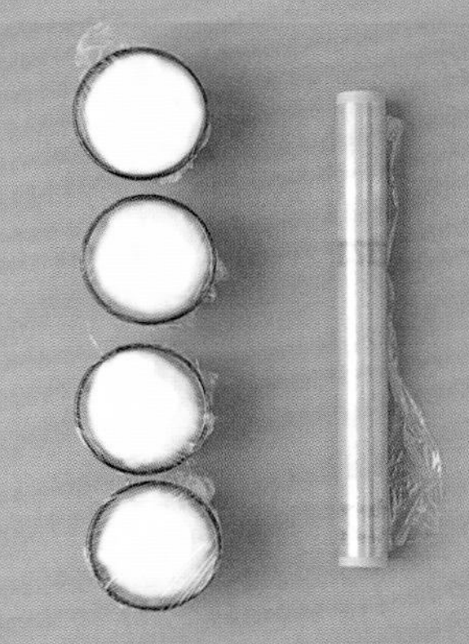

❹ 倒入4个布丁模具中，用保鲜膜密封，放入冰箱（冷藏2小时）。

❺ 将杏仁和开心果压碎，倒入平底锅中，不用放油，炒至上色。

❻ 将炒好的杏仁和开心果撒在布丁上。

炸鹰嘴豆丸子

以色列

24个丸子

准备时间：25分钟

烹调时间：6分钟

原料

125克鹰嘴豆
1根大葱和半根西葫芦
6克香菜和6克平叶欧芹
1粒蒜瓣
$\frac{1}{4}$茶匙黑胡椒粉
$\frac{1}{4}$茶匙肉桂粉
半茶匙香菜粉
1茶匙盐
半茶匙小苏打
油炸用油

事先准备

提前一天将鹰嘴豆洗净，挑出坏掉的和起皱的豆子。放入加了半茶匙小苏打的大量清水中浸泡，放置在阴凉处。

❶ 香菜和欧芹洗净，擦干，摘叶。

❷ 去除大葱葱皮和葱绿，洗净，切成小段。

❸ 蒜瓣去皮。西葫芦洗净，切块。

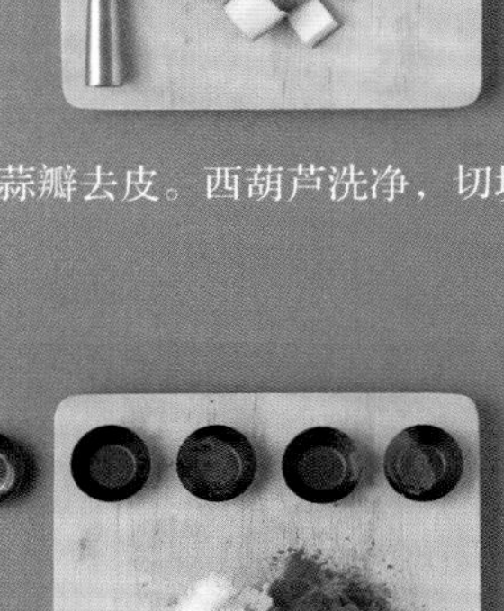

❹ 鹰嘴豆沥干水分，和西葫芦、香菜、平叶欧芹一起倒入搅拌机搅打成糊状。

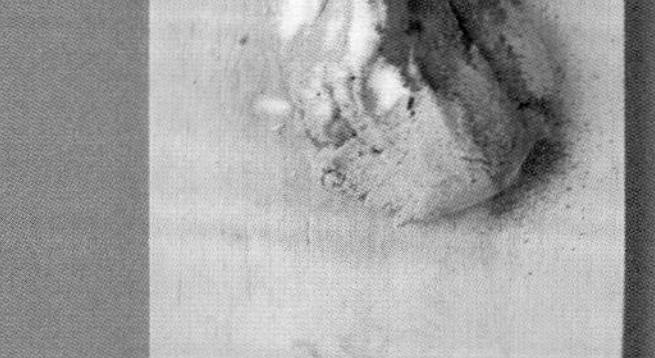

❺ 将糊状物倒在案板上，加入3种香料粉、盐和小苏打。

❻ 揉捏成质地紧实均匀的面团（需要1~2分钟）。

❼ 将面团分成25份，双手沾水，搓成丸子。

❽ 取一只大平底锅，加热油炸用油，倒入丸子，炸6分钟。

❾ 用漏勺捞出炸好的丸子，放在吸油纸上，趁热上桌。

炸鹰嘴豆丸子三明治

以色列

4人份

准备时间：15分钟

—

原料

25个炸鹰嘴豆丸子（参见276页）
12克薄荷
12克平叶欧芹
10个樱桃番茄
300克小萝卜
4个皮塔饼（参见262页）
中东酸奶酱

事先准备

将炸鹰嘴豆丸子放入平底锅或预热至200℃的烤箱中，重新加热几分钟。

❶ 薄荷和平叶欧芹洗净，擦干，摘叶，切成较大的碎片。

❷ 樱桃番茄洗净，切块。小萝卜切去缨，洗净，每个切成3~4个圆片。

❸ 用锯齿刀把皮塔饼从中间片开，边缘不要切断。

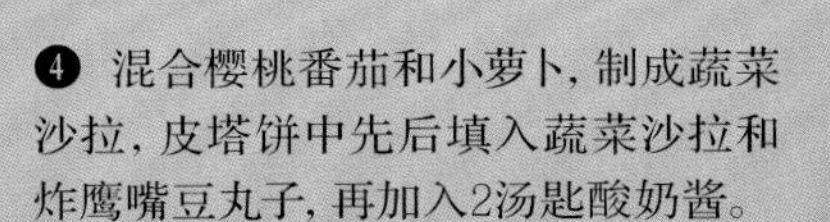

❹ 混合樱桃番茄和小萝卜，制成蔬菜沙拉，皮塔饼中先后填入蔬菜沙拉和炸鹰嘴豆丸子，再加入2汤匙酸奶酱。

拌菠菜

伊朗

4人份

准备时间：20分钟
等待时间：15分钟

烹调时间：25分钟

原料

250克解冻的菠菜碎
1茶匙姜黄
250克酸奶奶酪
1个洋葱
1汤匙橄榄油
1粒蒜瓣
半茶匙肉桂粉
盐

事先准备

菠菜放入滤器中过滤水分。
大蒜去皮，按压，切碎。
洋葱去皮，切碎。

❶ 平底锅中火热油，倒入洋葱和大蒜，煸炒10分钟至上色。

❷ 在另一只锅中放入菠菜，再加入一小撮盐，盖锅盖，中火加热5分钟。

❸ 平底锅中加入姜黄，搅拌，取一半量炒好的洋葱，放入小容器中。

❹ 向锅中剩下的洋葱中加入菠菜，盖锅盖，中火煮10分钟，不断翻炒。

❺ 将菠菜和洋葱的混合物倒入容器中降温，再加入酸奶奶酪，仔细搅拌。

❻ 在混合物上撒上备用的炒洋葱，放入冰箱至少15分钟，上桌前撒肉桂粉。

变化版本

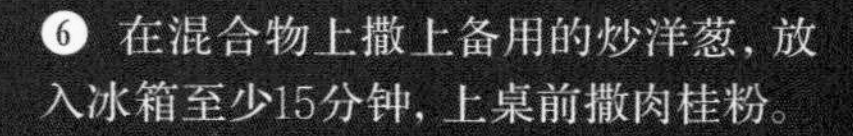

需要快速料理时，可用希腊酸奶代替酸奶奶酪。但成品质地会更稀。

伊朗黄瓜酸奶蘸酱

伊朗

4人份

准备时间：10分钟
沥水时间：10分钟

烹调时间：1小时

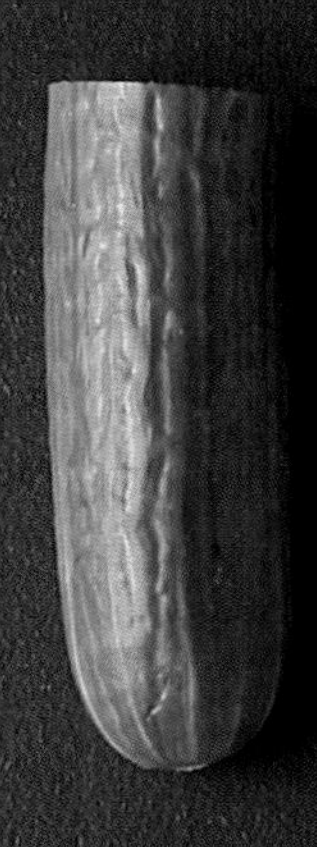

原料

250克酸奶奶酪（参见266页）
$\frac{3}{4}$茶匙盐
半根黄瓜
十几片薄荷叶
1个小蒜瓣
黑胡椒

❶ 黄瓜去皮，用小勺去籽，擦细丝。

❷ 置于细目筛网中，撒盐，等待10分钟，沥去水分。

❸ 薄荷叶洗净，擦干，叠放，卷起，切碎。

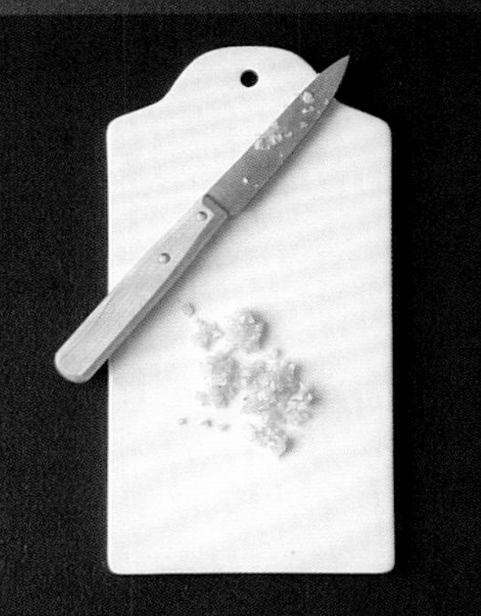

❹ 大蒜去皮，除芽，按压，切碎。

❺ 用餐叉按压筛网中的黄瓜。

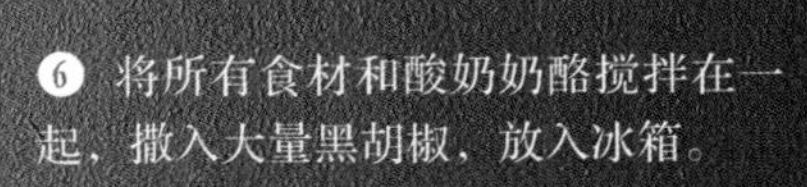

❻ 将所有食材和酸奶奶酪搅拌在一起，撒入大量黑胡椒，放入冰箱。

茄子炖菜

伊朗

4人份

准备时间：40分钟

烹调时间：1小时25分钟

原料

500克鸡胸肉
500克番茄碎
2个茄子
2个洋葱
2粒蒜瓣
3汤匙橄榄油＋200毫升油炸用橄榄油
1茶匙姜黄
2个蛋白
$1\frac{1}{2}$茶匙盐
1汤匙白葡萄酒醋
2个番茄
1个青柠檬
黑胡椒

❶ 洋葱去皮，切薄片。大蒜瓣去皮，除芽，压碎。鸡胸肉切细条。

❷ 取煎炒用的平底锅，以中火热油。加入洋葱，煸炒5分钟，再倒入鸡肉和大蒜，炒15分钟。

❸ 撒姜黄和黑胡椒，再倒入番茄碎。煮至沸腾。关小火，盖锅盖，煮15分钟。

❹ 茄子去皮，切成两半，每半边切4块。

❺ 蛋清中加半茶匙盐和白葡萄酒醋，搅打至起泡。

❻ 茄子蘸蛋清后放入5毫米高的油中炸制。将炸好的茄子放在吸油纸上。

❼ 番茄去皮，切4块，去籽。

❽ 将茄子摆放在鸡肉上，再摆放番茄，盖锅盖，煮30分钟。

❾ 柠檬榨汁，柠檬汁中倒入1茶匙盐。

❿ 将加了盐的柠檬汁倒在茄子上，稍稍倾斜炒锅，将锅中食材搅拌均匀。

⓫ 盖锅盖，继续煮15分钟后装盘。

注意事项

茄子炖菜通常搭配伊朗米饭食用（参见283页）。

塞馅鳟鱼

伊朗

4人份

准备时间：20分钟
等待时间：30分钟

烹调时间：10~12分钟

原料

4条小鳟鱼
1粒蒜瓣
2个柠檬
50克核桃粉
60克盐肤木粉
2汤匙油
盐和黑胡椒

事先准备

大蒜去皮，切成两半。

❶ 柠檬榨汁。鳟鱼用水冲洗，并用吸水纸擦干。用切成两半的蒜瓣擦拭鱼皮。在鱼的表面撒大量盐，再撒黑胡椒。

❷ 大蒜压碎，再剁成细末。混合蒜末、核桃粉和满满1汤匙盐肤木粉。

❸ 鱼身内填入馅料，摆放在盘中。其上洒柠檬汁。鱼身覆盖剩下的盐肤木。盖上保鲜膜，放入冰箱30分钟。

❹ 预热烤箱，烤盘放入烤箱下层，鱼肉上淋上橄榄油，烤10~12分钟：鱼皮应该变成褐色。即可食用。

伊朗米饭

伊朗

4人份　准备时间：10分钟　烹调时间：1小时

原料

300克印度香米
600毫升清水
2茶匙粗盐
125克酸奶（1罐）
80克无盐黄油，切小块

❶ 将大米放入容器中，倒入水，搅拌。沥水。再重复2次。沥干水分。

❷ 用少量清水稀释酸奶，再倒入剩下的清水。

❸ 将沥干水分的大米倒入平底锅。加酸奶和水的混合物、盐和黄油。

❹ 煮至沸腾，直至大米几乎吸收掉全部水分：米饭被水蒸气穿出孔洞。

❺ 搅拌，盖锅盖，中火煮45分钟。当米饭外围上色时，意味着已经煮好。

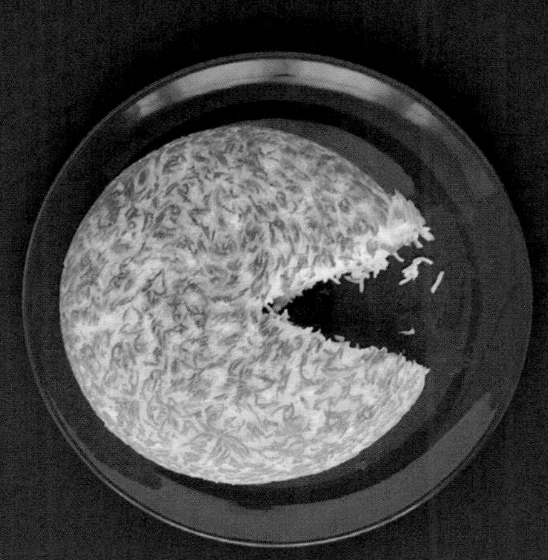

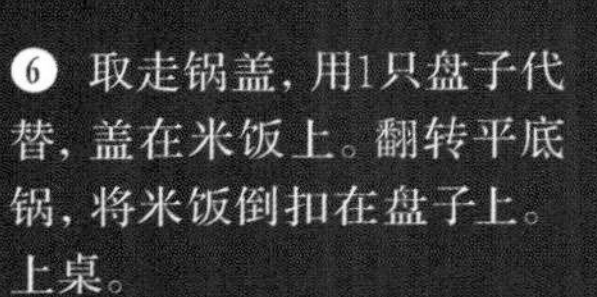

❻ 取走锅盖，用1只盘子代替，盖在米饭上。翻转平底锅，将米饭倒扣在盘子上。上桌。

3

亚洲和大洋洲

印度奶酪

印度

400克奶酪

准备时间：15分钟
等待时间：30分钟

烹调时间：10分钟

原料

2升非均质牛奶，如果没有，也可用全脂牛奶代替

2~3汤匙柠檬汁

准备

牛奶倒入厚平底锅，煮至沸腾。加入柠檬汁，缓慢搅动，直至牛奶凝结。漏勺中铺细薄的纱布，倒入结块的牛奶。合拢纱布，放入容器中。上面压重物，静置30分钟，使奶酪质地更加紧实（时间越久越紧实）。取掉纱布，将奶酪放入密封容器并置于冰箱中保存，随时取用。

注意事项

印度奶酪是一种以牛奶为基础的新鲜奶酪。质地柔软，如在制作过程中上面压较重的重物，也可变得足够紧实。有轻柔的奶制品香气，可在冰箱中密封保存3~4天。

姜蒜泥

印度

200克姜蒜泥

准备时间：20分钟

烹调时间：10分钟

原料

150克新鲜生姜

100克蒜瓣

准备

生姜去皮；切大块，大蒜瓣去皮。姜、蒜放入搅拌机或香料研磨器中，搅打或研磨成质地均匀的糊状。倒入密封罐中，需要时取用。

注意事项

姜蒜泥冷藏可保存一天。剩下的冷冻起来，使用时只需用少量热水解冻。也可将制作好的姜蒜泥分成2份保存，以备不时之需。

酥油

印度

250毫升酥油　　准备时间：5分钟　　烹调时间：15分钟

准备

在小平底锅中熔化黄油。冷却，用铺了细纱布的滤器过滤出渣滓，以得到澄清的液体。将制作完成的酥油倒入密封容器中，室温保存。酥油会随时间推移变得浓稠。

注意事项

和黄油不同，酥油可用极高的温度加热而不会烧焦。在印度料理中应用十分广泛。

原料

250克有机黄油

葛拉姆马萨拉综合香料

印度

60克综合香料

准备时间：5分钟

烹调时间：5分钟

原料

2根肉桂棒
2茶匙丁香
2茶匙黑胡椒粒
2茶匙茴香籽
2茶匙绿豆蔻果
2茶匙香菜籽
2片月桂叶

准备

将全部7种香料倒入平底锅中煸炒出香味。炒好的香料放入香料研磨器，搅拌机或研钵中，研磨或搅打成细碎的粉末，用筛网过滤。制作完成的综合香料用密封罐保存。

番茄酸辣酱

印度

1.5千克酸辣酱

准备时间：20分钟

烹调时间：40分钟

原料

1千克成熟的番茄，切碎
60克葡萄干
200克粗糖或红糖
180克去核的椰枣，切碎
1茶匙黑芥末籽
1汤匙葵花籽油
1茶匙孜然粒
1茶匙葫芦巴籽
1茶匙茴香籽
2汤匙白醋
1茶匙盐

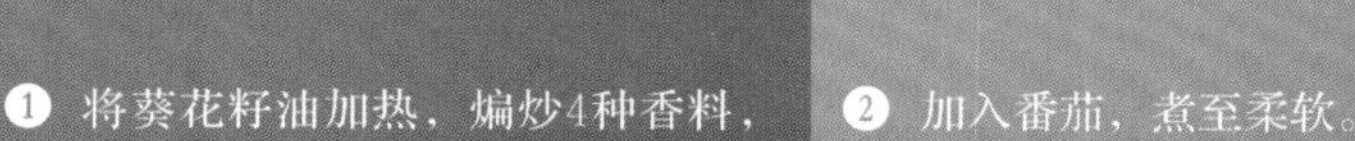

❶ 将葵花籽油加热，煸炒4种香料，直至芥末籽裂开。

❷ 加入番茄，煮至柔软。

❸ 加入葡萄干、粗糖、椰枣、白醋和盐，炖煮20分钟，直至混合物变得浓稠。

❹ 倒入消过毒的密封罐中，密封保存。可作为印度咖喱角的蘸酱使用。

芒果酸辣酱

印度

4人份

准备时间：15分钟

烹调时间：45分钟

❶ 芒果去皮，去核，果肉切块。

原料

2.5千克未成熟的芒果
1个红洋葱，切碎
1汤匙擦丝的新鲜生姜
150毫升白醋
125克粗糖或棕榈糖
半茶匙葛拉姆马萨拉综合香料
$\frac{1}{4}$茶匙豆蔻粉
半茶匙辣椒粉

❷ 将所有食材放入平底锅，小火煮至糖溶解。

❸ 继续煮至沸腾，关小火，炖煮约40分钟。不时检查混合物是否粘底。

❹ 盛入罐中，压实，放入带耐酸性密封盖的容器中密封保存。可保存几个月。

蔬菜沙拉

印度

4人份

准备时间：10分钟

—

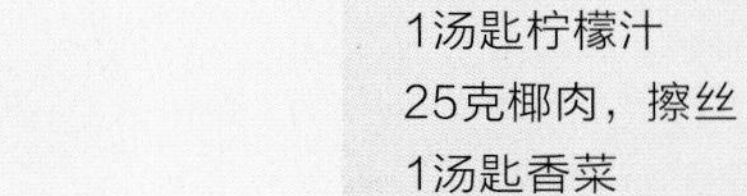

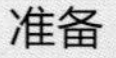

原料

2个番茄
1个较小的红洋葱
1汤匙切碎的香菜
2茶匙柠檬汁
一小撮盐

准备

番茄和洋葱切丁，倒入碗中。加入香菜碎、柠檬汁和盐，搅拌。

拌香蕉

印度

4人份

准备时间：10分钟

—

原料

3根香蕉
1汤匙柠檬汁
25克椰肉，擦丝
1汤匙香菜

准备

香蕉切厚片，盛入碗中，倒入柠檬汁，搅拌。加入椰肉丝和香菜碎。

薄荷酸奶

印度

4人份

准备时间：10分钟

—

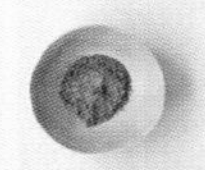

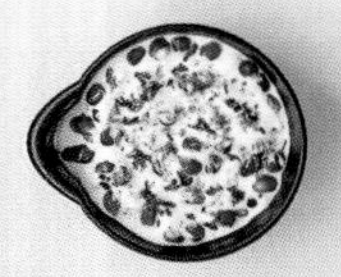

原料

125毫升原味酸奶
15克香菜叶
7克薄荷叶
2粒蒜瓣
1汤匙姜丝
半茶匙孜然粉
2茶匙粗糖或红糖
盐

准备

将所有原料混合搅打，得到质地均匀的酸奶。

拌黄瓜

印度

4人份

准备时间：10分钟

—

原料

半根黄瓜
125毫升原味酸奶
$\frac{1}{4}$茶匙孜然
$\frac{1}{4}$茶匙盐
$\frac{1}{4}$茶匙糖
1汤匙切碎的香菜
1汤匙切碎的薄荷

准备

黄瓜切丁，盛入碗中，倒入原味酸奶、孜然、盐、糖、香菜碎和薄荷碎，搅拌。

酸角酸辣酱

印度

375毫升酸辣酱

准备时间：15分钟

烹调时间：15分钟

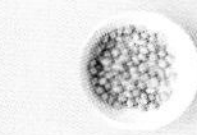
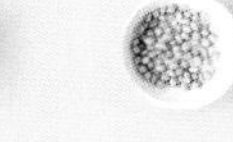

原料

1茶匙孜然粒
1茶匙香菜籽
$\frac{1}{4}$茶匙辣椒粉（可选）
2汤匙葵花籽油
90克粗糖或红糖
250毫升酸角水
半茶匙生姜泥
半茶匙海盐

准备

用热油煸炒孜然粒、香菜籽和辣椒粉，炒出香味。加入粗糖和1汤匙水，边煮边搅动，直至糖完全溶解。加入酸角水和生姜；保持沸腾状态10分钟，直至混合物减少$\frac{1}{3}$，变得浓稠。加盐，搅拌均匀后倒入罐中，密封保存。

椰果酸辣酱

印度

125克酸辣酱

准备时间：5分钟

烹调时间：10分钟

原料

45克椰丝
1汤匙新鲜的生姜丝
1茶匙黑芥末籽
1个干红辣椒
4片咖喱叶
1汤匙葵花籽油
海盐

准备

将椰丝、生姜、2汤匙清水搅打成泥状。倒入碗中。用热油把芥末籽、红辣椒和咖喱叶煸出香味，直至芥末籽爆裂。将辣油混合物倒入椰丝混合物中，用盐调味。可作为调味料搭配印度烤饼或咖喱角，也可作为印度薄饼的蘸酱。

薄荷酸辣酱

印度

375毫升酸辣酱

准备时间：15分钟

—

原料

2个青辣椒
15克薄荷叶
30克香菜叶
1粒蒜瓣，切碎
1个较小的红洋葱，切碎
1汤匙柠檬汁
1茶匙糖
海盐

准备

青椒切两半，用勺子挖出籽和筋，再切碎。将切碎的青椒倒入搅拌机，再加入其他全部食材和2汤匙清水，搅拌成均匀的混合物。如果将酸辣酱用于烹饪南亚香料煮蔬菜（chaat），可加入1~2汤匙水稍稍稀释。也可作为调料搭配印度烤饼、多萨薄饼卷或咖喱角等小吃。

香菜酸辣酱

印度

375毫升酸辣酱

准备时间：15分钟

—

原料

185毫升原味酸奶
2粒蒜瓣
1块新鲜生姜
2个柠檬
15克薄荷叶
30克香菜叶
1茶匙糖
海盐

准备

大蒜切碎，生姜去皮，擦丝，柠檬榨汁。将大蒜、生姜、柠檬汁、薄荷、香菜、糖、盐和酸奶混合搅打成质地均匀的酱汁。

青柠檬泡菜

印度

2升泡菜

准备时间：30分钟
等待时间：7天

烹调时间：1分钟

原料

16个青柠檬，洗净，擦干
250克盐
1茶匙葫芦巴籽
1茶匙芥末籽
2汤匙葵花籽油
2茶匙姜黄
1茶匙阿魏
95克辣椒粉
2汤匙细砂糖

注意事项

泡菜可在室温阳光下放置两周。冰箱里保存6个月。

❶ 所有柠檬切两半，再切块，每块再切两半。放入容器中，

❷ 柠檬放入容量为1升的玻璃广口瓶中，密封，室温下放置1周。

❸ 将葫芦巴籽和芥
炒1分钟。再倒入研
魏，一起捣碎，制成

❹ 将综合香料、辣椒粉、糖和柠檬倒入非金属容器，搅拌。再倒入广口瓶，密封保存。

茄子泡菜

印度

900毫升泡菜

准备时间：30分钟
等待时间：30分钟

烹调时间：35分钟

原料

2个较大的茄子
3汤匙盐
1茶匙姜黄
2茶匙辣椒粉
1茶匙孜然粉
1茶匙葫芦巴籽
250毫升葵花籽油
3汤匙姜蒜泥（参见286页）
2个小青辣椒
6片咖喱叶
250毫升麦芽醋
2汤匙粗糖或红糖

❶ 茄子切丁，放在滤器中，撒盐。静置30分钟。

❷ 用热油煸炒姜黄、辣椒粉、孜然粉和葫芦巴籽。倒入姜蒜泥、小青辣椒和咖喱叶，炒10分钟。

❸ 倒入茄子、麦芽醋和粗糖，煮15~20分钟，直至茄子软烂。

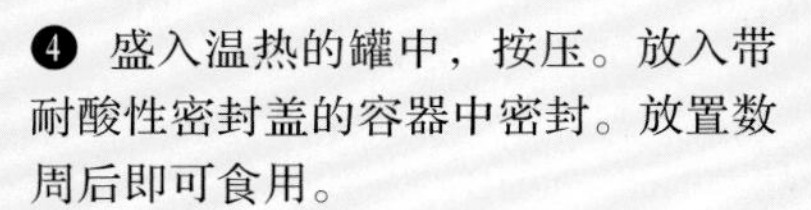

❹ 盛入温热的罐中，按压。放入带耐酸性密封盖的容器中密封。放置数周后即可食用。

馕

印度

6个馕

准备时间：30分钟
等待时间：4小时

烹调时间：20分钟

原料

1茶匙活性干酵母
180毫升温水
1茶匙细砂糖
250克精制小麦面粉或普通面粉
1茶匙泡打粉
一小撮盐
$2\frac{1}{2}$汤匙原味酸奶
2汤匙葵花籽油
50克酥油
3粒蒜瓣，切碎

准备

烤箱预热至250℃，烤网置于烤箱中部。将活性干酵母、水和糖混合，静置，起泡。容器中混合面粉、泡打粉和盐。逐次加入活性酵母混合物和酸奶，搅拌成面糊，揉捏几分钟，形成质地均匀的面团。密封，发酵3~4小时，面团体积增大到2倍。手掌沾少量油，把面团分成6份。每份小面团放在撒了面粉的操作台上，擀成椭圆形的面饼。将面饼放在比萨盘或普通烤盘上，入烤箱烤3分钟。涂抹酥油和大蒜碎，趁热食用。

变化版本

也可在面团中间填入擦丝的印度奶酪、杏仁碎和苏丹娜葡萄的混合物。

油炸饼

印度

14张油炸饼

准备时间：30分钟

烹调时间：20分钟

原料

125克精制小麦面粉或普通面粉
125克全麦面粉
1汤匙酥油
1撮盐
油炸用葵花籽油

准备

所有面粉倒入容器，加酥油，用餐刀搅拌，再加入盐。缓缓加入水（最多125毫升）每次加1汤匙，直至搅拌成面团。揉捏至面团质地均匀：手指按压后可回弹。用汤匙挖出1个丸子形状的面团，将其浸入油中，转动摊平形成面饼。在大锅中加热油炸用油。放入面饼，当其浮起来时，往上面浇热油。用勺背压面饼，使其浸入油中。翻面，炸至金黄酥脆。放在吸油纸上吸去多余油分，上桌。

注意事项

也可以将油炸饼面团放在抹过油而非撒了面粉的操作台上擀成面饼。

印度烤饼

印度

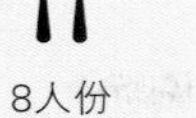
8人份

准备时间：30分钟

烹调时间：10分钟

准备

将面粉和盐放入容器。加入125毫升清水，搅拌成面糊。继续加入清水，每次1汤匙，直至形成球形的面团。揉捏至均匀，即手指按压后可回弹。用汤匙挖出1块面团，擀成面饼，在面饼表面撒面粉，防止粘连。加热平底不粘锅，放入面饼，烤至起泡。翻面，用吸油纸轻拍表面，直至面饼鼓起。烤好的饼上涂抹酥油。用茶巾盖好，在烤制剩下的面饼时为其保温。

小窍门

和面时应少量多次加水，如果面团很黏手，制成的面饼会比较厚重。

原料

200克普通小麦面粉或全麦面粉
一小撮盐
50克酥油

炸印度脆饼

印度

—

—

烹调时间：10分钟

准备

取一只较深的平底锅，把油加热到180℃：以此油温将一块饼炸至变色只需30秒。放入1片面饼，当其开始膨胀时，用夹子小心翻面。从锅中取出炸好的脆饼，放在吸油纸上。以同样方法炸制剩下的面饼。可作为印度料理的头盘或搭配咖喱食用。

原料

葵花籽油，油炸用
1袋生脆饼

南瓜酸豆汤

印度

4人份

准备时间：30分钟

烹调时间：30分钟

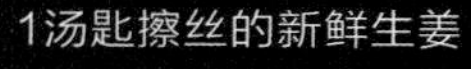

原料

185克去荚的吉豆
200克奶油南瓜，去皮，切细条
2个番茄，切薄片
1汤匙葵花籽油
2个小红洋葱，切碎
2粒蒜瓣，切碎
1茶匙黑芥末籽
1汤匙擦丝的新鲜生姜
1汤匙酸豆汤粉
250毫升酸角水
1汤匙阿魏
2汤匙香菜碎
盐

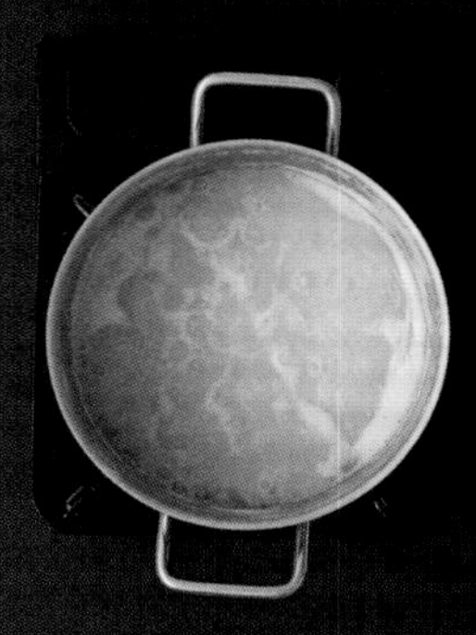

❶ 将吉豆倒入1.5升水中，煮30分钟，煮软。

❷ 加入南瓜和番茄，继续煮，如有需要，可加水。

❸ 将香料放入热油中煸炒，然后倒入洋葱、大蒜和生姜。

❹ 加酸豆汤粉，煮1分钟。再加酸角水，煮至沸腾。

❺ 混合物倒入南瓜，加入阿魏。撒盐，重新加热。

❻ 撒香菜，搭配米饭食用。

❶ 将黄豆、羊绞肉和5种香料倒入平底锅。

沙米烤肉

印度

12人份

准备时间：20分钟

烹调时间：30分钟

原料

500克羊绞肉
2汤匙印度黄豆，冷水中浸泡2小时，再沥干水分
2颗棕色豆蔻，碾碎
2颗绿色豆蔻，碾碎
3粒黑胡椒
1根肉桂棒
3个丁香
1个蛋白
1汤匙新鲜生姜，擦丝
1个青辣椒，切碎
2汤匙香菜碎
葵花籽油

❷ 以中火加热，搅动，直至羊肉变柔软，所有食材变干燥。沥干水分，挑出整块的香料。

❸ 均匀混合羊肉混合物和蛋白。再加入生姜、青辣椒和香菜碎，搅拌均匀，捏成丸子。

❹ 加热少许油，丸子下锅，表面煎成褐色。冷却，搭配酸辣酱食用。

蔬菜三角饼

印度

12个三角饼

准备时间：30分钟
等待时间：20分钟

烹调时间：1小时

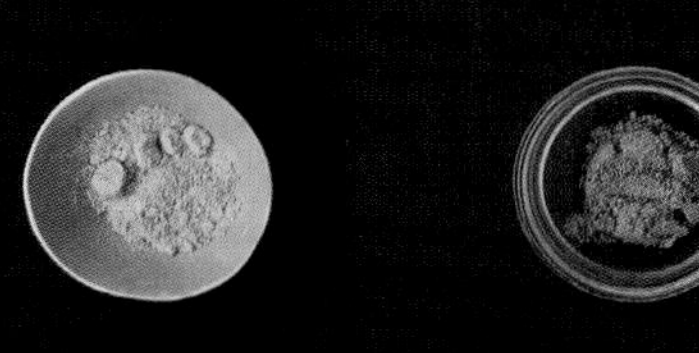
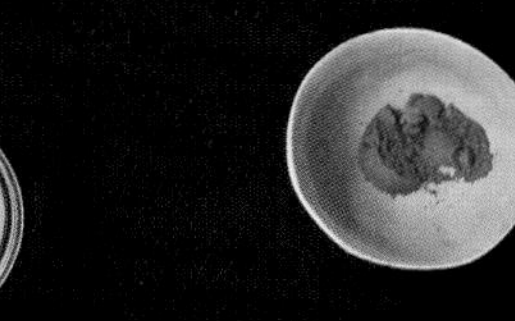
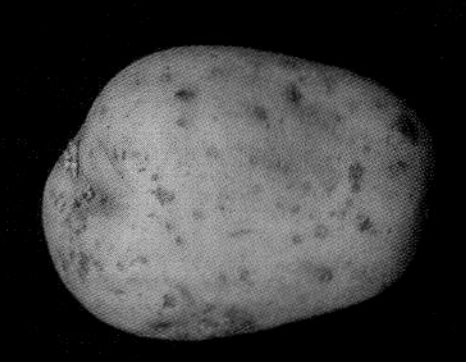
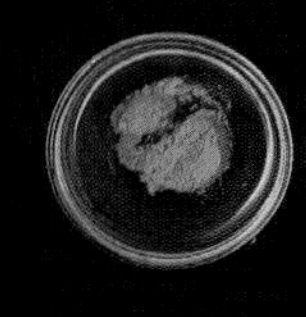

面团

125克普通面粉
2汤匙颗粒较小的小麦粉
一小撮盐
1汤匙葵花籽油，额外准备一些用于油炸

馅料

2汤匙葵花籽油
50克豌豆
半茶匙姜黄
1茶匙孜然粒
1茶匙香菜粉
1茶匙葛拉姆马萨拉综合香料
半茶匙芒果粉
$\frac{1}{4}$茶匙辣椒粉（可选）
2个马铃薯，去皮，切丁，蒸熟
100克印度奶酪，擦丝（参见286页）

❶ 将普通面粉、小麦粉和盐倒入容器，中间挖洞。

❷ 加入油和约60毫升温水，用手揉成面团。

❸ 面团揉捏至质地均匀，盖上保鲜膜，发酵20分钟。分成6份。

❹ 制作馅料，在锅中以热葵花籽油煸炒豌豆，撒入姜黄和孜然粒，炒至豌豆变软。

❺ 加入剩下的4种香料和马铃薯块，把所有食材炒热，加入印度奶酪。

❻ 取1个小面团，擀成直径15厘米的圆饼。切成两半，边缘沾水。折叠成2个圆锥形。

❼ 在圆锥形面皮中间填满马铃薯馅料，折叠顶部将面皮封住。以相同方法处理剩下的面团和馅料。

❽ 加热油炸用的葵花籽油，放入三角饼，炸至两面金黄酥脆。

❾ 将炸好的三角饼放在吸油纸上吸去多余油分，趁热食用。

五色豆

印度

4人份

准备时间：20分钟
等待时间：2小时

烹调时间：1小时

原料

100克印度黄豆
120克去荚的吉豆
100克去荚的珊瑚色小扁豆
100克去荚的黑吉豆
120克兵豆
半茶匙姜黄
半茶匙盐
一小撮葛拉姆马萨拉综合香料
葫芦巴叶

咖喱酱

3粒蒜瓣，切碎
1个红洋葱，切碎
2汤匙酥油
1茶匙孜然粒
2个较大的干红辣椒
2个熟透的番茄，切碎

❶ 将5种印度黄豆用冷水浸泡2小时，冲洗，沥干水分。

❷ 豆子倒入锅中，加姜黄和盐，用1.2升水煮至沸腾。

❸ 加热酥油，倒入大蒜瓣和洋葱，煸炒5分钟至上色。

❹ 加入孜然粒，干红辣椒和番茄，煸炒。

❺ 将炒好的咖喱酱倒入煮豆子的锅中，充分搅拌。

❻ 加入葛拉姆马萨拉综合香料和葫芦巴叶，盖锅盖，继续煮5分钟，上桌。

❶ 将吉豆和小扁豆用冷水冲洗3遍，洗干净。

❷ 将2种豆子倒入平底锅中，加1升水。煮至沸腾，加姜黄和盐。煮20分钟。

❸ 在平底锅中加热酥油，加入洋葱，煸炒5分钟至金黄。

❹ 加入番茄、大蒜、青辣椒和孜然粒，继续煸炒，不断搅动。

❺ 菠菜加入盛有豆子的锅中，煮5分钟，直至菠菜软烂。

菠菜黄豆

印度

4人份

准备时间：15分钟

烹调时间：40分钟

原料

120克去荚的吉豆
100克去荚的珊瑚色小扁豆
100克菠菜，切碎
1茶匙姜黄
半茶匙海盐
1汤匙酥油
1个小红洋葱，切碎
1个成熟的番茄，切碎
1粒蒜瓣，切片
1个青辣椒，切圆圈（可选）
1茶匙孜然粒

❻ 将洋葱和番茄的混合物倒入豆子中，再将少许豆子倒回到炒洋葱的平底锅中，搅动，刮去锅底的残渣，全部倒入煮豆子的锅中，用盐调味，上桌。

花菜马铃薯

印度

4人份

准备时间：20分钟

烹调时间：30分钟

原料

2个马铃薯，去皮，切丁
500克花菜，分成小朵
2汤匙酥油
1茶匙黑芥末籽
1茶匙孜然粒
半茶匙姜黄
1个红洋葱，切碎
1汤匙姜蒜泥（参见286页）
香菜叶，切碎
柠檬块，摆盘用

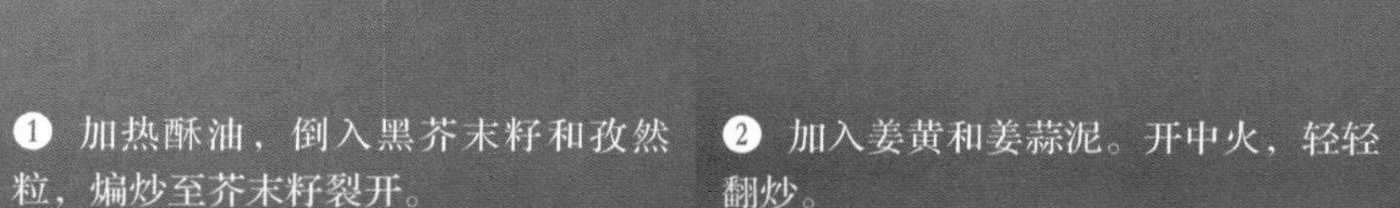

❶ 加热酥油，倒入黑芥末籽和孜然粒，煸炒至芥末籽裂开。

❷ 加入姜黄和姜蒜泥。开中火，轻轻翻炒。

❸ 倒入花菜、马铃薯和500毫升清水，盖锅盖，煮约15分钟，直至蔬菜变软。

❹ 撒入香菜碎和柠檬汁。

咖喱蔬菜

印度

4人份

准备时间：30分钟
浸泡时间：1晚

烹调时间：40分钟

原料

100克鹰嘴豆
1个较小的红色柿子椒，切碎
300克红薯，切碎
1根西葫芦，切圆片
80克豌豆
400克番茄，切碎
1茶匙孜然粒
半茶匙茴香籽
半茶匙葫芦巴籽
2汤匙酥油
1汤匙新鲜生姜，擦丝
1个红洋葱，切碎
一小撮阿魏
1茶匙葛拉姆马萨拉综合香料
半茶匙姜黄
2汤匙原味酸奶
盐

❶ 鹰嘴豆用冷水浸泡一夜。沥干水分，煮熟。再次沥干水分，备用。

❷ 加热酥油，倒入孜然粒、茴香籽和葫芦籽，煸炒。加入生姜、洋葱和阿魏，炒至洋葱变色。

❸ 倒入4种蔬菜、鹰嘴豆、60毫升清水、葛拉姆马萨拉综合香料和姜黄，煮至沸腾。调至小火，继续煮20分钟。

❹ 加入酸奶，用盐调味，搭配印度烤饼食用。

咖喱茄子

印度

4人份

准备时间：30分钟
等待时间：30分钟

烹调时间：40分钟

原料

500克茄子，切块
1茶匙海盐
1汤匙白醋
1茶匙黑芥末籽
1汤匙葵花籽油
1汤匙咖喱叶
300克熟透的番茄，切碎
1茶匙姜黄
半茶匙葛拉姆马萨拉综合香料
半茶匙黑胡椒
250克椰浆
1汤匙葫芦巴叶

❶ 茄子块上撒海盐，再淋上白醋，搅拌。30分钟后沥去水分。

❷ 加热葵花籽油，倒入芥末籽煸炒2分钟。

❸ 加入咖喱叶、番茄、姜黄，边炒边搅拌均匀。

❹ 倒入茄子，盖锅盖，煮至软烂。

❺ 加入葛拉姆马萨拉综合香料、黑胡椒、椰浆和125毫升清水。

❻ 煮至沸腾，关小火，继续煮20分钟。撒入葫芦巴叶。

奶酪菠菜

印度

4人份

准备时间：20分钟

烹调时间：30分钟

原料

1千克菠菜，洗净
400克印度奶酪，切丁（参见286页）
3汤匙葵花籽油
1茶匙孜然粒
2汤匙姜蒜泥（参见286页）
半茶匙葫芦巴籽
2茶匙香菜粉
250毫升牛奶或稀奶油
1汤匙酥油
1茶匙葛拉姆马萨拉综合香料
印度奶酪，擦丝，摆盘用
盐

❶ 菠菜煮熟。搅打成质地均匀的糊状。

❷ 加热葵花籽油，倒入孜然粒和葫芦巴籽，炒至变色。

❸ 倒入姜蒜泥，继续煸炒。

❹ 倒入菠菜、香菜、250毫升清水和牛奶，煮至浓稠。

❺ 加入印度奶酪丁和酥油，搅动至酥油熔化。撒盐。

❻ 加入葛拉姆马萨拉综合香料，盖锅盖，静置。打开锅盖，撒入印度奶酪丝。

印度奶酪马萨拉

印度

4人份

准备时间：20分钟

烹调时间：40分钟

原料

4个红洋葱，切碎
1个青辣椒
1汤匙新鲜生姜，擦丝
4个番茄
3汤匙酥油
半茶匙葛拉姆马萨拉综合香料＋少许摆盘用
$\frac{1}{4}$茶匙红辣椒
半茶匙姜黄
250毫升稀奶油
2汤匙杏仁粉或腰果粉
400克印度奶酪，切丁
香菜叶，摆盘用
盐

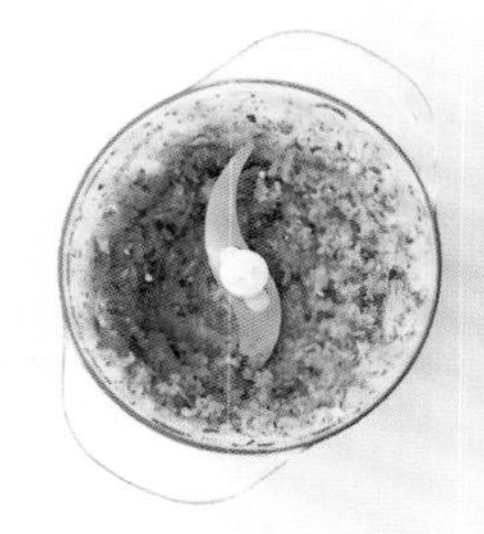

❶ 将洋葱、青辣椒、生姜搅打成质地均匀的混合物。如果需要，加入少许水。备用。

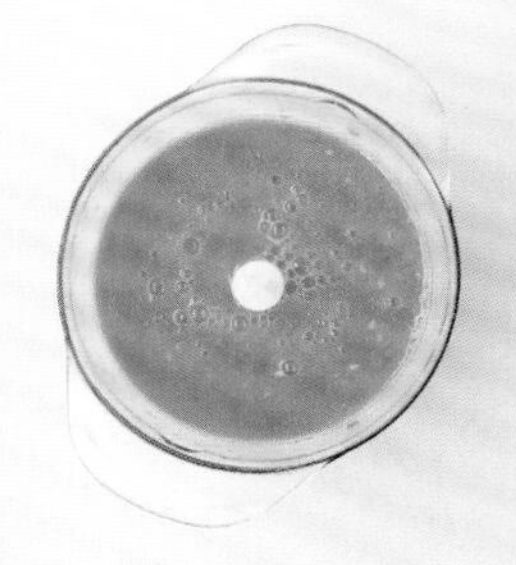

❷ 番茄放入搅拌机中，搅打成质地均匀的番茄泥。备用。

❸ 在平底锅中加热酥油，煸炒葛拉姆马萨拉综合香料、红辣椒、姜黄和洋葱泥。

❹ 加入番茄泥、稀奶油和杏仁粉，继续煮5分钟。

❺ 加入奶酪，盖锅盖，煮5分钟。

❻ 关火，撒入葛拉姆马萨拉综合香料和香菜，用盐调味，盖锅盖，静置5分钟，然后上桌，搭配油炸饼食用（参见294页），也可作为蘸酱，或用于拌蔬果——例如拌香蕉（参见290页）。

❶ 在平底锅中加热酥油，倒入洋葱，煸炒至金黄。

❷ 加入菠菜和青辣椒，炒5分钟。

❸ 加入大蒜瓣、番茄、丁香、香菜、葛拉姆马萨拉综合香料和姜黄，继续煮5分钟。

❹ 倒入稀奶油和125毫升清水，煮5分钟，边煮边搅动。

菠菜羊肉

印度

4人份

准备时间：20分钟

烹调时间：2小时

原料

500克菠菜，切碎
750克羊腿或羊肩肉，切块
3汤匙酥油
3个洋葱，切碎
2个青辣椒，切段
2粒蒜瓣，切碎
2个番茄，切丁
2颗丁香，压碎
2茶匙香菜粉
1茶匙葛拉姆马萨拉综合香料
1茶匙姜黄
125毫升稀奶油
1个柠檬，榨汁
盐

❺ 将肉块加入锅中，煮至沸腾。盖锅盖，炖煮1小时30分钟，直至羊肉软烂。

❻ 加入柠檬汁，撒盐，上桌。

小窍门

选择羊腿或羊肩肉，切成大小一致的块，制作出的料理会更加美味。

咖喱羊肉

印度

4~6人份

准备时间：20分钟
等待时间：4小时

烹调时间：2小时

原料

750克羊肩肉，切块
2汤匙姜蒜泥（参见286页）
250克原味酸奶
1茶匙克什米尔辣椒
2茶匙孜然粉
2茶匙香菜粉
2汤匙酥油
2颗棕色豆蔻，碾碎
1个红洋葱，切碎
2颗绿色豆蔻
2片月桂叶和6颗丁香
1根肉桂棒
1茶匙茴香籽
1茶匙盐
半茶匙藏红花丝
2汤匙香菜碎
青柠檬块，用于摆盘

❶ 将羊肩肉、姜蒜泥、酸奶、克什米尔辣椒、孜然粉和香菜粉混合后放入容器，密封，腌渍4小时。

❷ 在平底锅中加热酥油，倒入红洋葱，中火煸炒10分钟，炒至金黄。

❸ 倒入腌渍好的羊肉、2种豆蔻、月桂叶、丁香、肉桂棒、茴香籽、盐、藏红花丝和375毫升水，盖锅盖，炖1小时30分钟，直至羊肉变软。

❹ 加入香菜碎，盖锅盖，静置5分钟；摆盘，用青柠檬块和香菜做装饰。

❶ 在锅中加热葵花籽油，放入大蒜碎和红洋葱，炒至金黄。加入牛腿肉块，炒成褐色。

❷ 加姜蒜泥、辣椒粉、干红辣椒和黑吉豆，煮3分钟，直至黑吉豆变成褐色。

❸ 加入番茄、姜黄、豆蔻碎和750毫升清水。盖锅盖，煮1小时，直至牛肉软烂。

咖喱牛肉

印度

4~6人份

准备时间：20分钟

烹调时间：1小时20分钟

原料

400克罐装番茄，切碎
500克牛腿肉，切块
50克去荚的黑吉豆
2汤匙葵花籽油
1汤匙姜蒜泥（参见286页）
半茶匙辣椒粉
1个红洋葱，切碎
2个干红辣椒
2粒蒜瓣，切碎
3颗丁香
1茶匙姜黄
2颗棕色豆蔻，碾碎
3汤匙香菜碎

❹ 加入香菜碎，搭配米饭食用，或用于制作沙拉、泡菜或蘸酱。

咖喱鸡肉卷

印度

4人份

准备时间：20分钟
等待时间：4小时

烹调时间：20分钟

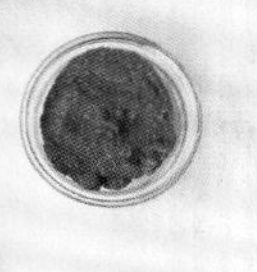

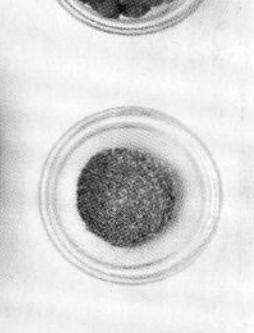

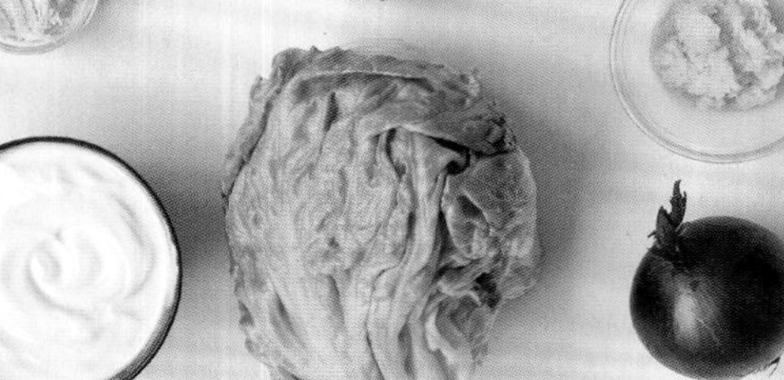

原料

1千克去骨鸡腿肉
1汤匙唐多里马萨拉香料
1汤匙柠檬汁
1茶匙孜然粉
半茶匙葛拉姆马萨拉综合香料
2汤匙香菜碎
1汤匙粗糖或红糖
250毫升原味酸奶
6张印度烤饼（参见295页）
2汤匙姜蒜粉（参见286页）
75克生菜，切条
2个番茄，切条
1个小红洋葱，切细条（可选）

❶ 鸡肉切成适口的块状。

❷ 混合唐多里马萨拉香料、柠檬汁、孜然粉、葛拉姆马萨拉综合香料、粗糖、姜蒜粉、香菜碎和酸奶，制成盐渍汁。

❸ 将鸡肉浸入腌渍汁中，密封，放入冰箱冷藏4小时或过夜。

❹ 烤箱预热至180℃。鸡肉置于烤箱上层以上火加热，不时翻动，直至烤软。

❺ 印度烤饼用锡纸包好，放入烤箱中加热10分钟。

❻ 印度烤饼中卷鸡肉、生菜、番茄、小红洋葱和任选的酱料。

椰浆咖喱鱼

印度

4人份

准备时间：25分钟

烹调时间：40分钟

原料

500克肉质紧实的白鱼肉，切大块
2汤匙葵花籽油
1茶匙黑芥末籽
半茶匙葫芦巴籽
10片咖喱叶
1个红洋葱，切条
2个青辣椒，竖着切两半
1汤匙酸角提取物
半茶匙姜黄
半茶匙盐
半茶匙黑胡椒碎
375毫升椰浆
1个中等大小的成熟番茄，切碎

❶ 用热油煸炒黑芥末籽和葫芦巴籽。放入咖喱叶、青辣椒、红洋葱，继续煸炒10分钟。

❷ 加入酸角提取物、姜黄、盐、黑胡椒碎和一半量的椰浆。

❸ 煮至沸腾，关小火，倒入鱼肉，煮5~10分钟，其间不断翻动。

❹ 倒入剩下的椰浆和番茄，炖煮10分钟，直至表面浮起一层油脂。佐食印度馕。

羊肉香米饭

印度

4人份

准备时间：30分钟
等待时间：12小时

烹调时间：1小时30分钟

原料

500克羊腿肉，切丁
2茶匙葛拉姆马萨拉综合香料
半茶匙黑胡椒
半茶匙姜黄
3汤匙姜蒜泥（参见286页）
1个青辣椒，切成两段
250毫升原味酸奶
3汤匙葵花籽油
2个洋葱，切圆片
300克印度香米
2汤匙酥油，溶化
一小撮藏红花丝
30克杏仁，切片，烘焙，装饰用
2汤匙苏丹娜葡萄干，装饰用

❶ 羊腿肉混合葛拉姆马萨拉综合香料、黑胡椒、姜黄、青辣椒、姜蒜泥和酸奶。腌渍整晚。

❷ 烤箱预热至180℃。洋葱用热油煸炒至变色。预留出$\frac{1}{3}$的量备用。

❸ 羊肉中加入250毫升清水，煮至沸腾，盖锅盖，继续煮1小时，至软烂。

❹ 另取1个平底锅，用足量的水把米饭煮软。

❺ 取1个较大的炖锅，涂抹少许酥油，倒入一半量的米饭。

❻ 将羊肉铺在米饭上，再加入剩下的米饭。

❼ 藏红花用1汤匙热水浸泡。与酥油一起撒在米饭上。盖锅盖，入烤箱烤30分钟。

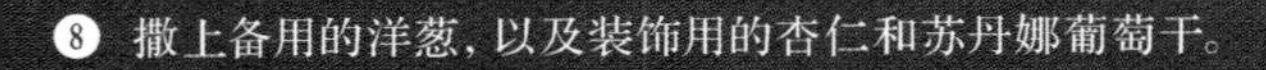

❽ 撒上备用的洋葱，以及装饰用的杏仁和苏丹娜葡萄干。

❾ 趁热食用，搭配调味酱料和拌蔬果食用。

藏红花米饭

印度

4人份

准备时间：20分钟

烹调时间：25分钟

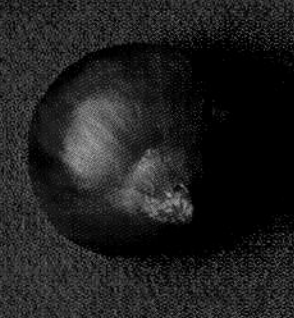

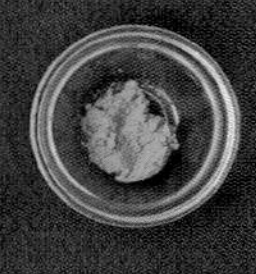

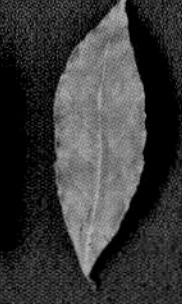

原料

300克印度香米
1汤匙葵花籽油
3汤匙酥油
2个洋葱，切圆片
$\frac{1}{4}$茶匙姜黄
1茶匙孜然粒
2颗褐色豆蔻，碾碎
1根肉桂棒
1片月桂叶
一小撮藏红花丝

小窍门

用250毫升椰浆代替一半量的清水，即可以制作出美味的椰子饭。

❶ 用冷水淘米，直至水变清。

❷ 在锅内加热葵花籽油和2汤匙酥油，放入洋葱，煸炒至呈焦糖色，盛出备用。

❸ 锅中加入剩下的酥油和全部6种香料，煸炒2分钟。

❹ 加入淘洗过的大米和500毫升水，煮至沸腾。

❺ 盖锅盖，继续煮15分钟，直至米饭柔软。

❻ 上桌前撒焦糖色的洋葱。

蔬菜香米饭

印度

4人份

准备时间：20分钟

烹调时间：40分钟

原料

100克四季豆，切小段
1个胡萝卜，切丁
2个番茄，切碎
100克花菜，分成朵
130克豌豆
300克印度香米
3汤匙酥油
1个洋葱，切碎
1~2汤匙姜蒜泥（参见286页）
1个青辣椒，切碎
1茶匙孜然粒
半茶匙姜黄
1茶匙葛拉姆马萨拉综合香料
2汤匙香菜碎
盐

❶ 平底锅加热2汤匙酥油，煸炒洋葱和姜蒜泥。

❷ 倒入青辣椒碎、3种香料和番茄，炒至番茄变软。

❸ 加入4种蔬菜、印度香米、600毫升清水、盐和剩下的酥油，煮至沸腾。

❹ 盖锅盖，煮15分钟，直至米粒柔软。加入香菜碎，用餐叉搅拌，上桌。

芒果开心果冰激凌

印度

4人份

准备时间：30分钟
等待时间：1晚

烹调时间：10分钟

原料

1个芒果
6颗绿豆蔻
410毫升浓缩牛奶
150毫升稀奶油
2汤匙粗糖
1$\frac{1}{2}$汤匙杏仁粉
1汤匙椰果，擦丝
30颗开心果，粗粗切碎，另取一些装饰用

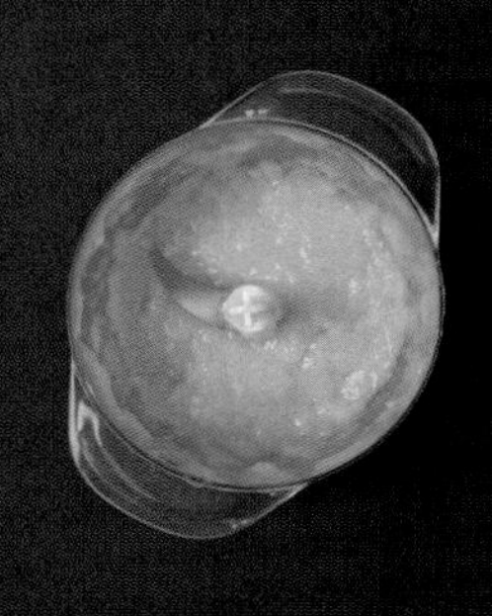

❶ 芒果去皮去核取果肉，搅打成质地均匀的果泥。

❷ 取出绿豆蔻的籽，倒入研钵，用捣锤碾碎。

❸ 开中火，混合搅拌浓缩牛奶、稀奶油、绿豆蔻和粗糖，煮至沸腾，继续煮5分钟。

❹ 加入杏仁粉、椰果和芒果泥，搅拌。冷却。

❺ 加入开心果。将混合物倒入模具中，放入冰箱过夜，冰激凌质地会变绵密。

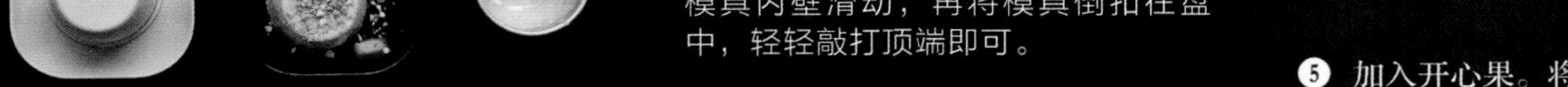

❻ 模具上放一块湿茶巾，会更容易脱模。冰激凌放在盘中，撒开心果，上桌。

注意事项

冰激凌脱模时，用一把锋利的刀贴着模具内壁滑动，再将模具倒扣在盘中，轻轻敲打顶端即可。

胡萝卜甜糕

印度

4~6人份　准备时间：20分钟　烹调时间：40分钟

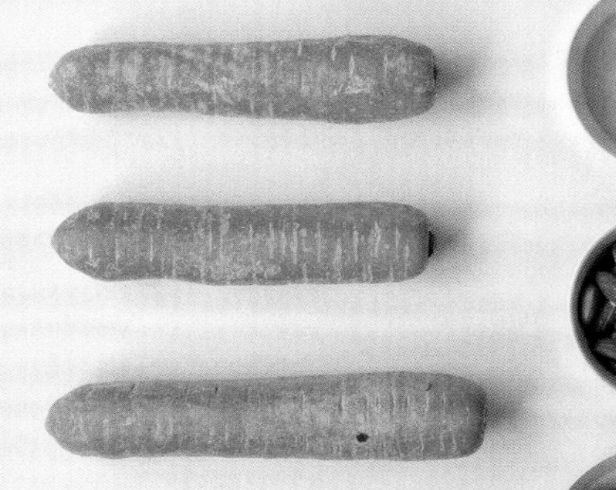

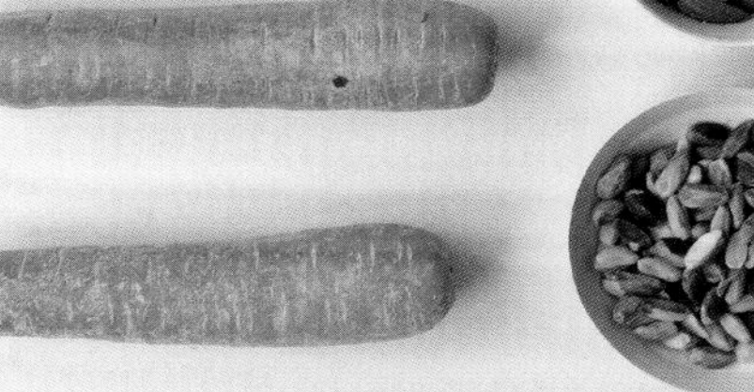

原料

4颗豆蔻
4根胡萝卜，擦丝
2汤匙酥油
500毫升非均质的牛奶
50克开心果（粗粗切碎）
230克红糖
50克生杏仁，切碎
一小撮豆蔻粉

小窍门

酥油可用等量的黄油代替。但这道甜品就不再属于阿育吠陀式料理，因为黄油和酥油的属性不同，且不具有酥油的药用价值。

❶ 豆蔻放入研钵中，用捣锤碾碎。

❷ 胡萝卜丝用热酥油煸炒5分钟。

❸ 加入牛奶、一半量的生杏仁碎和开心果碎，以及碾碎的豆蔻。

❹ 边煮边搅动，直至牛奶被完全吸收。

❺ 加入红糖，搅拌。

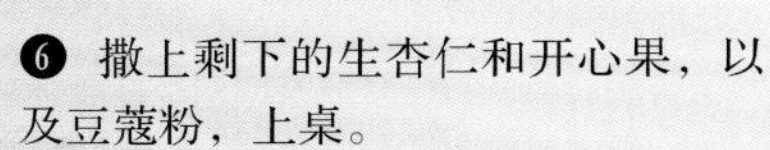

❻ 撒上剩下的生杏仁和开心果，以及豆蔻粉，上桌。

奶油粉丝

印度

4人份

准备时间：15分钟

烹调时间：20分钟

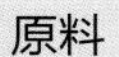

原料

1汤匙酥油
2颗绿豆蔻，碾碎
100克粉丝，切碎
750毫升非均质牛奶
一小撮藏红花丝
一撮姜黄
2汤匙杏仁片，烤熟
2汤匙南瓜籽，烤熟
30克苏丹娜葡萄干
2汤匙粗糖或红糖

小窍门

酥油可用等量的黄油代替。

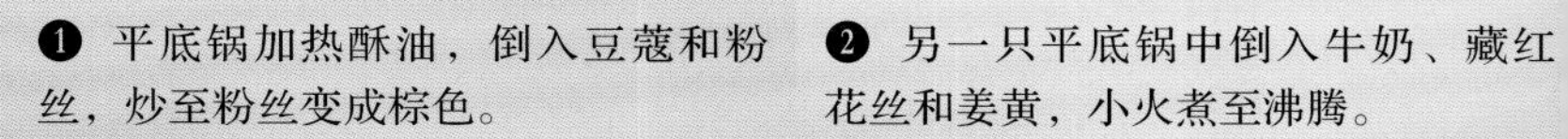

❶ 平底锅加热酥油，倒入豆蔻和粉丝，炒至粉丝变成棕色。

❷ 另一只平底锅中倒入牛奶、藏红花丝和姜黄，小火煮至沸腾。

❸ 加入炒过的粉丝、一半量的杏仁片和南瓜籽，以及苏丹娜葡萄干和粗糖，煮5~10分钟。

❹ 盛入碗中，撒上剩下的杏仁片和南瓜籽。

❶ 全部6种香料倒入平底锅，加入750毫升清水，煮至沸腾。调小火，炖煮5分钟。

❷ 加入茶叶或茶包，再次煮沸。

❸ 当茶沸腾时，加入牛奶，重新煮至沸腾。调小火，煮5分钟。

马萨拉茶

印度

1升茶

准备时间：15分钟

烹调时间：15分钟

原料

6颗绿豆蔻，碾碎
6粒黑胡椒
2根肉桂棒，分成两段
1汤匙新鲜生姜片或1茶匙生姜粉
4颗丁香
1茶匙茴香籽
2茶匙阿萨姆茶叶或2袋茶包
250毫升非均质牛奶
2汤匙粗糖或红糖

❹ 过筛，保留香料和茶叶，可以重复使用3次。趁热饮用。

注意事项

马萨拉茶是冬季的理想饮品，具有驱寒的功效。夏季制作时可调整香料的用量：减少肉桂，用干燥的玫瑰花瓣代替胡椒和生姜。

炸春卷

泰国和越南

8人份

准备时间：30分钟

烹调时间：20分钟

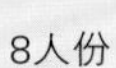

❷ 粉丝用热水浸泡5分钟。冲洗，沥干水分。用剪刀剪成小段。

❸ 香菇浸泡在沸水中10分钟，泡发，沥干水分。除去菌柄，菌盖切片。

原料

80克干燥的绿豆粉丝
6个干香菇
1根胡萝卜，擦丝
150克猪绞肉
1汤匙新鲜的香菜
8片直径22厘米的春饼
烹调用花生油
白菜，摆盘用（可选）

酱汁

1汤匙鱼露
3汤匙青柠檬汁
1粒蒜瓣，切碎
1个小红辣椒，去籽，切碎
1茶匙细砂糖

❹ 将粉丝、香菇、胡萝卜丝、猪绞肉和香菜倒入沙拉碗中，搅拌均匀，制成馅料。

❶ 将制作酱汁所需的所有食材倒入碗中，搅拌均匀。分装到小器皿中，摆盘时使用。

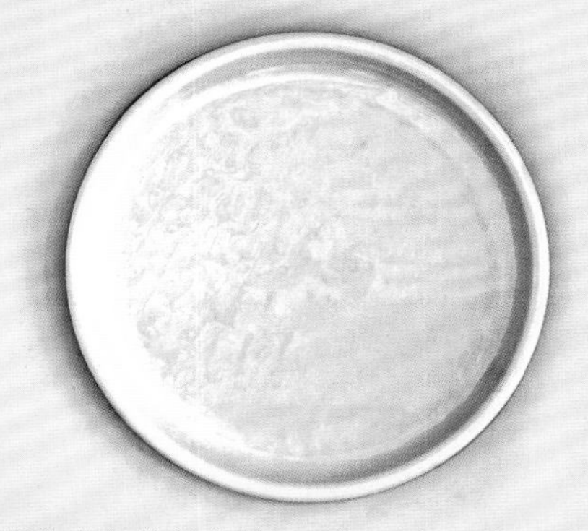

❺ 取1张春饼，沾少许热水，使其变软。

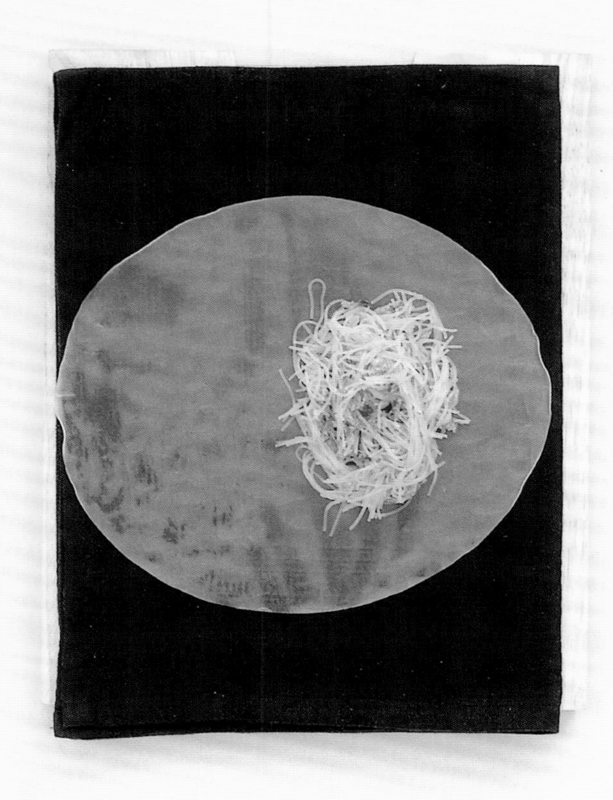

❻ 铺展在干净的餐巾上。饼皮一侧放少许馅料。

❼ 折叠饼皮，卷成春卷。用相同方法制作更多的春卷。

❽ 春卷下入热油中炸至金黄酥脆。再放到吸油纸上吸去多余的油分。

❾ 春卷摆盘，用少许白菜丝作为配菜（可选）。搭配酱汁食用。

变化版本

猪绞肉可用切碎的鸡胸肉代替。

鸭肉春卷

泰国和越南

20个春卷　准备时间：10分钟　烹调时间：30分钟

原料

1个200克的油封鸭腿，去骨，肉拆成丝
1包春卷皮
2汤匙植物油＋少许油炸时使用
2粒蒜瓣，切碎
1根胡萝卜，切条
$\frac{1}{4}$棵白菜，切碎
75毫升鸡汤
2汤匙蚝油
1茶匙细砂糖
半茶匙白胡椒粉
1茶匙芝麻油

❶ 中式炒锅中加热植物油，倒入大蒜碎，炒至金黄。加入胡萝卜和白菜，煎2分钟。

❷ 加入鸡汤、蚝油、细砂糖、白胡椒粉和芝麻油。煮至胡萝卜和白菜变软。

❸ 将煮好的蔬菜捞出，沥去水分，倒入沙拉碗中，加入鸭肉丝，仔细搅拌，制成馅料，静置使其冷却。

❹ 1张春卷皮中间放1勺鸭肉馅料。春卷皮边缘沾水。

❺ 折叠靠近身体一侧的春卷皮，盖住馅料，再把左右两侧的饼皮向中间折叠，将饼皮卷起呈圆柱形。以相同方法处理剩下的馅料和春卷皮。油炸用油加热到200℃。春卷下锅炸4~5分钟，直至表面呈金黄色。捞出，放在吸油纸上吸去多余的油分。

❻ 春卷应趁热食用，可搭配甜面酱。

虾肉春卷

泰国和越南

20人份

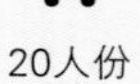

准备时间：25分钟

—

原料

20只煮熟的大虾，去壳
20张越南春饼皮（米纸）
10克黑吉豆或米粉
1根较粗的胡萝卜，切细条
1根较粗的黄瓜，切细条
100克绿豆芽
1把薄荷叶
半把香菜叶
半把泰国罗勒叶
植物油，涂抹用
100毫升米醋
4茶匙酱油
2茶匙细砂糖
1个红辣椒，去籽，切碎

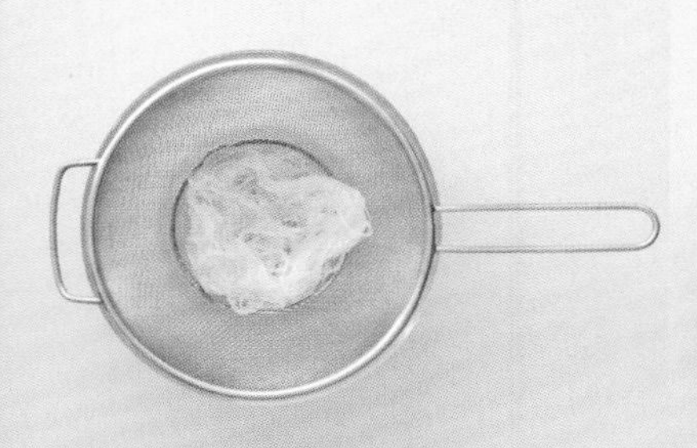

❶ 按照包装上的食用说明浸泡米粉。沥干水分，切小段，备用。

❷ 深口盘中装满热水，取1张越南春饼皮，浸泡15~20秒。取出，放在干净湿润的茶巾上。

❸ 春饼皮上摆放少许胡萝卜、黄瓜、豆芽、3种香草、米粉、虾仁，预留2.5厘米的饼边。

❹ 将顶部的饼皮轻轻向下折叠，然后将左右两边向中间折叠，再卷成春卷。

❺ 用同样的方法处理剩下的春卷皮和馅料，将卷好的春卷摆放在抹了少量油的操作台或盘子上。

❻ 制作蘸酱，在小容器中并混合搅拌米醋、酱油、细砂糖和红辣椒碎。

冬阴功汤

泰国和越南

4人份

准备时间：20分钟

等待时间：15分钟

原料

8~10个生大虾
4粒蒜瓣，压碎
3根香茅茎，切圆片
200克巴黎蘑菇，切成两半（除去菌柄）
2个熟透的番茄，切块
3个小红辣椒，切成两段
5片柠檬叶
3汤匙鱼露
2汤匙青柠汁，摆盘用（可选）

❶ 大虾去壳，保留虾尾。虾壳备用。

❷ 将虾壳放入750毫升的清水中。煮至沸腾。

❸ 虾壳变成粉色时，捞出虾壳，锅中仅保留汤汁。

❹ 倒入全部剩余食材，煮至沸腾，保持微滚状态5分钟。

❺ 最后倒入虾仁，煮3分钟。锅离火。

❻ 盛入碗中，如有需要，可淋上柠檬汁，立即上桌。

米粉汤

泰国和越南

4~6人份

准备时间：20分钟

烹调时间：45分钟

原料

1.5升牛肉汤
50克新鲜生姜，切薄片
2个洋葱，切成两半
2根肉桂棒
2个八角茴香
3颗丁香
1茶匙黑胡椒粒
3汤匙鱼露
600克新鲜米粉
100克绿豆芽
225克牛肉，切薄片
2根大葱，切薄片
2汤匙新鲜香菜
青柠檬块和黑胡椒碎，摆盘用

❶ 在牛肉汤中加入生姜、洋葱、4种香料和鱼露，煮至沸腾。盖锅盖，微滚30分钟。

❷ 高汤过滤，仅保留汤汁。将汤汁重新倒入锅中煮沸。

❸ 碗中依次放入米粉、绿豆芽和牛肉片。浇上滚烫的高汤。

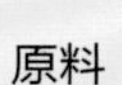

❹ 用大葱和香菜做点缀。搭配青柠檬块和黑胡椒碎，即刻食用。

椰汁鸡汤

泰国和越南

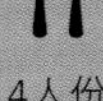
4人份

准备时间：10分钟

烹调时间：10分钟

❶ 南姜和香茅茎切薄片。

原料

300克鸡胸肉，切片
800毫升椰浆
5厘米的南姜
2根香茅的茎
3个小红辣椒，切成2段
4片柠檬叶
2汤匙青柠汁
3汤匙鱼露
2汤匙新鲜香菜（可选）

❷ 锅中倒入椰浆，加入南姜、香茅、小红辣椒和柠檬叶。煮至微滚，并保持5分钟。

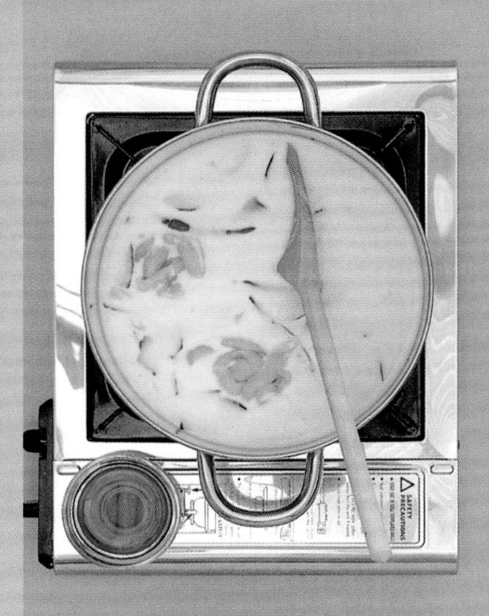

❸ 加入鸡肉和鱼露。继续煮5分钟，煮至鸡肉变软。

❹ 锅离火，最后淋上柠檬汁并撒入香菜碎。

凉拌米粉

泰国和越南

2人份

准备时间：25分钟

烹调时间：15分钟

原料

100克米粉或绿豆粉
1根胡萝卜，半棵球茎茴香
1根芹菜，半根黄瓜
1或2个小洋葱
1个生菜心
3根香茅的茎、5根香菜
5~6个炸春卷
1粒蒜瓣，1厘米厚的新鲜生姜片
1个青柠檬（或黄柠檬）
2汤匙红糖
2汤匙酱油
2汤匙味淋
2汤匙米酒
几颗腰果

事先准备

烤箱预热至190℃。

❶ 按照包装上的说明把米粉或绿豆粉煮熟。捞出并沥干水分，用冷水冲洗。

❷ 小洋葱去皮，切碎。

❸ 胡萝卜去皮。切成3~4厘米的段。黄瓜洗净，切成4~5厘米的段，再去皮。芹菜切段。

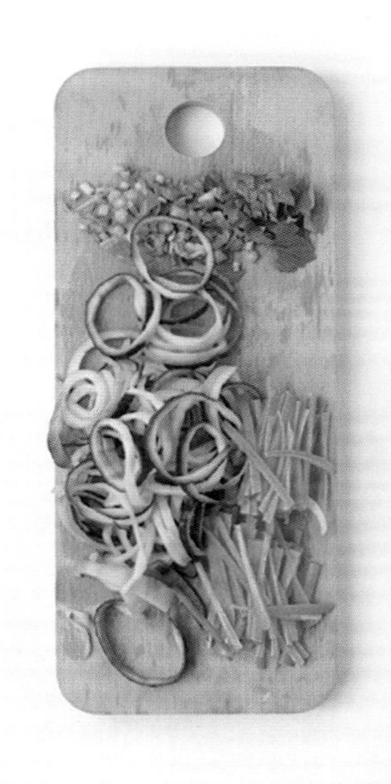

❹ 每段胡萝卜劈成4条。用小刀挖去黄瓜心（弃用）。芹菜切碎。

❺ 将胡萝卜再改刀切细条。将中空的黄瓜段切片。

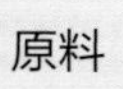

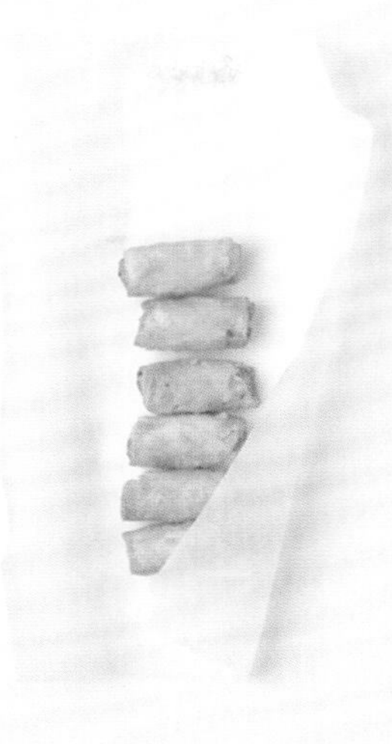

❻ 球茎茴香用蔬菜处理器擦成丝，浸泡在冰水中。

❼ 香菜洗净，沥水，摘下叶片。切掉香茅坚硬的部分，其余部分切圆片。生菜洗净，切碎。

❽ 用烤箱或平底锅加热炸春卷，而后将春卷切成小段。

❾ 混合制作酱汁的原料：红糖、米酒、味淋、酱油、2汤匙清水、少许柠檬皮和柠檬汁。再加入少许擦丝的大蒜和生姜。

❿ 将腰果放在烤盘上，放入烤箱上层，190℃烤7分钟。取出，切碎。

⓫ 用一半量的酱汁为米粉调味。

⓬ 2个碗中放入等量的米粉、6种生蔬菜、切成小段的炸春卷、香茅、香菜和腰果碎。淋上剩下的酱汁。

注意事项

可根据喜好选择不同的香草和生蔬菜。也可加入炒牛肉、鸡肉或猪肉、香草豆腐块或法式鸡肉卷，制作出的米粉虽不正宗，但绝对美味。

烤肉丸米粉

泰国和越南

4人份

准备时间：20分钟
等待时间：4小时

烹调时间：20分钟

原料

500克猪绞肉
200克干燥的米粉
1汤匙棕榈糖，碾碎
2汤匙鱼露
2粒蒜瓣，切碎
2个亚洲洋葱，切碎
100克绿豆芽
新鲜香菜和薄荷
生菜叶

蘸汁

4汤匙鱼露
6汤匙青柠汁
2茶匙细砂糖
2个红辣椒，去籽，切碎

❶ 将鱼露和棕榈糖倒入锅中，开中火，不停搅动，煮至糖溶解，制成酱汁。冷却。

❷ 取1个沙拉碗，倒入熬好的酱汁、蒜末、洋葱和猪绞肉，制成肉馅。腌渍4分钟。

❸ 将肉馅捏成椭圆形的肉丸，每个丸子需要2汤匙馅料。

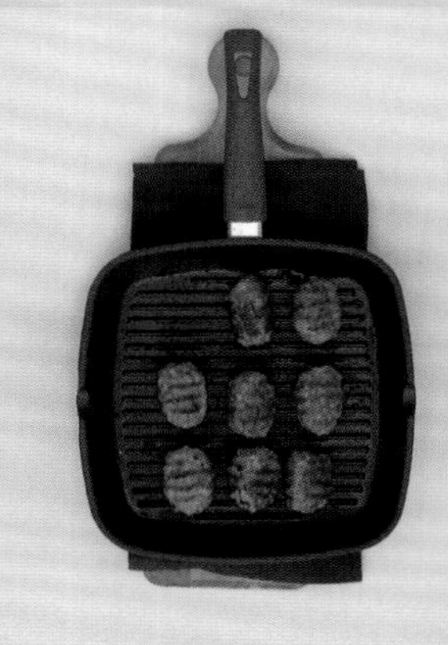

❹ 将肉丸放在生铁烤盘上烤至变色。

❺ 混合制作蘸料所需的所有原料。将米粉煮熟，捞出并沥干水分。

❻ 烤好的肉丸和米粉、绿豆芽、生菜、香菜和薄荷一起摆盘，佐食蘸料。

罗勒炒鸡肉

泰国和越南

4人份

准备时间：15分钟

烹调时间：10分钟

原料

500克鸡胸肉，切片
1汤匙植物油
2粒蒜瓣，切碎
1个较大的红辣椒，去籽，切碎
1个红色柿子椒，切细条
3根葱，切碎
2汤匙辣椒酱
1汤匙鱼露
一小把新鲜泰国罗勒
煮熟的米饭，摆盘用

❶ 炒锅中加入植物油，倒入鸡胸肉，煸炒至鸡肉上色。

❷ 加入蒜末、辣椒和柿子椒。大火炒至柿子椒变软。

❸ 加入葱末、辣椒酱和鱼露。翻炒，直至酱汁变黏稠。

❹ 炒锅离火，加入罗勒叶。立即上桌，搭配米饭食用。

越南咖喱

泰国和越南

4人份

准备时间：20分钟

烹调时间：50分钟

原料

1.5千克切块的整鸡
500克马铃薯，切块
一小块南姜
3根香茅的茎
3粒蒜瓣
1个洋葱
2汤匙咖喱粉
2汤匙植物油
500毫升椰浆
1汤匙细砂糖
煮熟的米饭，摆盘用

❶ 将南姜、香茅、蒜瓣和洋葱切成不太大的块。

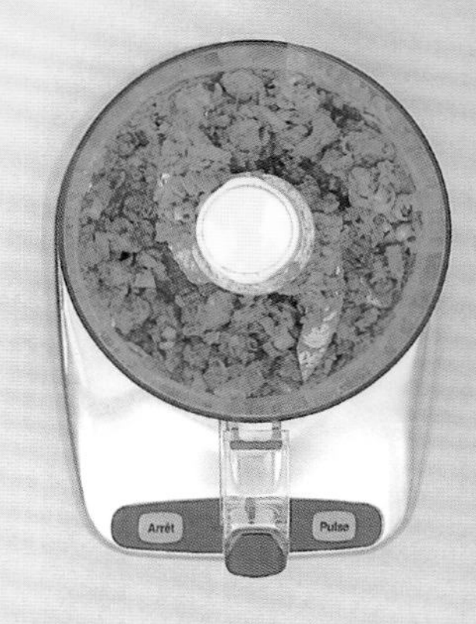

❷ 将步骤1中切好的食材和咖喱粉一起倒入搅拌机，搅打成均匀的糊状。

❸ 在鸡肉表面涂抹咖喱糊，用保鲜膜密封，放入冰箱腌渍3小时。

❹ 取2个较大的平底锅，加热植物油，鸡肉煎至上色。

❺ 加入椰浆、细砂糖、250毫升清水和马铃薯。盖锅盖，保持微滚状态约40分钟。

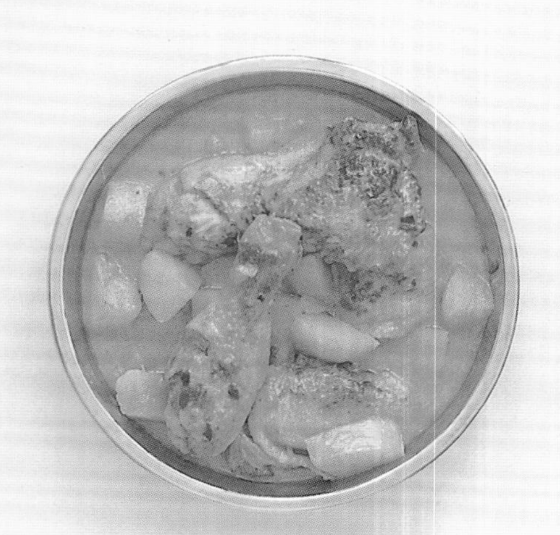

❻ 鸡肉煮至变柔软时意味着咖喱制作完成。立即上桌，搭配米饭食用。

咖喱鸭

泰国和越南

4人份

准备时间：15分钟

烹调时间：20分钟

❶ 取椰浆表面的厚油脂层，倒入锅中加热，不要搅拌，使油脂分解。

❷ 加入红咖喱酱，煮5分钟，直至发散出香味。

原料

1只烤鸭，切块

250克菠萝，切小块

200毫升椰浆＋浮在椰浆表面的厚油脂层（不要摇晃罐子）

黑胡椒

2~3勺红咖喱酱

1个红色柿子椒，切块

1汤匙鱼露

1汤匙棕榈糖

2汤匙新鲜的泰国罗勒

❸ 倒入椰浆、小块的鸭肉、菠萝、黑胡椒、鱼露和棕榈糖。煮15分钟。

❹ 分装在碗里，用罗勒叶点缀，上桌。

泰式丸子

泰国和越南

4人份

准备时间：30分钟

烹调时间：8分钟

原料

400克鸡胸肉
1汤匙红咖喱酱（如果喜欢，可加量）
1个鸡蛋
2汤匙鱼露
1茶匙细砂糖
3片青柠叶
60克四季豆
1根香茅的茎
盐

事先准备

鸡肉切块

❶ 青柠叶切碎。除去香茅的根和最外一层叶片。四季豆切成极薄的小段。

❷ 将鸡肉、一小撮盐、红咖喱酱、鸡蛋、细砂糖、鱼露和香茅放入搅拌机。

❸ 搅打成质地均匀且稍有黏性的糊状。

❹ 倒入碗中，加青柠叶和四季豆。搅拌均匀，制成馅料。

❺ 一只碗中盛满冷水，将手浸入水中，再将馅料搓成小丸子（每搓一个丸子之前都浸一下冷水）。

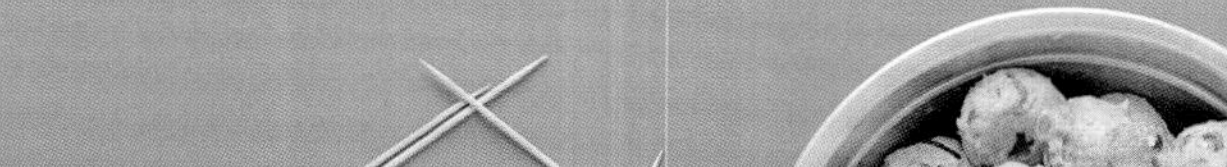

❻ 放入蒸锅，大火蒸5~8分钟。

香茅鸡

泰国和越南

4人份

准备时间：15分钟

烹调时间：25分钟

❶ 将香茅和辣椒倒入研钵，压碎。也可以用搅拌机搅打成质地均匀的糊状。

❷ 用炒锅加热植物油，倒入辣椒糊，煸炒3分钟，使香味释放出来。

原料

5根香茅茎，切碎
2个较大的红辣椒，去籽，切碎
750克鸡肉，切块
2汤匙植物油
1汤匙棕榈糖
3汤匙鱼露
煮熟的米饭，摆盘用

❸ 倒入鸡肉，煸炒5分钟。加入棕榈糖和鱼露。

❹ 继续炒几分钟，直至酱汁呈现轻微的焦糖色。立即上桌，搭配米饭食用。

咖喱虾

泰国和越南

4人份

准备时间：25分钟

烹调时间：25分钟

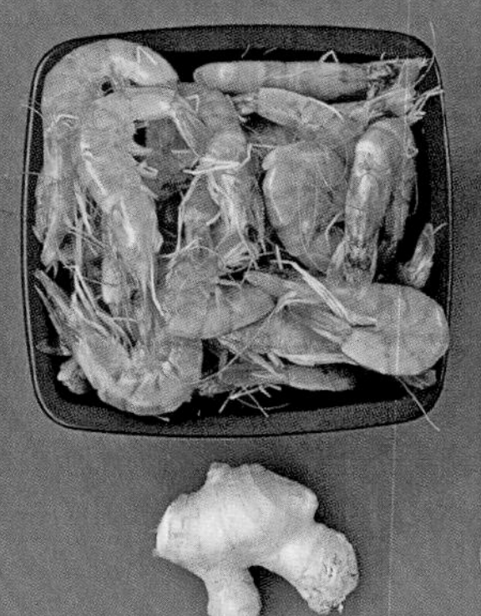
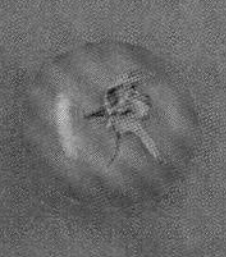

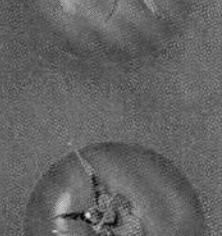
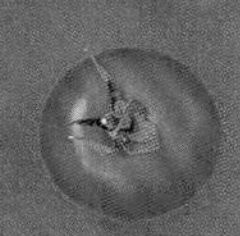

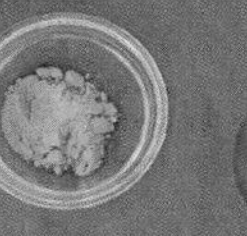

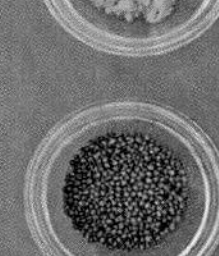

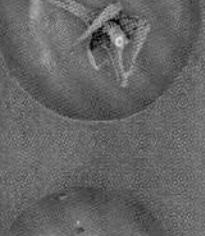
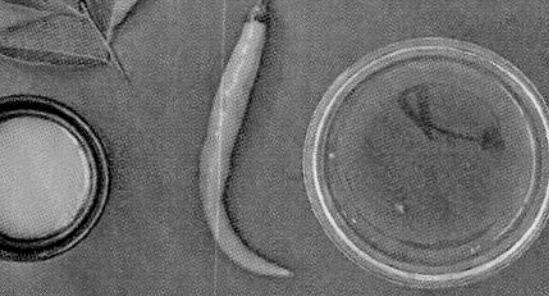

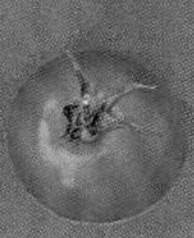

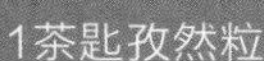

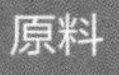

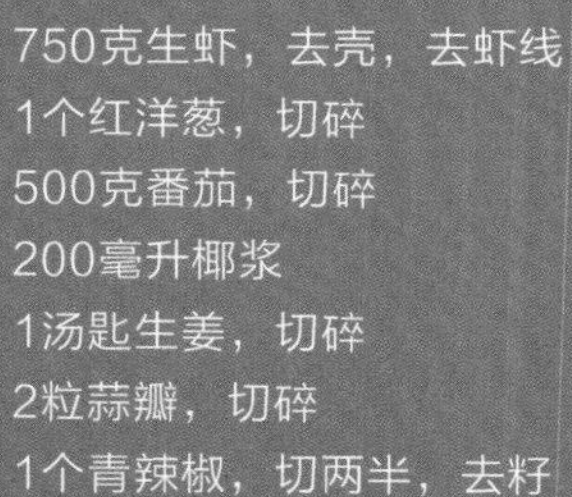

原料

750克生虾，去壳，去虾线
1个红洋葱，切碎
500克番茄，切碎
200毫升椰浆
1汤匙生姜，切碎
2粒蒜瓣，切碎
1个青辣椒，切两半，去籽
1茶匙孜然粒
1茶匙黑芥末籽
1汤匙酥油
半茶匙姜黄
6片咖喱叶
2汤匙酸角水
1汤匙粗糖或红糖

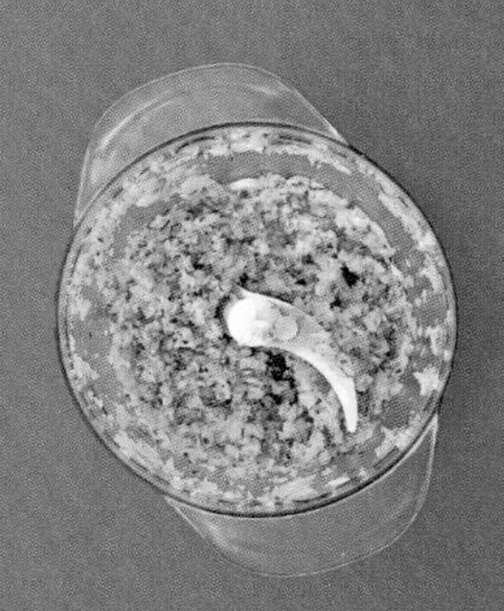

❶ 混合洋葱、生姜、大蒜和辣椒，搅拌。备用。

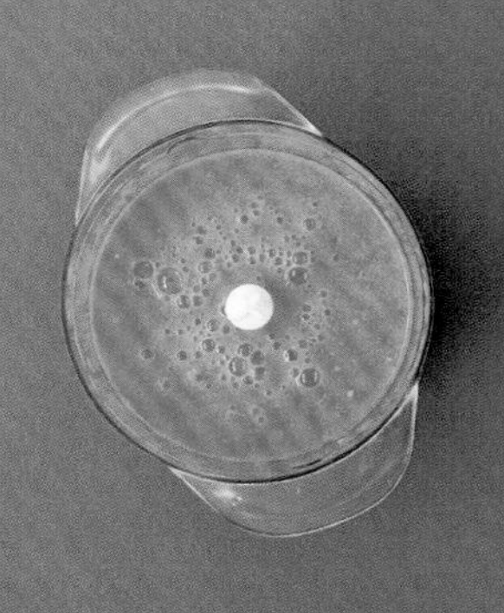

❷ 清洗搅拌机，放入番茄，搅打成均匀的泥状。

❸ 用酥油煸炒孜然粒、黑芥末籽、姜黄和咖喱叶。

❹ 加入洋葱混合物和1汤匙水，煮5分钟。

❺ 加入番茄泥和除虾以外的全部剩余食材；煮至酱汁浓稠。

❻ 加入虾，煮5分钟，使之变软。搭配米饭食用。

简易鮟鱇鱼咖喱

泰国和越南

4人份

准备时间：10分钟

烹调时间：18分钟

原料

500克鮟鱇鱼，去皮，切大块
400克椰浆
1茶匙黑胡椒粒
1汤匙香菜籽
1茶匙孜然粒
2汤匙植物油
1个洋葱，切片
3粒蒜瓣，切片
30克新鲜生姜，擦丝
1汤匙浓缩番茄
2~3个口感柔和的青椒，切片
一小撮盐
三大把嫩菠菜

❶ 用研磨器把黑胡椒、香菜籽和孜然粒打碎。

❷ 将洋葱、大蒜和生姜倒入植物油中煸炒。

❸ 加入碾碎的香料，继续煸炒2~3分钟。

❹ 加入浓缩番茄、椰浆、辣椒和盐。继续炖煮5分钟。

❺ 炖锅中倒入鱼肉和菠菜，煮5分钟。

❻ 搭配米饭和青柠块食用。摆盘时撒入擦丝的椰果。

红咖喱蒸鱼

泰国和越南

4人份

准备时间：30分钟

烹调时间：15分钟

原料

500克鳕鱼肉
一小汤匙红咖喱酱（30克）
1汤匙鱼露
半茶匙盐
1茶匙细砂糖
125毫升＋100毫升椰浆
2个鸡蛋
4片青柠叶
8片较大的白菜叶
1把泰国罗勒
几片香蕉叶

事先准备

用湿的茶巾擦拭香蕉叶。青柠叶剪碎。

❶ 用直径17厘米的模具切割8片圆形的香蕉叶。将叶片两两叠放，叶脉互相垂直。

❷ 将叶片边缘4厘米向上折起，四角分别折叠1厘米，用牙签固定做成4个小容器。

❸ 鳕鱼摘除鱼刺。将鱼肉表面擦干，切块。

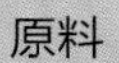

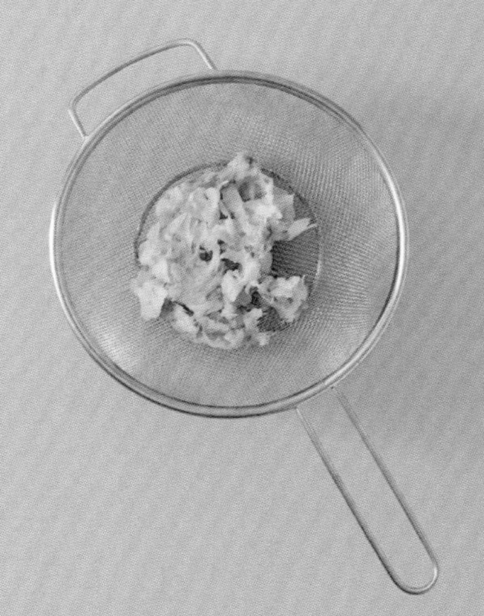

❹ 混合搅拌咖喱酱、盐、细砂糖、鱼露、鸡蛋和125毫升椰浆。加入青柠叶，搅打均匀。

❺ 加入鱼肉块。仔细搅拌，放置在阴凉处。

❻ 白菜切片。用沸水烫煮4分钟，用手挤出水分。

❼ 锅中倒入100毫升椰浆，浓缩至一半的分量。

❽ 将白菜叶和泰国罗勒填入香蕉叶做成的容器中，再分别填入鱼肉。

❾ 上锅蒸10分钟。倒掉汁水，将器皿摆入盘中。淋上浓缩椰浆，其上点缀剪碎的青柠叶。

简易操作

可用小蛋糕模具或锡纸模具制作这道料理。

香茅贻贝

泰国和越南

4人份

准备时间：20分钟

烹调时间：10分钟

原料

1千克贻贝
3汤匙植物油
1个较小的洋葱
3粒蒜瓣
3根香茅茎
2汤匙鱼露
1块南姜或普通生姜
半个青柠檬
1茶匙细砂糖
几枝泰国罗勒
1个红辣椒

事先准备

罗勒洗净，摘叶。除去香茅最外层的叶片。

❶ 除去贻贝的絮状物。冲洗干净。冷水浸泡15分钟，除去杂质。

❷ 香茅、洋葱和南姜切片。大蒜和辣椒切碎。

❸ 加热植物油，煸炒洋葱、大蒜、南姜、香茅和辣椒。

❹ 2~3分钟后，加入细砂糖、鱼露和青柠汁。仔细搅拌。关火。

❺ 贻贝分配在4张烘焙纸上。淋上酱汁。撒上泰国罗勒。

❻ 将烘焙纸的四边收拢起来，用线扎紧。上锅蒸5~10分钟。立即上桌。

变化版本

在煸炒洋葱的同时加入1汤匙红咖喱酱。用少量水或椰浆稀释酱汁。

泰式鲷鱼

泰国和越南

2人份

准备时间：5~10分钟

烹调时间：5分钟

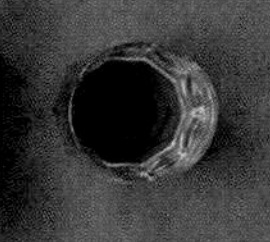

原料

2条灰鲷鱼，去除鱼鳞和鱼骨
2汤匙泰式青辣椒酱
1茶匙黑胡椒粒
2粒蒜瓣，切片
50克香菜根，切碎
1茶匙细砂糖
1汤匙鱼露
2茶匙鲜柠檬汁

事先准备

将蒸笼放在1锅水上，煮至沸腾。准备一个锅盖。

❶ 将辣椒酱、黑胡椒粒、蒜片、香菜根和细砂糖混合在一起。

❷ 加入鱼露和柠檬汁，搅拌。

❸ 鱼身两面分别打花刀，表面涂抹混合物。

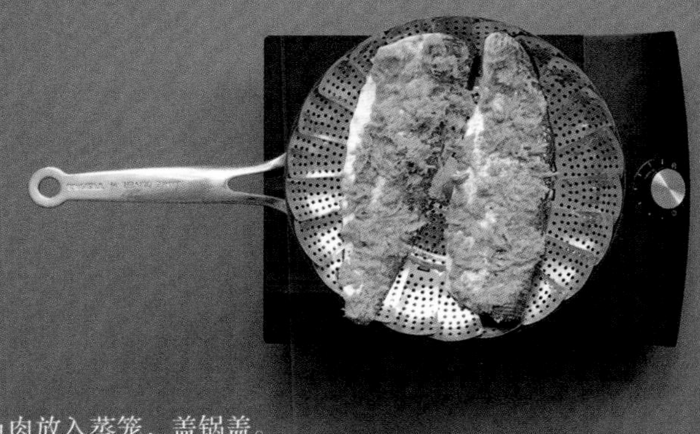

❹ 将鱼肉放入蒸笼，盖锅盖。

❺ 大火蒸5分钟，直至鱼肉熟透。

❻ 鱼肉装盘。其上点缀辣椒丝和香菜。

绿咖喱鱼

泰国和越南

4人份

准备时间：15分钟

烹调时间：30分钟

原料

600克各类鱼肉
1把煮熟的虾
1把贻贝
1把香菜
3粒蒜瓣
3~4个小洋葱（取决于大小）
3厘米的生姜
5根香茅的茎
1个青椒（如果喜欢，可多放）
2个青柠檬
少许鱼露
1汤匙中性油
200毫升椰浆
200毫升椰子水
1块有机蔬菜高汤底料
半杯啤酒
米饭，摆盘用
1把腰果（可选）

事先准备

虾去壳。

❶ 除去香茅坚硬的部分，只留下柔软的心，辣椒去籽，取青柠的皮，果肉榨汁。

❷ 香菜洗净，沥干水分。大蒜、小洋葱和生姜去皮。大蒜和生姜擦丝，小洋葱切片。

❸ 混合除鱼肉、虾、贻贝、中性油、啤酒、高汤、椰浆和椰子水之外的所有食材，用搅拌机搅打成绿色的糊。

❹ 取1个炒锅或炖锅，用中到大火把油加热。倒入混合物，煮2分钟左右，不停搅动。

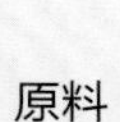

❺ 加入椰浆和椰子水，搅动，关小火，保持微滚状态约10分钟。

❻ 煮贻贝：贻贝洗净，倒入平底锅，加入啤酒，高汤块用1杯沸水稀释，再加入锅中。

❼ 开大火，盖锅盖，煮5分钟：煮好的贻贝的壳应该全部张开。

❽ 将鱼肉切成大小一致的块。

❾ 将鱼肉倒入煮酱汁的锅中。根据厚度煮4~5分钟不等。加入虾和贻贝，继续煮2~3分钟。

❿ 用泰国香米或印度香米煮米饭。

⓫ 向煮好的咖喱鱼上撒香菜和腰果碎，搭配米饭上桌。

泰式炒米粉

泰国和越南

4人份

准备时间：30分钟

烹调时间：15分钟

原料

300克干燥的米粉
300克鸡胸肉，切片
100克质地紧实的豆腐，切薄片
3粒蒜瓣，切碎
2汤匙干虾仁
125毫升鱼露
80毫升酸角酱
2汤匙细砂糖
3个鸡蛋，轻微打散
3汤匙花生，切碎
2根青蒜的茎，切小段
100克黄豆芽
2汤匙植物油
1个青柠檬，切块

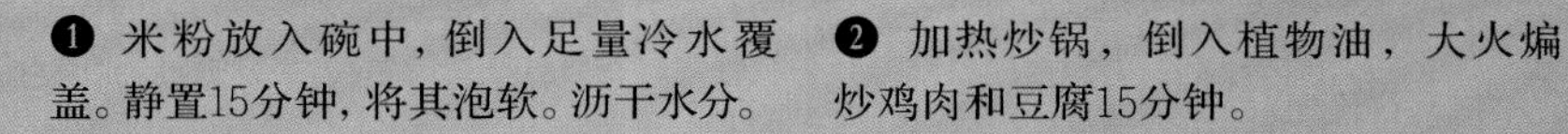

❶ 米粉放入碗中，倒入足量冷水覆盖。静置15分钟，将其泡软。沥干水分。

❷ 加热炒锅，倒入植物油，大火煸炒鸡肉和豆腐15分钟。

❸ 加入大蒜和虾仁。继续煸炒2分钟。

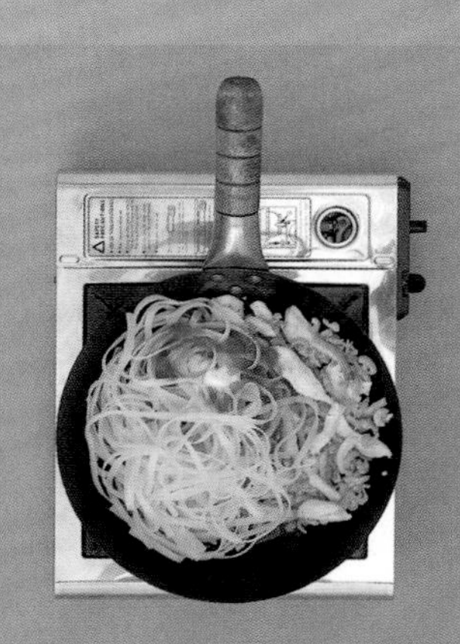

❹ 加入泡软的米粉。混合鱼露、细砂糖、酸角和125毫升清水。倒入炒锅。

❺ 大火炒5分钟，将混合物推向炒锅的一侧，在空出的一侧炒鸡蛋。加入花生碎和青蒜，然后把炒好的鸡蛋和米粉搅拌在一起。

❻ 继续炒2分钟，加入豆芽。仔细搅拌，立即上桌，搭配柠檬块食用。

蒸蘑菇

泰国和越南

4人份

准备时间：20分钟
等待时间：15分钟

烹调时间：6分钟

原料

800克的亚洲蘑菇组合：干香菇、杏鲍菇，如果没有，也可选择平菇、金针菇或海鲜菇

3粒蒜瓣

4汤匙油

一小把葱

60克生姜

2汤匙蚝油

盐和黑胡椒

事先准备

体型较大的蘑菇去柄。

❶ 将干香菇浸泡在冷水中，直至吸饱水（约15分钟）。

❷ 其他的蘑菇用潮湿的纸巾清理干净。较大的蘑菇除去菌柄，切段。

❸ 将葱洗净。葱白切成2段或4段。葱绿切碎。

❹ 大蒜和生姜去皮。大蒜切片，生姜切丝。

❺ 将较大的蘑菇和葱放入蒸笼，蒸5分钟。

❻ 生姜和大蒜用热油煸炒。炒至蒜片变成金黄色，制成姜蒜油。

❼ 5分钟后，向蒸锅内加入小蘑菇（海鲜菇和金针菇）。继续蒸1分钟。

❽ 蘑菇蒸好后，与姜蒜油和蚝油一起拌匀。撒上盐和黑胡椒。

❾ 撒上葱绿，立即上桌。

芝麻拌茄子

泰国和越南

4人份

准备时间：15分钟

烹调时间：20分钟

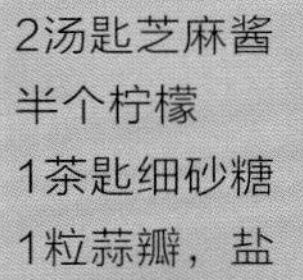

原料

3个茄子（900克）
3根香葱的茎
一小把香菜
1汤匙芝麻
1汤匙芝麻油
2汤匙酱油
2汤匙芝麻酱
半个柠檬
1茶匙细砂糖
1粒蒜瓣，盐
1个辣椒（可选）

❶ 香菜和香葱洗净。香菜摘叶，香葱切碎。大蒜切碎。

❷ 茄子洗净，切段。

❸ 将茄子放入蒸锅中，蒸软（15~20分钟）。关火，备用。

❹ 将芝麻倒入平底锅中，不放油，小火焙炒。不时搅动，当芝麻开始泛黄时，关火。

❺ 细砂糖用柠檬汁溶解，再加入制作酱汁所需的全部食材：芝麻酱、酱油、大蒜和盐，混合均匀，制成酱汁。

❻ 将酱汁浇在茄子上。品尝，可依个人喜好再加调味。这道菜适合冷食，可撒上香菜和葱末，并依口味加入辣椒。

其他选择

芝麻酱可用花生酱代替，如果酱汁过于浓稠，可用少许清水稀释。

糯米饭

泰国和越南

4人份

准备时间：5分钟

烹调时间：20分钟

❶ 蒸笼中铺一块潮湿的蒸笼布。糯米沥干水分，铺在茶巾上。

原料

400克糯米

事先准备

糯米用水冲洗2次，然后浸入冷水中至少3小时，最好浸泡过夜。

❷ 将锅中的水煮沸，放上蒸笼。蒸10分钟。

❸ 用锅铲翻动糯米。

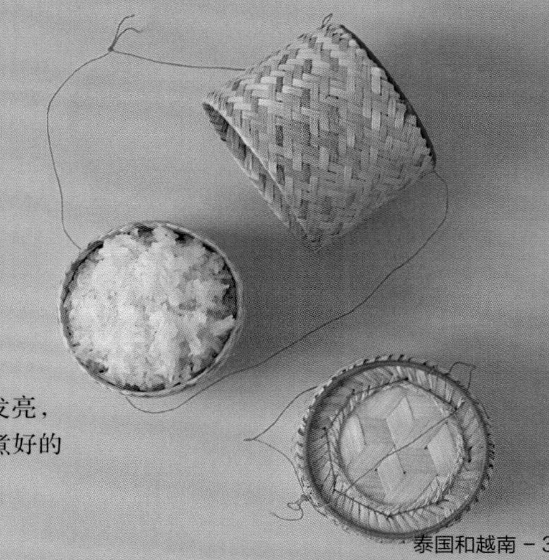

❹ 继续煮5~10分钟。待米粒发亮，说明糯米饭已经煮好。品尝：煮好的米饭吃起来应该是软糯的。

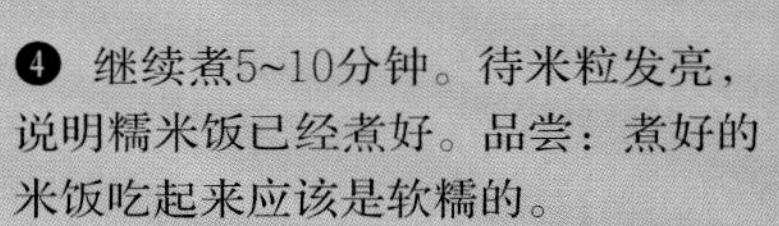

黑糯米饭

泰国和越南

4人份

准备时间：10分钟
等待时间：8小时

烹调时间：30分钟

原料

400克黑糯米
500毫升椰浆
60克棕榈糖

摆盘

125毫升椰子奶油
2个新鲜芒果

❶ 将黑糯米倒入容器中，倒入冷水（高度足以没过糯米），浸泡8小时。

❷ 将糯米倒入平底锅中，加入1升冷水。煮沸后，关小火，保持微滚状态20分钟。沥干水分。

❸ 将椰浆倒入平底锅中，再加入棕榈糖，以小火加热，直至棕榈糖溶解。加入米饭，继续煮10分钟。

❹ 盖锅盖，静置冷却。摆盘，浇椰奶油，每份搭配半个芒果食用。

香蕉糯米饭

泰国和越南

4人份

准备时间：5分钟
等待时间：1整晚

烹调时间：10分钟

❶ 糯米用冷水浸泡1整晚。冲洗，沥干水分。

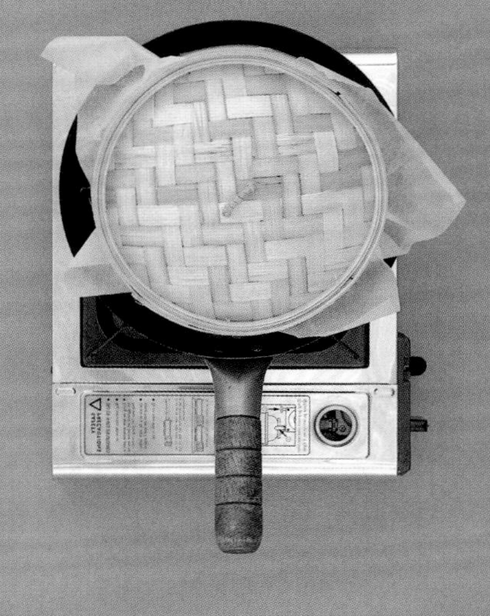

❷ 烘焙纸戳洞，铺在蒸笼中，放入糯米。

❸ 炒锅内加水，煮沸，放入蒸笼，盖锅盖蒸10分钟。

原料

400克白糯米
250毫升椰浆
60克细砂糖
新鲜水果，摆盘用

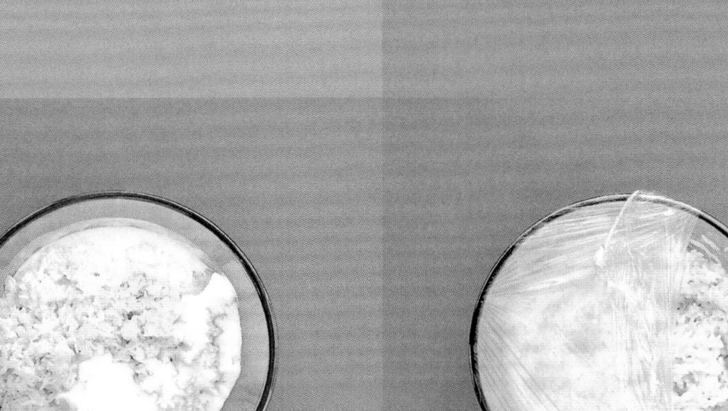

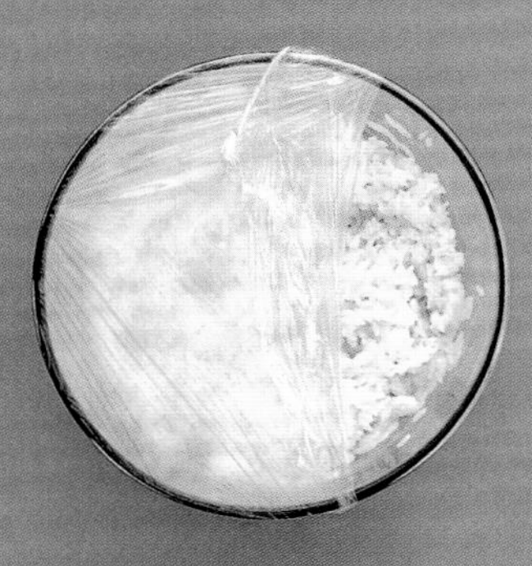

❹ 将蒸好的米饭放入沙拉碗中，倒入细砂糖和椰浆，搅拌。

❺ 静置足够长的时间，使米饭充分吸收椰浆。

❻ 米饭温食或冷食，搭配新鲜水果食用。

虾饺

中国

30个虾饺

准备时间：35分钟
等待时间：15分钟

烹调时间：10分钟

原料

200克生虾，去壳，去虾线，切碎
3根葱，切薄片
50克菱角米，切碎
1汤匙米酒
1茶匙芝麻油
2茶匙酱油
2茶匙玉米淀粉
一撮白胡椒粉
一撮细砂糖
120克小麦淀粉
30克木薯粉
一撮盐
3汤匙植物油＋少许涂抹用的植物油
210毫升热水

❶ 在沙拉碗中混合虾肉、葱和菱角米，搅拌均匀。

❷ 倒入米酒、芝麻油、酱油、玉米淀粉、白胡椒和细砂糖。仔细搅拌，用保鲜膜密封，放入冰箱至少冷藏10分钟。

❸ 混合小麦淀粉、木薯粉和盐。加入植物油和热水。充分搅拌。静置冷却。

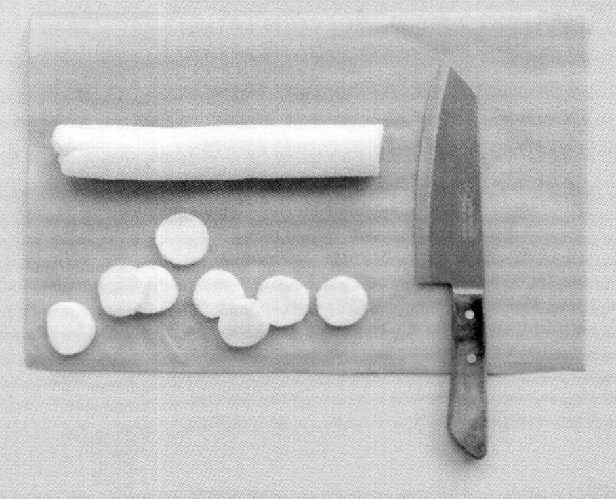

❹ 将混合物揉捏成质地光滑的面团，搓成直径2.5厘米的圆柱形。再切成5毫米厚的片。

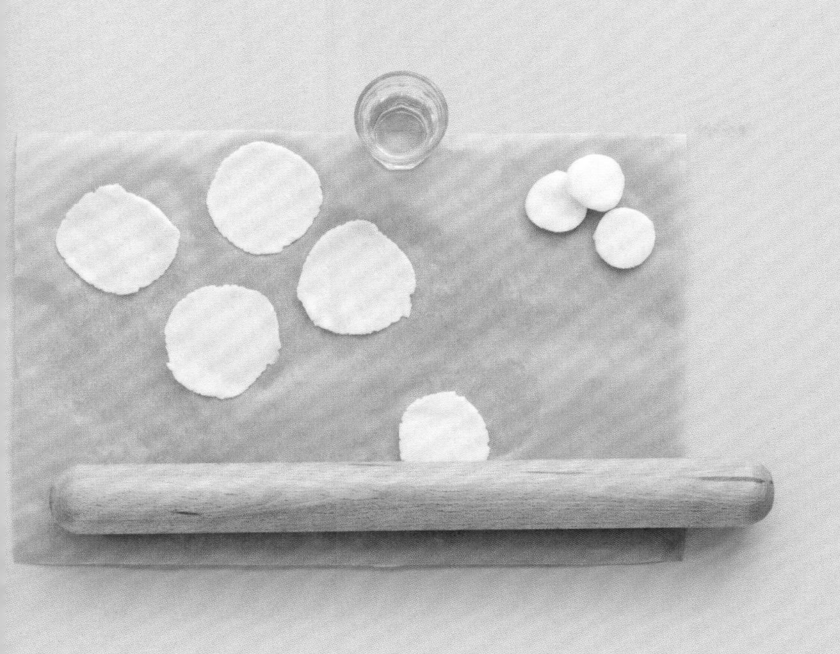

❺ 操作台上涂抹少许油，将面团擀成圆形的小面皮。

❻ 面皮中间放1茶匙虾肉馅。面皮边缘涂抹少许清水，折叠成半月形。重复此步骤。

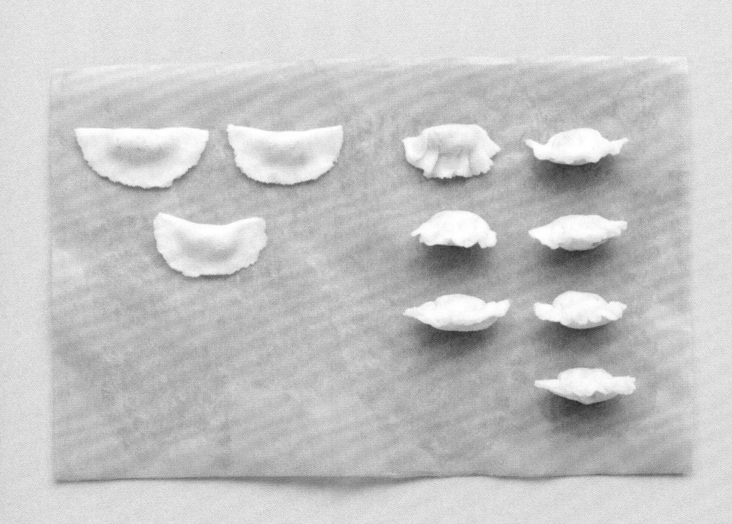

❼ 用拇指和食指中间的虎口部分按压饺子皮，形成多个小褶皱，将边缘捏紧。取1个蒸锅，蒸格上涂抹少许油，放入包好的饺子，中火蒸8~10分钟。

❽ 趁热食用，蘸酱油食用。

小技巧

要擀出极薄的面皮，可在擀制前将面团夹在2张烘焙纸之间。

猪肉烧卖

中国

20个烧卖

准备时间：40分钟

烹调时间：5分钟

原料

500克猪里脊绞肉
100克菱角米
1个洋葱
6根葱
20克生姜
2汤匙米酒
2汤匙酱油
1汤匙芝麻油
半茶匙盐
2汤匙木薯粉或玉米淀粉
1个蛋白
1包馄饨皮

❶ 将菱角米、葱和洋葱切碎。

❷ 加入除馄饨皮外的全部剩余食材，搅拌备用。

❸ 用直径8厘米的环形模具切割馄饨皮，得到圆形的面皮。

❹ 每张面皮中放15克左右的馅料。

❺ 用刷子把水刷在面皮边缘，将四边向中间折起，包裹住馅料，轻轻按压四边，使面皮和馅料粘连紧密。

❻ 蒸格事先抹油，放入烧卖，蒸5~7分钟。搭配酱油或辣椒酱食用。

保存

烧卖十分适合冷冻保存，可以一次多做些。食用之前不用解冻，直接上锅蒸10~15分钟即可。

蘑菇鸭肉饺子

中国

20个饺子

准备时间：25分钟

烹调时间：15分钟

原料

20张馄饨皮
300克巴黎蘑菇
1块烟熏鸭胸肉
1个小洋葱
20克帕尔马干酪
2汤匙油
1粒蒜瓣
几根平叶欧芹
盐和黑胡椒

❶ 小洋葱、大蒜和欧芹切碎。蘑菇洗净，切片。

❷ 除去鸭胸的肥肉。切大块。

❸ 用平底锅加热油，将洋葱倒入锅中煸炒，加入蘑菇。炒至食材变成金黄色。

❹ 将炒好的蘑菇和洋葱倒入碗中。加入欧芹、大蒜、擦丝的帕尔马干酪和鸭肉。撒黑胡椒，尝味道后撒盐。

❺ 馄饨皮上放少量馅。在面皮的边缘刷上清水，折叠成长方形的饺子。

❻ 蒸笼上刷油或铺烘焙纸。放入饺子，蒸5分钟。

中式包子面团

中国

10~12个包子

准备时间：20分钟
等待时间：2小时10分钟

—

原料

酵母

1袋面包酵母

200毫升温水

110克细砂糖

200克面粉

面团

300克面粉

10克发酵粉（如果没有，用1袋泡打粉代替）

半茶匙小苏打

半茶匙盐

1汤匙植物油

1茶匙白醋（或柠檬汁）

❶ 温水溶解面包酵母和细砂糖。静置10分钟。

❷ 倒入面粉，用保鲜膜密封。于暖气旁或其他温暖处静置1小时。

❸ 烤箱预热至40℃。混合搅拌制作面团的食材。加入酵母水。

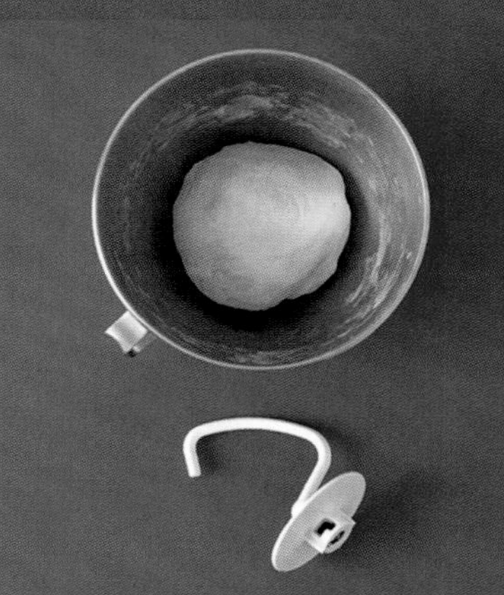

❹ 混合成均匀光滑的面团（约10分钟）。

❺ 容器内抹油，放入面团，覆盖保鲜膜。

❻ 关闭烤箱电源，将面团放入烤箱，静置1小时，使其膨胀。体积应该膨胀至原来的2倍。

❶ 将除玉米淀粉和猪肉外制作叉烧肉所需的全部食材放入平底锅。煮五分钟。

❷ 加入猪里脊丁。搅动，煮5分钟。

❸ 肉煮好时，加入水淀粉。

❹ 搅动，使酱汁变浓稠（约需2分钟）。冷却。

❺ 将包子面团分成每个重70克的小面团。擀成直径约10厘米的面皮。

❻ 面皮中间放入包子馅，边缘捏成褶，压实。放在纸上。

❼ 将包子放入蒸笼。覆盖保鲜膜，发酵30分钟。

❽ 取下保鲜膜，将蒸笼放到蒸锅上，用大火蒸15分钟。

猪肉包

中国

10个包子

准备时间：40分钟
等待时间：30分钟

烹调时间：25分钟

面皮

中式包子面团（参见354页）

叉烧肉馅

500克猪里脊，切成较大的丁
2汤匙酱油
2汤匙米酒
1汤匙蚝油
1汤匙海鲜酱（35克）
1汤匙芝麻油
75毫升清水，20克细砂糖
1汤匙玉米淀粉

事先准备

烘焙纸切成边长5厘米的正方形。玉米淀粉用少量水稀释制成水淀粉备用。

❾ 放在蒸笼里上桌。可搭配辣酱食用。

其他选择

可在中餐熟食店购买同等重量的现成的叉烧肉代替猪里脊肉。

叉烧肉

中国

4~6人份

准备时间：15分钟
等待时间：2~8小时

烹调时间：30分钟

原料

2粒蒜瓣，切薄片
1汤匙新鲜生姜，擦丝
1汤匙麦芽醋
60毫升绍兴米酒
60毫升海鲜酱
60毫升叉烧酱
1汤匙酱油
500克猪肩肉，去骨，切大块
$1\frac{1}{2}$汤匙液体蜂蜜

搭配

米饭和蒸蔬菜（如小白菜、菜心等）

❶ 在玻璃沙拉碗中混合大蒜、生姜、醋、米酒、2种酱汁和酱油。加入猪肩肉块，搅拌均匀，密封，腌渍2~8小时。

❷ 烤箱预热至240℃。烤盘中倒入一半高度的水，上面架烤网，将猪肉块摆放在烤网上。

❸ 烤30分钟左右。将腌渍汁均匀地刷在肉块上。

❹ 蜂蜜倒入小平底锅中，煮至沸腾。

❺ 猪肉出炉时，表面用刷子刷上热蜂蜜。冷却。

❻ 猪肉切片，搭配蒸蔬菜和米饭食用。

鸡肉串

中国

20串

准备时间：5分钟
等待时间：20分钟

烹调时间：10分钟

原料

500克鸡腿肉，去骨，去皮，切成1厘米见方的丁
90毫升蚝油
75毫升杏酱
2汤匙鱼露
1汤匙芝麻油
3粒蒜瓣，切薄片
2汤匙黑芝麻，2汤匙白芝麻，烤熟，用于撒在肉串表面

事先准备

20根木扦在冷水中浸泡20分钟。

❶ 混合蚝油、杏酱、鱼露、芝麻油和大蒜。保留3汤匙的混合物最后浇汁用。

❷ 倒入鸡肉，翻拌均匀，使其均匀裹上酱汁，腌渍至少20分钟。在此期间，开中火，预热烤网。

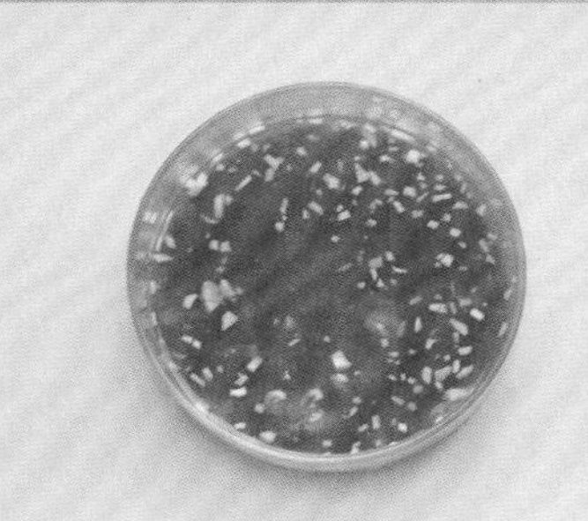

❸ 将鸡肉串在木扦上。每面烤4~5分钟，烤的过程中适时翻面，刷上剩下的腌渍汁，直至鸡肉烤熟。

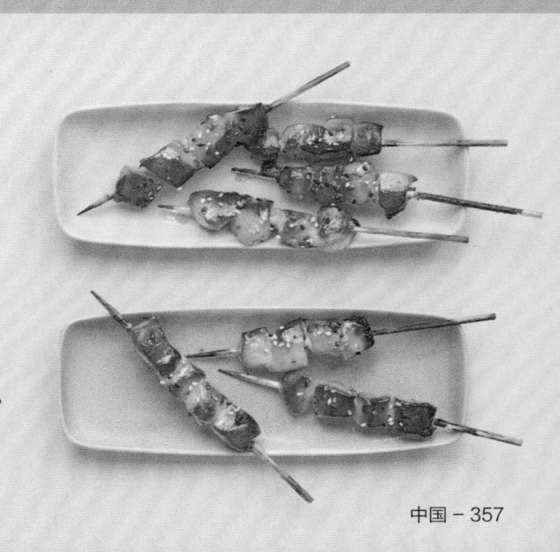

❹ 在烤好的鸡肉串表面撒芝麻，上桌。

炒蔬菜

中国

1人份

准备时间：15分钟

烹调时间：3分钟

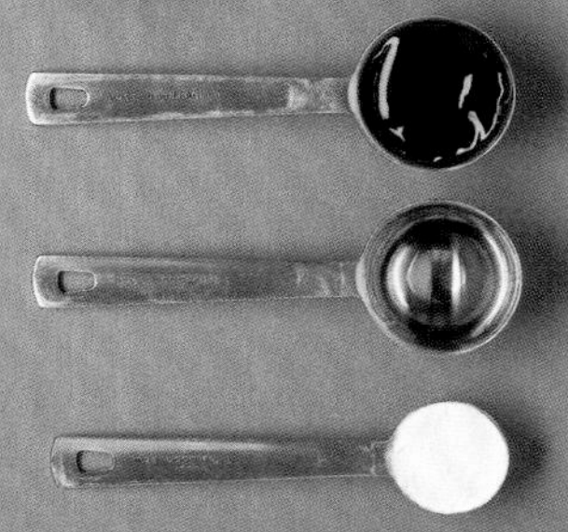

原料

1把香菇或平菇（可用巴黎蘑菇代替）
3根葱
3棵带叶的牛皮菜
1粒蒜瓣
1汤匙酱油或蚝油
2汤匙植物油
1茶匙玉米淀粉

事先准备

烤箱预热至220℃。
清洗牛皮菜。

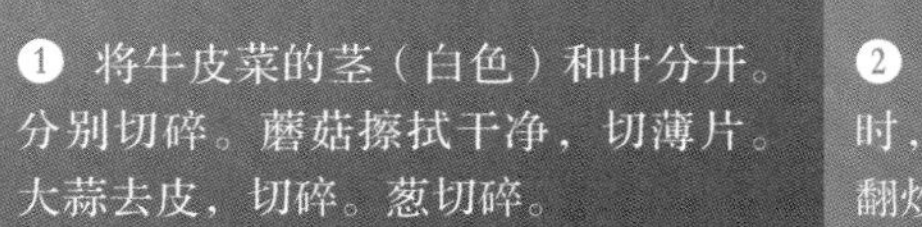

❶ 将牛皮菜的茎（白色）和叶分开。分别切碎。蘑菇擦拭干净，切薄片。大蒜去皮，切碎。葱切碎。

❷ 大火把炒锅加热。当锅变热且冒烟时，倒入植物油。倒入葱碎和大蒜，翻炒30秒。

❸ 加牛皮菜的茎和蘑菇，翻炒2分钟，不停翻炒。再加入叶子，继续炒1分钟。

❹ 将蚝油或酱油与玉米淀粉混合均匀，倒入锅中。炒1分钟，出锅。

虾肉炒饭

中国

4人份

准备时间：15分钟

烹调时间：15分钟

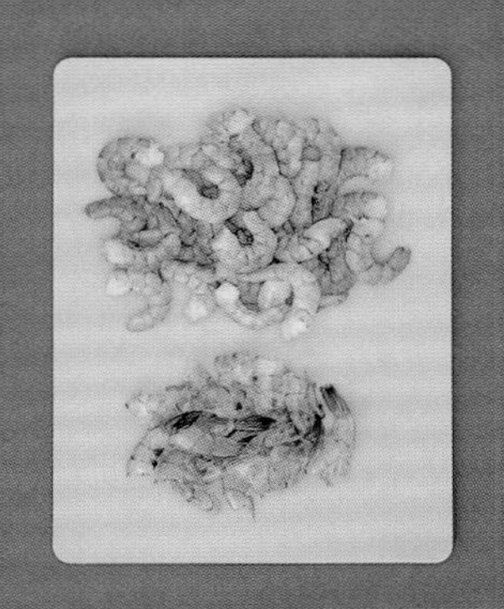
❶ 虾去壳，切小块。

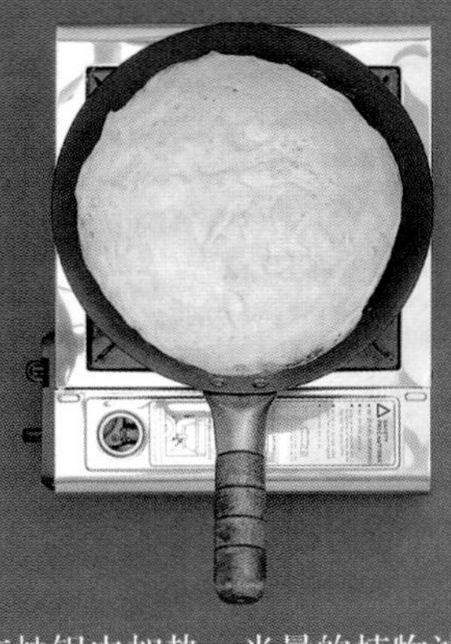
❷ 在炒锅中加热一半量的植物油，蛋液，煎成蛋饼。

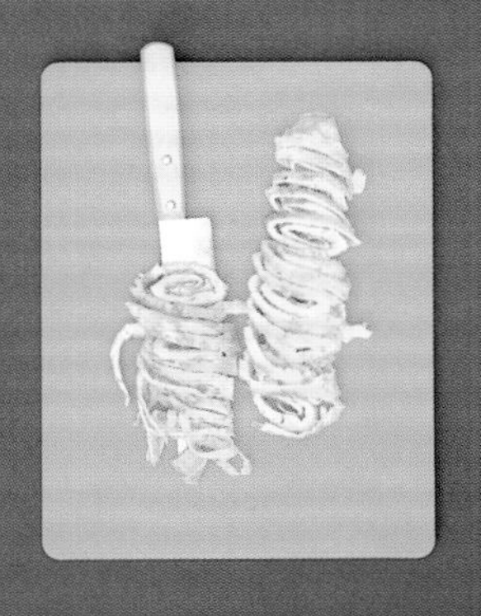
❸ 从锅中取出蛋饼，卷紧，切细丝。

❹ 用剩下的油炒生姜、虾和腊肠。

原料

500克生虾
3汤匙植物油
3个鸡蛋，稍稍打散
2根中式腊肠或2片培根，切薄片
1汤匙新鲜生姜，擦丝
740克煮熟的米饭，静置冷却
2汤匙绍兴米酒
2汤匙酱油
3根葱，切碎

❺ 加入米饭、米酒和酱油，再加入蛋丝。大火翻炒。

❻ 最后放入葱花。翻炒，立即上桌。

炒面

中国

4~6人份　准备时间：20分钟　烹调时间：10分钟

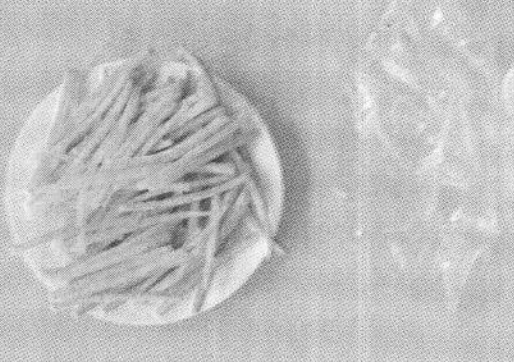

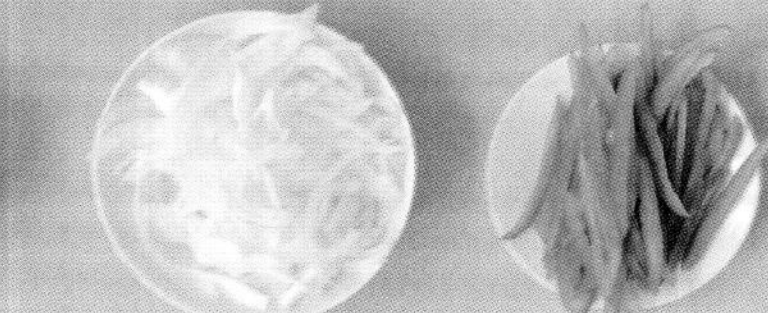

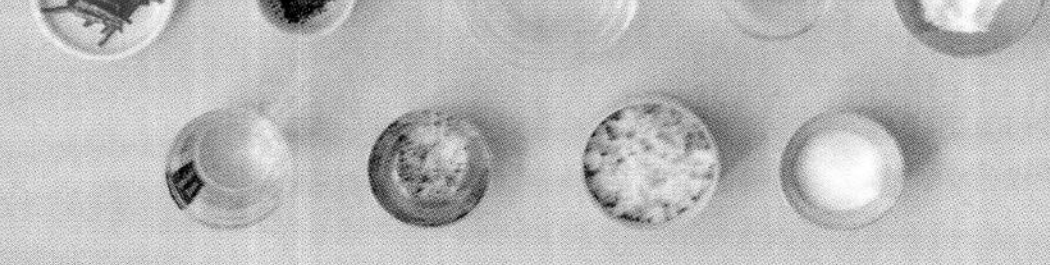

原料

450克预煮好的鸡蛋面
350克猪里脊肉，切丝
3汤匙番茄酱
120毫升酱油
100毫升伍斯特辣酱油
2汤匙味淋
1茶匙细砂糖
1茶匙马铃薯淀粉
烤海苔碎
3汤匙植物油
1茶匙芝麻油
2汤匙生姜，擦丝
1个洋葱，切片，2根胡萝卜，切条
1个绿色柿子椒，切细条
150克卷心菜，擦丝
1汤匙红辣椒，擦丝
盐和黑胡椒

❶ 混合搅拌番茄酱、酱油、伍斯特辣酱油、味淋、细砂糖、马铃薯淀粉和一小撮海苔碎。备用。

❷ 面条倒入沙拉碗中，打散。

❸ 撒盐和黑胡椒。在炒锅中加热植物油。加入生姜和猪肉，翻炒至五成熟。

❹ 加入3种蔬菜、洋葱和红辣椒。炒3分钟，所有食材保持爽脆。

❺ 倒入面条，再倒入120毫升清水和酱汁。迅速搅拌均匀。关小火，盖锅盖。焖2分钟，1分钟时开盖翻动一次。

❻ 在炒好的面条上撒七味唐辛子（可选），装盘。撒海苔碎，搭配腌渍的姜片食用。

❶ 鸡胸肉表面抹植物油，放到生铁烤盘上煎熟。

❷ 从烤盘上拿下，静置5分钟。切片。

❸ 面条放入沸水中煮2~3分钟。

❹ 沥去水分，立刻分装到碗中。

鸡肉面

中国

4人份

准备时间：5分钟

烹调时间：10分钟

原料

2块鸡胸肉
200克拉面或方便面
1茶匙植物油
1汤匙辣椒酱
1棵青菜，切段
1升热鸡汤
3根葱，切碎

❺ 加入青菜，倒入少量热鸡汤。

❻ 面条上摆放鸡肉和葱花，鸡肉上淋少许辣椒酱。立即上桌。

海鲜面

中国

4人份

准备时间：15分钟

烹调时间：15分钟

原料

300克清洗干净的小乌贼
300克生大虾
12个扇贝肉
1汤匙植物油
1茶匙芝麻油
1汤匙新鲜生姜，擦丝
3根葱，切片
1个红色柿子椒，切细条
400克新鲜福建面条
2汤匙蚝油
2汤匙酱油
2汤匙甜酱油
1棵青菜，切段

❶ 乌贼身体切成圆圈；触手切两段。虾去壳。用吸水纸把扇贝清理干净。

❷ 在炒锅中将植物油加热，倒入葱、姜、柿子椒，煸炒3分钟。加入所有海鲜，大火煸炒3分钟。

❸ 倒入面条和3种调味品，翻炒，再加入青菜。

❹ 待酱汁黏稠，青菜变软时，锅离火。立即上桌。

蔬菜面

中国

4人份　准备时间：15分钟　烹调时间：10分钟

❶ 面条用沸水煮熟。沥干水分。

❷ 炒锅中倒入植物油，大火加热，加入豆腐，煸炒至表面金黄。

原料

250克干燥的鸡蛋面
1汤匙植物油
1茶匙芝麻油
300克质地紧实的豆腐，切条
1个红色柿子椒，切细条
1根胡萝卜，切细条
1根西葫芦，切细条
200克带荚甜豆
200克西兰花
3汤匙甜酱油
2茶匙叁巴酱

❸ 倒入蔬菜，炒3分钟。加入面条，以及事先混合好的甜酱油和叁巴酱，一同倒入。

❹ 面条热透后，装盘。

广式蒸鱼

中国

2~4人份

准备时间：30分钟

烹调时间：15分钟

原料

1条鱼，掏空内脏，刮去鱼鳞，保留鱼头（可选用狼鲈鱼、菱鲆鱼、鲷鱼、黄盖鲽鱼、大菱鲆鱼等）
一小把香葱
1把香菜
1个辣椒（根据口味任选）
100克生姜（根据口味任选）
1汤匙蚝油
2汤匙酱油
3汤匙植物油
盐

事先准备

鱼身划切口，撒少许盐。

❶ 葱姜去皮，切丝。香菜洗净，摘叶。辣椒切段。

❷ 取一个较大的炒锅，架起蒸架，鱼放入盘中，将盘子放在蒸架上。

❸ 1千克的鱼蒸10~15分钟。

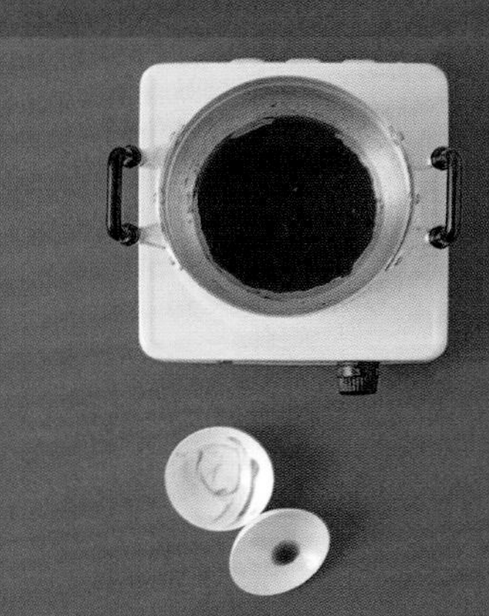

❹ 小平底锅中混合加热植物油、蚝油和酱油，直至沸腾。

❺ 蒸制完成前5分钟，把姜丝撒在鱼身上。

❻ 鱼蒸好后，倒掉盘中的汤，浇上热酱汁。然后撒入葱、辣椒和香菜。立即上桌。

绿咖喱蔬菜

中国

4人份

准备时间：15分钟

烹调时间：30分钟

原料

200克质地紧实的豆腐，切块
1个红色柿子椒，切块
2根西葫芦，切段
100克玉米笋
200克巴黎蘑菇
1汤匙植物油
2汤匙绿咖喱酱
500毫升椰浆
4片柠檬叶，切碎
1汤匙棕榈糖
1汤匙青柠汁
煮熟的米饭，摆盘用

❶ 在平底锅中加热植物油，加热绿咖喱酱。搅拌至形成质地均匀的酱汁。

❷ 倒入豆腐，煎至上色。在此期间处理蘑菇：除去菌柄，菌盖切成两半。

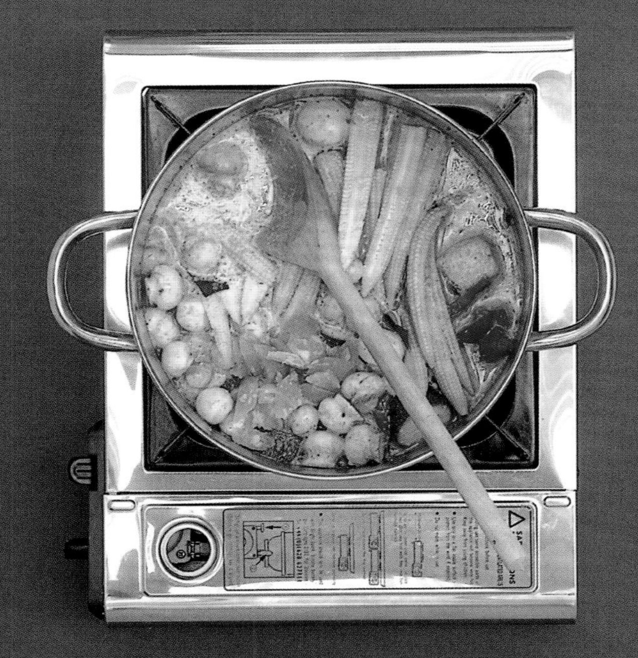

❸ 锅中加入4种蔬菜和柠檬叶，再倒入椰浆。微滚20分钟。

❹ 加入棕榈糖和青柠汁。立即上桌，搭配米饭食用。

炸香蕉

中国

4人份

准备时间：15分钟

烹调时间：15分钟

原料

250克面粉
60克细砂糖 + 少许额外的细砂糖，撒在炸香蕉上
500毫升气泡水
1个鸡蛋，轻微打散
4根香蕉
500毫升花生油
冰激凌，摆盘用

❶ 在沙拉碗中混合面粉和细砂糖。中间挖一个洞。

❷ 将蛋液和气泡水混合并搅拌均匀，倒入洞中，搅拌成光滑的面糊。

❸ 香蕉去皮，竖着劈成两半。再横着切成两段。

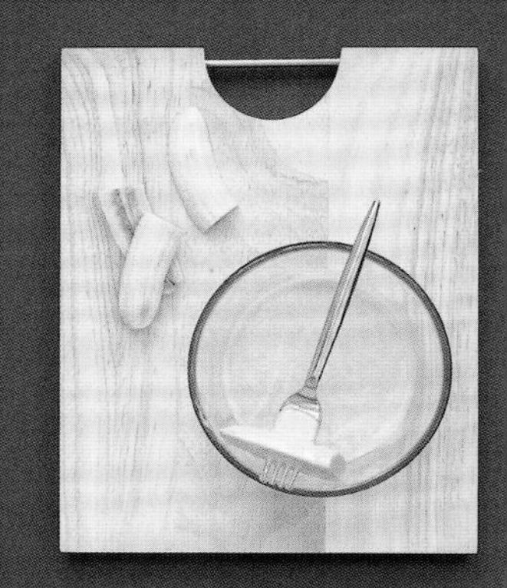

❹ 香蕉段依次浸入面糊中。稍稍沥去多余的面糊。

❺ 在炒锅中加热花生油，加入香蕉油炸。将炸好的香蕉放在吸油纸上吸去多余的油分。

❻ 炸香蕉表面撒细砂糖，立即上桌，搭配冰激凌食用。

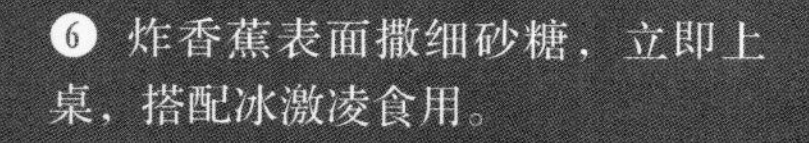

小技巧

最好选择熟透的香蕉，炸好之后立即食用，可保持酥脆的口感。

荔枝西瓜冰沙

中国

4人份

准备时间：20分钟
等待时间：6小时

烹调时间：10分钟

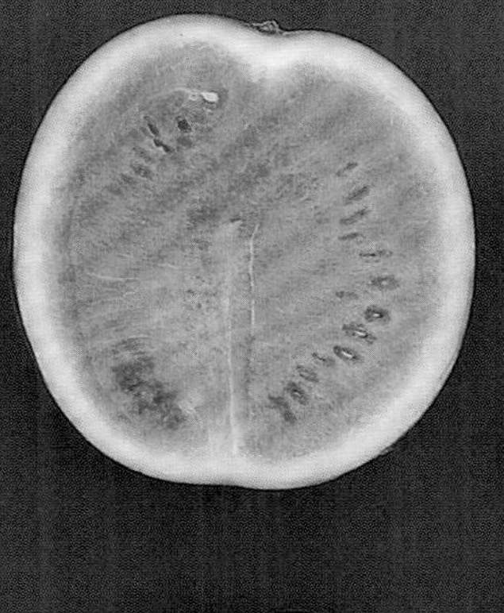

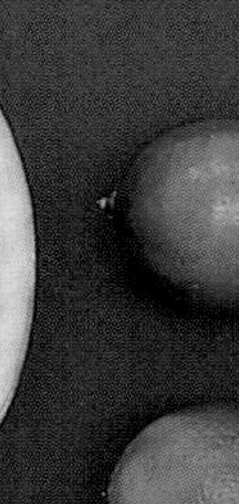

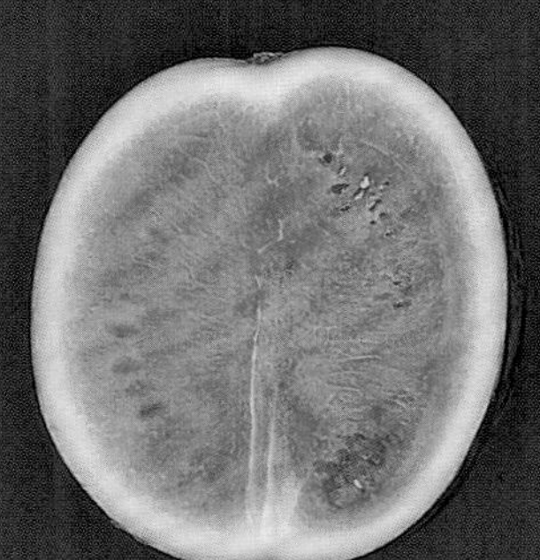

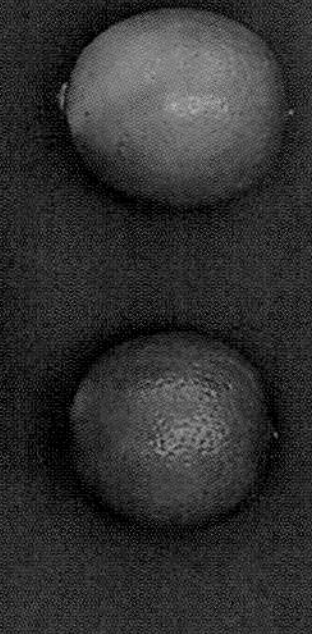

原料

575克糖水荔枝
500克西瓜，去籽，去皮
75克细砂糖
2汤匙新鲜生姜，擦丝
60毫升青柠檬汁

❶ 荔枝沥去糖水，保留250毫升的糖水备用。

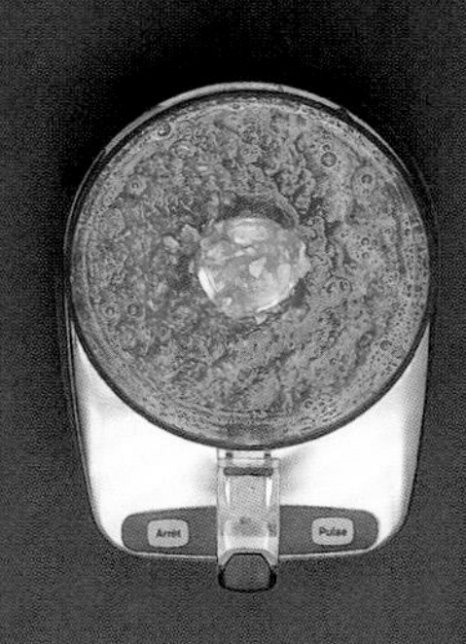

❷ 将荔枝和西瓜一同放入搅拌机中，搅打成质地浓稠的果泥。

❸ 将果泥倒入细目筛网中，用勺背按压出尽量多的果汁。

❹ 混合糖水、细砂糖和生姜。保持沸腾状态10分钟。过滤，加入果汁，静置冷却。

❺ 混合物倒入较大的金属盘中，放入冷冻柜。等待2小时（冰沙边缘应该呈现出雪状），用餐叉从四周向中间搅拌。继续冷冻1~2小时后，重复此步骤，使冰沙质地更加蓬松，然后冷冻至少4小时。

❻ 最后一次搅拌冰沙，然后盛入酒杯或玻璃杯中，上桌。

印度尼西亚

沙嗲鸡肉串

印度尼西亚

20串鸡肉

准备时间：10分钟
等待时间：24小时

烹调时间：15分钟

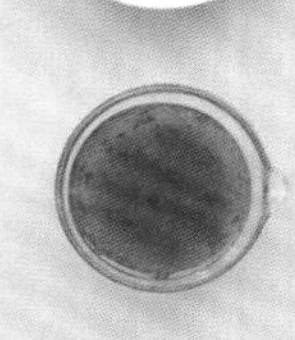

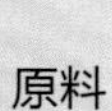

原料

500克鸡胸肉，切条
2根香茅茎，粗粗切碎
5个小洋葱，粗粗切碎
4粒蒜瓣，粗粗切碎
1茶匙香菜粉
半茶匙孜然粉
半茶匙茴香粉
$\frac{1}{4}$茶匙姜黄
3汤匙植物油
1茶匙细砂糖
100克花生黄油
50克甜椒酱
1个青柠檬，榨汁，盐

事先准备

20根木扦用水浸泡20分钟。

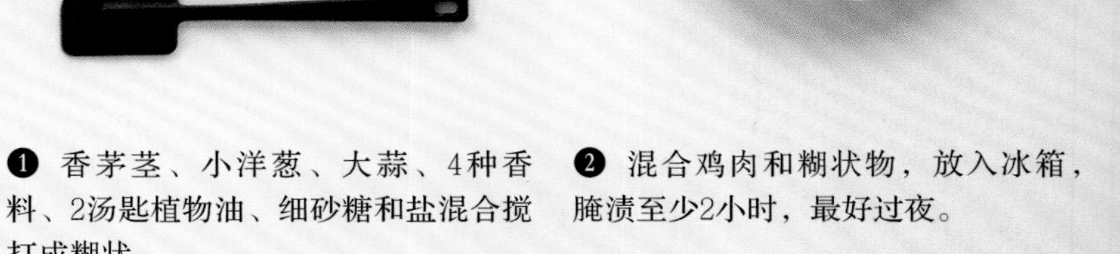

❶ 香茅茎、小洋葱、大蒜、4种香料、2汤匙植物油、细砂糖和盐混合搅打成糊状。

❷ 混合鸡肉和糊状物，放入冰箱，腌渍至少2小时，最好过夜。

❸ 在平底锅中混合花生黄油、辣椒酱、青柠汁和60毫升清水。炖煮5分钟，直至质地均匀。

❹ 预热烤盘。将鸡肉串在事先浸泡好的木扦上。

❻ 鸡肉串可搭配花生黄油酱汁、切块的红洋葱和黄瓜食用。

❺ 取几串鸡肉串，放在烤盘上烤4~5分钟，翻面，表面刷少许油，直至完全烤熟。重复此步骤直至处理完全部肉串。

❶ 竹扦用水浸泡15分钟。鸡肉切块。

❷ 将鸡肉块串在沥干水分的竹扦上。

❸ 准备酱汁，将花生倒入平底锅，不加油煸炒，再用搅拌机打碎。

❹ 将制作沙嗲酱的原料混合在一起，煮15分钟。

沙嗲鸡肉串简易版

印度尼西亚

4人份

准备时间：20分钟

烹调时间：25分钟

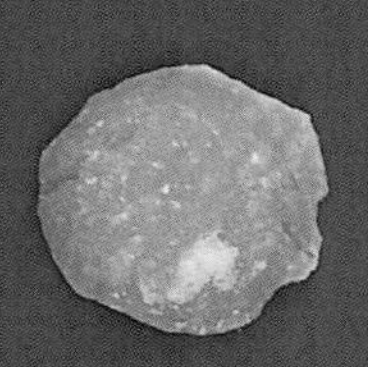
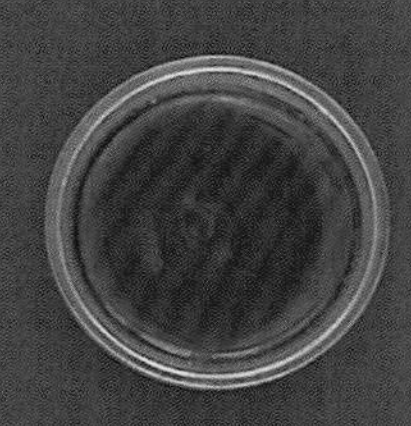

原料

500克鸡胸肉
竹扦

沙嗲酱

40克原味花生
250毫升椰浆
2汤匙红咖喱酱
1~2汤匙棕榈糖
1汤匙酸角浓缩物

❺ 烤鸡肉串，烤制过程中翻动几次。

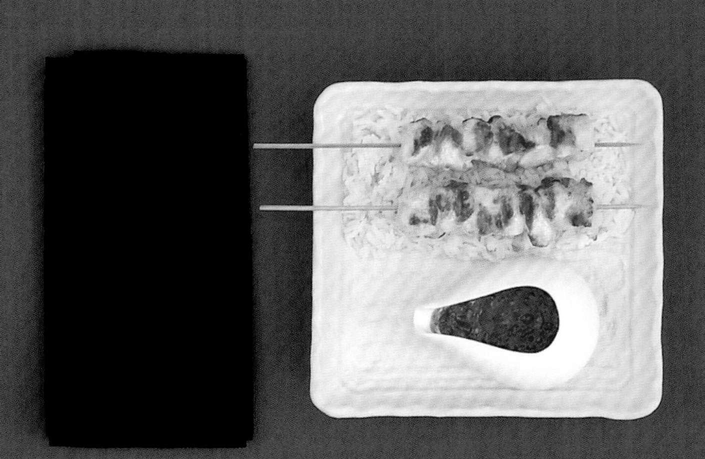

❻ 烤好的鸡肉串搭配沙嗲酱食用。

印尼炒猪肉

印度尼西亚

4人份

准备时间：10分钟
等待时间：30分钟

烹调时间：15分钟

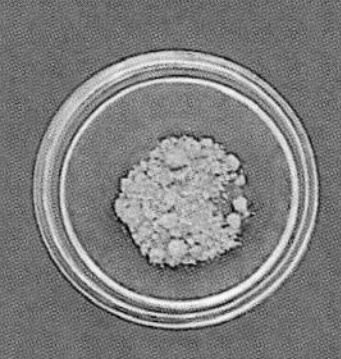
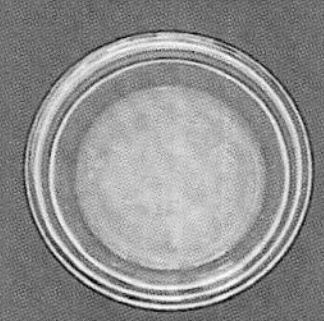
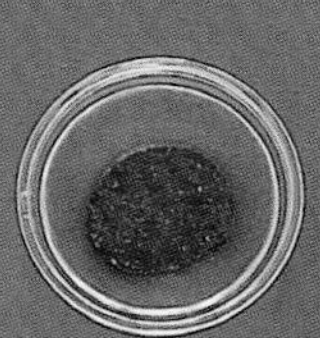

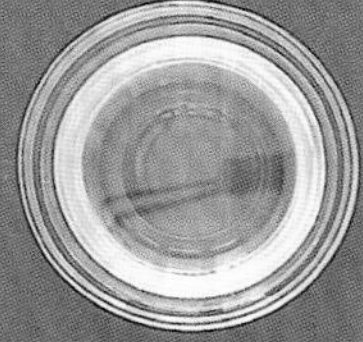

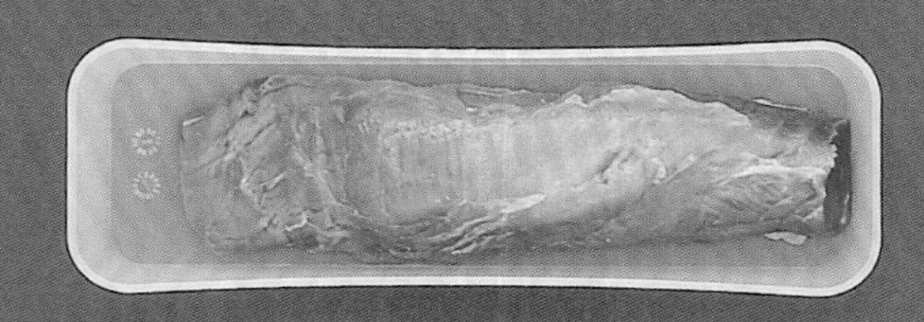

❶ 在沙拉碗中混合面粉、酱油和生姜泥，搅拌均匀。加入猪肉块。腌渍30分钟。

❷ 在炒锅中加热植物热油，倒入猪肉，大火炒至金黄。反复几次。

原料

500克猪里脊肉，切块
2汤匙面粉
1汤匙酱油
半茶匙生姜泥
3汤匙植物油
1个洋葱，切碎
3粒蒜瓣，切碎
5厘米新鲜生姜，擦丝
125毫升甜酱油
1茶匙辣椒粉
1汤匙柠檬汁
煮熟的米饭，摆盘用

❸ 加入洋葱、大蒜和新鲜的生姜。继续煸炒，直至洋葱软烂。

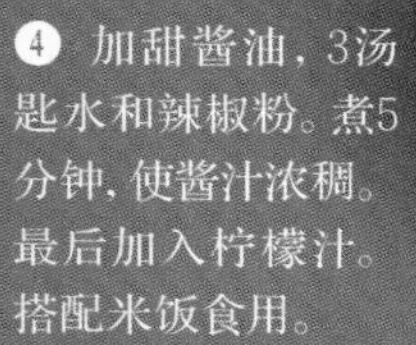

❹ 加甜酱油，3汤匙水和辣椒粉。煮5分钟，使酱汁浓稠。最后加入柠檬汁。搭配米饭食用。

仁当咖喱牛肉

印度尼西亚

6人份

准备时间：35分钟
等待时间：45分钟

烹调时间：1小时30分

原料

1千克牛腿肉
60克较大的干红辣椒
1茶匙香菜籽
1汤匙生姜，切碎
2茶匙孜然粉
半茶匙丁香粉
$\frac{1}{4}$茶匙姜黄
3粒蒜瓣，去皮
10个亚洲小洋葱，切片
500毫升椰浆
2根香茅茎
1汤匙南姜，切碎
2茶匙棕榈糖
煮熟的米饭，摆盘用

❶ 将干红辣椒倒入沸水中煮15分钟，洗掉杂质。沥干水分，粗粗切碎。

❷ 混合搅打煮过的干红辣椒、生姜、香菜籽、孜然粉、丁香、姜黄、大蒜和小洋葱。

❸ 为了使混合物质地更加均匀，加入少量水，继续搅打，制成酱料。

❹ 用酱料腌渍牛肉30分钟。

❺ 将牛肉倒入炒锅中，加入除米饭之外的其他食材。

❻ 沸腾后，关小火，微滚1小时30分钟。搭配米饭食用。

印尼炒饭

印度尼西亚

4人份

准备时间：20分钟

烹调时间：10分钟

原料

1汤匙花生油
1茶匙叁巴酱
2粒蒜瓣，压碎
250克鸡肉，切小丁
250克生虾，去壳
3根葱，切碎
750克凉米饭
1汤匙甜酱油
1汤匙酱油
4个鸡蛋
2个番茄，切片
半根黄瓜，切段

❶ 加热的炒锅中倒油，倒入叁巴酱、鸡肉和虾。大火上色。

❷ 倒入葱和米饭。继续炒5分钟，把米饭炒热。

❸ 混合2种酱油，倒入锅中。翻炒。从炒锅中盛出炒饭，把鸡蛋逐一煎熟。

❹ 将炒饭在盘中垒成半球形，上面铺一个煎蛋，用番茄和黄瓜做装饰。

花生酱拌杂菜

印度尼西亚

4人份

准备时间：20分钟

烹调时间：15分钟

原料

150克白菜，切丝
200克四季豆，切段
2根胡萝卜，切细条
2个马铃薯，切细条
100克豆芽
2个煮熟的鸡蛋，去壳，切块
2汤匙油炸洋葱碎

花生酱

60毫升花生油
200克原味花生
2粒蒜瓣，切碎
4个亚洲小洋葱，切碎
半茶匙叁巴酱
1汤匙甜酱油
1汤匙酸角浓缩物

❶ 5种蔬菜分别用沸水煮熟或用蒸汽蒸熟。

❷ 制作花生酱：在炒锅中加热花生油，倒入花生，炒至焦黄。沥去油分。锅内留1汤匙油。

❸ 用搅拌机或研钵把花生搅打或研磨成粉末。大蒜和小洋葱压碎，得到质地均匀的糊状物。

❹ 重新加热锅中剩余的油，倒入葱蒜糊，煸炒成金黄色。

❺ 加入花生、叁巴酱、甜酱油和酸角。倒入500毫升水，开中火煮酱汁，直至沸腾，不时搅动。

❻ 蔬菜和鸡蛋搭配花生酱和油炸洋葱碎食用。

建议

这款花生酱趁热搭配印尼丹贝和油炸豆腐食用也十分美味。

青柠焦糖布丁

印度尼西亚

4人份

准备时间：30分钟
等待时间：4小时

烹调时间：50分钟

原料

6片柠檬叶
125克砂糖
250毫升牛奶
250毫升椰浆
125克细砂糖
4个鸡蛋，稍稍打散

事先准备

烤箱预热至160℃。

❶ 柠檬叶切细丝。

❷ 在平底锅中用小火熔化砂糖。转成大火，使砂糖焦化。分装到4个布丁容器中。

❸ 将牛奶、椰浆和柠檬叶倒入平底锅，加热至沸腾。关火，浸泡片刻，过滤掉柠檬叶。

❹ 将细砂糖和打散的鸡蛋倒入沙拉碗中，搅拌均匀。

❺ 加入牛奶混合物，搅拌均匀，分装在容器中。将容器摆放在较大的烤盘里，向烤盘中加水，至一半高度，放入烤箱烤40分钟。

❻ 烤好后冷却至少4小时。摆盘时将布丁脱模，倒扣在甜品盘中。

香蕉小布丁

印度尼西亚

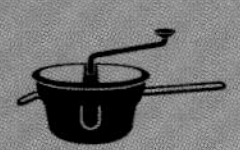

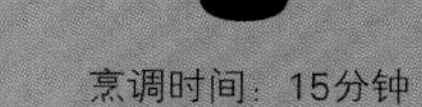

6人份　准备时间：15分钟　烹调时间：15分钟

布丁

500克未熟透的香蕉
80克细砂糖
45克米粉
3汤匙椰浆

椰子奶油

300毫升椰浆
1茶匙木薯粉
10克米粉
15克细砂糖
一小撮盐

❶ 用餐叉把香蕉碾碎。加入细砂糖、米粉和椰浆。仔细搅拌。

❷ 将混合物分装在小布丁容器中。上锅蒸10分钟。

❸ 制作椰子奶油。在椰浆中加入细砂糖和盐，加热。加入米粉，继续加热直至混合物变浓稠，关火。静置备用。

❹ 待布丁完全冷却，浇上椰子奶油。也可撒上炒熟的芝麻粒。冷藏。

味噌酱

日本

200毫升味噌酱

准备时间：5分钟

—

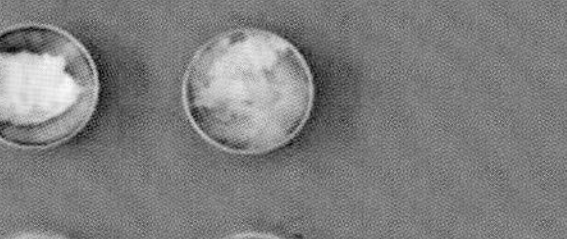
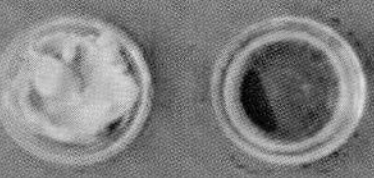
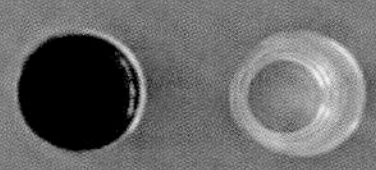
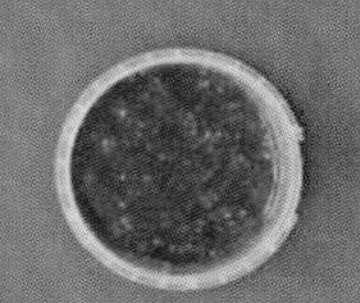

原料

- 2粒蒜瓣
- 2茶匙生姜
- 60毫升酱油
- 3汤匙米酒醋
- $1\frac{1}{2}$汤匙白芝麻
- 3汤匙芝麻油
- 1汤匙白味噌
- $\frac{3}{4}$汤匙红椒粉
- 半汤匙细砂糖

准备

大蒜切片。生姜切碎。将所有食材倒入广口瓶中。密封，猛烈摇晃使之混合。此味噌酱可冷藏保存2日。

姜酱

日本

125毫升姜酱

准备时间：5分钟

—

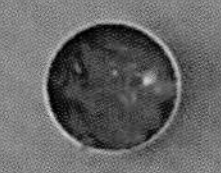

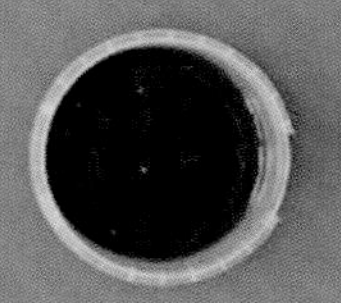

原料

- 4汤匙酱油
- 4汤匙米醋
- 1汤匙生姜，擦丝
- 2茶匙红糖
- 半茶匙芝麻油
- 1茶匙红辣椒

准备

生姜擦丝，红辣椒切碎。将所有食材迅速搅拌均匀。此酱汁经常用于油炸类菜肴。冷藏可保存一周。

橙醋汁

日本

150毫升橙醋汁

准备时间：5分钟

—

原料

- 2汤匙酱油
- 4汤匙米醋
- 50毫升黄柠檬汁或青柠檬汁
- 1汤匙日式高汤

准备

混合所有食材。此酱汁极适合搭配豆腐和鱼类。冷藏可保存一周。

芝麻酱

日本

120毫升

准备时间：5分钟

—

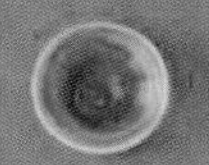

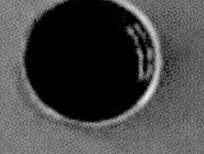

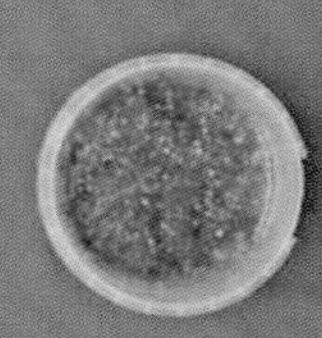

原料

- 3汤匙米醋
- 3汤匙酱油
- 1茶匙糖
- $1\frac{1}{2}$茶匙芝麻油
- $1\frac{1}{2}$茶匙烤熟的芝麻

准备

充分混合所有食材。用研钵碾碎。此酱汁可完美搭配蔬菜，例如西兰花或凉茄子。冷藏可保存一周。

煮白米饭

日本

640克白米饭

准备时间：15分钟
等待时间：50分钟

烹调时间：17分钟

准备

将大米倒入盛有清水的沙拉碗中浸泡30分钟。沥干水分，淘洗。米粒上倒水，用手掌揉搓。再次沥干水分，淘洗。重复3次。取一个带有出气孔的锅盖的厚底平底锅，倒入大米。加550毫升清水。静置10分钟。盖锅盖，煮至沸腾，转小火继续煮17分钟。关火。盖锅盖静置10分钟。打开锅盖，将米饭搅散。

原料

420克圆粒大米

注意

为了煮出更好吃的米饭，煮制过程中不应打开锅盖。当水分完全被吸收时，意味着米饭煮好。.

日式高汤

日本

800毫升高汤

准备时间：5分钟
等待时间：30分钟

烹调时间：10分钟

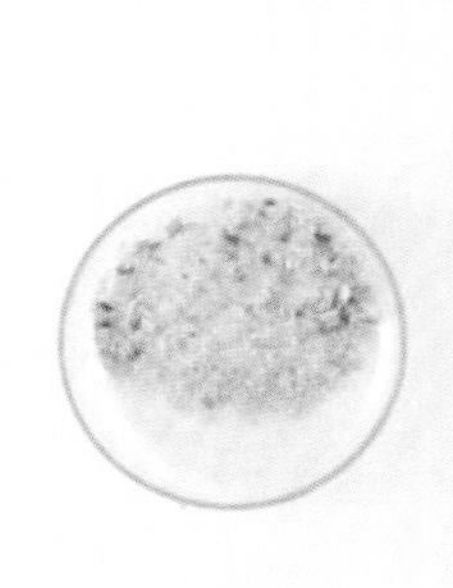

准备

昆布用湿茶巾清理干净，放入1升清水中。浸泡10分钟，然后用小火加热。沸腾前将锅离火。昆布沥干水分，备用。捞清水面的杂质。加入柴鱼片。大火煮2分钟。关火，静置15~20分钟。不要搅动。用双层滤布的筛子或两层吸水纸过滤高汤。不要挤压柴鱼片。

原料

1片明信片大小的干燥昆布
25克柴鱼片

煎饺

日本

24个煎饺

准备时间：45分钟

烹调时间：5分钟

原料

24张饺子皮
75克卷心菜，擦细丝
150克猪绞肉
6只生虾，去壳，去虾线，切碎
2根葱，切碎
1粒蒜瓣，用蔬菜处理器擦成泥
2汤匙细香葱，切碎
1茶匙盐渍生姜，切片
2茶匙红味噌
1汤匙芝麻油
1茶匙酱油
半茶匙红辣椒，切碎
植物油，煎饺子用
橙醋汁（参见376页），摆盘用

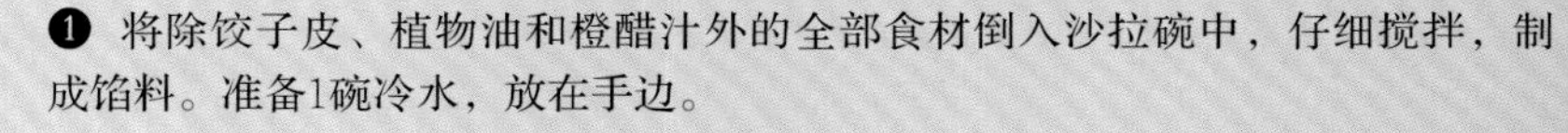

❶ 将除饺子皮、植物油和橙醋汁外的全部食材倒入沙拉碗中，仔细搅拌，制成馅料。准备1碗冷水，放在手边。

❷ 案板上放1张饺子皮，皮中间放1茶匙馅料。

❸ 饺子皮边缘沾水。

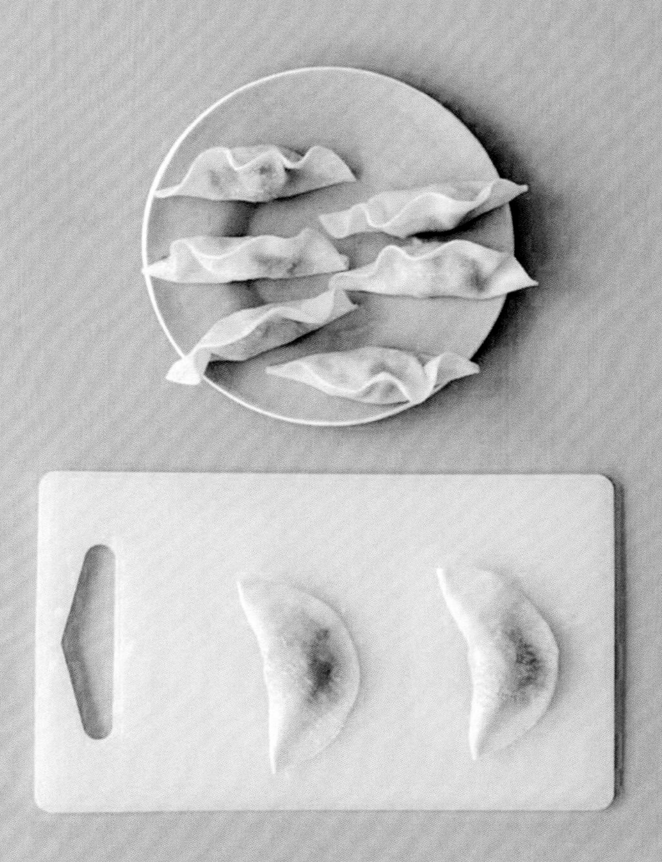

❹ 饺子皮对折，挤压，边缘捏成小波浪形状。仔细包严。

❺ 大火加热平底锅，锅底刷油。调至中火，摆放一层饺子。煎2分钟，直至饺子底部开始变成褐色。锅中加水，高度至饺子的$\frac{1}{4}$处。盖锅盖，焖2分钟。火力调高，打开锅盖，继续煎至锅中水分完全蒸发。

❻ 煎饺搭配橙醋汁食用。

寿司米饭

日本

640克米饭

准备时间：5分钟

烹调时间：如果米饭是事先煮好的，则无须烹调

原料

75毫升米醋，或根据口味加量
2茶匙盐
50克细砂糖
640克热米饭（参见377页）

工具

1把米饭勺，最好是木制的
1个制作寿司米饭专用的大木碗或木盘
扇子（可选）

❶ 米醋、盐和细砂糖倒入锅中，小火搅拌至糖溶解。备用。

❷ 米饭倒入木盘中。少量多次加入米醋混合物，用木勺翻拌，把米饭块打散。

❸ 继续用木勺拌米饭，同时用手或扇子扇风。米饭应该既保持黏性，又很容易一粒粒分开。

❹ 使用前用潮湿的茶巾盖住米饭。

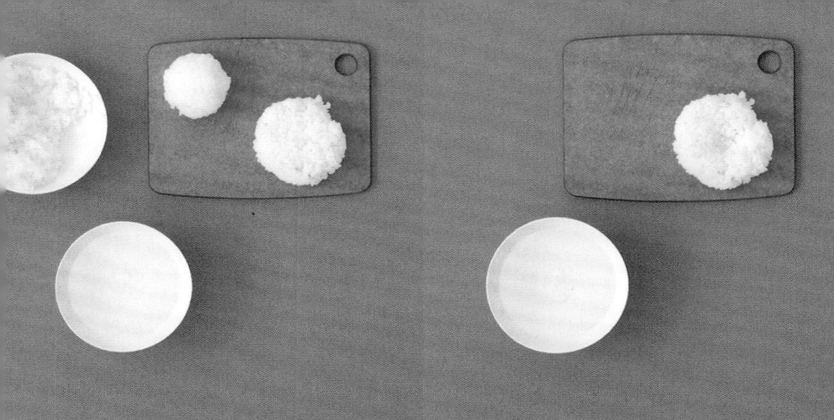

❶ 双手沾水，取少量米饭，先团成球形，再压成1厘米厚的圆饼。

❷ 用拇指在米饭中间压一个小坑。

❸ 坑里放少量切碎的馅料。

❹ 用米饭把馅料包起来。双手沾水，把饭团捏成三角形。

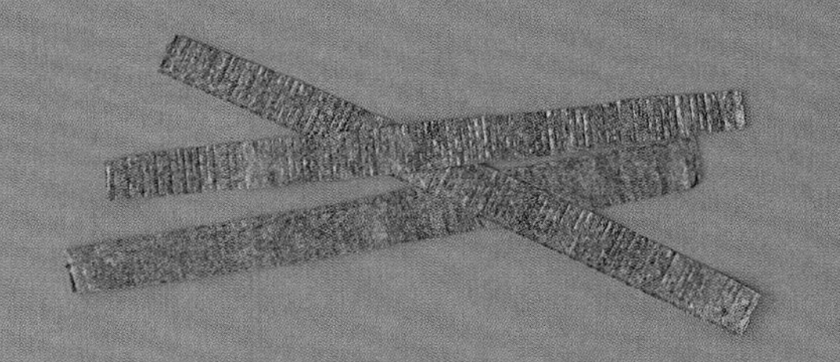

❺ 饭团上缠1条海苔，每面都蘸上芝麻（可选），或在饭团上放一片腌渍姜（可选）。搭配酱油食用。

饭团寿司

日本

4人份

准备时间：15分钟

—

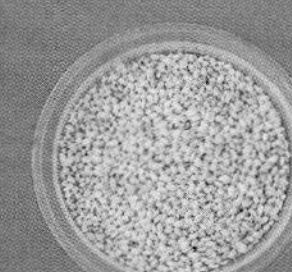

原料

250克煮熟并调味的寿司米饭（参见380页）

半片烤海苔，剪成宽5毫米的条

腌渍姜片（可选）

白芝麻粒或黑芝麻粒

工具

1碗冷水

1块湿茶巾，擦手用

摆盘建议

顺时针自下而上分别是：梅子饭团（白饭团上缠海苔）。罐头金枪鱼饭团，蘸黑芝麻，佐腌渍姜片。毛豆饭团，佐七味唐辛子。金枪鱼饭团，蘸烤芝麻。

注意

也可在进口超市购买制作饭团的工具。

寿司卷

日本

24个寿司卷

准备时间：30分钟

—

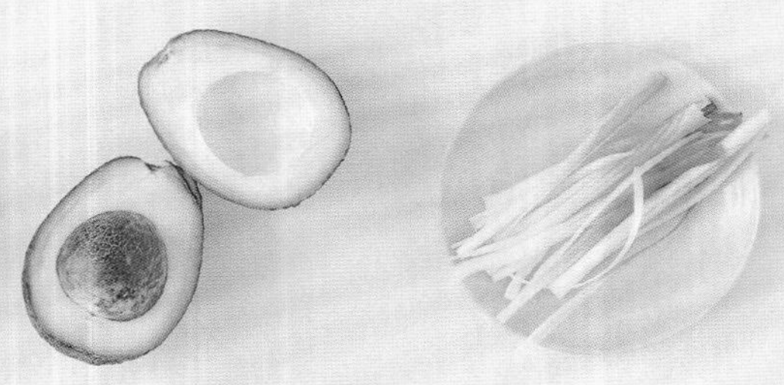

原料

4片烤海苔

320克煮熟和调味的寿司米饭（参见380页）

配料（依个人口味选择）

工具

1块寿司竹帘

1碗冷水

1块湿茶巾，擦刀和擦手用

配料变化

由左及右依次是：烟熏三文鱼、牛油果、葱；黄瓜、金枪鱼、芥末酱；甜味玉子烧、烤芝麻、葱；照烧鸡肉、白萝卜、蛋黄酱；鲭鱼、黄瓜、葱、芥末酱；豆腐、胡萝卜、蘑菇、芥末酱；蟹肉、白萝卜、牛油果、蛋黄酱。

❶ 把1片海苔铺在寿司竹帘上，亮面朝上。

❷ 双手沾水，取80克米饭，铺在海苔的下半部分。不要铺得过厚。

❸ 在米饭中间摆放少许配料。注意不要放太多。

❹ 双手提起竹帘，自下而上卷起。

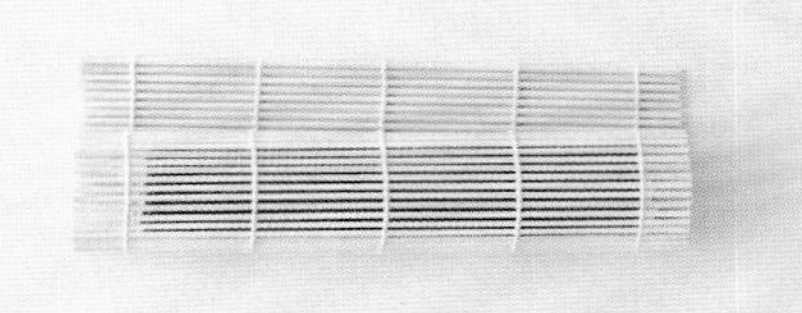

❺ 拇指和食指夹紧竹帘，其他手指协助把寿司卷在竹帘中间。

❻ 卷成形后，把寿司压实。等待几分钟。

❼ 用沾水的刀把寿司卷切成两半，每一半再切成3份。每切一次都用湿茶巾擦拭刀子。

❽ 蘸酱油，搭配芥末酱和腌渍姜片食用。

加州寿司卷

日本

24个寿司

准备时间：30分钟

—

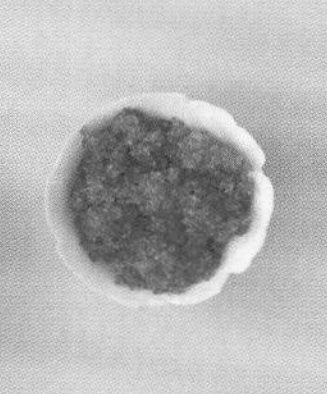

原料

4片烤海苔

480克煮熟和调味的寿司米饭（参见380页）

白芝麻粒或黑芝麻粒或混合芝麻粒，用于撒在寿司上

飞鱼卵，用于撒在寿司上

芥末酱

配料（如蟹柳，可依个人口味选择）

工具

2张寿司竹帘

可拉伸的保鲜膜

1碗水

1块湿茶巾，擦手用

❶ 把1片海苔铺在寿司竹帘上，亮面朝上。

❷ 双手沾水，把米饭铺在海苔上。

❸ 米饭上撒芝麻和（或）飞鱼卵。

❹ 用保鲜膜覆盖，上面放另外一张竹帘。

❺ 提起两张竹帘，翻转。拿走上面的竹帘。

❻ 海苔中间涂抹芥末酱，摆放少量配料。

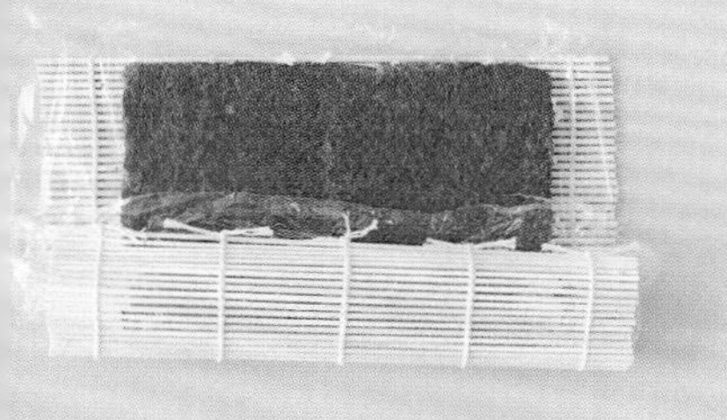

❼ 提起竹帘，像卷寿司卷一样自上而下卷起，注意把竹帘压实。

❽ 用刀把寿司卷切成两半，每一半再切成3份。蘸酱油，搭配芥末酱和盐渍姜片食用。

配料变化

顺时针由左及右依次是：炸豆腐、腌渍姜片、葱、芝麻；炸鸡排、蛋黄酱、黄瓜；鸡蛋，三文鱼、葱、芝麻；牛油果、照烧鸡、黄瓜、烤芝麻；狼鲈鱼、牛油果、红辣椒、飞鱼卵；蟹肉、牛油果、飞鱼卵。

生鱼片

日本

—

准备时间：10分钟

—

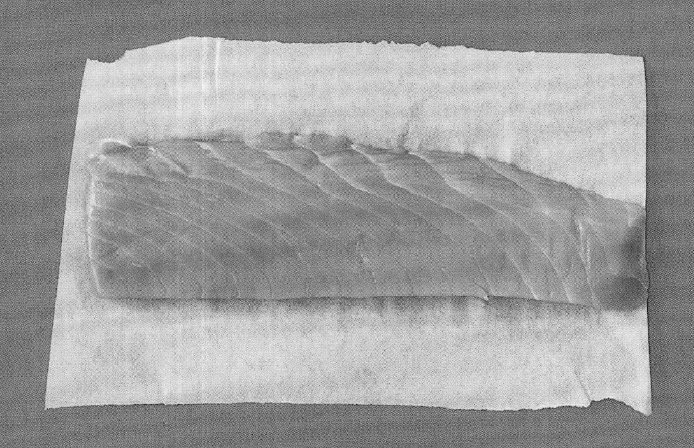

原料

寿司等级的新鲜鱼肉，例如：金枪鱼、三文鱼、鲭鱼、狼鲈鱼、红鱼、庸鲽鱼或大菱鱼

注意

鱼肉要在当天购买，并于切片后4小时内食用。

❶ 挑选新鲜的较厚的鱼脊肉。去皮，切成宽4厘米、厚2.5厘米的段。

❷ 用非常锋利的刀逆着纹理把鱼肉切成5毫米厚的薄片。

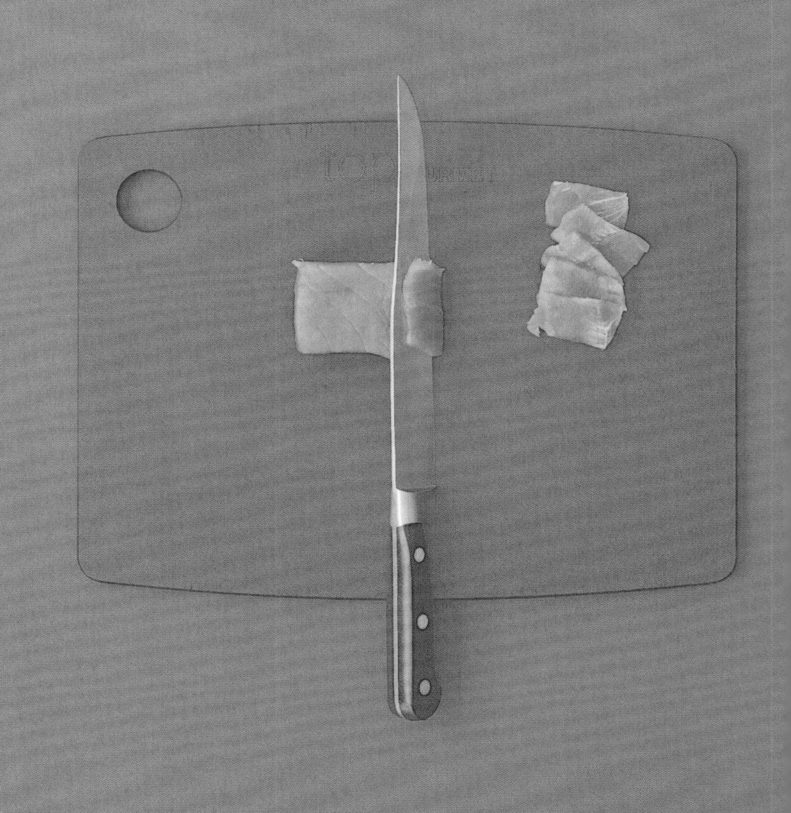

❸ 切鱼片时，入刀时刀背向内倾斜45°，动作要连贯利落、一气呵成。

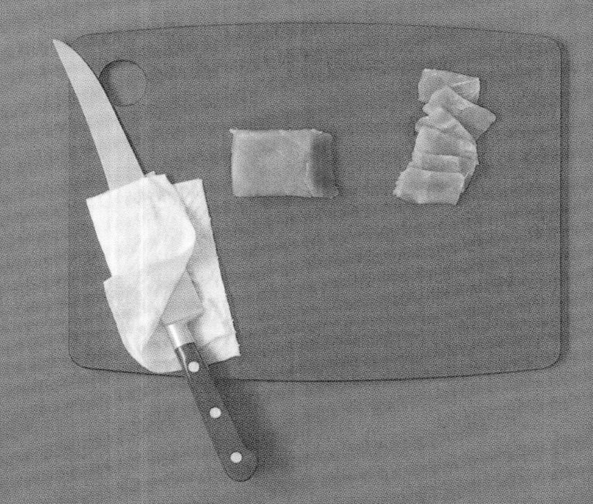

❹ 每切好一片，都用湿毛巾擦拭刀刃。迅速将鱼肉切片，食用之前冷藏保存。

❶ 取一只较大的平底锅，加热植物油，倒入蛋液。煎至表面凝固。

❷ 将蛋饼翻面，继续煎10秒。放在案板上降温，切成细条。

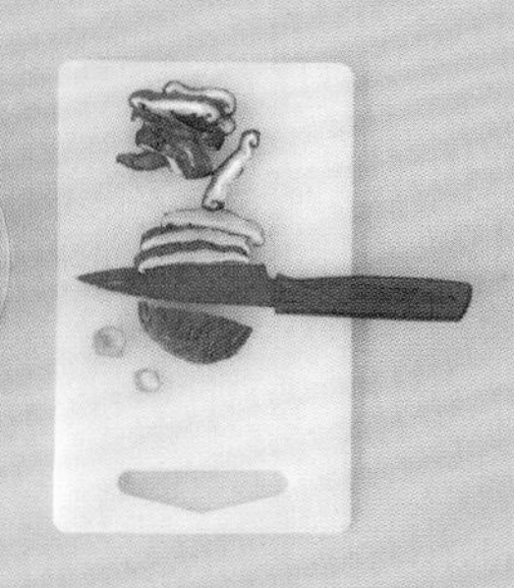

❸ 香菇除去菌柄，沥干水分，切成条。向泡香菇的水中倒入125毫升清水、酱油和糖粉。

❹ 将调过味的香菇水煮沸。加入香菇和胡萝卜。继续炖煮。煮好后捞出蔬菜，过滤后的液体备用。

❺ 待煮蔬菜冷却，将蔬菜、米饭、黑芝麻和紫苏叶混合，仔细搅拌，搅拌过程中加入少许煮蔬菜的汤汁。

散寿司

日本

4人份

准备时间：20分钟
等待时间：2小时

烹调时间：8分钟

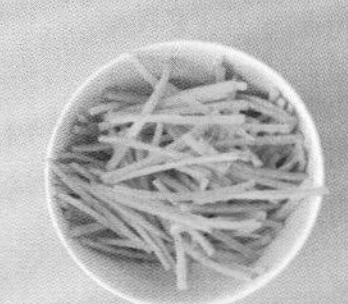

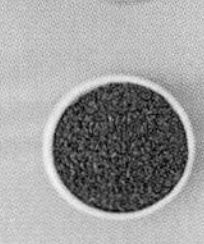

原料

1汤匙植物油
2个鸡蛋，打散
6个香菇，250毫升热水浸泡2小时
3汤匙酱油
2根小胡萝卜，切条
600克煮熟和调味的寿司米饭（参见380页）
3汤匙细砂糖
1汤匙黑芝麻
4片紫苏叶，切碎
150克寿司等级的金枪鱼，切成一口大小
1片海苔，切碎，用于撒在米饭上

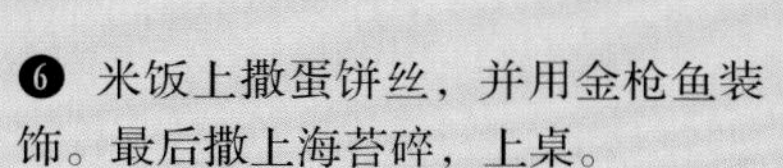

❻ 米饭上撒蛋饼丝，并用金枪鱼装饰。最后撒上海苔碎，上桌。

大阪烧

日本

4人份

准备时间：15分钟
等待时间：1小时

烹调时间：10分钟

原料

275克猪腰条肉，切薄片
240克面粉
$\frac{3}{4}$汤匙酵母
400毫升冷高汤（参见377页）
4个鸡蛋，轻微搅打
2汤匙马铃薯丝
1汤匙白面包
100克卷心菜，切碎
2汤匙腌渍生姜，切碎
4汤匙植物油
2汤匙番茄酱
2汤匙伍斯特辣酱油
日式蛋黄酱
2根葱，切碎
木鱼花（可选）
盐和黑胡椒

❶ 混合面粉和酵母。加入高汤，搅拌混合，然后加入蛋液和马铃薯丝。放入冰箱冷藏1小时。

❷ 将白面包、卷心菜、盐渍生姜、盐和黑胡椒混合。取1只小平底锅，加热1汤匙油，倒入$\frac{1}{4}$量的面糊。

❸ 在面糊上面摆放$\frac{1}{4}$量的猪肉，盖锅盖，煎3分钟。翻面，盖锅盖，继续煎2~3分钟。

❹ 煎好的大阪烧上挤少量蛋黄酱，以及番茄酱和伍斯特辣酱油的混合物。撒葱花和木鱼花。重复上述步骤直至面糊用完。

茶碗蒸

日本

6人份

准备时间：15分钟

烹调时间：15分钟

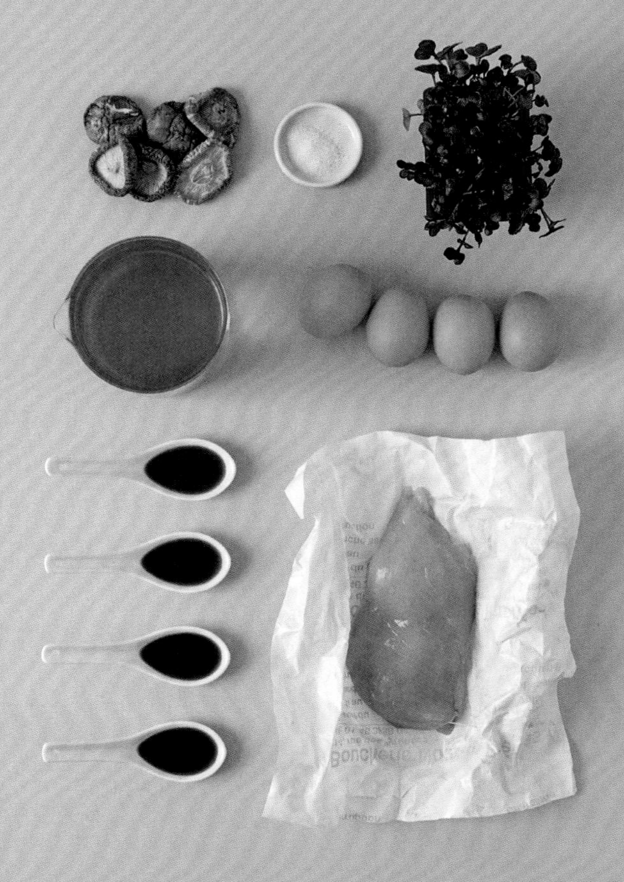

原料

4个鸡蛋

600毫升日式高汤，如果没有，用鸡汤代替

250克鸡胸肉

6个干香菇

4汤匙酱油

几片紫苏嫩叶

盐

事先准备

用水浸泡香菇。

小建议

食材的最佳比例是$\frac{1}{3}$份蛋液加入1份高汤。用量杯打蛋，便于计算容量。所需高汤应为蛋液的3倍。

❶ 鸡肉和香菇切丁。

❷ 加入2汤匙酱油和适量盐，调味。

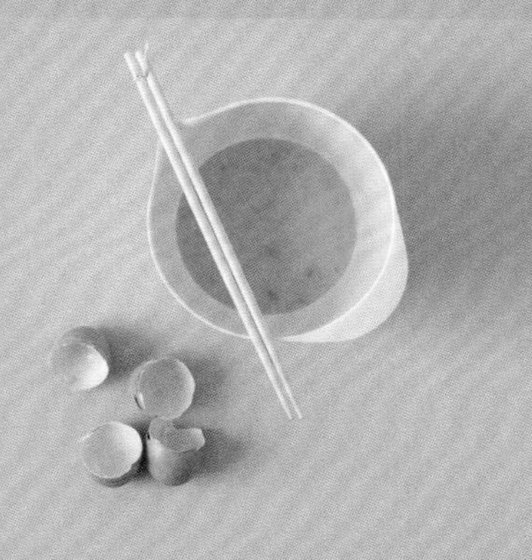

❸ 将鸡蛋打散，用筷子由下向上翻拌，搅拌至质地丝滑。

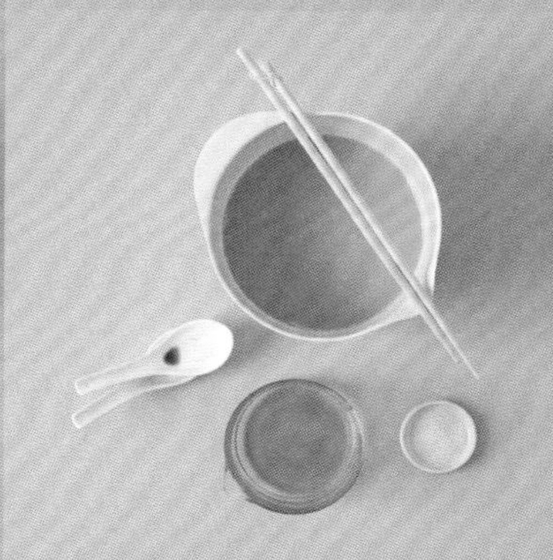

❹ 少量多次倒入高汤，加入剩下的酱油和少许盐，调味。

❺ 鸡肉和香菇平分到碗里或小容器里。将蛋液和高汤的混合物过筛，再倒入容器中，液体高度达到容器的$\frac{4}{5}$为宜。放入蒸笼，大火蒸1分钟，调至最小火，继续蒸15分钟。插入1根牙签检查蛋羹是否蒸好。如果牙签拔出后是干净的，意味着已经蒸好。

❻ 用紫苏嫩叶装饰。

家庭式变化版本

可用一个大碗蒸蛋羹。需要蒸18~20分钟。

海苔毛豆

日本

4人份

准备时间：5分钟

烹调时间：5分钟

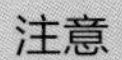

原料

500克速冻毛豆
3汤匙海苔碎
3汤匙烤白芝麻
4汤匙盐
半汤匙七味唐辛子
半汤匙精盐

注意

用完的海苔调味品应放入密封罐中保存。

❶ 将海苔碎、芝麻、盐、七味唐辛子粉（放入研钵碾成颗粒较粗的混合物），制成咸味调料。

❷ 平底锅中放入加盐的清水，煮沸。倒入毛豆，继续煮5分钟，直至柔软。

❸ 毛豆用漏勺沥干水分，再用冷水冲洗，以防变色。

❹ 撒2汤匙咸味调料。趁热或常温食用。

❶ 取1个沙拉碗，倒入橙汁和350毫升高汤，放入裙带菜，浸泡20分钟，吸水，变软。

❷ 调酱汁，混合剩下的高汤、米酒、酱油和细砂糖，搅拌直至完全溶解，制成酱汁。

❸ 按压裙带菜，沥干所有水分。放入沙拉碗中，少量多次倒入酱汁。

海苔沙拉

日本

2~4人份

准备时间：10分钟
等待时间：20分钟

—

原料

15克干裙带菜
500毫升橙汁
400毫升高汤（参见377页）
30毫升米酒
半汤匙酱油
半汤匙细砂糖
1片烤海苔，切丝
1茶匙烤海苔碎
2根葱，切碎
1茶匙芝麻油
2汤匙烤芝麻

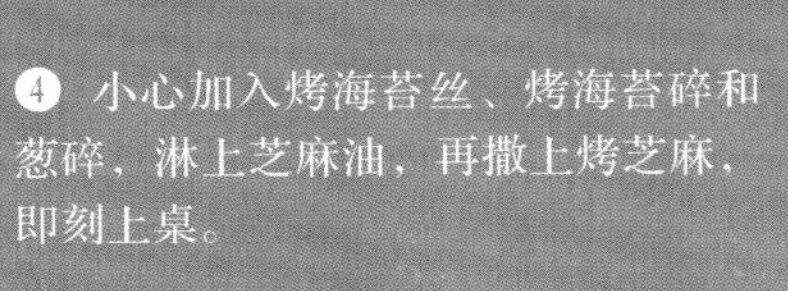

❹ 小心加入烤海苔丝、烤海苔碎和葱碎，淋上芝麻油，再撒上烤芝麻，即刻上桌。

豆腐味噌汤

日本

4人份

准备时间：5分钟
等待时间：20分钟

烹调时间：5分钟

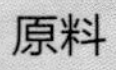

原料

2汤匙干裙带菜
200克绢豆腐，切成1厘米见方的丁
1升日式高汤（参见377页）
4汤匙味噌（淡色味噌、赤色味噌或混合味噌）

❶ 裙带菜用清水浸泡20分钟。沥干，用清水冲洗干净。

❷ 将高汤倒入平底锅，煮沸。加入裙带菜和豆腐。微滚1分钟，以加热豆腐。

❸ 将味噌倒入碗中，少量多次加入120毫升高汤，用餐叉或小型打蛋器搅拌。

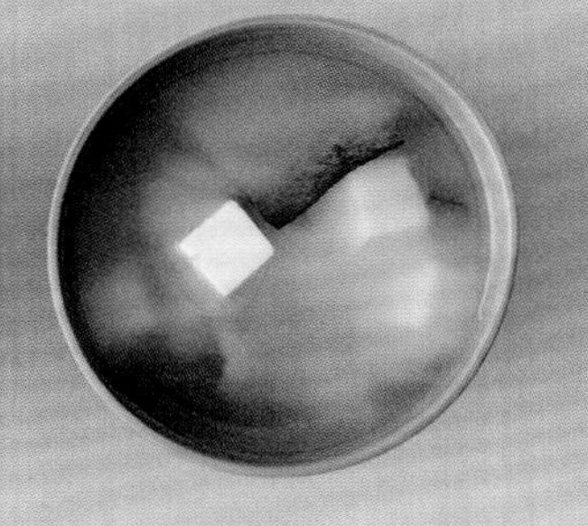

❹ 将味噌混合物倒入汤中，仔细搅拌。盛入碗中，上桌。

关东煮（鱼汤）

日本

4~6人份

准备时间：10分钟
等待时间：20分钟

烹调时间：45分钟

原料

2升高汤（参见377页）
1大片昆布，放入水中浸泡20分钟，沥干水分
3汤匙味淋
3汤匙酱油（可根据口味增加）
1汤匙海盐
1块魔芋，先对半切开，再沿对角线切成三角形
1根15厘米长的白萝卜，去皮，切成2厘米厚的块
2根竹轮（棍状的鱼糜制品），对半切开
2块炸豆腐，对半切开
4颗墨鱼丸
4个煮鸡蛋，去皮

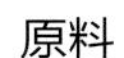

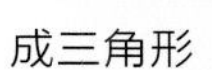

❶ 土锅中倒入高汤，加入昆布、味淋、酱油、海盐、魔芋和白萝卜，煮至微滚。

❷ 关小火，加入剩下的食材。以小火加热，保持微滚状态40分钟。注意不要煮沸。

❸ 所有食材煮熟后，关火，捞出昆布，切成条，再重新放入锅中。

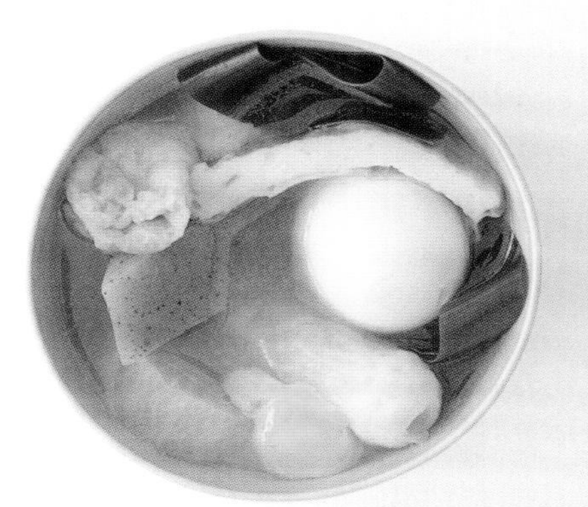

❹ 将所有食材平均分到多个碗中，加入昆布和高汤。高汤用少量芥末调味。

鸡蛋乌冬汤面

日本

4人份　准备时间：10分钟　烹调时间：5分钟

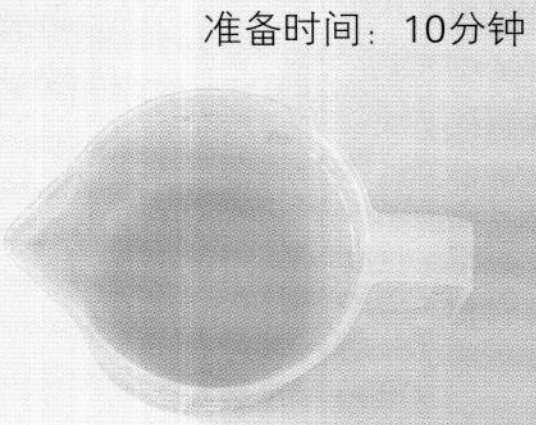
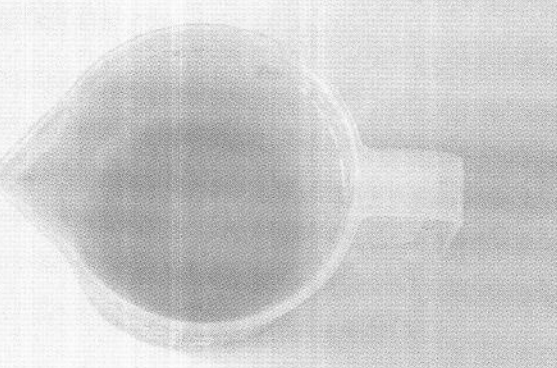

原料

200克新鲜乌冬面
500毫升高汤（参见377页）
2茶匙酱油
1茶匙味淋
半茶匙盐
2个鸡蛋
1根葱，斜刀切片

❶ 面条用沸水煮2分钟，沥干，一边冲洗一边抖掉淀粉。分装在2个碗中。

❷ 平底锅中加入高汤、酱油、味淋和盐，煮至微滚。

❸ 鸡蛋分别投入水中煮至蛋白凝固，蛋黄仍可以流动。

❹ 用漏勺捞出鸡蛋，放在面条上。

❺ 将锅里的汤过筛，倒入碗中，注意不要破坏鸡蛋的形状。

❻ 撒入葱花，上桌。

大蒜炒乌冬

日本

2人份

准备时间：15分钟

烹调时间：7分钟

原料

200克新鲜乌冬面
2汤匙芝麻油，少许用于淋在菜上
1汤匙植物油
2根葱，切碎
4粒蒜瓣，切碎
1根红辣椒，切碎
80克四季豆，切段
2根胡萝卜，切条
100克西兰花，分成小朵
1汤匙酱油
2茶匙味淋
30克金针菇，修剪干净
1汤匙白芝麻

❶ 乌冬面在沸水中煮1分钟。捞出，冲洗。加入1汤匙芝麻油，防止面条粘连。

❷ 加热植物油和1汤匙芝麻油。倒入切碎的葱、蒜和红辣椒，煸炒1分钟。

❸ 倒入4种蔬菜继续煸炒。加入乌冬面、剩下的芝麻油、酱油、味淋和白芝麻。炒4分钟。

❹ 确保面条加热均匀。立即上桌。

日式火锅

日本

4人份

准备时间：15分钟

烹调时间：15分钟

原料

100克乌冬面

600毫升高汤（参见377页）

125克新鲜香菇

125克质地紧实的豆腐，切成1厘米见方的丁

125克金针菇，修剪干净

适量菠菜或其他绿叶蔬菜

640克煮熟的白米饭（参见377页）

适量姜酱（参见376页），分别盛入每位食客的餐碟中

250克涮火锅的猪肉或猪腰肉，切成极薄的片，在盘中铺满一层

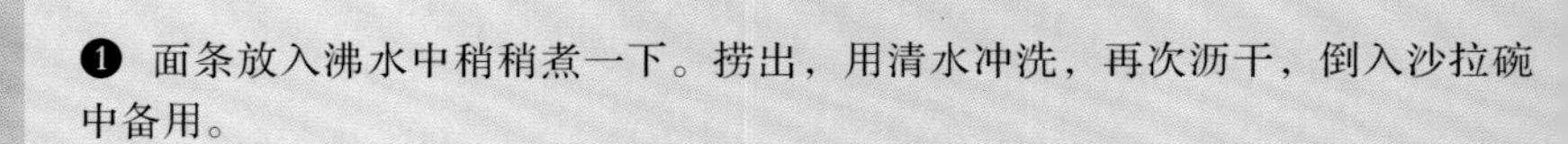

❶ 面条放入沸水中稍稍煮一下。捞出，用清水冲洗，再次沥干，倒入沙拉碗中备用。

❷ 将高汤煮至沸腾。加入香菇。2分钟后，加入豆腐，再等2分钟，加入金针菇和菠菜，制成热汤。

❸ 先将热汤、乌冬面和猪肉上桌。为每位食客准备1碗米饭。

❹ 请客人用热汤涮猪肉片，蘸姜酱食用。

❺ 用此方法吃完剩下的猪肉，同时吃完蘑菇、豆腐和绿叶蔬菜。

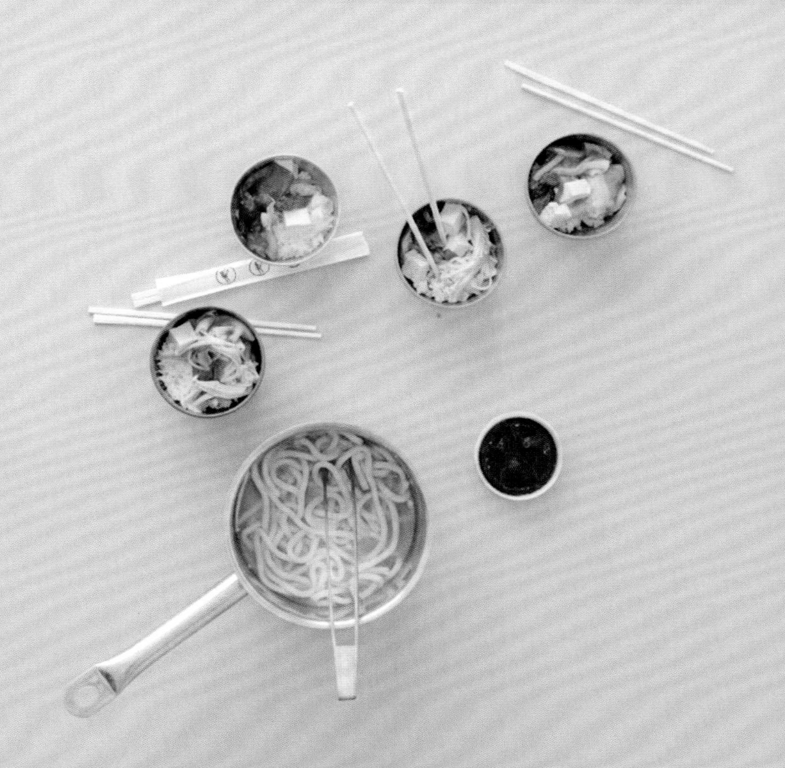

❻ 最后把乌冬面倒入汤中，再次加热，煮沸后即可上桌。

变化版本

猪肉可用牛肉或海鲜代替，一定要切成足够薄的片，确保肉片浸入热汤后可以很快被烫熟。

牛肉寿喜锅

日本

4人份

准备时间：10分钟

烹调时间：5分钟

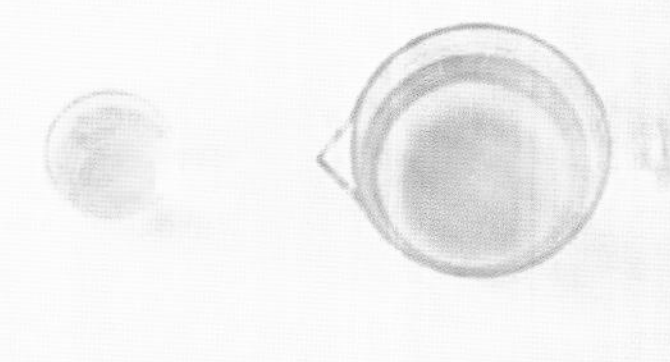

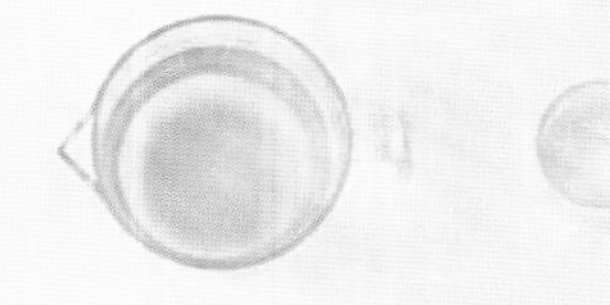

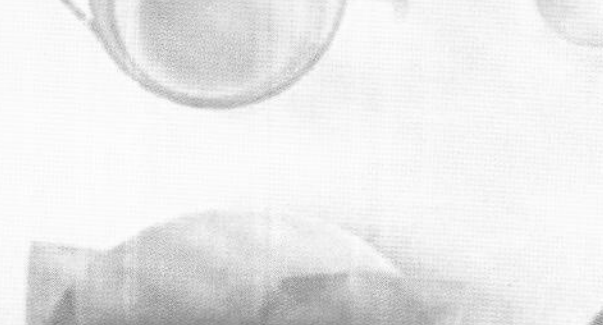

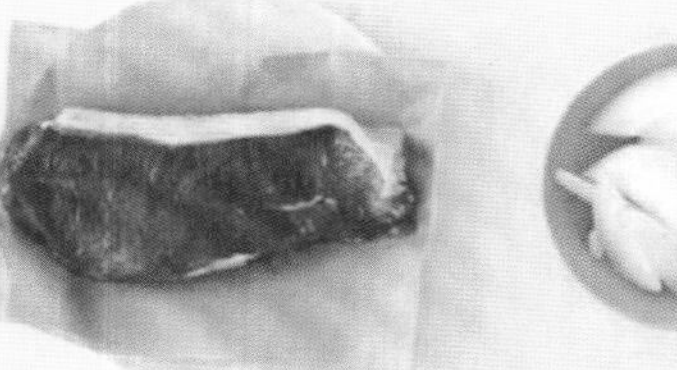

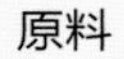

原料

350克牛里脊肉

90毫升酱油

75毫升味淋

250毫升高汤

1个中等大小的洋葱，对半切开，再切薄片

3汤匙细砂糖

100克卷心菜，切细丝

1把金针菇，修剪干净

少许鸭儿芹

4个鸡蛋

事先准备

制作前30分钟把牛肉放入冰柜中冷冻，以便于切薄片。

❻ 将锅端在餐桌上，用牛肉蘸荷包蛋的蛋黄食用。

建议

吃寿喜锅时，可为每位客人配1碗面条。肉和菜都吃完时，用面条蘸寿喜锅汤底食用。

❶ 牛里脊肉切薄片。混合酱油、味淋、清酒、糖和高汤，制成酱油汤底，备用。

❷ 洋葱、卷心菜、金针菇和鸭儿芹放入寿喜锅专用锅或普通炒锅。上面铺一层牛肉。

❸ 煮荷包蛋，确保蛋黄不要完全凝固。将煮好的蛋放入冷水中迅速降温。

❹ 上桌时，把酱油汤底倒入寿喜锅，使其没过牛肉。

❺ 将寿喜锅煮至沸腾，然后关小火，炖煮约3分钟，直至牛肉煮熟。必要时可把牛肉完全浸入汤中，或加入更多的牛肉。

照烧牛肉串

日本

20串照烧牛肉

准备时间：45分钟
等待时间：15分钟

烹调时间：10分钟

原料

500克牛排，切成较薄的条状
80毫升味淋
100毫升酱油
50克粗红糖
1块2.5厘米长的姜，切碎
1茶匙芝麻油
4粒蒜瓣，切碎，捣成泥
黑胡椒
1个小红辣椒，切碎少许葱花

事先准备

20根木扦用清水浸泡20分钟。

❶ 混合味淋、酱油、粗红糖和4茶匙清水，煮至沸腾。关小火，继续煮5分钟，制成酱汁。使其完全冷却。

❷ 将漏勺架在杯子上，用勺背按压生姜，榨出姜汁。

❸ 将牛肉片放入步骤1制作的酱汁与芝麻油、姜汁、蒜泥和黑胡椒的混合物中腌渍10分钟。将肉片串在木扦子上。

❹ 将肉串放入加热的平底锅中，每面煎1~2分钟，一边煎一边刷腌渍汁。撒红辣椒碎和葱花，装盘并上桌。

亲子饭

日本

2人份

准备时间：10分钟

烹调时间：15分钟

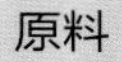

原料

200克去皮鸡腿肉，切成2厘米的段
480克煮熟的白米饭
100毫升高汤（参见377页）
100毫升酱油
1汤匙清酒
1汤匙味淋
1汤匙细砂糖
1个小洋葱，切成5毫米的片
4个鸡蛋，打散
8克鸭儿芹或欧芹，切碎

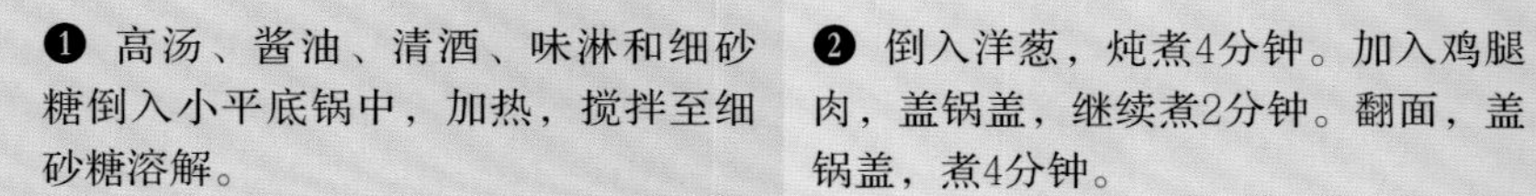

❶ 高汤、酱油、清酒、味淋和细砂糖倒入小平底锅中，加热，搅拌至细砂糖溶解。

❷ 倒入洋葱，炖煮4分钟。加入鸡腿肉，盖锅盖，继续煮2分钟。翻面，盖锅盖，煮4分钟。

❸ 倒入$\frac{2}{3}$量的蛋液，盖锅盖，煮30秒。加入剩下的蛋液和鸭儿芹。盖锅盖，继续煮30秒，关火。

❹ 将米饭分装到2个碗中，上面摆放煮好的鸡肉和鸡蛋。

❶ 在平底锅中加热植物油，放入鸭胸肉，煎3分钟，带皮的一面朝下，大火煎至酥脆。翻面，继续煎2分钟。

❷ 把清酒、酱油、细砂糖和八角放入大平底锅中，煮至沸腾，制成腌渍汁。

❸ 关小火，加入煎好的鸭胸肉，皮朝上。小火炖煮6分钟。

❹ 关火，盖上保鲜膜，使其完全冷却。把鸭肉和腌渍汁一起放入冰箱，冷藏1小时。

❺ 裙带菜沥干水分，切小片。胡萝卜和黄瓜用刀或蔬菜处理器擦成细丝。

香煎鸭肉

日本

2人份

准备时间：15分钟
冷藏1小时

烹调时间：12分钟

原料

2块带皮鸭胸肉
1汤匙植物油
250毫升清酒
250毫升酱油
4汤匙细砂糖
$\frac{1}{4}$根黄瓜
1颗八角
1汤匙干裙带菜，用冷水浸泡20分钟
一小根去皮的胡萝卜
4片紫苏叶（可选）

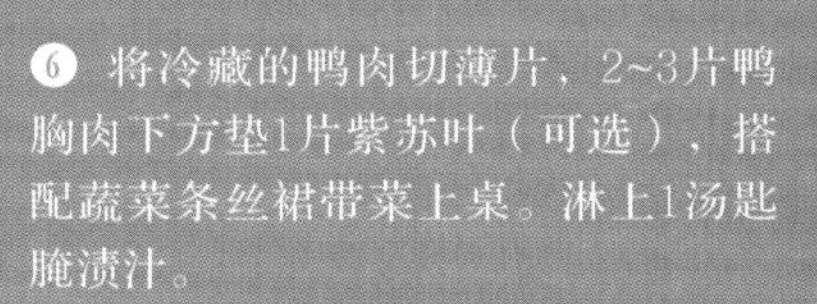

❻ 将冷藏的鸭肉切薄片，2~3片鸭胸肉下方垫1片紫苏叶（可选），搭配蔬菜条丝裙带菜上桌。淋上1汤匙腌渍汁。

海鲜天妇罗

日本

4~6人份

准备时间：15分钟

烹调时间：30分钟

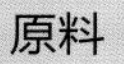

原料

400克大虾，去壳，保留尾部
400克鱿鱼，洗净，切圆圈
400克贻贝，去壳
250克蛋黄酱
50克芥末酱
25毫升米醋
1个柠檬，榨汁
1个鸡蛋
200毫升新鲜的气泡水
130克面粉＋少许用于拍粉
1汤匙玉米淀粉
盐和黑胡椒
油炸用植物油

事先准备

植物油加热至180℃。

❶ 在碗中混合蛋黄酱、芥末酱、米醋和青柠檬汁。

❷ 取1个大沙拉碗，把鸡蛋打散，加入气泡水。

❸ 加入面粉和玉米淀粉。不要过度搅拌面糊，有结块也没有关系。

❹ 在拍粉用的面粉中加入盐和黑胡椒。海鲜应先裹粉，再蘸面糊。

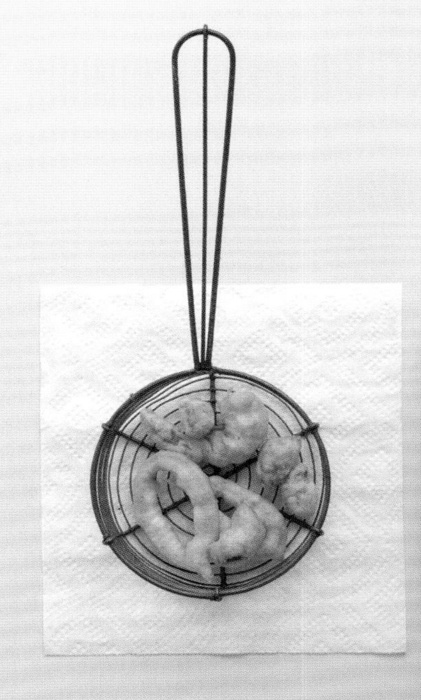

❺ 将3种挂糊的海鲜放入热油中炸4~5分钟，直至金黄酥脆。捞出后放在吸油纸上沥干油分。

❻ 配合日式蛋黄酱一起食用。

炸鱼

日本

4人份

准备时间：20分钟

烹调时间：10分钟

原料

500克各式海鲜：鲭鱼、鮟鱇鱼、三文鱼、虾、扇贝等
4汤匙酱油
4汤匙清酒
1块2厘米长的鲜姜，切碎
2汤匙味淋
1粒蒜瓣，压碎
油炸用植物油
3汤匙玉米淀粉，撒在食材上用
2片紫苏叶子，切碎（可选）

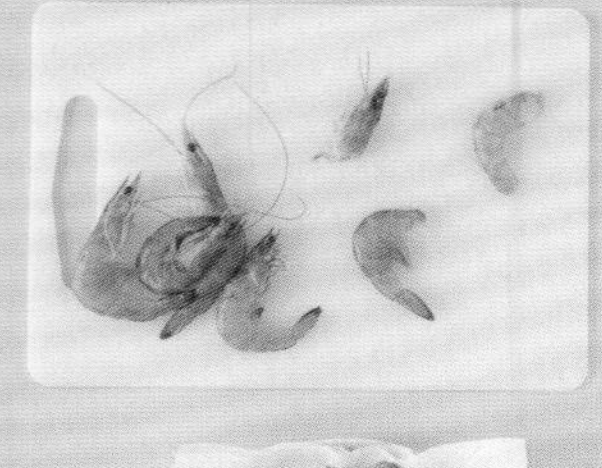

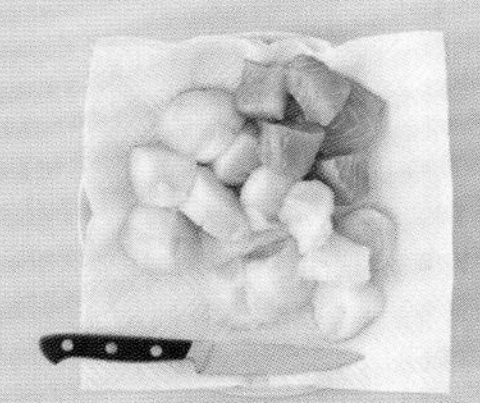

❶ 鱼肉切成一口大小。虾去壳，除去扇贝的卵。

❷ 在碗中混合酱油、清酒、味淋、生姜、蒜末和$\frac{3}{4}$量的紫苏，制成酱汁。把海鲜放入酱汁中浸泡10分钟。

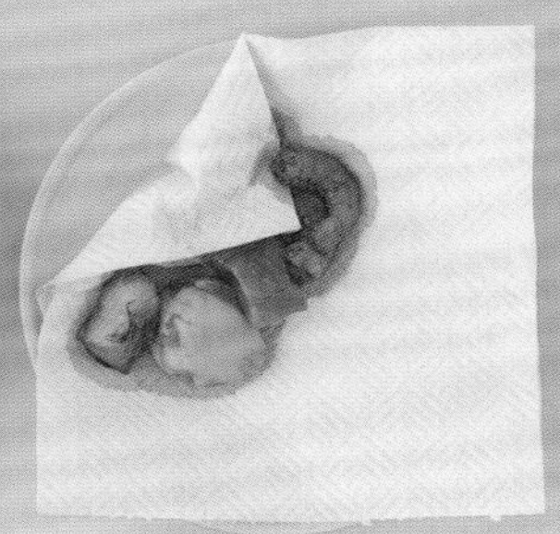

❸ 将植物油加热至170~180℃。捞出腌过海鲜，放在吸油纸上吸掉多余水分。

❹ 保持油温，取部分海鲜，裹上淀粉，再放入热油中炸。

❺ 海鲜油炸1分钟，直至酥脆金黄。用漏勺捞出，放在吸油纸上。用此步骤处理所有海鲜。

❻ 炸好的海鲜热食或冷食均可，撒上剩下的紫苏碎，佐食黄色或绿色柠檬。

注意

油炸过程中，先捞出最小块的海鲜，以防炸煳。

海鲜炖锅

日本

6人份

准备时间：30分钟

烹调时间：约20分钟

原料

350克卷心菜，切碎
12个新马铃薯，削皮，切成厚5毫米的片
1颗白洋葱，切碎
125毫升味淋
125毫升酱油
1升高汤（参见377页）
12个完整的生虾
6个扇贝，去籽
1大块三文鱼，切小块
225克质地紧实的豆腐，切成6块
75克新鲜蘑菇（金针菇、香菇、平菇或褐菇）
30克粉丝，用水泡15分钟
少许菠菜，去茎

1. 将卷心菜、马铃薯和洋葱放入土锅。尽量把食材分开摆放。

2. 食材上淋上味淋、酱油和高汤。盖锅盖，小火炖煮（不要沸腾）。

3. 倒入虾、扇贝、三文鱼、豆腐、蘑菇和粉丝。盖锅盖，煮5分钟。

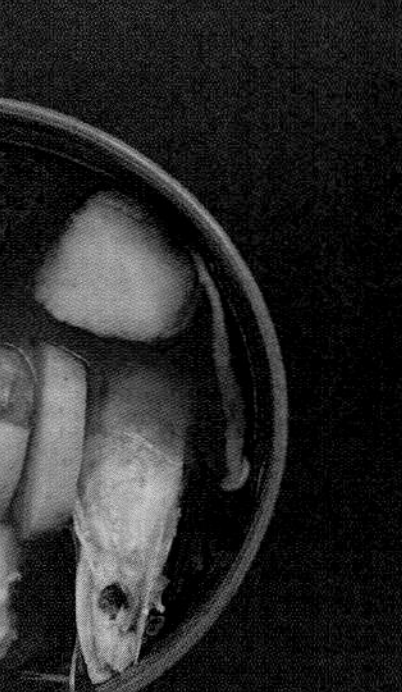

4. 撒入菠菜，盖锅盖，继续煮1分钟。

味噌青鳕鱼

日本

4人份

准备时间：10分钟
腌渍时间：1~2天

烹调时间：15分钟

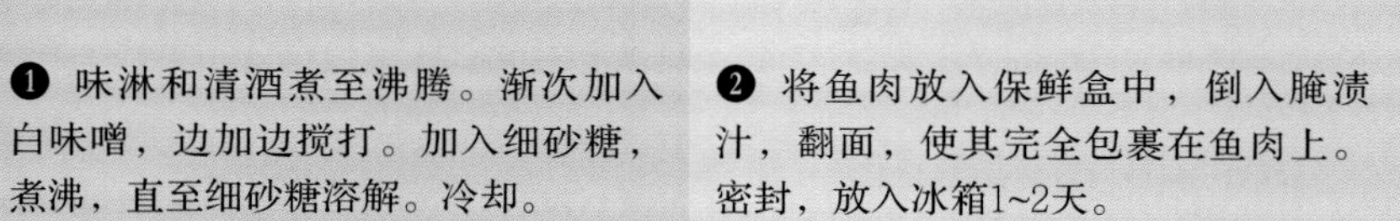

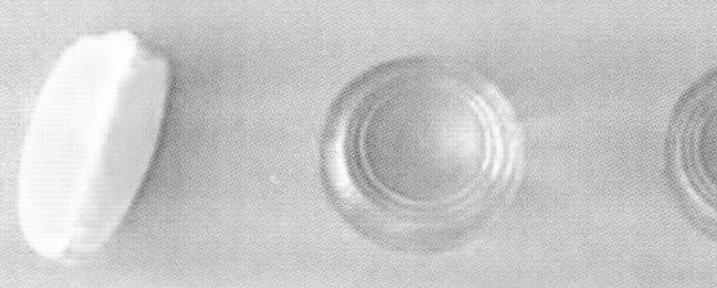

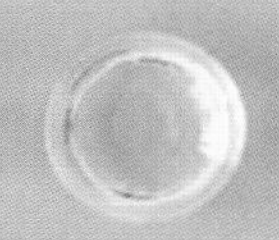

❶ 味淋和清酒煮至沸腾。渐次加入白味噌，边加边搅打。加入细砂糖，煮沸，直至细砂糖溶解。冷却。

❷ 将鱼肉放入保鲜盒中，倒入腌渍汁，翻面，使其完全包裹在鱼肉上。密封，放入冰箱1~2天。

原料

4块青鳕鱼或其他种类鲽形鱼
3汤匙味淋
3汤匙清酒
4汤匙白味噌
3汤匙细砂糖
植物油
少许柠檬汁

事先准备

鱼肉准备放入烤箱时，烤箱应预热至200℃，烤盘上铺烘焙纸。

❸ 擦拭掉鱼肉上的腌渍汁。取一个烤盘，盘内抹油，先将鱼肉煎至上色，再放入烤箱烤8~10分钟。

❹ 鱼肉摆盘，佐少量柠檬汁食用。

抹茶冰激凌

日本

4人份

准备时间：15分钟

烹调时间：15分钟

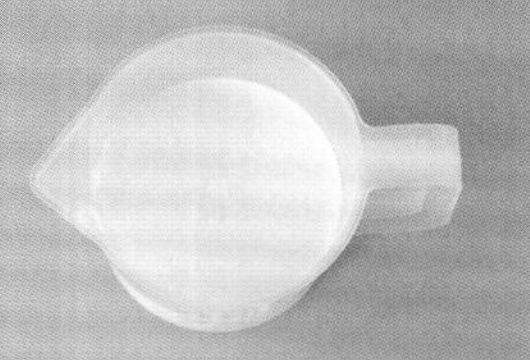

原料

2汤匙抹茶粉
300毫升全脂牛奶
300毫升高脂奶油
3个蛋黄
120克细砂糖

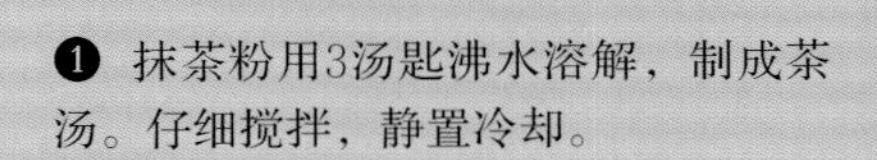

❶ 抹茶粉用3汤匙沸水溶解，制成茶汤。仔细搅拌，静置冷却。

❷ 将牛奶和奶油倒入厚底平底锅，以中火煮至沸腾。关火。

❸ 用电动搅拌器搅打蛋黄、细砂糖和抹茶茶汤，得到奶油状的混合物。加入煮沸的牛奶和奶油，边加边用打蛋器搅拌。

❹ 将混合物重新倒入锅中，煮10分钟至质地浓稠。将其筛入罐中，静置冷却。

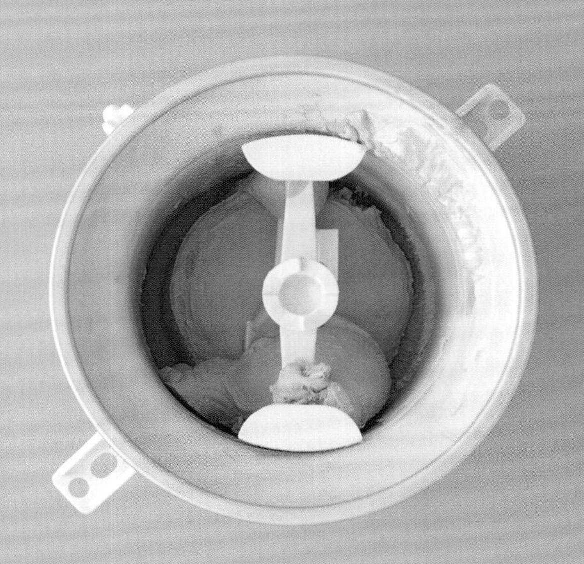

❺ 如果使用冰激凌机，将混合物放入搅拌桶中，搅拌至混合物凝固。如果手动操作，应将混合物倒入密封容器内，放入冰箱冷冻2~3小时，然后用搅拌机搅拌。将此步骤重复2~3次。

❻ 上桌前从冰箱中取出。这款冰激凌十分适合搭配热带水果。

西米布丁

日本

4人份

准备时间：5分钟
等待时间：30分钟

烹调时间：20分钟

❶ 平底锅中倒入西米和水，煮至沸腾。大火煮10分钟。

❷ 关火，盖锅盖，等待30分钟。西米会膨胀，呈半透明。

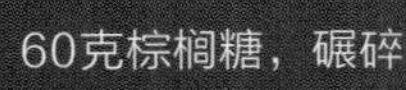

原料

95克西米
500毫升冷水
400毫升椰子奶油
60克棕榈糖，碾碎

❸ 加入椰子奶油和棕榈糖。

❹ 中火煮10分钟，不停搅动，使汤汁变浓稠。立即上桌。

抹茶布朗尼

日本

16块布朗尼

准备时间：20分钟

烹调时间：40分钟

原料

125克无盐黄油，少许用来涂抹模具
175克白巧克力，切块
2个较大的鸡蛋
300克红糖
1茶匙盐
2茶匙香草精
300克面粉
3汤匙抹茶
1茶匙酵母

事先准备

烤箱预热至170℃。

取一个边长20厘米的正方形布朗尼模具，抹油，铺上烘焙纸。

❶ 在碗中溶化黄油和巧克力，用水浴法将其熔化。冷却。

❷ 将鸡蛋、红糖、盐和香草精用电动搅拌器搅打成奶油状。加入巧克力和黄油的混合物。

❸ 混合面粉、抹茶和酵母，倒入步骤2的混合物中翻拌均匀。再倒入模具中，放入烤箱烤35分钟。

❹ 烤好的布朗尼应表面紧实，内心湿润。在模具中冷却10分钟，切成多个小方块，上桌。

❶ 将面粉、盐和酵母过筛。混合黄油和细砂糖，搅拌均匀。边加入鸡蛋边不断搅拌，最后加入香草精。

❷ 一边向混合物中加入干性食材一边倒入牛奶，搅拌成质地均匀的糊状。倒入模具中。

❸ 放入烤箱烤40~45分钟。烤好的蛋糕应质地紧实，内部湿润。

糯米蛋糕

日本

16份蛋糕

准备时间：15分钟

烹调时间：40~45分钟

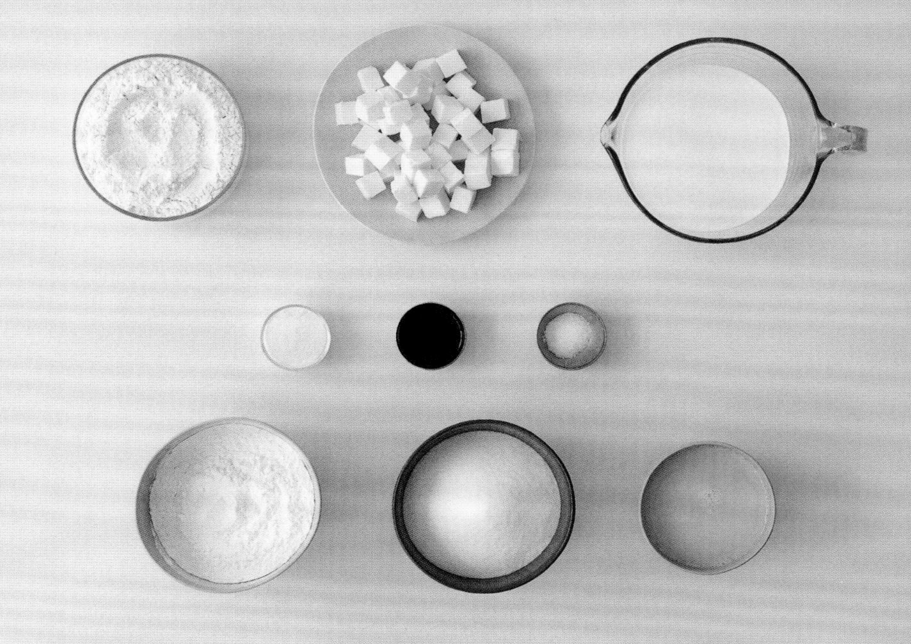

原料

175克无盐黄油 + 少许用于涂抹模具内壁
225克面粉 + 少许撒在模具内壁
150克糯米粉
1茶匙盐
3茶匙酵母
300克细砂糖
4个鸡蛋，稍稍打散
3茶匙香草精
375毫升牛奶

事先准备

烤箱预热至180℃。
取边长20厘米的正方形布朗尼模具，抹油，铺烘焙纸。

❹ 蛋糕出炉后在模具中静置5分钟，然后倒扣在盘子上脱模，静置冷却。切成16个方块，上桌。

澳大利亚

巴普洛娃蛋白霜

澳大利亚

6人份

准备时间：45分钟
等待时间：1小时

烹调时间：4小时

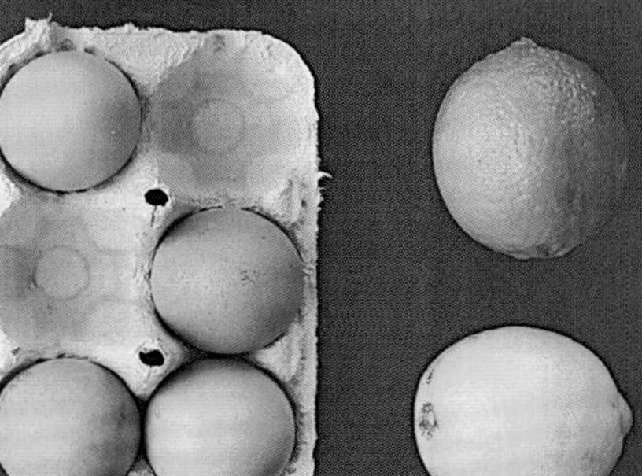

❶ 分离蛋白和蛋黄。

❷ 将蛋白打发至呈白雪状。

❸ 蛋白打发至质地变紧实后，少量多次加入200克细砂糖。搅打至蛋白光亮，质地更加紧实。

原料

2个百香果
1个青柠檬
1个黄柠檬
4个鸡蛋
300克细砂糖
100克黄油
200毫升液体奶油

事先准备

烤箱预热至90℃。

❹ 取一个不粘烤盘，盘内抹油，用汤匙挖起蛋白放在烤盘上。烤4小时：蛋白霜应该是烘干而非烤熟的。

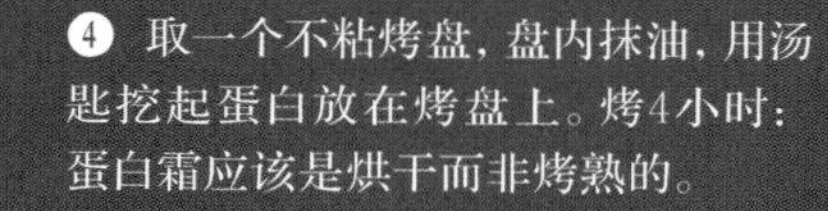

❺ 碗中倒入柠檬的果皮和果汁、百香果的果肉（保留一半百香果的果肉）、剩下的细砂糖、黄油和蛋黄，用水浴法混合均匀（将锅中的水煮至微滚，将碗坐入水中）。

❻ 加入蛋黄，搅拌均匀。

❼ 不停搅动，直至形成乳化的酱汁。倒入容器中，降温，然后放入冰箱冷藏1小时。

❽ 打发液体奶油，制成尚蒂伊奶油。

❾ 在烤好的蛋白霜上浇上百香果酱汁，用尚蒂伊奶油作装饰。再点缀少许剩下的百香果果肉。

建议

制作蛋白霜时不能心急。可根据个人喜好调整烘焙时间，若偏爱内部略微湿润的口感，可缩短烤制时间，烤箱预热至110~120℃，烤2小时即可。

拉明顿蛋糕

澳大利亚

25块蛋糕

准备时间：20分钟
等待时间：10分钟

烹调时间：25分钟

海绵蛋糕

4个鸡蛋
125克面粉和125克细砂糖
20克液态黄油，冷却

淋面

200克黑巧克力
200毫升鲜奶油
20克黄油和200克椰肉，擦丝

事先准备

准备海绵蛋糕的面糊：水浴法打发鸡蛋和细砂糖，直至混合物体积膨胀至3倍。混合物变得温热时，关火，继续搅打10分钟至冷却。加入过筛的面粉，翻拌面糊，再加入液态黄油。

❶ 将海绵蛋糕的面糊倒入烤盘中，放入烤箱烤25分钟。切成边长4厘米的方块。

❷ 用巧克力和鲜奶油制作巧克力甘纳许（参见70页），最后加入黄油。混合物变得柔滑光亮时，说明淋面制作完成。

❸ 盘中倒入擦丝的椰肉。用2根牙签或2把小餐叉叉上海绵蛋糕，先裹满巧克力甘纳许淋面，再裹椰肉。

❹ 放入冰箱冷藏10分钟即可品尝。

香蕉坚果蛋糕

澳大利亚

8~10人份

准备时间：25分钟

等待时间：50分钟

原料

150克软化的黄油
150克细砂糖
3个常温的鸡蛋
4根香蕉
9克香草精
330克T55面粉
9克酵母
75克核桃仁

事先准备

烤箱预热至180℃。

❶ 黄油用电动搅拌器搅打15秒，再加入细砂糖。

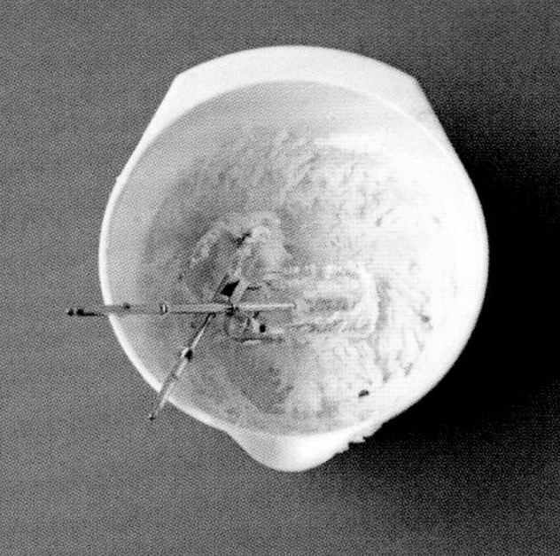

❷ 用电动搅拌器继续搅打几分钟：得到轻盈且充满空气感的糊状混合物。

❸ 搅打鸡蛋，缓缓倒入黄油和细砂糖的混合物中，中速搅打。

❹ 将香蕉果肉压烂，和香草精一起加入混合物中。用手动打蛋器搅拌。

❺ 将核桃仁切成较粗的颗粒，放入容器中。加入面粉和酵母。仔细搅拌。倒入香蕉混合物中，用刮刀搅拌均匀。

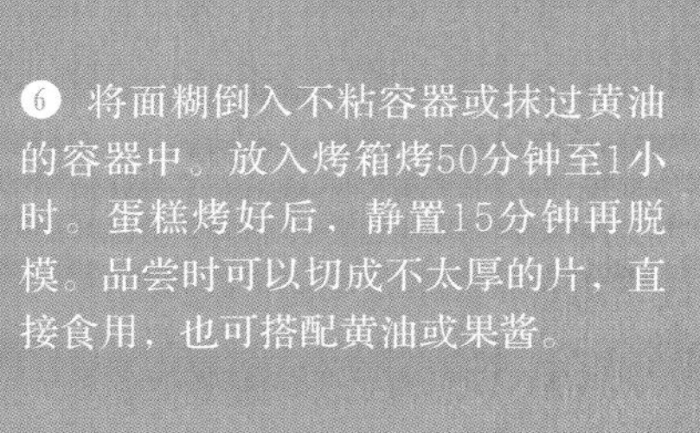

❻ 将面糊倒入不粘容器或抹过黄油的容器中。放入烤箱烤50分钟至1小时。蛋糕烤好后，静置15分钟再脱模。品尝时可以切成不太厚的片，直接食用，也可搭配黄油或果酱。

4

美洲

汉堡面包

美国

6个面包

准备时间：25分钟
等待时间：4小时

烹调时间：20分钟

原料

500克T65面粉
1汤匙细砂糖
15克新鲜的面包酵母
300毫升冷水
25克奶粉
1茶匙盐
15克黄油
2汤匙芝麻
1个鸡蛋

事先准备

鸡蛋打散。

❶ 在一个碗中混合面粉、细砂糖和盐。再在另一个碗中混合水、奶粉和弄碎的酵母。

❷ 混合干性食材和奶粉混合物，加入切块的黄油。揉成面团。

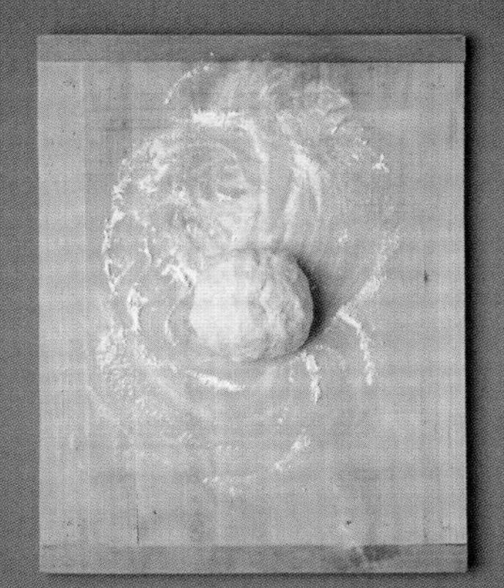

❸ 操作台表面撒面粉，和面10分钟。

❹ 面团上盖上干净的茶巾，发酵3小时。

❺ 将面团切成6份。

❻ 将切好的面团整形成球形。

❼ 烤盘上铺烘焙纸，摆放面团。盖上干净的茶巾，发酵1小时。烤箱预热至225℃。

❽ 用刷子在面团上刷蛋液，再撒上芝麻。

❾ 放入烤箱烤15~20分钟。出炉后放在烤架上降温；可趁温热时食用，也可冷却后稍稍复烤过再吃。

贝果

美国

10个贝果

准备时间：35分钟
等待时间：1小时30分钟

烹调时间：35分钟

❶ 混合面粉和盐在中间挖一个洞。

❷ 倒入水，弄碎的酵母和油。搅拌成面团。

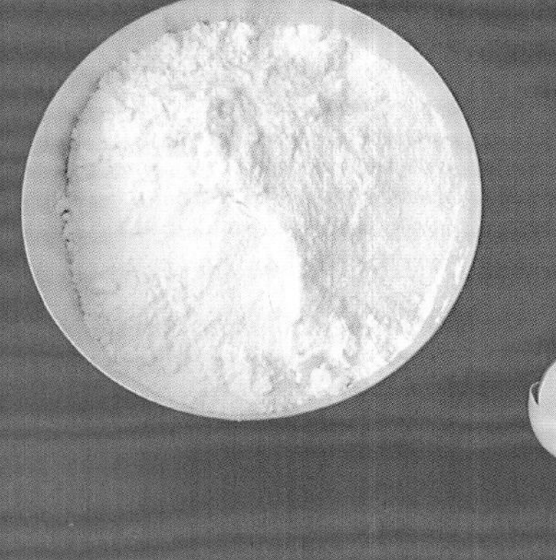

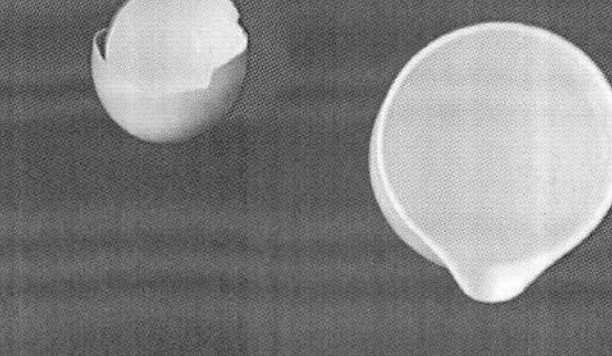

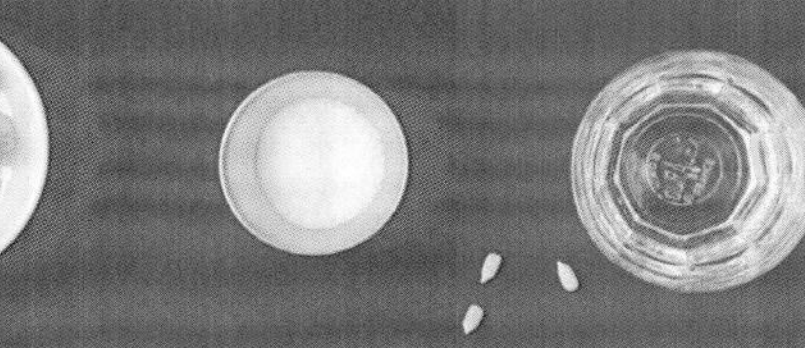

❸ 在操作台表面撒面粉，揉面10分钟。揉成1个球形。

❹ 面团上盖上干净的茶巾或保鲜膜，发酵1小时30分钟。

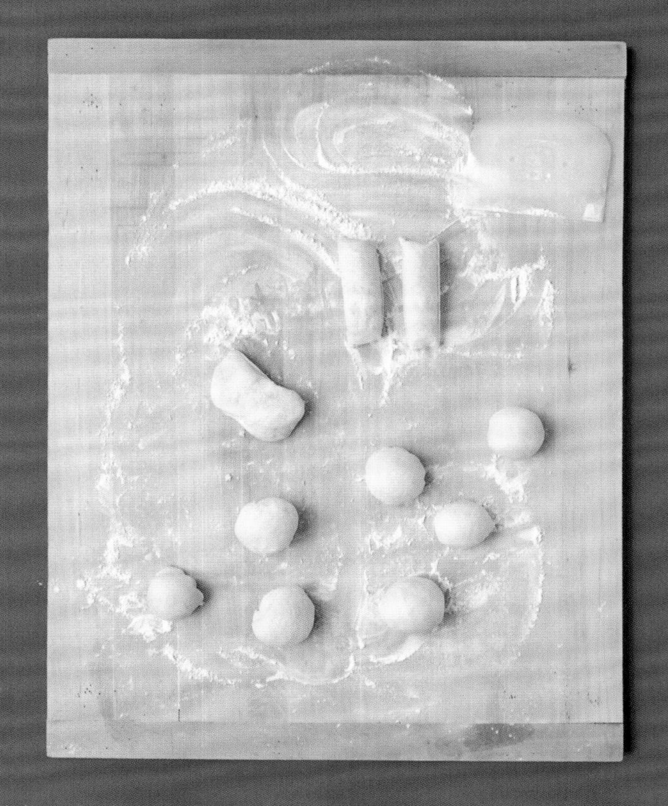

❺ 初始发酵完成后，揉面5分钟。分成2份。揉成球形，盖上干净的茶巾，继续发酵5分钟。

原料

300克T65面粉
15克新鲜的面包酵母
150毫升温水
1茶匙盐
2汤匙葵花籽油
2汤匙芝麻、烟米、干蒜碎、亚麻籽等

上色

1个蛋白
1汤匙清水

事先准备

混合蛋白和水，搅拌均匀。

❻ 将面团压扁，每个面团中间戳1个洞。将其放在撒了面粉的操作台上，盖上干净的茶巾，醒发10分钟。

❼ 平底锅把水煮至微沸。锅中一次放入3个贝果，一面煮1分钟，翻面后另一面煮30秒。用漏勺捞出，放在滤布上沥干水分。

❽ 烤箱预热至200℃。将贝果放在抹过油的烤盘上，表面刷蛋白和水的混合物，再撒上芝麻等种子或谷物。

❾ 放入烤箱烤25~30分钟。

黄油炒蛋

美国

1人份

准备时间：5分钟

烹调时间：10分钟

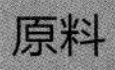

原料

20克黄油
4个鸡蛋
4根细香葱
盐和黑胡椒

建议

这是典型的墨西哥式早午餐，黄油炒蛋可佐食烟熏三文鱼（超豪华版可点缀松露）、少许塔巴斯科辣椒酱和香菜等。

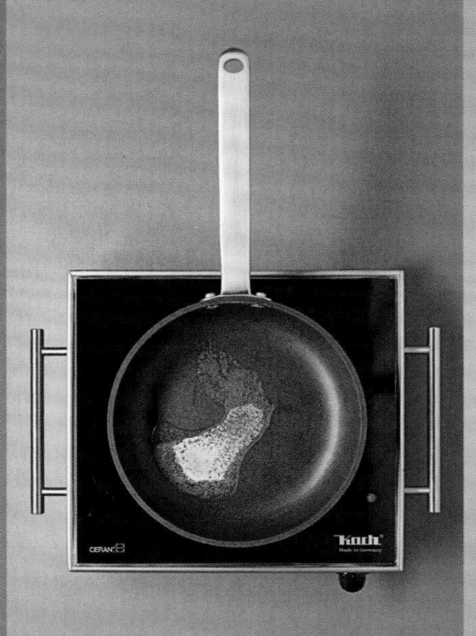

❶ 开小火，在平底锅中熔化黄油。

❷ 将鸡蛋打入碗中，缓缓搅拌但不要用力搅打，加入盐和黑胡椒。将蛋液倒入平底锅中。

❸ 火力调至最低，用木勺不停搅动，直至鸡蛋变成奶油状。加入细香葱。

❹ 搅拌均匀，上桌。

❶ 大蒜和洋葱去皮。洋葱、柿子椒和去皮的生姜切大块。

❷ 番茄放入沙拉碗中或平底锅中，倒入沸水。去皮，用刀子切碎。

❸ 番茄、洋葱、大蒜、柿子椒倒入炒锅中，加入一半量的红酒醋、柠檬皮和柠檬汁。中火煮15分钟。

❹ 将锅中煮好的食材倒入搅拌机中，搅打成糊状。

家庭版番茄酱

美国

2罐200克的番茄酱

准备时间：20分钟

烹调时间：1小时15分钟

原料

1千克成熟的番茄
1个红色柿子椒或黄色柿子椒
1个洋葱和4粒蒜瓣
8汤匙红酒醋
90克细砂糖
一小撮柠檬皮
少许柠檬汁
1茶匙盐
1茶匙芥末籽
半汤匙黑胡椒籽
$\frac{1}{4}$汤匙香菜籽
半茶匙丁香
一小根肉桂棒
1块（1厘米长）姜

❺ 将搅打后的食材再次倒入炒锅中。加入剩下的醋、糖和盐。将芥末籽、黑胡椒籽、香菜籽、丁香、肉桂棒和姜用小纱布包好。用线封口，丢入番茄中。小火煮1小时，直至酱汁变浓稠。取出香料包。

❻ 煮好的番茄酱倒入消毒罐或塑料盒中，放入冰箱保存。冷却后即可食用。

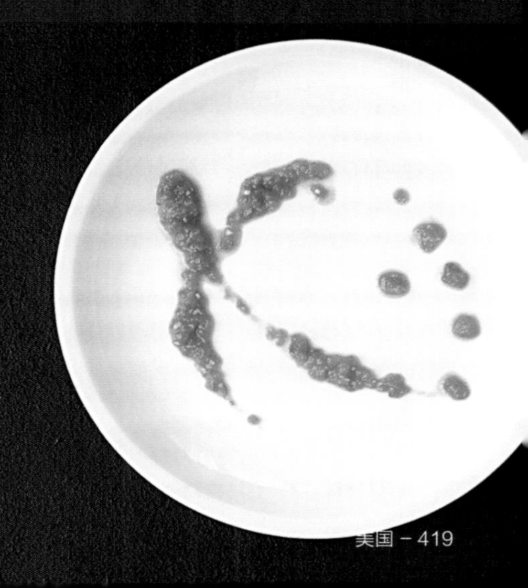

汉堡

美国

2人份

准备时间：25分钟

烹调时间：15分钟

原料

2份汉堡面包
根据食量选择200~300克绞肉
30克面包糠
少许伍斯特辣酱油
一小撮细砂糖
2个洋葱
少许塔巴斯科辣椒酱
2片甜菜（煮熟或生的均可）
2片蓝纹奶酪
$\frac{1}{8}$棵卷心菜
少许马齿苋、芝麻菜或其他口感辛辣的嫩叶（照片中所示为马齿苋和白萝卜叶）
1根胡萝卜
半棵球茎茴香
5汤匙低脂蛋黄酱
3~4根酸甜的腌渍小黄瓜
2汤匙中性油（如葡萄籽油、有机菜籽油等）
1个柠檬
盐和黑胡椒

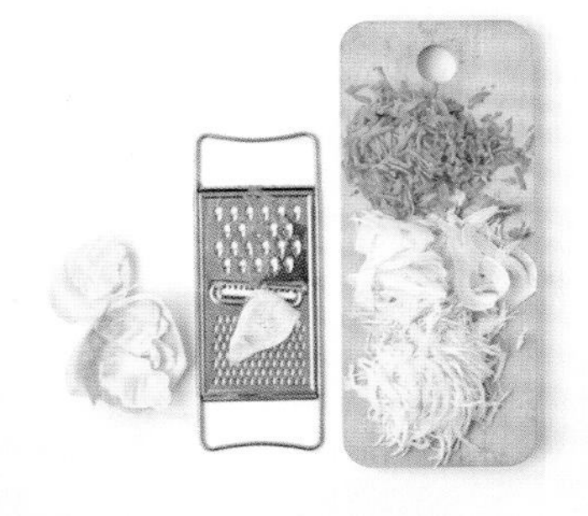

❶ 用蔬菜处理器把卷心菜和球茎茴香处理成丝状或片状。胡萝卜擦丝。

❷ 混合3种蔬菜、所选的嫩叶（如马齿苋）和低脂蛋黄酱，预留2汤匙摆盘时用，用柠檬汁、盐、黑胡椒和塔巴斯科辣椒酱调味制成沙拉。

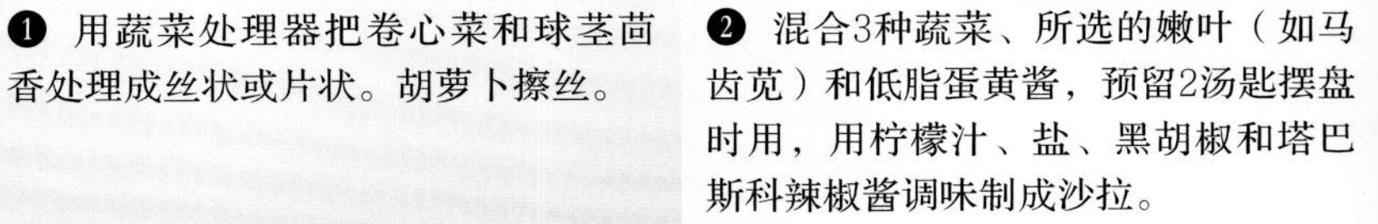

❸ 半个洋葱切碎。剩下的一半用刀子或蔬菜处理器切薄片。

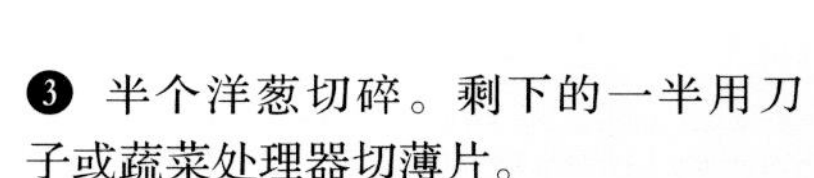

❹ 用中到小火加热1汤匙中性油，倒入洋葱煸炒6~7分钟，直至变软，呈浅金黄色。加入细砂糖，制成焦糖洋葱。

❺ 混合绞肉、面包糠、切碎的洋葱、少许伍斯特辣酱油和塔巴斯科辣椒酱。

❻ 将肉馅捏成足够厚的汉堡肉排。

❼ 开大火，用剩下的1汤匙中性油煎肉排。

❽ 将汉堡面包稍稍烤一下。

❾ 按以下顺序组装汉堡：面包（底部）、酱汁、小黄瓜片。

❿ 以及肉排、奶酪、焦糖洋葱，可将奶酪涂抹在汉堡面包顶部内侧。

⓫ 再放上生菜和甜菜，涂抹酱汁。

⓬ 摆盘时可搭配沙拉和炸薯条。

家庭版简易鸡块

美国

2人份

准备时间：30分钟
等待时间：5分钟至24小时

烹调时间：10分钟

原料

3块鸡胸肉
150克面包干
3个鸡蛋
20克帕尔马干酪（可选）
1茶匙辣椒粉
1汤匙面粉
125克原味酸奶
1粒蒜瓣
1个柠檬
一小撮干牛至
4汤匙中性油（如葡萄籽油、有机菜籽油等）
1茶匙橄榄油
盐和黑胡椒粉

❶ 柠檬榨汁，果皮擦成碎屑。鸡肉切小块。加入1茶匙柠檬皮、2茶匙柠檬汁、一半量的蒜末、2茶匙中性油、适量辣椒粉，搅拌。腌渍（5分钟至24小时）！

❷ 将面包干搅打成面包糠。

❸ 混合面包糠、面粉、剩下的辣椒粉、盐和黑胡椒。加入帕尔马干酪碎。

❹ 鸡蛋打散，搅拌均匀。将面包糠混合物倒入盘中。鸡块先蘸蛋液，再蘸面包糠。此步骤重复1次。

❺ 加热剩下的中性油。锅中倒入鸡块，煎至金黄，注意一次不要倒入太多。快要煎好时关小火（煎4~5分钟）。沥去多余的油。

❻ 制作白酱：混合酸奶、少许柠檬汁、少许蒜末、橄榄油、牛至、盐和黑胡椒。

❼ 鸡块蘸白酱和家庭版番茄酱食用。可搭配一小盘沙拉。

烤肋排

美国

4人份

准备时间：15分钟

烹调时间：2小时

❶ 混合制作酱汁所需的全部食材，搅打成浓稠的酱汁。

❷ 将肋排放入烤盘。表面刷一半量的酱汁，在烤盘中倒入清水，盖锡纸，放入烤箱，以160℃烤1小时30分钟。检查熟成度，45分钟后把烤盘里的汁水浇到肋排上。

原料

2块小猪肋排
250毫升清水

酱汁

1汤匙浓缩番茄
1汤匙伍斯特辣酱油
$\frac{1}{4}$杯红糖
3汤匙麦芽醋
2汤匙烟熏辣椒粉
1茶匙洋葱粉
半杯烧烤酱
200毫升橙汁

❸ 揭开锡纸，倒入剩下的酱汁，烤箱温度调至200℃，继续烤20分钟，直至酱汁变得黏稠。

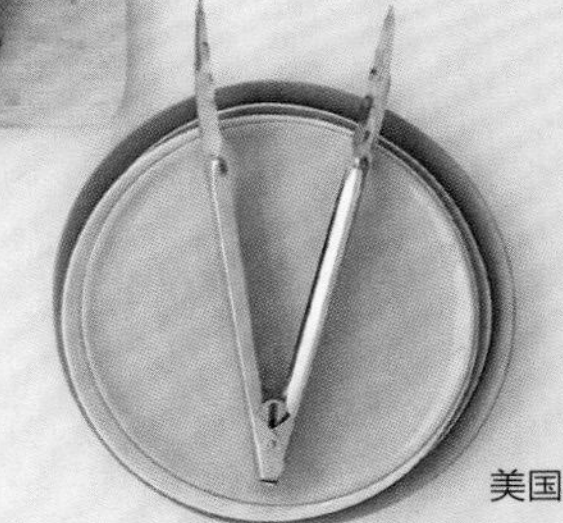

❹ 把锡纸轻盖在肋排上，静置5~7分钟。切块，上桌。

感恩节火鸡

美国

4~6人份

准备时间：30分钟
等待时间：8小时

烹调时间：3小时30分钟
（根据火鸡大小调整）

原料

1只新鲜火鸡
12克盐
1茶匙黑胡椒籽，压碎
180克软化的黄油
5克平叶欧芹
2茶匙干燥的百里香
2粒蒜瓣，切小粒

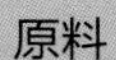

馅料

80克黄油
1个洋葱，切碎
3根芹菜，切丁
4~5片酵母面包
12克核桃仁
15克平叶欧芹
2根百里香
2根新鲜迷迭香

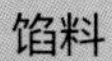

❶ 火鸡净膛，取下鸡脖和内脏。用冷水清洗，并用吸水纸擦干。

❷ 混合盐和黑胡椒，涂抹火鸡的内部。放在铺了烘焙纸的托盘上，用保鲜膜密封，放入冰箱冷藏过夜，或最少8小时。

❸ 面包稍稍烘烤，放入搅拌机中，再倒入核桃仁和3种新鲜香草，搅打成面包糠。

❹ 在平底锅中加热黄油。倒入洋葱和芹菜，煸炒至蔬菜变柔软。

❺ 关火，将煸炒过的蔬菜，倒入沙拉碗中保留汤汁备用，再倒入面包糠。

❻ 从冰箱中取出火鸡，冲洗干净，用吸水纸擦干。烤箱预热至220℃。把馅料填入火鸡中。用细绳捆绑，扎牢开口处。

❼ 混合软化的黄油、平叶欧芹、蒜粒和百里香。把混合物涂抹在鸡皮表面和下层。

❽ 放入烤箱下层，鸡胸朝上，烤30分钟。把平底锅中剩下的汤汁浇在火鸡上。烤箱温度调至180℃，鸡肉的温度应该达到80℃，用厨房温度计测量（烤制每1千克鸡肉需要30分钟）。

❾ 每30~45分钟时，用汤匙将烤盘中的汤汁淋在火鸡身上。烤好的火鸡静置30分钟即可上桌。

辣肉汤

美国

4人份

准备时间：10分钟

烹调时间：50分钟

❶ 大蒜和洋葱切丁。

❷ 红芸豆沥干水分，冲洗，备用。

原料

500克瘦牛绞肉
1.5千克红芸豆罐头
1.5千克番茄罐头
2汤匙橄榄油
1个中等大小的黄洋葱
2粒蒜瓣
1茶匙红椒粉
2茶匙辣椒粉
1茶匙孜然粉
1根红辣椒，去籽，切丁
3汤匙浓缩番茄
400毫升牛肉高汤
2汤匙红酒醋
5克新鲜香菜叶
盐和黑胡椒

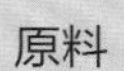

❸ 在炒锅中加热橄榄油。倒入牛绞肉，翻炒至颜色发黄。盛出备用。

❹ 继续使用同1只炒锅，中火煸炒洋葱和大蒜。加入红辣椒和3种调味粉，继续炒1~2分钟。

❺ 将炒好的牛肉重新倒回锅中，仔细搅拌。加入浓缩番茄，翻炒至食材充分融合。

❻ 最后加入红芸豆、番茄罐头和牛肉高汤，再以适量盐和黑胡椒调味。

❼ 煮至沸腾，关小火，盖锅盖。炖煮40分钟，其间须不时搅拌。

❽ 倒入红酒醋，肉汤装盘，撒上香菜叶，搭配白米饭食用。

马里兰州蟹肉饼

美国

3人份

准备时间：15分钟
等待时间：1小时

烹调时间：4~6分钟

❶ 将蟹肉和饼干屑倒入容器中，使饼干屑吸收蟹肉的水分。

❷ 另取1个容器，混合芥末、柠檬汁、盐和黑胡椒。

❸ 蟹肉中先加入蛋液，再加入欧芹碎和芥末混合物，最后撒盐和黑胡椒。

❹ 团成6个直径约7厘米的蟹肉饼。用保鲜膜包好，放入冰箱冷藏1小时。

原料

350克新鲜蟹肉
40克饼干屑
1汤匙第戎芥末
1汤匙柠檬汁
1个鸡蛋
2汤匙欧芹碎
烹调用植物油
盐和黑胡椒

❺ 用平底锅加热少许油，小火煎蟹肉饼，每面煎2~3分钟，直至金黄。

❻ 煎好的蟹肉饼搭配绿叶沙拉和柠檬块食用。

海鲜浓汤

美国

4~6人份

准备时间：10~15分钟

烹调时间：30~35分钟

原料

200克辣味香肠，切成较厚的圆片
400克生虾，去壳
300克新鲜文蛤
30克黄油
2汤匙植物油
30克面粉
1个洋葱，切碎
1根芹菜，切碎
1个绿色柿子椒，切碎
1汤匙卡真混合香料
1片月桂叶
4个较大的番茄，切块
1升鸡汤
盐和黑胡椒

❶ 在平底锅中加热黄油和植物油。倒入面粉，煸炒2~3分钟，炒至面粉变为褐色。

❷ 倒入洋葱、芹菜、柿子椒和辣味香肠。炒3~4分钟。

❸ 加入卡真混合香料和月桂叶。煮1分钟。关小火。

❹ 加入番茄和高汤，炖煮15~20分钟。

❺ 倒入虾和文蛤，继续煮4~5分钟。文蛤应该全部张开，虾肉变白变紧致。

❻ 撒入盐和黑胡椒。盛入深盘中。用欧芹做装饰，在美国路易斯安那州，人们通常搭配米饭食用海鲜浓汤。

卷心菜沙拉

美国

4人份

准备时间：15分钟

—

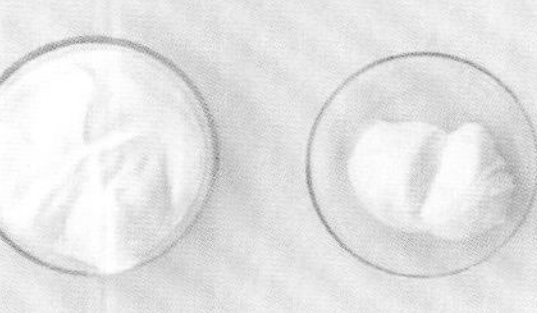
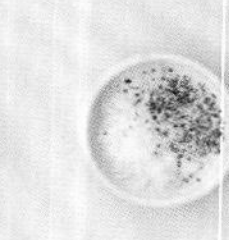
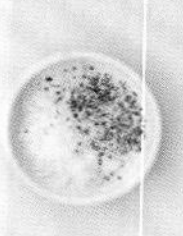

原料

3根葱，切碎
$\frac{1}{4}$棵紫色卷心菜
2根中等大小的胡萝卜，切丝
1个青苹果，切丝
半棵球茎茴香
1把平叶欧芹
125毫升原味酸奶
2汤匙蛋黄酱
1个柠檬，榨汁
1茶匙苹果醋
盐和黑胡椒

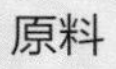

❶ 混合搅打酸奶、蛋黄酱、柠檬汁和苹果醋。用盐和黑胡椒调味。

❷ 卷心菜和球茎茴香用刀或蔬菜处理器处理成细丝。欧芹切碎。

❸ 将3种蔬菜、苹果丝和欧芹倒入沙拉碗。

❹ 淋上酱汁，搅拌均匀。

❺ 上桌。

❶ 烤箱预热至200℃。大蒜、生姜和红薯倒入沸水中煮熟，再捞出沥干水分，压成泥状。

❷ 混合搅拌面包糠、山核桃仁碎、黄油、肉桂粉、蜂蜜、混合香草和橄榄油。用盐和黑胡椒调味。

❸ 取容量1.5升的烤盘，抹油，倒入红薯泥，表面撒山核桃仁的混合物。

酥烤红薯

美国

4人份

准备时间：30分钟

烹调时间：30分钟

原料

2粒蒜瓣，去皮
1汤匙生姜，擦丝
750克红薯，去皮
75克山核桃仁，切碎
50克黄油，切小块
半茶匙肉桂粉
80克面包糠
2茶匙蜂蜜
1汤匙新鲜混合香草（例如牛至、鼠尾草、百里香）
2汤匙橄榄油
盐和黑胡椒

❹ 入烤箱烤30分钟：成品表面应酥脆金黄。

玉米面包

美国

8人份

准备时间：15分钟
等待时间：15分钟

烹调时间：30分钟

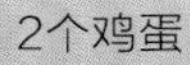

原料

30克黄油＋少许用来涂抹模具
150克生玉米粉
150克T55面粉
8克酵母
4克小苏打
20克细砂糖
4克盐
2个鸡蛋
150毫升全脂牛奶
150毫升发酵乳

事先准备

烤箱预热至220℃，烤箱中部放置烤网。取一个长边为28厘米的长方形蛋糕烤模或边长18厘米的正方形烤模，内壁涂抹黄油。

❶ 平底锅中熔化黄油，立即关火。

❷ 把玉米粉、面粉、小苏打、酵母，细砂糖和盐倒入容器中。

❸ 混合容器中的全部食材，然后在中间挖1个洞。

❹ 将鸡蛋打入洞中。用木勺仔细搅拌。

❺ 倒入全脂牛奶和发酵乳。混合所有食材。

❻ 倒入熔化的黄油，搅拌至混合物质地均匀。

❼ 将混合物倒入模具中，放入烤箱烤30分钟。

❽ 蛋糕出炉（应呈黄褐色），转移到烤网上静置5~10分钟，静置冷却。

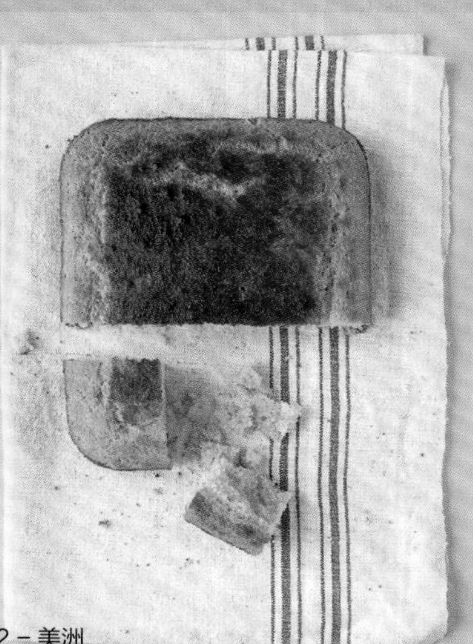

❾ 上桌时，将蛋糕切块或切片。趁温热食用，佐食1块榛子大小的黄油。

巧克力麦芬

美国

6个麦芬

准备时间：20分钟

烹调时间：30分钟

原料

135克黑巧克力
120克杏仁粉
3个鸡蛋
20克面粉
50克细砂糖
50克蜂蜜
半茶匙酵母
40毫升油

事先准备

面粉和酵母过筛。
烤箱预热至160℃。

❶ 用水浴法，或用微波炉熔化巧克力和油，混合均匀。

❷ 搅打鸡蛋，与细砂糖和蜂蜜搅拌均匀。

❸ 加入杏仁粉，继续搅打。

❹ 小心撒入面粉和酵母，混合均匀。

❺ 将鸡蛋混合物和巧克力混合物用刮刀搅拌均匀，制成蛋糕糊。

❻ 将蛋糕糊倒入麦芬模具中，放入烤箱烤30分钟左右。

变化版本

麦芬面糊中加入巧克力豆。如果没有，可以用掰碎的巧克力块代替。

蓝莓麦芬

美国

6个麦芬

准备时间：15分钟

烹调时间：25分钟

原料

30克黄油
1个鸡蛋
80克细砂糖
150克鲜奶油
120克T55面粉
2克盐
6克酵母
70克速冻蓝莓

事先准备

烤箱预热至180℃。
6个麦芬模具内壁涂抹黄油。

❶ 在锅中熔化黄油，关火。混合鸡蛋和细砂糖，直至混合物质地变成奶油状，加入熔化的黄油，用打蛋器搅拌，再加入鲜奶油，继续搅拌。

❷ 在另一个容器内混合面粉、盐和酵母。将蓝莓从冷柜中取出，立刻倒入面粉中。在干性食材中间挖1个洞，倒入液体混合物，迅速搅拌制成蛋糕糊。

❸ 将蛋糕糊填入模具，高度至$\frac{2}{3}$处（在蓝莓解冻之前迅速完成），将模具在操作台上轻震几下，放入烤箱烤25分钟（小号麦芬烤15分钟）。

❹ 烤好的麦芬出炉，用刀刃在模具内壁和麦芬之间滑动以便脱模。静置10分钟，使其降温，然后脱模。转移到烤网上冷却。

技巧

混合干性食材和液体食材时，避免过度搅拌，否则麦芬的质地会偏硬。

香蕉麦芬

美国

10个麦芬

准备时间：15分钟

烹调时间：20分钟

原料

135克面粉
155克细砂糖
2根香蕉
40克黄油
1个鸡蛋
30毫升全脂牛奶
2克小苏打
2克酵母
2克肉桂粉
一小撮盐

事先准备

烤箱预热至220℃。
熔化黄油。

❶ 香蕉用餐叉压烂。

❷ 混合全部5种干性食材。

❸ 搅打鸡蛋和细砂糖至浓稠。

❹ 加入熔化的黄油、香蕉和牛奶；继续搅打。

❺ 将液体混合物倒入干性食材的混合物中，搅打至无干粉的程度即可。

❻ 将混合物用冰激凌勺或汤匙填入硅胶模具中。

❼ 入烤箱烤18~20分钟，直到麦芬顶部变成金黄色。脱模，在烤网上静置冷却。

蓝莓松饼

美国

16个松饼

准备时间：15分钟

烹调时间：5分钟

原料

130克速冻蓝莓（称好重量，放入冰柜冷却保存）
100毫升柠檬汁
460克常温全脂牛奶
60克黄油
1个常温的鸡蛋
280克T55面粉
25克细砂糖
12克酵母（或1袋酵母）
4克小苏打
4克盐
枫糖浆

事先准备

用较浅的平底锅熔化黄油。锅内留薄薄1层黄油用来煎松饼（剩下的用于制作面糊），平底锅用小火加热。

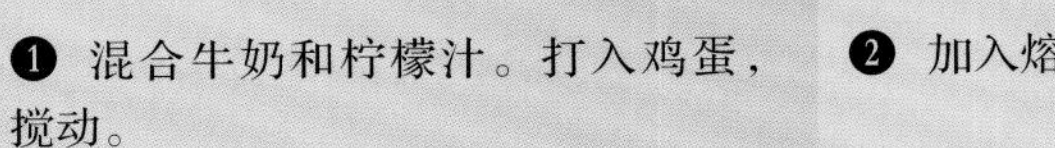

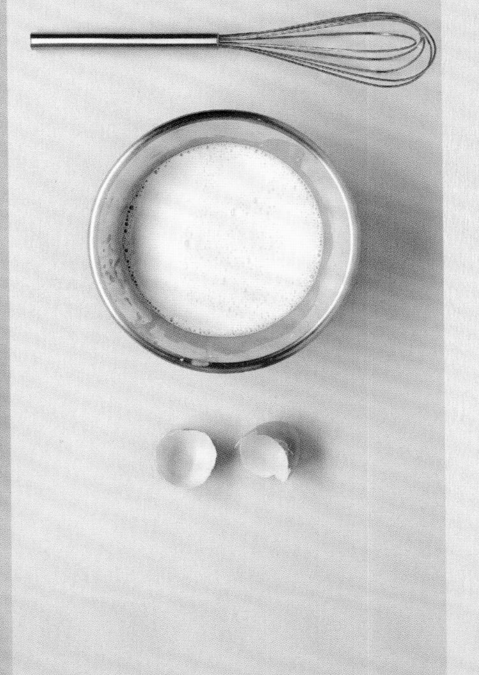

❶ 混合牛奶和柠檬汁。打入鸡蛋，搅动。

❷ 加入熔化的黄油，搅动。

❸ 在较大的容器内混合面粉、酵母、小苏打、细砂糖和盐。中间挖洞，倒入液体食材，用手动打蛋器搅动。

❹ 面糊质地变均匀后停止搅动（过度搅动会使面糊起筋，做好的松饼口感会偏干）。

❺ 调至中火，稍稍加热平底锅，用大汤匙向锅内倒入面糊，注意每块松饼之间要留有空隙。

❻ 从冰柜中取出蓝莓，大量撒在松饼上。

❼ 将松饼煎至表面起泡，底层变成漂亮的棕色（最多煎2分钟）。翻面，将另一面煎至上色。

❽ 煎好的松饼在品尝前可短时间放在100℃的烤箱内保温。

技巧

最好同时用多个平底不粘锅煎松饼。如果只用一口锅，制作下一批松饼前，用吸油纸蘸取熔化的黄油涂抹锅内壁。

甜甜圈

美国

12个甜甜圈

准备时间：30分钟

烹调时间：5分钟

原料

50克液态黄油
490克T55面粉＋60克用于撒在操作台上
200克细砂糖
170克发酵牛奶
2个全蛋＋1个蛋黄
4克小苏打＋8克酵母
8克盐
4克肉豆蔻，擦丝

肉桂细砂糖

150克细砂糖
4克肉桂粉

事先准备

面糊快准备好时，用生铁炖锅加热1升花生油（中到大火），或将油炸锅预热到190℃。

❶ 将制作肉桂细砂糖的原料倒入容器内搅拌。再倒入平底盘中。

❷ 熔化黄油，静置冷却。

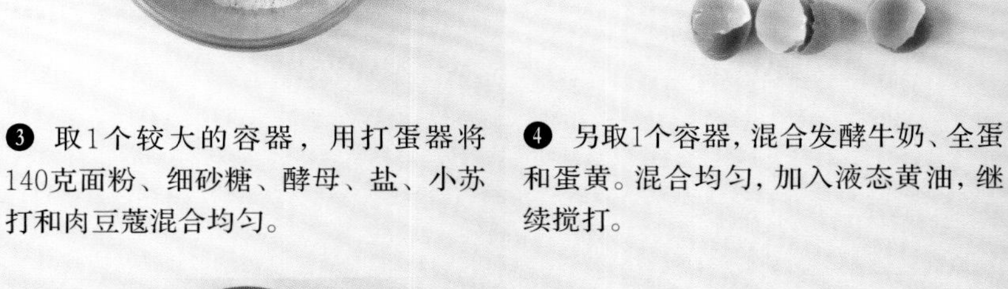

❸ 取1个较大的容器，用打蛋器将140克面粉、细砂糖、酵母、盐、小苏打和肉豆蔻混合均匀。

❹ 另取1个容器，混合发酵牛奶、全蛋和蛋黄。混合均匀，加入液态黄油，继续搅打。

❺ 将蛋奶混合物倒入干性食材中。

❻ 用木勺搅拌至均匀。

❼ 倒入剩下的面粉（350克），每次加入后均须搅拌，直至看不到干面粉。

❽ 将面糊倒在撒了面粉的操作台上，用沾过面粉的擀面杖擀平（厚度达到1厘米）。

❾ 用两个蘸了面粉的切割模具（直径分别为9厘米和3厘米），将面饼切割出多个环形。重新利用边角料。

❿ 将2~3个甜甜圈小心放入热油中，注意不要叠放。

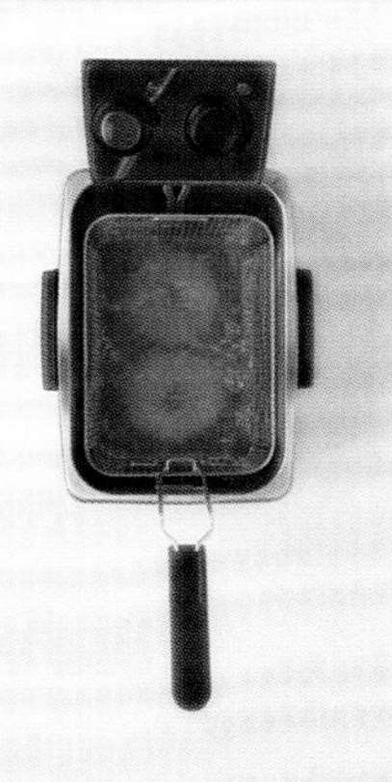

⓫ 当甜甜圈浮到表面上，变成金黄色时（2分钟），用漏勺翻面。

⓬ 继续炸制1分钟。

⓭ 另一面也炸至金黄时，用漏勺捞出。摆放在烤网上，沥去多余的油分。待油温再次升高，继续炸另一锅。在此期间，将炸好的甜甜圈趁热蘸上肉桂细砂糖。

枫糖糖霜

美国

12个甜甜圈

准备时间：5分钟

—

原料

50克细砂糖
40克枫糖浆

小窍门

如果想要制作较稀的糖霜液，可加入10克枫糖浆。
注意不要留下手指印。

❶ 细砂糖过筛。

❷ 将糖浆倒入细砂糖中。

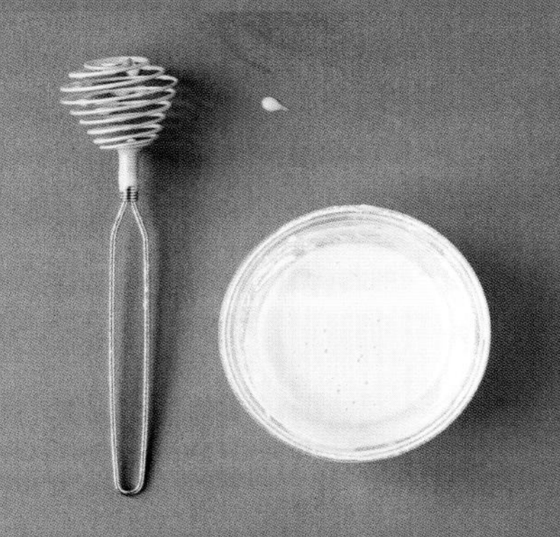

❸ 用打蛋器猛烈搅打。

❹ 将糖霜液倒在甜甜圈上，用刮刀抹平。等待几分钟，使糖霜凝固。

软心曲奇饼

美国

22块曲奇饼

准备时间：15分钟

烹调时间：10~12分钟

原料

175克棕色蔗糖
125克软化的黄油，切块
半个鸡蛋
190克面粉
一小撮香草粉
一小撮盐
3克酵母
150克牛奶巧克力

事先准备

烤箱预热至190℃，调至热风循环模式。

准备2个甜品烤盘，铺上烘焙纸（或2个不粘甜品烤盘）。

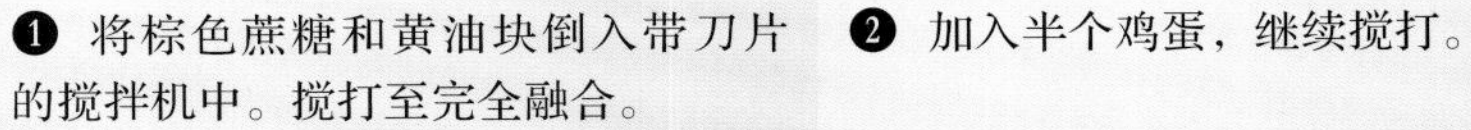

❶ 将棕色蔗糖和黄油块倒入带刀片的搅拌机中。搅打至完全融合。

❷ 加入半个鸡蛋，继续搅打。

❸ 巧克力切块，大小应为经典巧克力豆的3倍。

❹ 混合所有干性食材，并加入切块的巧克力，搅拌。

❺ 加入液体食材，用搅拌机搅打至形成面糊（注意不要过于搅打）。

❻ 用冰激凌勺或汤匙将面糊挖成球状（每个球约为30克），交错摆放在烤盘上。

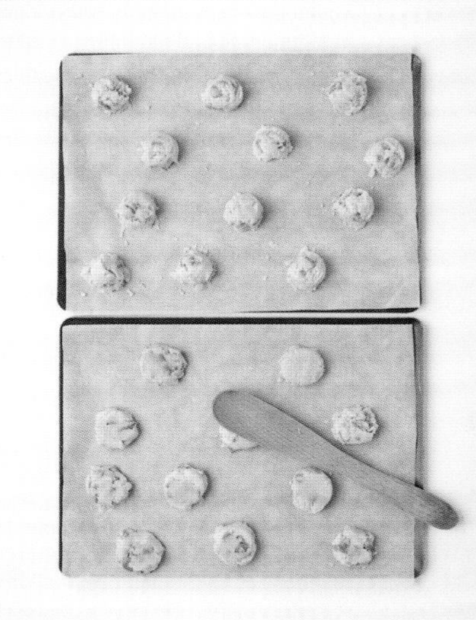

❼ 将面糊稍稍压扁。

❽ 放入烤箱，烤箱温度调至160℃。烤10~12分钟：曲奇饼底部应未上色或刚刚上色。曲奇饼表面则应完全未上色。取出，静置冷却。

❶ 在平底锅中熔化黄油，离火后稍稍降温。

❷ 将饼干放入搅拌机中，打成碎屑。

❸ 混合熔化的黄油和饼干屑。

❹ 将混合物铺在模具中，稍稍压实，制成饼底。置于冰箱中冷藏20分钟。

❺ 制作蛋糕糊，水浴法熔化巧克力和黄油，再与黑咖啡混合均匀。冷却。

❻ 加入稀奶油、黑糖、盐、鸡蛋、面粉和香草精。

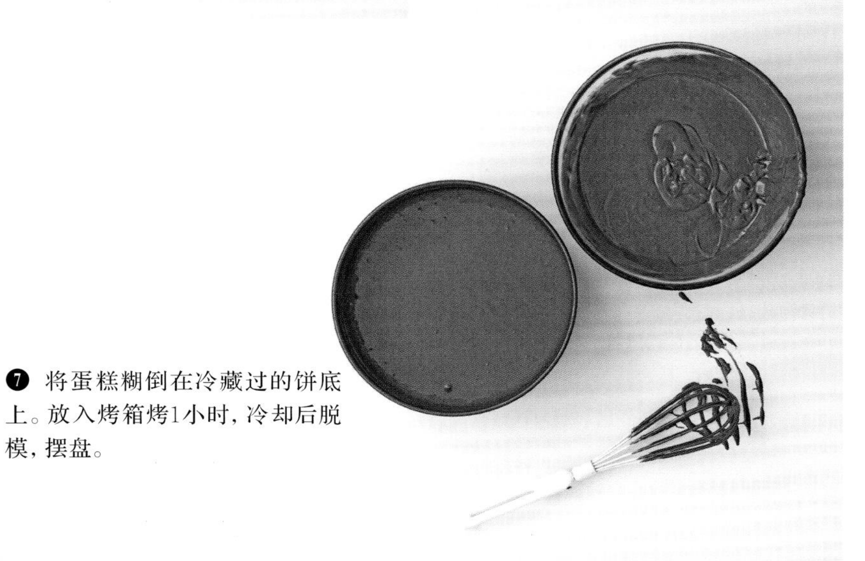

❼ 将蛋糕糊倒在冷藏过的饼底上。放入烤箱烤1小时，冷却后脱模，摆盘。

奥利奥蛋糕

美国

12~14人份

准备时间：30分钟
等待时间：20分钟

烹调时间：1小时

原料

75克无盐黄油
200克奥利奥饼干

馅料

400克黑巧克力，切块
225克无盐黄油，软化
75克现磨黑咖啡
300毫升稀奶油
250克黑糖
一小撮盐
6个鸡蛋
50克面粉
2茶匙香草精

事先准备

准备1个直径为23厘米的圆形模具。
烤箱预热至170℃。

❽ 蛋糕可搭配鲜奶油食用。

纽约奶酪蛋糕

美国

10~12人份

准备时间：15分钟
等待时间：3小时45分钟

烹调时间：1小时

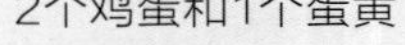

原料

200克消化饼干或普通饼干
50克液态无盐黄油
50克玉米面粉
1汤匙柠檬汁
半个柠檬的果皮，擦丝
1茶匙香草精
800克马斯卡彭奶酪
200克细砂糖
100毫升全脂稀奶油
2个鸡蛋和1个蛋黄

装饰

100克草莓
100克黑莓

事先准备

取直径23厘米的活底蛋糕模具，内壁抹油，铺双层锡纸。
烤箱预热至150℃。

❶ 用搅拌机把饼干搅打成碎屑，或把饼干装入塑料袋，用擀面杖压碎。

❷ 将饼干屑倒入容器中，同液态无盐黄油混合均匀。

❸ 用勺子把饼干屑的混合物铺在模具底部，压实，直到边缘都填满。放入冰箱冷藏。

❹ 混合玉米面粉、柠檬汁、柠檬皮丝、香草精和马斯卡彭奶酪，少量多次加入细砂糖，再加入稀奶油，搅拌均匀。

❺ 逐一加入鸡蛋和蛋黄，每加入一个都要搅拌均匀，制成蛋糕糊。

❻ 将蛋糕糊倒在饼底上（在操作台上震动模具，以震出蛋糕糊中的大气泡）。

❾ 蛋糕可搭配新鲜的红色浆果食用。

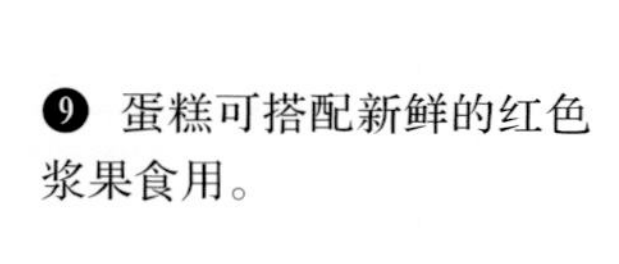

小窍门

用水浴法烤奶酪蛋糕可防止蛋糕体开裂。

❼ 放入烤箱，用水浴法烤1小时：烤好的奶酪蛋糕体应能微微颤动。出炉后冷却45分钟。

❽ 从水中取出，放入冰箱冷藏3小时。小心脱模，摆盘。

① 隔水熔化黄油和巧克力，搅拌均匀，备用。

② 用打蛋器把鸡蛋和红糖搅打至发白。

③ 将巧克力混合物倒入蛋液中，搅拌均匀，加入面粉、酵母和山核桃仁。

布朗尼

美国

16块布朗尼

准备时间：20分钟

烹调时间：30分钟

原料

350克黑巧克力
200克山核桃碎
250克黄油
250克红糖
3个鸡蛋
85克面粉
1茶匙酵母

事先准备

烤箱预热至160℃。
模具内壁涂抹黄油，撒面粉。

④ 将混合物倒入方形或长方形模具，放入烤箱烤35分钟左右。冷却，切块。

红丝绒蛋糕

美国

10~12人份

准备时间：25分钟
等待时间：20分钟

烹调时间：25~30分钟

原料

300克酵母预拌粉
1茶匙盐
2汤匙可可粉
275克细砂糖
175毫升植物油
2个鸡蛋
2汤匙红色天然食用色素
1茶匙香草精
200毫升发酵牛奶
1茶匙白醋

饰面辅料和糖霜

300克马斯卡彭奶酪
4汤匙软化的无盐黄油
200克细砂糖
1茶匙香草精
125克山核桃仁

事先准备

取2个直径为23厘米的模具，铺烘焙纸。烤箱预热至180℃。

马斯卡彭奶酪糖霜

混合并搅打马斯卡彭奶酪和软化的黄油，直至质地均匀。加入过筛的细砂糖，搅拌均匀。加入香草精，继续搅拌。

❶ 将预拌粉、盐和可可粉过筛，在容器中混合，备用。

❷ 碗中倒入细砂糖和植物油，搅打至充分融合。

❸ 加入鸡蛋，搅打均匀。

❹ 加食用色素、香草精、发酵牛奶和醋，仔细搅拌。

❺ 将混合物倒入面粉中，搅拌至无结块。

❻ 倒入模具中，放入烤箱烤30分钟。

❼ 取出，静置10分钟后，脱模，转移至烤网上冷却。

❽ 组装蛋糕，填入$\frac{1}{3}$量的马斯卡彭奶酪糖霜。

❾ 将剩下的糖霜涂抹在蛋糕的表面和侧面。

❿ 山核桃仁粗粗切碎，预留15个完整的核桃仁作为装饰。

⓫ 蛋糕侧面覆盖山核桃碎，顶部用完整的核桃做装饰。

变化版本

红色食用色素用1汤匙可可粉代替，成品即是美味的巧克力蛋糕。

墨西哥

牛油果酱

墨西哥

4人份

准备时间：15分钟

—

原料

1个成熟的牛油果

半个番茄

1个柠檬（黄柠檬或青柠檬）

一小截新鲜辣椒（如果没有，可用塔巴斯科辣椒酱或卡宴辣椒代替）

盐和黑胡椒

❶ 牛油果去皮，取出果肉，放入碗中，用餐叉碾碎，加入1汤匙柠檬汁。

❷ 半个番茄（最好能够去皮）和辣椒切碎。

❸ 将番茄碎和辣椒碎倒入牛油果中。撒盐和黑胡椒。如果需要，可加入适量柠檬。

❹ 牛油果酱不仅用于蘸酱，更可搭配肉类、鱼类、煎蛋或炒蛋食用。

辣味番茄莎莎酱

墨西哥

4人份

准备时间：15分钟
等待时间：30分钟

—

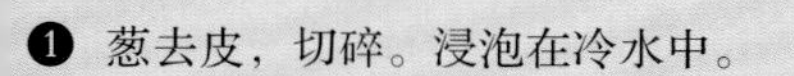

❶ 葱去皮，切碎。浸泡在冷水中。

❷ 番茄切小丁。香菜切碎。一小截辣椒去籽，切碎。

原料

4个成熟的番茄，如果可能，最好选用滋味浓厚的品种
2根葱（或1个洋葱）
1个青柠檬
半把香菜
少许龙舌兰酒
一小截辣椒
盐和黑胡椒

事先准备

香菜洗净，沥干水分，摘叶。

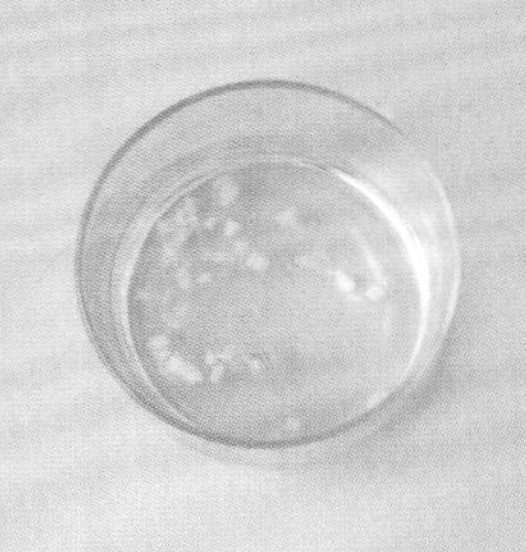

❸ 将步骤2的食材混合均匀，加入沥干水分的葱。

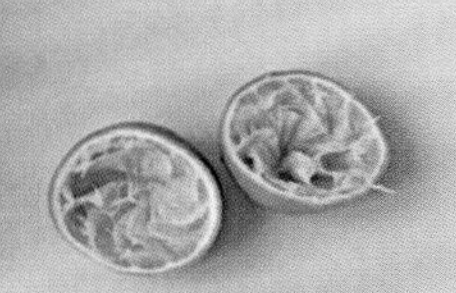

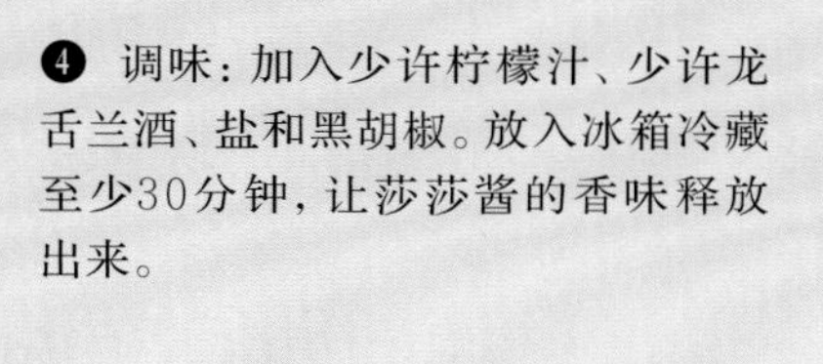

❹ 调味：加入少许柠檬汁、少许龙舌兰酒、盐和黑胡椒。放入冰箱冷藏至少30分钟，让莎莎酱的香味释放出来。

奇米丘里辣酱

墨西哥

4人份

准备时间：20分钟
等待时间：3小时

—

原料

125毫升橄榄油
60毫升红酒醋
6根小葱（或2根普通的葱）
半把平叶欧芹
5根香菜
3~4粒蒜瓣
盐和黑胡椒
一小截新鲜辣椒（或卡宴辣椒）

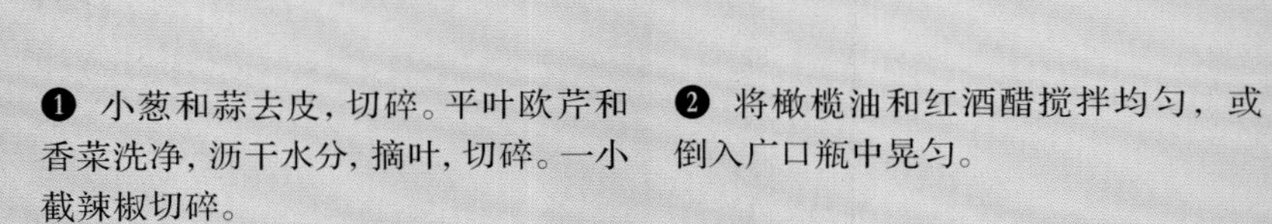

❶ 小葱和蒜去皮，切碎。平叶欧芹和香菜洗净，沥干水分，摘叶，切碎。一小截辣椒切碎。

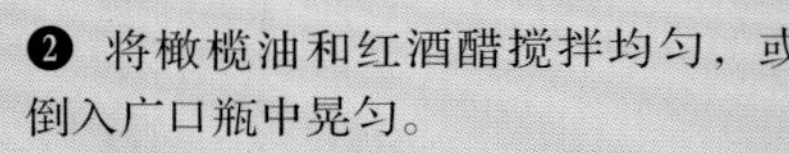

❷ 将橄榄油和红酒醋搅拌均匀，或倒入广口瓶中晃匀。

❸ 加入剩余食材（辣椒的用量根据口味调整），搅拌均匀。

❹ 食用前腌渍几小时。

红腰豆泥

墨西哥

4人份　准备时间：10分钟　烹调时间：30分钟

❶ 平底锅热油，倒入洋葱，煸炒6~8分钟。加入压碎的大蒜和2种香料粉，炒2分钟。加入腰豆和一半量的高汤。调味，仔细搅拌所有食材。

❷ 煮至沸腾，关小火，盖锅盖，炖煮10分钟。将剩下的高汤倒入锅中，保留1~2勺，备用。

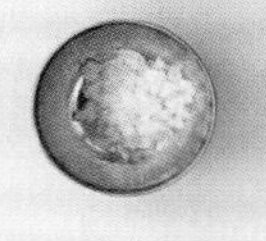

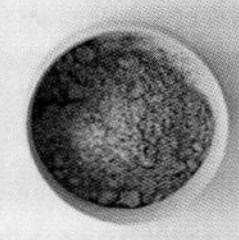

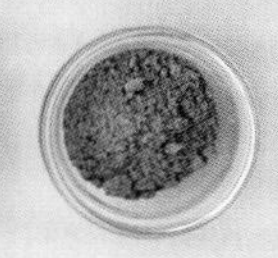

原料

440克罐头红腰豆，沥干水分，冲洗干净
2汤匙初榨橄榄油
1个较大的黄洋葱，切小丁
3粒蒜瓣，压碎
2茶匙孜然粉
2茶匙香菜粉
1杯蔬菜高汤或清水
盐和黑胡椒
1根葱，切碎
5克新鲜香菜，粗粗切碎

❸ 撤去锅盖，在火上继续炖煮5~10分钟，直至腰豆变软并开始裂开，同时汤汁变少。关火，可根据个人口味选择用铲子把豆子压碎，或用搅拌机打碎。如有需要，在此过程中加入适量高汤。

❹ 将红腰豆泥倒入沙拉碗中，用葱花和香菜装饰。

墨西哥饼

墨西哥

8人份

准备时间：25分钟
等待时间：15分钟

烹调时间：25分钟

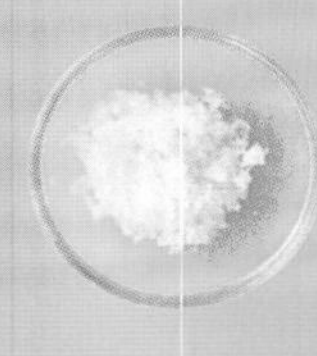

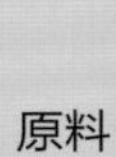

原料

1$\frac{1}{2}$杯面粉
半茶匙盐
2茶匙酵母
2汤匙植物油
半杯热水

❶ 取1个较大的沙拉碗，倒入面粉、盐和酵母。在面粉中间挖1个洞，倒入水和植物油，搅拌均匀。

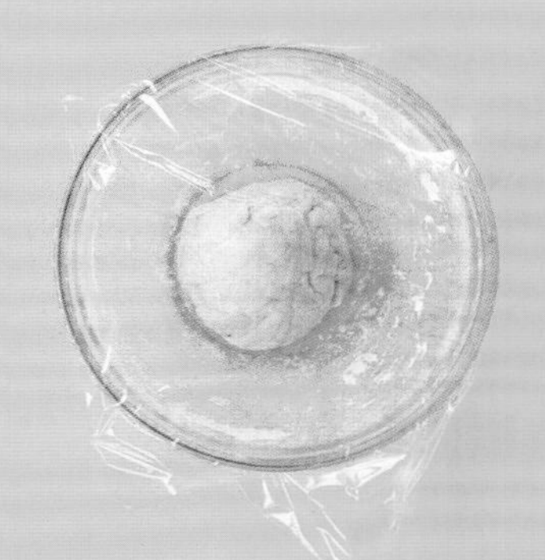

❷ 将面团放在撒了面粉的操作台上，揉几分钟。如有需要，可再加入面粉或水调整面团硬度，面团揉至光滑。发酵10~15分钟。

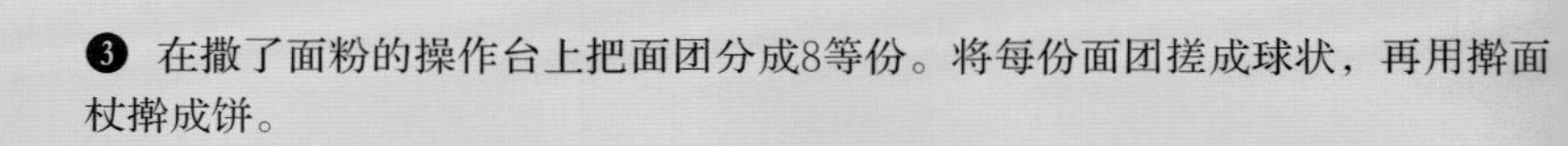

❸ 在撒了面粉的操作台上把面团分成8等份。将每份面团搓成球状，再用擀面杖擀成饼。

❹ 取一个较大的平底锅，放入面饼，以中到大火，每面煎1~2分钟。煎好的面饼应稍稍鼓起并变黄。

奶酪玉米片

墨西哥

4人份

准备时间：20分钟

烹调时间：30分钟

原料

1袋玉米片（250克）
1瓶辣番茄酱
2个小洋葱，去皮，切小丁
1个较小的番茄，切小丁
50克车达奶酪
2汤匙墨西哥腌渍辣椒，切片
5克新鲜香菜，切碎

❶ 烤箱预热至200℃。在碗中混合酱汁和小洋葱。

❷ 奶酪擦丝，备用。在烤盘底部倒入一半量的玉米片，其上加入一半量的酱汁，再撒入一半量的奶酪。

❸ 用同样方法处理剩下的玉米片、酱汁和奶酪。放入烤箱烤25~30分钟，直至奶酪熔化，玉米片酥脆。

❹ 表面铺上新鲜番茄、香菜和墨西哥辣椒，搭配酸奶油或牛油果酱食用。

辣鱿鱼

墨西哥

4人份

准备时间：20分钟

烹调时间：15分钟

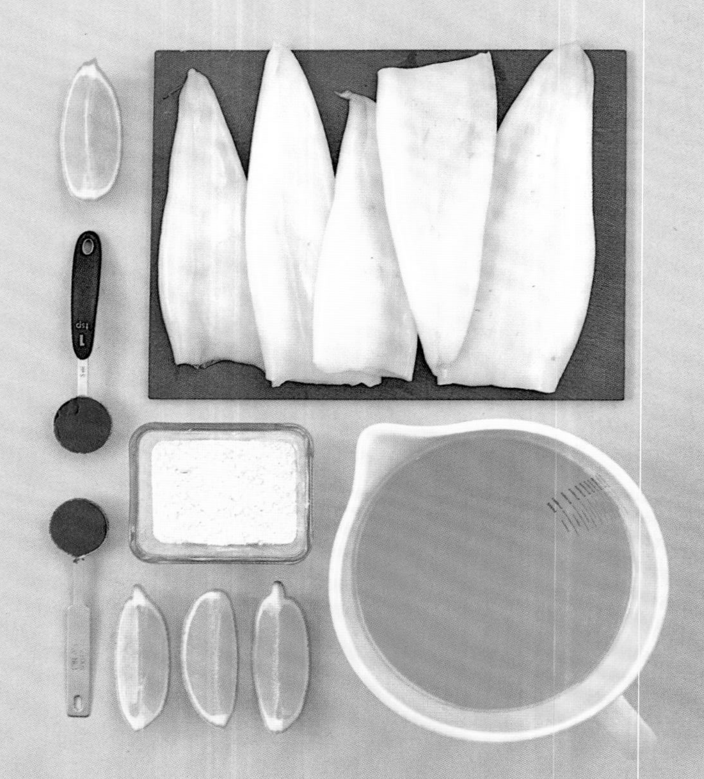

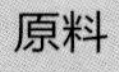

原料

800克鱿鱼洗净，切成1厘米的圈
115克普通面粉
2茶匙烟熏甜椒粉
葵花籽油，烹调用
1个柠檬，切块
蒜味蛋黄酱
盐和黑胡椒

注意

葵花籽油加热至180℃，如果一片面包能在30秒内炸至金黄，意味着油温合适。

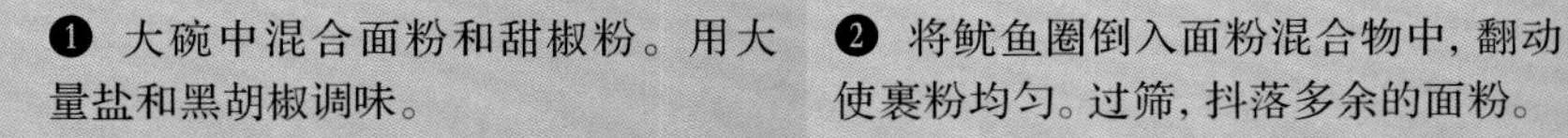

❶ 大碗中混合面粉和甜椒粉。用大量盐和黑胡椒调味。

❷ 将鱿鱼圈倒入面粉混合物中，翻动使裹粉均匀。过筛，抖落多余的面粉。

❸ 将葵花籽油倒入一个厚底的平底锅中（油的高度约为4厘米），加热至180℃。

❹ 炸制1分钟，直至表面金黄，上桌，搭配柠檬汁和蒜味蛋黄酱食用。

炸虾球

墨西哥

12个虾球

准备时间：10分钟
等待时间：1小时

烹调时间：6分钟

原料

250克熟虾，去壳，切碎
225克鹰嘴豆粉
半茶匙泡打粉
半茶匙烟熏甜椒粉
1汤匙平叶欧芹，切碎
2根葱白，切碎
橄榄油，烹调用
海盐
柠檬块
蒜味蛋黄酱

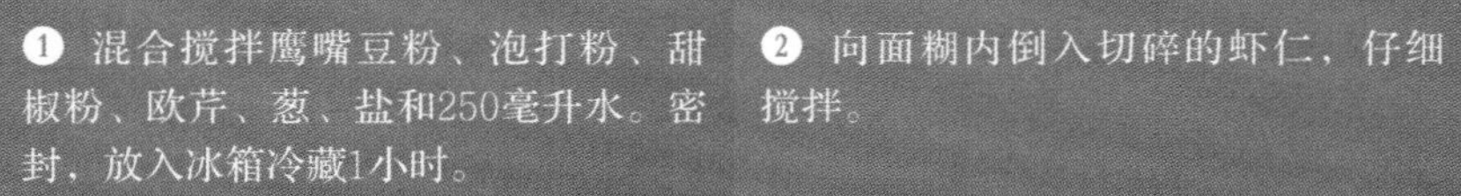

❶ 混合搅拌鹰嘴豆粉、泡打粉、甜椒粉、欧芹、葱、盐和250毫升水。密封，放入冰箱冷藏1小时。

❷ 向面糊内倒入切碎的虾仁，仔细搅拌。

❸ 加热4毫升橄榄油。油加热至快要冒烟时，放入4汤匙面糊，炸制2分钟。

❹ 用漏勺捞出。撒盐，搭配柠檬块和蒜味蛋黄酱食用。

酸橘汁腌鱼

墨西哥

4人份

准备时间：5分钟

—

原料

350克海鲈鱼，去骨
1棵球茎茴香
1个石榴的石榴籽
半把薄荷的薄荷叶
1个柠檬，榨汁
1个橙子，榨汁
1茶匙细砂糖
50毫升初榨橄榄油
1撮盐
1撮黑胡椒

❶ 用蔬菜处理器把球茎茴香处理成薄片。放入沙拉碗中，加入薄荷和石榴籽。

❷ 碗里混合柠檬汁、橙汁、细砂糖和橄榄油，撒盐和黑胡椒。

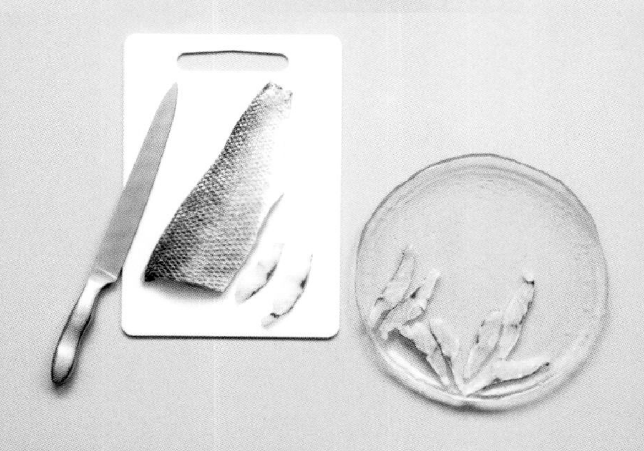

❸ 将海鲈鱼切成极薄的片状，摆放到盘中。

❹ 浇上酱汁，腌2~3分钟。搭配球茎茴香，作为头盘食用。

❶ 鲷鱼去骨（用手指或小镊子拔出鱼刺），切片。

❷ 将鱼肉摆放在深口盘里，倒入橄榄油。

❸ 柠檬皮擦丝，果肉榨汁，和橙汁混合在一起。球茎茴香切薄片（洗净，除去坏掉的部分）。

青柠檬汁腌鱼

墨西哥

2人份

准备时间：5~10分钟

—

原料

2块鲷鱼，请鱼贩净膛（必须十分新鲜）

1~2个青柠檬

1个橙子，榨汁

4汤匙橄榄油（60毫升）

1棵球茎茴香

黑胡椒和盐

❹ 将柠檬汁和柠檬皮倒在鱼肉上，加入球茎茴香片。撒盐和黑胡椒，立即食用。如果喜欢“成熟”的口感，可延长腌渍时间，但不可超过30分钟。

油煎卷饼

墨西哥

4人份

准备时间：20分钟

烹调时间：50分钟

❶ 取1个较深的平底锅，用小到中火加热1汤匙橄榄油。将用盐和黑胡椒码过味的鸡胸放入锅中。鸡肉打花刀，以使煎好的鸡肉质地更加均匀，每面煎10~15分钟。关火，备用。

❷ 将煎好的鸡胸肉切块。

❸ 锅中倒入剩下的橄榄油，调大火力，倒入洋葱、大蒜和孜然粉，煸炒。倒入米饭、鸡肉、红腰豆、番茄和是拉差辣酱。仔细搅拌，一边搅动一边继续翻炒。备用。

原料

2块鸡胸肉
2汤匙橄榄油
1杯煮熟的白米饭
200克罐头红腰豆，沥干水分，冲洗
1个较小的黄柠檬，切丁
100克罐头番茄碎
2粒蒜瓣，切小丁
2茶匙孜然粉
1汤匙是拉差（Sriracha）辣酱
40克车达奶酪，擦丝
4张墨西哥玉米饼
4汤匙油炸用植物油

配菜

1个牛油果
1个青柠檬，榨汁
1个小洋葱，切薄片
一小把香菜，去茎，切碎
盐和黑胡椒

❹ 准备配菜，混合搅拌牛油果果肉、小洋葱、青柠檬汁和香菜。

5 将墨西哥玉米饼放入锅中，两面重新加热，使其变柔软，能够折叠。

6 玉米饼中央放几勺米饭鸡肉馅料。撒8~10克奶酪碎。

7 将饼皮的两侧向中间折叠，上下两边也向中间折叠，盖住米饭，形成封闭的矩形。将卷饼放入盘中，开口的一面朝下。用同样的方法处理剩下的饼皮，将填了馅料的卷饼摆放在盘中。

8 在平底锅中加热植物油，小心放入填了馅料的卷饼，每面煎至金黄。根据平底锅的大小分批煎好。

9 煎好的卷饼装盘，上面摆放1勺牛油果配菜。

牛肉卷饼

墨西哥

4人份

准备时间：20分钟
等待时间：2小时

烹调时间：20分钟

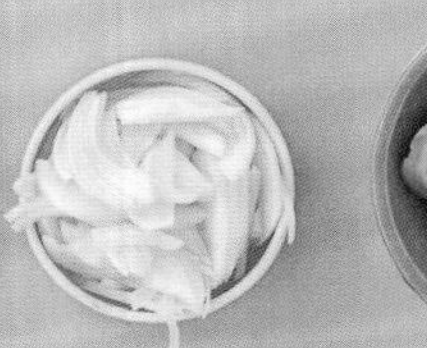

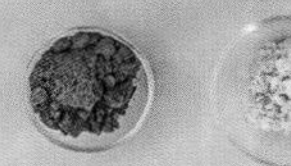

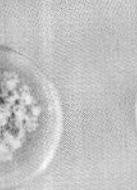

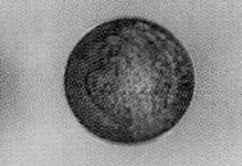

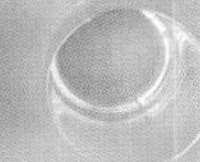

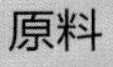

原料

600克牛腹肉
1个红色柿子椒，切条
200克樱桃番茄，切两半
4~8张薄饼
2汤匙橄榄油
1个柠檬，榨汁
2茶匙辣椒粉
2茶匙孜然粉
1茶匙洋葱粉
1粒蒜瓣，切片
1个黄色小洋葱，切薄片
15克新鲜香菜，切碎
4汤匙酸奶油
1个牛油果，果肉切条

❶ 取1个小碗，混合1汤匙橄榄油、柠檬汁、大蒜和3种香料粉，制成盐渍汁。将牛肉放入盘中，淋上腌渍汁。密封，放入冰箱冷藏1~2小时。

❷ 在平底煎锅中加热剩下的橄榄油。牛肉每面煎3~4分钟。放在案板上，轻轻盖上锡纸。切细条。

❸ 混合柿子椒、樱桃番茄、洋葱和腌渍汁，倒入加热的平底煎锅中，煎6~8分钟，直至洋葱开始变软。关火，加入新鲜香菜。

❹ 另取一个平底锅，锅内不用倒油，重新加热薄饼，使其变柔软。每片薄饼中放入樱桃番茄和柿子椒的混合物、牛肉、几块牛油果果肉和酸奶油。

❶ 芹菜、番茄和大蒜倒入搅拌机，搅打成顺滑的酱汁。

墨西哥红米饭

墨西哥

4人份

准备时间：15分钟

烹调时间：40分钟

❷ 在平底锅中加热橄榄油和黄油，倒入洋葱，煸炒6~8分钟，直至洋葱变柔软，呈半透明状。加入大米，煸炒2分钟。

原料

250克生大米，淘净
2个成熟的李形番茄
2汤匙橄榄油
20克黄油
2粒蒜瓣
1颗中等大小的黄色洋葱，切碎
1根芹菜，切碎
2汤匙浓缩番茄
250毫升鸡汤，如果需要可加量
2茶匙烟熏辣椒粉
半个青柠檬，榨汁，另准备一些柠檬块装饰用
15克欧芹
盐和黑胡椒

❸ 倒入步骤1的酱汁，再加入剩下的食材，充分搅拌。煮至沸腾，关小火，盖锅盖，炖煮25~30分钟。

❹ 检查米饭是否煮熟，是否吸收了所有汤汁。如果需要，可加入更多高汤，延长煮饭的时间。青柠檬榨汁淋在表面，加入切碎的欧芹。摆盘，可搭配柠檬块上桌。

鸡肉酥饼

墨西哥

4人份

准备时间：15分钟

烹调时间：30分钟

原料

2块鸡胸肉，切丁
4张小麦薄饼
半个红色柿子椒，切细条
3根葱，切成小圆圈
20克车达奶酪，擦丝
1汤匙初榨橄榄油
1汤匙酸奶油

番茄酱

2个较大的熟透的李形番茄，切丁
半个红洋葱，切碎
半个青柠檬，榨汁
5克新鲜香菜，切碎
半个墨西哥腌渍辣椒，切小丁

❶ 将制作番茄酱汁所有食材倒入碗中。充分搅拌，备用。

❷ 用平底锅加热橄榄油。倒入鸡肉，煸炒至金黄。

❸ 加入红色柿子椒、葱和酸奶油。炒5~7分钟，不停搅动。关火，盛入沙拉碗中。

❹ 倒入奶酪丝，搅拌均匀。

❺ 在小麦薄饼一侧放2~3汤匙鸡肉馅料。

❻ 将饼皮对折，注意馅料的位置应保持不变。

❼ 薄饼放入加热过的平底锅中。煎烤，饼皮开始变黄时，翻面。用相同的方法逐一加热薄饼。

❽ 将煎好的饼切成两半，摆盘，淋上番茄酱。

摩尔炖菜

墨西哥

4人份

准备时间：10分钟

烹调时间：1小时

原料

1千克去皮鸡腿肉
2汤匙花生油
2个干辣椒
125毫升沸水
盐和黑胡椒
2个洋葱
3粒蒜瓣
2汤匙面粉
1茶匙孜然粉
1茶匙香菜粉
1根肉桂棒
4杯鸡汤
50克黑巧克力，切小块
新鲜香菜，装饰用
青柠檬块，作为搭配

❶ 在鸡腿肉上撒大量盐和黑胡椒。

❷ 用大火加热一半量的花生油。放入码过味的鸡腿肉，每面都煎成金黄色。

❸ 用一碗沸水浸泡干辣椒。洋葱和大蒜切薄片。

❹ 用炒锅加热剩下的花生油，放入洋葱，煸炒至柔软。倒入大蒜、面粉和3种香料，继续翻炒。

❺ 向炒锅中倒入高汤、浸泡过的干辣椒和泡辣椒的水，煮至沸腾。加入炒熟的鸡肉，炖煮30~40分钟，不时搅拌。

❻ 汤汁开始变黏稠时，加入切碎的巧克力，搅拌。当巧克力完全熔化时，关火。

❼ 从汤汁中捞出鸡肉，用2把餐叉拆成鸡丝。

❽ 将汤汁倒入搅拌机中，捞出肉桂棒和辣椒，将汤汁搅打至质地均匀。将汤汁和鸡丝一起再一次倒入炒锅。炖煮，直至酱汁变浓稠。

❾ 炖菜可搭配热薄饼或白米饭食用，依个人喜好加入柠檬块和香菜。

恺撒沙拉

墨西哥

4人份

准备时间：20分钟

烹调时间：5分钟

原料

4个罗马生菜心，洗净
2片面包
2片培根
2粒蒜瓣，切小丁
3汤匙原味酸奶
40克帕尔马干酪，擦丝
$1\frac{1}{2}$汤匙红酒醋
1个蛋黄
4汤匙橄榄油
1条白鳀鱼，切碎
1茶匙浸泡鳀鱼的油

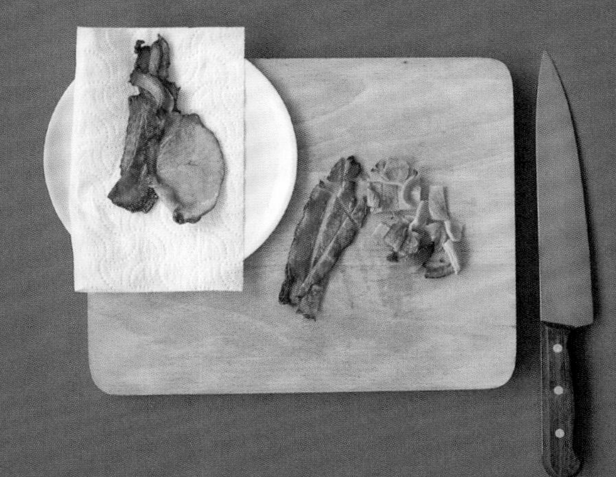

❶ 培根用平底锅煎烤至焦脆。切小丁。

❷ 面包每面涂抹1茶匙橄榄油，放入烤箱烘烤。切小丁。

❸ 混合剩下的橄榄油、大蒜、红酒醋、蛋黄、鳀鱼、酸奶和一半量的帕尔马干酪碎，制成酱汁。

❹ 将全部食材倒入大沙拉碗中，浇上酱汁，拌匀。上桌。

杏仁蛋糕

墨西哥

❶ 烤箱预热至180℃。取1个直径22厘米的活底蛋糕模具，内壁涂抹黄油，铺烘焙纸。杏仁用搅拌机打成粗粗的粉。

❷ 用电动搅拌器搅打黄油和细砂糖，得到质地轻盈的混合物。逐一加入鸡蛋，搅打，每次搅打结束后，刮净内壁上的混合物。倒入香草精油和杏仁精油，再次搅打。

原料

250克杏仁粉
50克杏仁粒
185克黄油
250克细砂糖
3个鸡蛋
1茶匙香草精油
1茶匙杏仁精油
1茶匙酵母
70克面粉
一撮盐
细砂糖，用于蛋糕表面装饰

❸ 加入盐、面粉和酵母，中速搅打。倒入杏仁碎和杏仁粉。

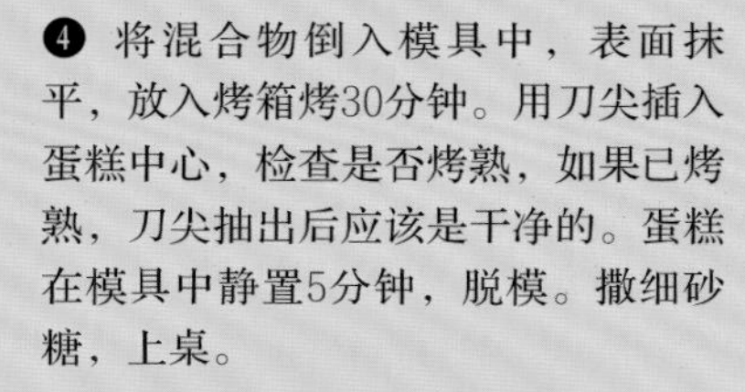

❹ 将混合物倒入模具中，表面抹平，放入烤箱烤30分钟。用刀尖插入蛋糕中心，检查是否烤熟，如果已烤熟，刀尖抽出后应该是干净的。蛋糕在模具中静置5分钟，脱模。撒细砂糖，上桌。

* 5 *

附录

菜谱列表

1 欧洲

斯堪的纳维亚

英国

法国

瑞士

德国和奥地利

东欧和中欧

西班牙

意大利

希腊和土耳其

2
北非、撒哈拉以南非洲和中东

马格里布

撒哈拉以南非洲

黎巴嫩

以色列

伊朗

* 3 *
亚洲和大洋洲

印度

泰国和越南

中国

印度尼西亚

日本

澳大利亚

* 4 *
美洲

美国

墨西哥

图书在版编目(CIP)数据

我的美食世界 ：415道零失败环球风味料理 ／ 《我的美食世界》 编写小组编著 ； 张晓美文. — 北京 ：北京美术摄影出版社，2021.1
ISBN 978-7-5592-0412-7

Ⅰ. ①我… Ⅱ. ①我… ②张… Ⅲ. ①菜谱-世界 Ⅳ. ①TS972.18

中国版本图书馆CIP数据核字（2021）第012458号

责任编辑： 董维东
助理编辑： 张晓
责任印制： 彭军芳
装帧设计： 北京予亦广告设计工作室

我的美食世界
415道零失败环球风味料理
WO DE MEISHI SHIJIE

《我的美食世界》编写小组 编著
张晓美 文

出 版 北 京 出 版 集 团
北京美术摄影出版社
地 址 北京北三环中路6号
邮 编 100120
网 址 www.bph.com.cn
总发行 北京出版集团
发 行 京版北美（北京）文化艺术传媒有限公司
经 销 新华书店
印 刷 广东省博罗县园洲勤达印务有限公司
版印次 2021年1月第1版第1次印刷
开 本 889毫米×1194毫米 1/12
印 张 39.5
字 数 240千字
书 号 ISBN 978-7-5592-0412-7
定 价 258.00元